目击者文化指南

法国葡萄酒品鉴

French Wines

（英）罗伯特·约瑟夫 著
蔡静如 译

DK

旅游教育出版社

時尚 TRENDS

伦敦，纽约
墨尔本，慕尼黑和德里
A Dorling Kindersley Book
www.dk.com

中华人民共和国国家版权局著作权合同登记图字：2010-01-614号
丛书策划：刘　权　丁海秀
责任编辑：安颖侠　马　瑞
图书在版编目（CIP）数据
法国葡萄酒品鉴/（英）约瑟夫著；蔡静如译. —北京：旅游教育出版社，2012.4
（目击者文化指南）
ISBN 978-7-5637-2024-8

I. ①法… Ⅱ.①约… ②蔡… Ⅲ.①葡萄酒—基本知识—法国 Ⅳ. ①TS262.6

中国版本图书馆CIP数据核字（2010）第152047号

目击者文化指南

法国葡萄酒品鉴

（英）罗伯特·约瑟夫　著
蔡静如　译

项目策划：北京时尚博闻图书有限公司
网　　址：www.book.trends.com.cn
出版单位：旅游教育出版社
地　　址：北京市朝阳区定福庄南里1号
邮　　编：100024
发行电话：（010）65778403 65728372
65767462（传真）
本社网址：www.tepcb.com
E-mail：tepfx@163.com
印刷单位：北京利丰雅高长城印刷有限公司
经销单位：新华书店
开　　本：920×1060　1/32
印　　张：9
字　　数：380千字
版　　次：2012年4月第1版
印　　次：2012年4月第1次印刷
定　　价：48.00元

（图书如有装订差错请与发行部联系）

目录

如何使用本书

无论是超级酒迷还是只是偶尔在进餐时小酌一番，都可以经由本书巨细靡遗的内容走入法国葡萄酒制造的奥妙殿堂。

本书可分为两大部分，第一部分是关于葡萄酒的概论，包括葡萄酒的发展历史、葡萄酒的制造过程以及品酒的艺术等均逐一说明，更提供初学者如何有效布置酒窖的要领、基本藏酒单的选定以及葡萄酒与美食的搭配窍门等。

第二部分的重头戏就是法国十大酒区总览，此部分的编排，以英文字母为次，专章逐一介绍每个酒区，并附有全彩的精美照片。每一产区均从该产区的全面性介绍揭开序幕，紧接着是该区重要的酒乡观光景点，然后就是本书作者精选的法定产区介绍。后者包括各款葡萄酒的推荐酒庄、优良年份、佐餐的理想葡萄酒单等。

由于葡萄酒与美食密不可分，因此每个酒区的专章最后都会附上令人垂涎三尺的当地美食介绍，并另设专栏介绍数款该酒区内最具代表性的奶酪产品。

无论是居家案上参考或作为探访法国酒乡的随手入门书，本书都是徜徉葡萄酒世界的最佳选择。

酒区

地理位置图
本书十个法国酒区中均会附上详细的地图，以标示出该产区在法国境内的位置。

酒区地图检索
以不同色块清楚标示出区内的各葡萄酒产地，方便读者参阅。

全彩照片
除了详尽的文字资料外，经由精心拍摄的照片也可以呈现出该酒区的特色。

地区大地图
以色块标示出区内的主要产酒地区，使读者对于每一酒区的位置与规模都能了解。

重要资料栏
提供各酒区的葡萄酒年总产量、气候条件、土壤形态及主要葡萄品种等资料。

产区简介
提供每一酒区全面性的背景资料。

酒区导览

地理位置图
以小方框标示出本导览区在整个酒区中的位置。

导览地图
列出每一酒区建议的观光路线，并分别在地图中标明。

导览图标示符号

- 品酒地点
- 餐饮
- 旅游信息
- ★ 观光点
- 旅游路线
- 观光点

浏览标记
地图上标记的图例释义

旅游摘要栏
列出各地观光局、推荐旅馆、餐厅及当地重要庆典或葡萄酒活动的日期。

导览说明
各观光景点与酒庄的详细介绍。

个别法定产区

法定产区名
色带内示题为每一个酒区的主要法定产区名，并按英文字母为次逐一介绍。

法定产区介绍
说明该法定产区葡萄酒的风格与品质。

地理位置图
以小方框标出本法定产区在整个酒区中的位置。

葡萄酒的照片
以照片凸显出该产区的一种特选酒。

重要资讯栏
此专栏提供有关该法定产区的进一步详尽资料。

符号说明

- 酒质显示，从最差到最优依序排列
- 顶级酒镇或葡萄园
- 年产量
- 气候条件
- 土壤性质
- 酿造红酒、白酒或玫瑰红酒的葡萄品种
- 酒质赏析
- 推荐酒庄或酒名（香槟酒）
- 相关酒庄（仅限香槟区）
- 搭配菜肴
- 推荐年份
- 红酒、白酒或玫瑰红酒的保存年限

前言

我对法国葡萄酒的爱恋缘起于青少年时期，当时喜欢流连在父母经营的乡间旅馆所设的酒窖里。颜色与甜度是我对葡萄酒最初的印象，这些红色、白色、粉红色、褐色的液体都有各种不同的甜味。在试饮过几瓶葡萄酒后，我才发现在这些或绿或透明的玻璃瓶中，竟包容如此多种风貌各异的酒液。年轻的勃艮第（Burgundy）红酒散发的覆盆子果香，风味完全不同于陈年勃艮第酒所流露的丝丝野味；沙布利（Chablis）白酒有燧石味,而梅索（Meursault）酒则有坚果香；同样是波尔多（Bordeaux）红酒，酿自梅多克 (Medoc) 酒区者带有香味扑鼻的黑醋栗味，而产自圣爱美浓 (St. Emilion) 酒区者则是黑李香四溢。此外，桑塞尔 (Sancerre) 酒有醋栗莓的香气，而罗讷河流域的孔德里约 (Condrieu) 酒中则充满了春天的花香。

化学魔法

当我以年轻游子的身份来到法国后，在专业酒书及无数位热心酒庄主人的协助下继续我的专业养成教育。产自居宏颂（Jurancon）、沙隆堡（Chateau Chalon）及班努斯（Banyuls）等法定产区中的葡萄酒，不管是响当当的佳酿或不见经传的小酒，都让我获得了丰硕的地理与历史知识，这趟学习之旅的确受益良多。旅法期间，我不仅见识到不同葡萄品种各具特色的风味，更体会到不同土质、气候及年份对葡萄酒产生的影响。尤有甚者，当我身处在勃艮第酒区时，更亲身见证了酿酒师在酿酒过程中所扮演的决定性角色。酿酒的化学魔法将简单的葡萄果实转变成神奇液体，深深触动人类感情，并在酒客脑中烙印下深刻的印记。

想要充分了解法国每一款酒，必须对该酒的产区、酿酒师、酒庄及搭配酒的当地料理等有所认识。本书中即综合这些要点专节讨论，并从酒商的酒架上、餐厅的酒单上精心挑选出法国最具知名度以及一些知名度尚低的好酒，一一收录在本书中，深入并翔实地探讨其风味与风格。

应避免的陷阱

在探讨法国葡萄酒的风味与风格的同时，有些模棱两可的陷阱也特别提出供各位同人留意。许多酒家都同意法国葡萄酒的“法定产区制度(appellations controlees)”需全部重新修改。酒标上所标示的法定产区名并不能对瓶中酒有任何的品质保障。某瓶波尔多酒或香槟可能让人烦忧尽释，但贴有同一酒标的另一瓶酒却也有可能让人如坠入地狱般痛苦。由谨慎负责、技术专精的酒所酿造的普通勃艮第酒，以及来自邻区以未符标准的葡萄所酿成的高价特级葡萄园法定产区酒，两相比较之下，前者的品质往往更胜一筹。法定产区制度除了无法提供品质保证外，制度本身的各项规定也相当混淆不清。以修维尼（Cheverny）酒与古尔–修维尼（Cour–cheverny）酒为例，这两种白酒的产区一致，仅仅因使用的酿酒葡萄品种不同而风味截然不同。此外，酿自胡利（Rully）与荷依（Reuilly）葡萄酒风味各有特色；普依芙美（Pouilly–Fume）、普依卢瓦尔（Pouilly–sur–loire）与普依富塞（Pouilly–Fuisse）三个地区的葡萄酒除了酒名外，几无共通之处。诸如此类的例子不胜枚举。

复杂中充满乐趣

有了上述的问题与困扰，难怪越来越多的人宁可选择酒标上只标示夏多内 (Chardonnay)、卡本内–苏维农（Cabernet Sauvignon) 或梅洛（Merlot）等葡萄品种名称的葡萄酒。但是这种选酒方式，却会漏失葡萄品种之外的许多细致特征。这种种错综复杂的因素包括法国各大区块的气候、各个葡萄园的微气候、土壤、葡萄、酿酒师、酒庄及酿酒传统等，这些因素的组合对于不同葡萄酒的风味影响深远，而且组合的变化之多对于不同葡萄酒的风味影响深远往往令人咋舌，或许就是因为这种复杂程度，才使得酿酒史悠久的法国葡萄酒仍处处充满惊奇与惊喜，更赋予法国在世界各酒产国之间历久弥坚的领导地位。

通向迷人世界之门

提供读者进入法国葡萄酒迷人世界的途径，以及提醒同人注意数款法国酒的潜力和陷阱，是编订本书的目的。更重要的是，希望读者在合上这本书的同时，都能更有信心并以更专业的知识品鉴大部分的法国葡萄酒。我衷心盼望读者在阅读本书时，只享受到我在收集资料与着手定做时所感受的那一半乐趣，而不是我所曾经历的那一半辛劳。

罗伯特·约瑟夫

法国葡萄酒
绪论

葡萄酒的历史

《旧约·圣经》里曾提到以葡萄汁发酵而成的饮料具有神奇的力量，会令人感到愉悦。不过真正将酿制葡萄酒的艺术发扬光大的是法国人。

对于那些必须遵照医生指示限制每周饮酒量的人来说，下面的事实可能会令他们心有戚戚焉。回顾人类历史的重要阶段，酒几乎是最安全且最健康的饮品。尤其在没有大量且足够的干净纯水可以饮用的年代。

有些法国葡萄酒农在民族沙文主义的驱使下，坚信他们的祖先是人类中最早知道要将葡萄转化为酒液的鼻祖。事实上，虽然法国人对酿酒艺术的发展与推广贡献伟大，并创立了许多世界级的佳酿，但是最早开始酿酒的人并不能算是法国人。《圣经》故事中提到，诺亚是第一个品尝葡萄酒美味的人类。据《圣经》所载，诺亚方舟在绕行当时的国境（推测应为今天的土耳其）后靠岸不久，注意到有只山羊在吃完葡萄后，晕头转向、行为滑稽可笑。于是他试着栽种了一片葡萄园，然后颇令其子孙羞愧的，诺亚“喝下葡萄酒后醉倒了，在帐篷中褪去全身衣物”。若故事属实，那么诺亚非但是第一个喝酒的人类，也是第一个喝醉的人。《圣经》中不断提到葡萄酒，另一个例子是，洛特（Lot）的两个女儿将父亲藏在酒窖里，三个人连续灌了两夜的酒，女儿借此与父亲性交，以延续父亲的血脉。

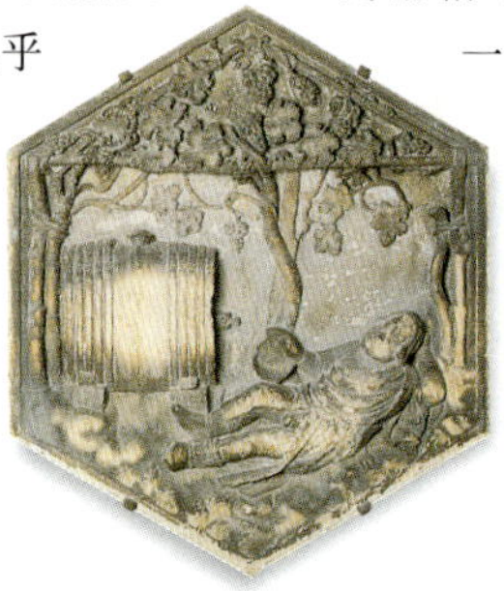

诺亚的绝技

据《旧约·圣经》记载，诺亚是第一个酿酒的人。安德烈亚·皮萨诺（Andrea Pisano）这幅14世纪的浮雕作品，所描写的就是喝酒后的诺亚。

波尔多港

莫奈于1871年所画的波尔多港，由簇拥的商船船桅不难看出波尔多港当时的贸易潜力。

低温保存

无论你喜欢哪一个版本都无碍于葡萄酒的持续发展，因为，不用多久人类就已经发现葡萄汁有将近一半的概率可以成功地转变为葡萄酒。运气好的话，转变为葡萄酒甚至还相当好喝。同时经验也让人类了解到，发酵过的葡萄汁虽然比较浓烈和耐久藏，但却极易受到细菌作用而转变成酒醋。我们现在知道这类细菌在温暖的气候下较为活跃，在冰箱尚未发明及二氧化硫还未用来防止酒液感染细菌的年代，几乎只有酿造于比较寒冷地区的酒才有可能在酿成一年后还可入喉。

酒就是春药

画家鲁本斯(Peter Paul Rubens)画笔下的洛特与其两个女儿。画中所示是两个女儿打算灌醉父亲，以便为人类创造下一代。

从最早有酿酒记载的中东地区到世界各文明古国，几乎都与葡萄酒的发展历史息息相关。考古学家发现，埃及的酿酒历史至少在3000年；而相关文献也显示，马可·波罗早在1400年时就已享受到从波斯出口到中国的葡萄酒了。罗马人对于葡萄酒的饮用更是讲究，甚至将最初的佳酿存放100年之久，并将葡萄树引进不列颠群岛。考古学家也发现，当时的英国和现在一样，进口葡萄酒比本国酿造的葡萄酒更受欢迎。

欧洲移民带着葡萄酒及葡萄株远渡重洋来到新世界，从19世纪末叶起，酿酒业在全球各地的普及发展已是不可阻挡的趋势。

波斯人

葡萄酒一直是宫廷及文明生活的表征，画中所示是一位波斯王子在禁宫中享受美酒。

法国葡萄酒的历史

修士、帝王以及参与革命的人士都对法国酿酒工业的发展有所贡献。近年来，法国的戒酒业在受病虫害肆虐后，又因超级市场的行销制度而为之改观。

现已无从知道以法国境内的葡萄来酿酒始自何时，不过可以肯定，在耶稣诞生的前500年，饮酒在法国已经是一件很普遍的事。最先开始享用法国葡萄酒的外地人应该是地中海沿岸从事贸易活动的腓尼基商人及希腊商人。地中海沿岸的气候条件配合已有的原生葡萄品种，再加上这些外地商人都以谷船装酒，运输不易，因此他们很早就想到可以在这里自行酿造葡萄酒。

查理曼大帝

据传查理曼大帝曾为了挑选新葡萄园的所在地点而大费苦心。

在公元1世纪时，当时统领法国北部的罗马人在各地大量栽种葡萄并进行酿酒，当时的许多地区如今已成为葡萄酒的同义词。当时的酒农大多采用罗马人的酿酒方法，而且在罗马帝国倾覆后，还继续从事酿酒并推展酒品贸易。

从酿酒业草创之初，法国酒农就得四处寻找能让葡萄长到最佳成熟程度的理想土地。据传公元9世纪时，法国的查理曼大帝就已在勃艮第酒区（Burgundy，见98 － 141页）的高登（Corton）山丘钦选一块坡地种植葡萄了。查理曼大帝发现这块坡地因为阳光普照，所以每年的冬雪融化得最早。

中世纪的葡萄丰收

这是一幅过度美化的作品。15世纪时的法国贵族应该不可能如此盛装地参与葡萄采收工作。

普及的过程

公元10 － 13世纪间，法国各地纷纷建起了教堂与修道院，这些宗教机构在葡萄酒的发展过程中扮演着重要角色。法国毕竟幅员辽阔，陆路交通的不便限制了酒的运销与市场的拓展。有舟楫之便

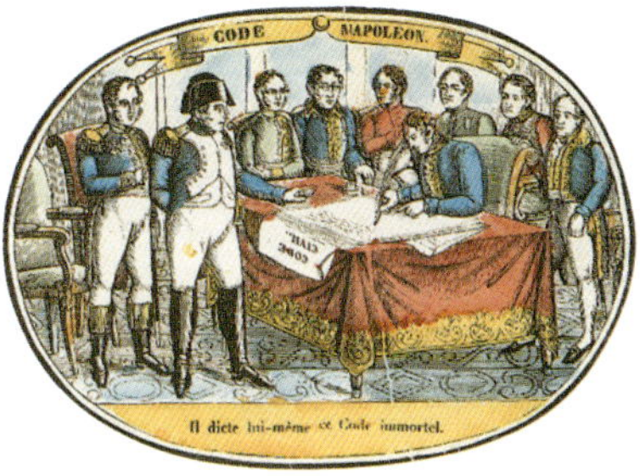

拿破仑的遗产制度

图中的拿破仑正在签署《拿破仑法典》，这部法典规定包括葡萄园在内的一切遗产都要平均分配给所有后代子孙。

的地区如阿尔萨斯(Alsace，见 58 – 69 页)以及有海港之利的波尔多酒区（Bordeaux 见 70 – 97 页），当然占尽发展优势。

1650 年左右，软木酒塞的发明更促进葡萄酒的普及化。18 世纪 80 年代，一场法国大革命让教会的葡萄园一律转售给中产阶级与酒农。1804 年颁布的《拿破仑法典》，规定财产必须平均分给所有后代子孙，不论年龄或性别均需一视同仁。

传承的中断

葡萄园的过度分割以及新一代地主的加入，使得专业商应运而生。这些酒商负责收购各家小酒庄的葡萄酒，加以混调后销售。道路、运河及铁道的增建与改善，更方便了这些酒商的市场拓展。

法国大革命后约 100 年，法国葡萄酒业陷入空前灾难期。首先是霜霉（mildew）及粉苞菌（oidium）的严重威胁，要命的灾难是葡萄根瘤蚜虫(phylloxera）到处肆虐，全国的葡萄植株几乎无一幸免。

经此大难后的法国酒农只好重新进行葡萄株栽种，或者采取更彻底的解决之道，将葡萄株嫁接在不怕蚜虫侵袭的其他葡萄品种上。过去曾享有盛名的葡萄园面积大幅缩小，熟悉的葡萄品种也逐渐销声匿迹，以致在两次世界大战之间，不实的酒标标示纷纷出笼。这种情形一直要到 1930 年法定产品制度订定后才获得改善。

20 世纪下半叶，新兴酿酒国家凌厉的竞争攻势，促使法国酿酒业者更积极地钻研葡萄种植与酿酒等相关的问题与解决之道。随着法国葡萄酒业的迅速发展，过去不受重视的南部若干酒区也重新被寄予厚望。

竞争的压力改变了酿酒业，同时也改变了葡萄酒的选购饮用习惯。超级市场如雨后春笋般纷纷冒了出来，其普及性与便利性让酒客有更多机会品尝来自不同酒区的葡萄酒。今天多数的法国消费者重质而不重量，对于酒质日益讲究，这也促使许多酒庄不断提升品牌品质以及开发更精良的葡萄酒，不过许多法国年轻人并不喝葡萄酒，这也解释了酒庄发展重点转向海外市场的原因。

超级行销的革新

如此轻易就能买到一瓶物超所值的葡萄酒，这是罗马人及查理曼大帝时代的人所难以想象的。

葡萄酒的酿造

酿酒对于人类来说是最简单也是最复杂的一项活动，因为酿酒必须结合农业技术、园艺学、烹饪及化工知识与专长。

法语中找不到“oine maker (酿制葡萄酒者)”及“winery (葡萄酒酿造厂)”这两个英语世界普及的用语。对法国人来说，将葡萄变成酒的人叫做“vigneron”或“viticulteur (酒农、葡萄种植者)”，这两个字强调与葡萄园的关系胜过葡萄转化为酒的过程。至于与酿酒厂相关的法文，则仍沿用“cave (酒窖)”一字，用以泛称流程已标准化、使用电脑化管控，甚至有着如半导体厂房般外观的现代酒厂。

卡邦尼乌斯酒庄
(Chateau Carbonnieux)

酒庄装瓶算是一种新观念。第二次世界大战以前，酒庄总是将成桶的酒卖给酒商公司，由后者进行装瓶销售。

依照法国传统，除了波尔多、香槟及阿尔萨斯酒区外，所有酒标上最显眼的字莫过于酿酒葡萄的产地名字，酒庄名称往往只以小字体印刷。而新兴的酿酒国家恰好相反，总在酒标上以斗大字体打上酿酒师或酒庄的名字。

上述的做法显示出法国酒业坚守传统的使命感，以及深信“酒是葡萄园产物”的观念。新兴酿酒国家的酒庄大多不会反对这种论调，不过美国及澳洲的酒庄通常还是比较强调葡萄在酒厂中的变化过程。1990年之后，这两种观念起了冲突，当时英国的酒类零售商因为不满意某些法国酒区的酒，干脆运送一批澳洲籍或在澳洲受过训练的“飞行酿酒师”专程到法国的合作社去为他们酿制葡萄酒。

葡萄酒装瓶

在过去，法国葡萄园因为无力购买木制压榨机、酒桶及发酵容器等设备而极少自己进行酿酒。采收的酿酒用葡萄往往送到修道院或酒庄去集中处理。甚至在勃艮第酒区有些自行酿酒的小型葡萄庄园，还是会将酿好的葡萄酒成桶卖给酒商 (negociant) 去进行混合调配及装瓶销售。今天勃艮第酒区中由“酒庄 (domaine)”自行装瓶上市的情形已经越来越普遍，占该区葡萄酒总产量的

观念的差异

新式酿酒

现代化酒庄使用不锈钢容器来酿酒，例如这座位于波尔多酒区的欧布赖恩酒庄 (Chateau Haut-Brion)。

葡萄压榨机

香槟酒至今仍使用篓式压榨机，图中这种老式机器必须以人力操作。

比例也日益增加。数世纪来以拥有众多好酒庄闻名的波尔多酒区，也是在第二次世界大战以后，由酒庄而不是酒商装瓶的观念才慢慢建立起来。

20 世纪 70 年代及 80 年代，有新兴酿酒国家的竞争压力，也有一批经过学院训练的新生代法国酿酒师加入酿酒行列。这些新生代的酿酒精英与前辈在观念和酿酒技术上都非常不同，他们很清楚法国其他酒区的酿酒情形，并且大多会在澳洲或美国的酿酒厂实际工作过。他们偏爱与世界各地的买家交易，而不愿受限于地区性的酒商或合作社；此外，他们也乐见于自己的酒庄名称大大方方的出现在酒标上。大约 20 年前，几乎所有的香槟酒都是由大酒商或合作社生产，而今天，几乎每隔两步就有一个小酒农出售自家配制的葡萄酒。

葡萄酒农之间的确竞争非常激烈。他们很清楚一个权威酒评家的好评会带来何等效益，也了解葡萄的栽种技巧只是成就好酒的第一个步骤。他们更深知葡萄的处理过程对酒的品质与风味有决定性的影响。即使酒是葡萄园的产物，也会因酒厂的处理过程而增进品质。

老祖宗的酿酒法

这座位于阿尔萨斯省金斯罕（Kientzheim）的压榨机器已有数百年的历史。酿酒技术的突飞猛进是最近几年的事。

葡萄品种

葡萄酒的酒性受到土壤、气候及酿酒技巧等因素的影响，但是酒的风味却完全取决于酿酒葡萄的品种。

尽管数世纪相传下来的严格法条明确规定每个地区可以种植的葡萄品种，法国各地的葡萄农还是不断尝试新葡萄品种的种植。不过，这种情形在1935年控管法国葡萄酒产地与品质的法定产区制度的规定，已经不复存在。以波美侯酒区（Pomerol，见87页）为例，该区过去曾经生产过白酒，但是1935年以后就成为一个红酒酒区；酒农唯一的自由是在梅洛（Merolt）、卡本内－弗朗（Cabernet Franc）及卡本内－苏维浓（Cabernet Sauvignon）三种葡萄中选择种植比例。而在勃艮第酒区（见98－141页），依规定每种酒只能以单种葡萄酿造，酒农唯一能做的也只是选择繁殖的葡萄种苗。

格乌兹塔明那

这种有异国风味的外皮呈粉红色的葡萄可酿出芳香的白葡萄酒。

不可否认的是，决定产区法规在保护法国葡萄品种得到新酿酒国家的重视。但是相对的，这些法条也限制了葡萄园及酒庄的研发试验，而使酿酒业的革新停滞不前。

所幸的是，近年来已有一些令人乐见的例外情形。以法国南部为例，有关方面已渐渐认同法规的改变对于酒的品质与风味有正面的效益。例如，在降低使用平板单调的卡利浓（Carignan）等而下之传统葡萄后，增加改良品种的希哈（Syrah）、慕维得尔（Muscadet）等葡萄品种的使用比例，酒质果然提升了不少。相信如此的创新做法，在蜜思卡得（Muscader）等其他知名酒区能获益匪浅。

梅洛与卡本内－苏维浓葡萄

这些波尔多酒区的葡萄酒品种需要不同的土质。梅洛（左图）偏爱黏土，而卡本内－苏维浓（右图）则偏爱矿石土壤。

品丽珠(卡本内-弗朗)

在卢瓦尔河流域酒区及波尔多红混合酒区十分常见。

加美葡萄

在法国数个酒区常见的这种葡萄，最适合的生长环境是薄酒莱酒区的花岗岩土壤。

黑皮诺葡萄

酿造勃艮第红酒与香槟的葡萄品种。

希哈

罗讷河流域的顶级品种，该地的设粒子葡萄也同样知名。

法国的知名红葡萄品种

卡利浓 (Carignan)

朗格多克·鲁西永(Languedoc – Roussillon)红酒如高比耶(Corbieres)、菲杜(Fitou)、密内瓦(Minervois)的主要原料，这种葡萄如果处理不当，容易酿成平板、带土味的酒。

卡本内—弗朗 (Cabernet Franc)

酿制波尔多红酒的葡萄品种之一，带有青草味，是卡本内-苏维浓葡萄的相近品种，卢瓦尔河流域用以酿出诱人的红酒，例如希浓(Chinon)酒与布歌依(Bourgueil)酒。

卡本内—苏维浓 (Cabernrt Sauvignon)

波尔多酒区梅多克(Medoc)酒的主原料，散发黑醋栗及胡椒味;在法国南部酒区普遍用来酿造调配及地区餐酒。

加美 (Gamay)

卢瓦尔河、薄酒莱、加雅克(Gaillac)及马贡地区(Maconnais)广为使用的红酒品种。

格那希 (Grenache)

带有胡椒味的葡萄品种，罗讷河流域南部地区用以酿制罗讷河丘(Cotes du Rhone)酒，也是法国南部地区酿造红酒的原料。

马尔贝克 (Malbec)

过去是波尔多红酒主要的混合品种，现在这种带有香料的葡萄只分布于卢瓦尔河流域及卡欧(Cahors)酒区，当地称为够特(Cot)。

梅洛 (Merot)

酿造波尔多酒的原料，有太妃糖及黑李香气，在圣爱美浓(St. Emilion)及波美侯两酒区栽种最广。法国南部的地区餐酒也逐渐加重使用。

黑皮诺 (Pinot Noir)

带覆盆子香气的葡萄品种，用来酿成勃艮第的珍贵红酒、桑塞尔(Sancerre)红酒及玫瑰红酒、阿尔萨斯红酒，以及法国南部的地区餐酒，也是香槟酒及布立(Bouzy)红酒的原料。

希哈 (Syrah)

散发烟熏味、黑莓果香及香料味道的葡萄，是罗讷河流域北部红酒的原料；目前法国南部的红酒也逐渐采用此品种，例如密人瓦酒区。

法国的知名白葡萄品种

夏多内 (Chardonnay)

最受欢迎的白葡萄，不只在勃艮第及香槟酒区广为种植，卢瓦尔河流域及法国南部也用以酿造地区餐酒。

白梢楠 (Chenin Blanc)

卢瓦尔河流域传统白酒的原料，如梭密尔（Saumur）气泡酒、武夫赖（Vouvray）酒及邦若（Bonnezeaux）酒。

格乌兹塔明那 (Gewurztraminer)

阿尔萨斯地区的白葡萄品种，有异国风味，散发荔枝、紫罗兰及玫瑰香水的香气。

格那希 (Grenache)

带有胡椒味的葡萄品种，罗讷河流域南部地区用以酿制罗讷河丘（Cotes du Rhone ）酒，也是法国南部地区酿造红酒的原料。

大 / 小蒙仙 (Gros/Petit Manseng)

有甜美蜂蜜味的白葡萄，为居宏颂（Jurancon）酒区品种。

马珊 (Marsanne)

带花香及莱姆果味的白葡萄，罗讷河谷地常用来与口感较细致的胡珊葡萄混合酿成艾米达吉（Hermitage）酒及教皇新堡（Chateauneuf du Pape）酒。

白皮诺 (Pinot Blanc)

阿尔萨斯的葡萄品种，用来酿成散发奶香及巴西胡桃果香的不甜白葡萄酒。

灰皮诺 / 多凯 (Pinot Gris/Tokay)

带辛香味的白葡萄酒，在阿尔萨斯用来酿成晚收成型的不甜白葡萄酒。

丽丝玲 (Riesling)

充满苹果、莱姆香气的白葡萄，是阿尔萨斯甜酒与不甜白葡萄酒的原料。

胡珊 (Roussanne)

香味细致的白葡萄品种，与马珊葡萄混合酿成罗讷河流域的酒。

白苏维浓 (Sauvignon Boanc)

散发醋栗莓及芙笋味的白葡萄，用以酿制卢瓦尔多白葡萄酒的原料。

榭密雍 (Semillon)

散发桃子味的葡萄品种，和白苏维浓同为波尔多酒区的酒。

维欧涅 (Viognier)

香气扑鼻的葡萄品种，曾经只限于罗讷河流域北部使用，目前也用以酿造地区餐酒。

夏多内葡萄

酿造波艮第白酒及香槟酒的葡萄品种。

白梢楠

大多生长于卢瓦尔河流域，他处罕有所见，酿制出的葡萄酒悠远绵长。

丽丝玲葡萄

阿尔萨斯的珍贵葡萄品种之一，目前在法国以外地区已不受重视。

塞来雄

酿造波尔多苏特恩和巴萨克葡萄酒的典型甜味葡萄品种。

法国的知名葡萄品种

阿里哥蝶（Aligoté） 这种酸度高的白葡萄主要种植在勃艮第酒区，用以酿制优质白酒，尤以布哲宏村（Bouzeron）最有名。

夏斯拉（Chasselas） 这种无特殊香味的白葡萄酒曾经风靡一时，目前在阿尔萨斯及普依维亚尔（Pouilly-sur-Loire）仍用来酿酒。

仙梭（Cinsault） 纯厚浓烈的红酒葡萄品种，罗讷河流域南部及法国南部许多地区使用越来越普遍。

高伦巴（Colombard） 带有蔬果香味的葡萄品种，种植在法国西南部的卡斯康（Gascogne）酒区。

菲尔（Fer） 这种单宁十足的葡萄常见于法国西南部，用于酿造马第宏等葡萄酒。

大普隆（Gros Plant） 平淡无奇的葡萄品种，在维亚尔河流域酿成同名的白酒，口感不甜，高酸度。

勃艮第香瓜种（Melon de Bourgogne） 无香味的葡萄品种，仅用以酿造蜜思卡酒。

慕维得尔（Mourvèdre） 散发黑莓果香，是罗讷河流域红酒的原料。法国南部也栽种，特别是在班果（Bandol）酒区。

蜜思卡岱（Muscadelle） 这种芳香的白葡萄酒用于酿制波尔多白葡萄酒，而今在法国西南部所产的奥克地区酒中也可觅得它的身影。

维铎（Petit Verdot） 酿制波尔多红酒的传统配料，而今用于单独酿造新世界葡萄酒。

皮诺·莫尼耶（Pinot Meunier） 黑皮诺的相近红皮品种，香槟中所占的实际比例往往比公开承认的高。

希瓦那（Sylvaner） 阿尔萨斯酒区使用的无香味白葡萄酒。

塔那（Tannat） 马第宏（Madiran）酒区使用的葡萄品种，酿出的红酒口感略涩。

Cabernet Sauvignon酒庄所酿的赤霞珠干红葡萄酒

波尔多的葡萄园为赤霞珠葡萄的生长提供了极好的环境及主质土。

气候、土壤及葡萄园

每种酒的独特味道都有其复杂的影响因素。土质与小环境气候的微妙差异就足以使邻近葡萄园的酒拥有完全不同的风味。

法文中虽然没有英文“winemaker（酿酒者）”的同义字，但却有一个更贴切但更难转释为他国语言的酿酒术语“tettoir（产区的风土条件）”，而且目前已在葡萄酒世界中广被传用。这个字的正统定义是由波尔多酒区埃斯图涅高斯酒庄（Chateau Cos d’Estournel）的前任主人布鲁诺·普雷斯（Bruno Prats）先生所提出的。他认为“terroir”一词“统涉气候、土壤及景观”，而这正是构成葡萄及葡萄酒特色的条件。简而言之，一个产区的风土条件可以引述为寒冷地区中的一块白垩岩坡地，但也能更精确地加以形容。普雷斯进一步表示：“白天与夜晚的温度、雨量的分布、日照时数、坡地的倾斜与排水等，全部都将会影响到葡萄园的表现。”

破石而出

教皇新堡酒区小鹅卵石遍布，这种土质可以储存与释放热能，使该区的酒风味更为丰富。

因此虽然“terroir”的字面意义是“土地”，但实质意义却远甚于此。气候，或更精确地分成大环境气候（macroclimate）与小环境气候（microclimate），是“产地风土条件”的一大要件。大环境气候指的是整个酒区的气候形态，例如波尔多酒区是受海洋影响的温和性气候，而勃艮第酒区则是比较极端的大陆性气候。小环境气候及地理位置，其中包括海拔，以及与山丘、森林、河流、湖泊或海洋的距离远近等。葡萄园的方位及坡度也是影响小环境气候的因素。

产地风土条件

南向坡地的葡萄园可以接收到较多的阳光，因此葡萄的成熟度会比平地上的葡萄为佳。高山与森林可以提供天然的“挡雨屏”以对抗暴风雨，但同时也阻挡了能吹走会产生霜害冷气团的风。邻近河流或湖泊区的湿度较高，有利滋生酒农引颈期盼的贵腐霉菌（botrytis cinerea，见109页），不过也容易助长有害的灰霉菌生长。

分析栽种葡萄的土壤可以从以下三方面来讨论。首先是土

寒流的好处

春天的寒霜会造成损害，但是冬季的低温却有助于葡萄株冬眠，使得树液得以储藏在根部。

质，指的是构成土壤的颗粒大小。葡萄可以生长在细致如沙或粗如鹅卵石的土壤中。不管颗粒粗细，首要条件是必须能够避免因风雨而引起土石流失，因此土壤中必须要含有黏土成分才能将颗粒紧密结合。至于土壤的黏土含量则各地不一，而且黏土的成分也各有不同。第二个是土壤的结构，包括黏土结合土壤颗粒的方式，以及土壤保存与排除水分的方式。这也受土壤中的有机质含量与种类、钠及钙的比例以及黏土的成分所影响。第三方面是决定葡萄酒酸度的土壤酸度。

梯田景观

早期的酒农发现，虽然种在坡地上的葡萄成熟度较好，但在耕种及采收上则相对困难，因此就开垦成梯田来拓展葡萄园地。

法国主要的土壤种类

白垩质

香槟酒及许多不甜白酒都要归功于如图所示的白垩质。

无价的矿石

波尔多酒区的矿质土壤是栽种卡本内—苏维葡萄的理想土质。

冲积土 这种肥沃的土壤是由河川夹带的沙土、淤泥及砂砾沉积而成，是梅多克酒区最好的土质。

泥质 泛指所有高黏度的土质，如沉积黏土、粉砂岩、泥灰岩和页岩等。高钙黏土是指黏土与石灰岩的混合性土质。

黏土 延展性佳、带黏质的酸性土壤，有极高的含水性，因此不易排水。这是波美侯酒区重要的下层土，适合该区的梅洛葡萄生长。

花岗岩 富含石英质、坚硬岩块的酸土壤，排水性佳但土质贫瘠。薄酒莱酒区及罗讷河流域北部的优秀葡萄园多属此种土质。

碎石 排水性佳但土质贫瘠，表土遍布碎石。由于能储存太阳热能，在波尔多酒区及教皇新堡酒区都被视为最佳表土土质。

石灰岩 排水性佳的岩石，主要由碳酸钙构成，属性土质。最适合种植白酒葡萄。

壤土 黏土、淤泥及沙子混合而成的易碎土质。因为土质过于肥沃而不适合栽种葡萄。

泥灰岩 混合石灰岩及黏土的酸性土壤，此为金丘（Côte d'or）、罗讷河流域以及侏罗（Jura）等酒区葡萄园的理想土质。

细沙 沙质土壤是葡萄根瘤蚜虫的克星，缺点是排水太快，无法留住土壤中的养分。

砂岩 不稳定的沉积岩，主要成分不是石英就是碳酸钙。

片岩 形成许多条带状结构（节理）的结晶岩，分布于阿尔萨斯酒区及罗第丘（Côte Rotie）酒区的底土层，富含镁与钾。

页岩 易碎且相当肥沃的沉积岩。

淤泥 相当肥沃但排水性差的河床沉积土。

板岩 由黏土、泥石及页岩组成的结晶岩，分布于普依·芙美（Pouilly Fumé）酒区及薄酒莱南部部分酒区的表土层之下。

凝灰岩 卢瓦尔河流域水性佳的石灰岩。

葡萄的栽种与采收

无论葡萄园坐落在哪里，也不论葡萄酒属于何种风格，葡萄树的生长过程均严守着一定的时间顺序，督促着酒农完成每一个阶段性的农务。

1月　尽管天寒地冻，酒农还是得外出修剪葡萄枝条。一般来说，剪枝工作始于1月22日圣文森特(St Vincent)节，圣文森特是酒农的守护神。

2月　剪枝工作告一段落后，2月份的葡萄园可说相当清闲。不过这时酒窖中的新酒已开始熟成，还需要酒农多多费心。

3月　多数酒农都已完成剪枝工作，现在开始要翻土及清除杂草。有些地区因为土质与地区气候的影响，葡萄树在3月末就已开始冒出新芽。

剪枝

剪枝以待来春冒出新芽，这项工作必须忍受酷寒，而且务必在春天前完成。

开花

葡萄开花是最令人兴奋心动的时刻，绵密的花朵将带来丰收的希望。

4月　葡萄植株迅速长出新叶、嫩芽与幼枝。抽出的枝条日后会开花与结果，所以其生长情形与未来的采收量及采收时间息息相关。若此时出现低温或多雨的情形，可能会导致葡萄有无子且青涩不熟的现象(millerandage)。相反，阳光若过多过暖，养分则会输送到叶子上而非果粒，通常不仅会使葡萄停止发育而且还会掉落(coulure)。

5月　这时候，酒农常会使用油灯及风车等设备来防止脆弱的葡萄植株受到霜害。期间要进行翻土与除草的工作，许多酒农会喷药来防止滋生霜霉与粉苞菌等有害霉菌，并加强施肥。

6月　葡萄树进入授粉及开花的阶段。6月干燥暖和的天气可以加速开花，各枝条上也开始结果。天气若是不稳定会使葡萄树枝上的果粒熟度不一，这种情形俗称为“母鸡与小鸡”。花期后则进行整枝作业，部分枝条要捆上铁线，其余的则悉数剪除。再次喷药以防止粉苞菌为害。

7月　温暖天气的催化，一粒粒硕圆的葡萄果实渐渐在枝头形成小小的葡萄“果串”。有些品种的葡萄(例如梅洛葡萄)比较为易聚集成串。在适合阶段，也要

剪除部分枝条，如此可将养分集中在果实上。再次喷药防止粉苞菌滋生，也可以进行除草。

8月 葡萄开始成熟，由外皮颜色的转变可以得知一连串的化学变化。在这个阶段，葡萄中的糖分会以惊人的速度增加。对于辛苦的葡萄农来说，这是决定性的时刻：温暖的天气后若有暴风雨来袭，葡萄将会腐烂，所以越来越多的酒农会在此时摘除部分树叶，让空气与阳光能够直达葡萄。反之，这个阶段若逢干旱，则会减缓葡萄成熟的速度。

9月 讲究质的酒农会在此时修剪多余的枝条，并尽可能“摘除生产过剩的葡萄(vendangeverte)”，以便将养分集中在结果情形较好的果实上。此阶段若逢干旱会危及成熟中的果实；反之，降雨或下冰雹的话，葡萄则有腐烂的风险。至于何时采收，则视产区、气候状况及葡萄品种而定，大部分都会在9月底前开始采收。

10月 大部分的产区，采收工作仍在进行中。某些特殊年份或在生产晚摘型葡萄酒的产区，采收才刚刚开始。采收的葡萄经过压榨后，要将统称为酒渣(marc)”的外皮、枝梗及果肉滤出，调和粪肥及化学肥料后撒在葡萄藤四周。

成熟期

这是葡萄园最重要的阶段，化学作用会使果粒中的糖分增加，红葡萄的外皮会逐渐加深。

11月 寒冬重返大地，葡萄株的树液又开始集中于根系。酒农这时要整理葡萄园地，并将葡萄株四周的废土清除干净，准备度过刺骨的冬季。

12月 大部分的酒庄都忙于备货，以应付圣诞节的购买潮。只有极少数的酒农会在此时进行剪枝的工作。

收成期

以机器采收葡萄虽然行之有年，但是注重品质的酒庄还是坚持以人工采收。

如何酿造红葡萄酒

无论酿酒设备及酿酒技术的新旧与繁简，人类的技巧永远是酿酒过程中的关键。

一旦葡萄农确定葡萄已达到成熟巅峰且保有足够的酸度时，就可开始以人工或机械方式进行采收。许多人相信以人工采收的葡萄会酿出品质较好的酒，不过以机器采收则不受时间限制，可以夜以继日地进行采收，争取时间。

机器采收

以机器采收葡萄可以全天24小时快速采摘，效率相当高。

发酵

讲究品质的酒庄会先在葡萄园或酒槽房中进行筛选葡萄的前置作业，挑出腐烂的葡萄。枝梗必须去除，以免过多的单宁破坏成酒的口感。去梗葡萄先轻轻压碎后，再装入不锈钢酒槽 (cuve) 或木制酒桶 (foudre) 中。葡萄在这些容器中先进行二天至三天的浸泡 (maceration) 以软化果粒。接着加入人工培养的酵母或借助葡萄本身附着的天然酵母展开发酵。在发酵过程中，可以将葡萄汁加热或添加发酵的葡萄汁 (must) 促进发酵。为了避免漂浮在表面的外皮与种子变干，必须使用帮浦翻动葡萄汁，或利用木桨将外皮与种子压到汁液中，这种过程称为 ptgeage。有些酒庄使用类似密闭式混凝土搅拌器的滚筒式发酵器，不过部分酒评家认为这会导致成酒过度硬涩。为使发酵顺利进行，必须将葡萄汁的温度控制在 25℃至 30℃之间。柔和、富有果香的酒，例如薄酒莱酒（见 126 – 127 页），是将整串未经压碎破皮的葡萄直接进行发酵，称为二氧化碳浸泡法 (macdration carbonique)。

采收红葡萄

好酒来自好葡萄。严格要求品质的酒庄会在葡萄园或酒槽房中先进行葡萄筛选，剔除熟度不够或腐烂的果粒。

新酒桶

越来越多的高品质红酒以新制的法国橡木桶进行熟成，酿成的酒散发出诱人的香草味道。

调整葡萄汁

想要提高成酒的酒精浓度，可以在发酵过程中添加糖；反之，若要增加成酒的酸度则要加入酒石酸 (tartaric acid)，葡萄本身也自然存在着这种物质。严格的法规对于上述这两种做法都有所约束，但往往遭到忽略。如果发现葡萄汁过稀，倒掉一些已经部分发酵的浅色葡萄汁，可以增加酒汁浓度。这些倒出的浅色葡萄汁还可以继续酿制成玫瑰红酒。

发酵之后

当葡萄汁中所含的糖分全部都转化成酒精时，发酵就大功告成了。发酵之后酒液可能还要连同外皮浸泡约 1 至 4 个星期，这段时间内酒液的颜色会逐渐加深，其中所含的单宁也会柔化。接着，先将可以从酒槽自然流出的酒液 (yin de goutte) 倒入另外一个桶中，并将果皮、种子及果肉的同体物质倒入压榨机中，榨出色泽更深、味道更艰涩的压榨酒 (vln de presse)。这两种酒液会一直分开摆置，直到酿酒师装瓶前再视情况调混。

蛋清

打过的蛋清加入酒液中后，会将漂浮粒子拖往酒桶底部。

完成第一次发酵后，红酒多半会再进行乳酸发酵 (malolacticrer-mentation)，这是一种让苹果酸转化为乳酸的天然发酵过程。

薄酒莱酒及某些地区餐酒适合在新酿成时趁年轻饮用，但是大部分的高级酒都需要在木桶中熟成，熟成时间甚至可长达 18 个月。使用部分或全部的新橡木桶已越来越普遍，运用得当时，橡木桶会让酒充满诱人的香草气味，不过一不小心也会发生喧宾夺主的情形，掩盖了其他较为细致的风味。

过滤与净化

硫黄可以在酿酒过程中防止酒滋生细菌。不过若处理失当，硫黄会和氢化合形成充满火药味的硫化氢，硫化氢甚至会和酒精结合成味道难闻的固体物质。解决之道是将葡萄酒从渣滓中榨取出来，然后换桶储存，让空气进入以防止酒走味。

装瓶之前，还要先经过一道净化手续：加入黏土粉末或打通的蛋清来除去酒中的混浊物质；酿酒师也可以使用过滤器来滤掉沉淀物。不过现在有越来越多的酒庄选择不经过过滤阶段，甚至不进行净化手续，以尽可能保持最多的原味。

如何酿造白葡萄酒

白葡萄酒细致的香味受到多种因素左右，酿制真正的上等白葡萄酒是许多酿酒师面对的终极挑战。

红葡萄果皮中所含的单宁让红酒能够耐久藏，并直接影响到红酒成酒的色泽；白葡萄的果皮则对白葡萄酒成酒几乎毫无影响。种种复杂微妙的因素，使得酿造优质白葡萄酒要比酿造顺喉好喝的红葡萄酒困难许多。首先，白葡萄的果皮相对较薄，在果园生长期间比较容易受到外力影响而腐烂。此外，采收下来的白葡萄在阳光下容易汽化或被晒熟，这种情形在法国南部酒厂尤为常见。因此部分酒庄为了降低风险，就以机器在夜晚进行采收，不过注重品质的酒庄还是坚持以人工采收。

筛选葡萄

白葡萄的果皮薄，必须费心挑出腐烂及汽化的果粒。

白葡萄如果采收过早，酿成的酒会显得青涩；如果采收过晚，酿成的酒则平板单调。部分酒区的葡萄农会刻意让葡萄熟过，以尽量提高葡萄甜度，同时也希望葡萄表皮能够覆上奇货可居的贵腐霉菌（见 109 页）。这种霉菌会使葡萄的香气更为醇厚，并注入一股特别的杏桃干果香。贵腐霉菌只有在潮湿的环境下才会出现，不过同样的条件也容易滋生讨厌的灰霉菌；因此酿制贵腐甜酒的酒庄必须特别注意筛选出真正贵腐霉葡萄才行。

添加硫黄及榨汁过程

添加二氧化硫是避免葡萄酒氧化或感染坏霉菌的好方法之一，因为二氧化硫有杀菌并抗氧化的双重作用。硫黄在酿酒房的地位就好比是肥皂在厨房中的角色一样重要，不过剂量过度的硫黄就像在酱汁中加入洗涤灵般令人吃不消。目前大

葡萄采收

阿尔萨斯酒区力克威镇（Riquewihr）的葡萄收成，这些葡萄将用来酿成丰富、芳香、微甜的白葡萄酒。

玫瑰红酒

玫瑰红酒和红葡萄酒一样都使用红葡萄为酿酒原料，不过玫瑰红酒的酿造方式却与白葡萄酒相同。玫瑰红酒细致的色泽是因为缩短与果皮的接触时间而获致。

部分的酒庄还会使用冷却设备来预防细菌滋生。

送到酒厂的白葡萄通常会连梗带皮一起送进压榨机中榨汁。另一方面，若是香气不足的葡萄品种，酿酒师通常会在榨汁前先将葡萄压破，连皮放入酒槽或类似混凝土搅拌器的密闭酒桶中(vinlmatlc) 浸泡数天，以释放出果皮中所含的香气。葡萄一经榨汁手续后，葡萄汁就此与果皮、种子等渣滓分道扬镳。葡萄汁会再进行冷却、净化、过滤等多道手续，不过许多酿酒师认为这些手续会使酒失去原有的风味及丰富口感。

发酵

接着葡萄汁开始进入发酵过程，此阶段可以利用天然或人工酵母产生发酵作用，并在不锈钢酒槽或木制酒桶中进行。发酵作用控制在 25℃至 30℃之间，持续数周或数月。发酵若在低温状态下进行，酿成的葡萄酒酒质清淡、口感清爽，有水果糖般的风味；若在较高温度下进成发酵，酿成的葡萄酒则较为浓郁，且结构丰满，但香味较没有特色。

发酵完成后，不甜白葡萄酒（如勃艮第、波尔多等酒区）会再进行乳酸发酵，这是一种天然产生的生化作用，经此作用后酒液中的苹果酸会转变成口感较丰富的乳酸。至于必须借助酒酸来维持清爽口感的甜白酒，则会加入硫黄来防止酒液产生乳酸发酵。

口感清淡、强调果香的白酒在发酵后便接着进行净化、过滤及装瓶，这些程序通常在葡萄采收后的数月间完成。较精致的酒必须再经过长达八个月的熟成过程，且大多在橡木桶中进行，然后才做过滤处理。在装瓶前，可以添加少量的硫黄以防止葡萄酒在熟成过程中产生氧化。

玫瑰红酒

玫瑰红香槟是由红葡萄酒与白葡萄酒混合酿成。其他的法国玫瑰红酒都是由红葡萄汁酿成，在果皮尚未释出色素将葡萄汁变红前，就先将葡萄汁与果皮等渣滓分离，再以酿造白葡萄酒的方式酿制玫瑰红酒。

酒槽与酒桶

现代酒庄大多采用不锈钢酒槽及新橡木酒桶进行发酵及熟成，例如勃艮第酒区的梅索酒庄 (Chateau de Meursault)。

香槟酒与加烈酒

法国许多酒区都产有优秀的气泡酒，其中当然包括名气响亮的香槟酒。各式各样的加烈酒同样香甜诱人，统称为天然甜葡萄酒（Vinsdouxnaturels）。

可乐类饮料和高级香槟酒都是含有二氧化碳的气泡饮料。可乐是将二氧化碳直接打进饮料中制成，同样的方式也可以用在葡萄酒的酿制上，不过如此制成的气泡酒将毫无品质可言，而且也不能久放。优质气泡酒的酿制方法有四种，全都是在发酵过程中自然产生二氧化碳。

最传统的方式是现在已经极少使用的“乡村制造法 (methode rurale)”，是将葡萄酒装在密闭酒瓶中进行最初的发酵而酿成，做法类似苹果酒及啤酒。葡萄汁在发酵过程中产生的二氧化碳因为无处挥发，所以就融入酒液中。罗讷河流域北部的迪城－克雷耶特 (Clairette de Die) 传统甜气泡酒 (Methode Dioise Ancestrale) 就是以此方式酿成。法国西南部加雅克酒区也是用此方式酿成无甜味的细致气泡酒，这个方法正常地称为加雅克式制造法 (methodegaillagoise)。

香槟酵母

酵母是葡萄酒产生气泡的要诀所在，可在瓶中引发二度发酵。

香槟制造法

高级气泡酒大多以“香槟制造法”进行，而不采乡村制造法。这种方法的重点在于所谓的“瓶中二度发酵”。当葡萄酒发酵完成准备装瓶之前，酿酒师会加入一种混合糖、酵母、酒汁的再发酵剂 (loqueurde tirage) 来引发二度发酵。如上文所述的乡村制造法一样，发酵过程中产生的二氧化碳融入酒液中，不过以香槟制造法酿成的气泡酒，则会存留引发二度发酵的酵母菌气味。

为了避免杂质沉淀在瓶底，因此在完成二度发酵后必须将死掉的酵母清除。这个清除酵母的过程称为“摇瓶 (remuage)”：以人工或机器逐一缓慢地旋转、摇晃倒置的酒瓶，使酵母慢慢集中到瓶口，滑入放在软木塞下方的一个嵌环状的小容器中。这些倒置的气泡酒随产区与风格不同，约须经1至4年的熟成期。二次发酵完成后，死酵母会自我分解

机器摇瓶

即使是最显赫的香槟厂，目前也已经由机器取代人工进行摇瓶操作。

人工摇瓶

目前只有极少数的庄园仍坚持以人工进行缓慢且需要高度技巧的摇瓶工作。

(autolysis)，赋予成酒一股特有的饼干香气，这也是香槟制造法的特色。熟成的时间越长，饼干气味就越浓郁。接着就是从瓶中取出酵母，这道手续称为“除渣”或“拔栓 (degorgement)”：先让酒结冻，再拔掉类似啤酒瓶盖的瓶塞。酒瓶中的压力会将结冻的酵母喷出，只留下无杂质的酒液。这时，酿酒师会在瓶里补上同糖浆和老酒混合而成的稠调味剂 (lqueur d’expedition)。最后，拴上传统的香槟软木塞，并套上铁圈对紧。

其他的两种气泡酒制造法都是香槟制造法的简化方式，不符合法定产区的酿造规定。一种是换桶制造法 (transfer method)，葡萄酒在瓶中二度发酵后，略过摇瓶手续，将酒液连同酵母注入酒桶中，以过滤器滤掉酵母再装瓶。另一种是密闭酒桶制造法 (cuve close method)，这种方式和换桶法类似，不过二度发酵是在密闭酒桶中进行而不是在酒瓶中。

加烈酒是法国的天然甜葡萄酒，虽然不及波特酒、雪莉酒、马莎拉酒 (Marsala) 或马德拉酒 (Madeira) 有名，但仍然值得重视。所有加烈酒的酿制原则都一样：在发酵中且很成熟的葡萄汁里加入中性、无气味的葡萄烈酒，使得发酵中断。添加烈酒后，酸酵酒桶中的酒精浓度会提高到 15%以上，酵母在此情形下无法存活，发酵作用因而中断。如此酿成的酒，味道甜美且富有果香，例如有名的威尼斯波美麝香葡萄酒 (Muscat de Beaumes-de-Venise，见 259 页)。这些加烈酒通常酒质单纯，也很少会再随酒龄而增进风味。

唯一的例外是法国最南部的法定产区酒班努斯酒 (Banyuls，见 194 页)。法国的班努斯红酒相当于葡萄牙的年份波特酒 (vintage Port)，会随着酒龄发展出相常复杂的口感，可以在酒瓶中存放 40 年以上。另一种能陈年久藏的加烈酒是经过“rancio”氧化处理的酒，例如罗讷河流域南部的哈斯多酒 (Rasteau，见 260 页)。能在酒标上标示“rancio”的加烈酒，必须存放在橡木桶中并暴晒于高温下（通常是阳光）进行氧化达 2 年以上，这段时间内酒液会发展出独特且强烈的坚果香味，这是 rancio 加烈酒的特征。

香槟酒瓶塞

气泡酒瓶塞是以一层层不同弹性的软木制成，会在瓶中形成蘑菇般的形状。

如何阅读酒标

了解酒标所透露的信息是成功选择葡萄酒的关键，法国葡萄酒的酒标内容提供相当完整的资讯，但有时也难免令人困惑不解。

不实的酒标内容在20世纪早期是司空见惯的事，法国政府费尽心思才制定出一套酒标标示法以保护消费大众。其中最令法国人引以为傲且成效显著的措施，就是法定产区制度的制定(见36－37页)。在进一步解析法定产区制度之前，先来看看法国酒标上到底提供哪些重要资讯。

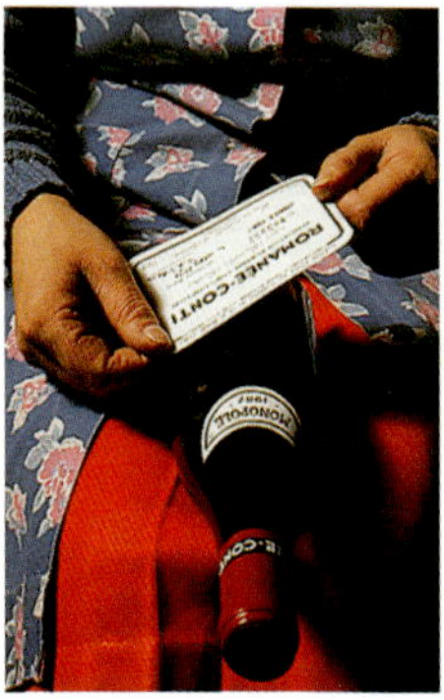

身份证明书

即使是小型的家庭式酒庄都必须遵守酒标标示规定，此外标示内容还会视进口国家的相关规定而调整。

不管是地区餐酒(vin de pays,见 276－279页)、优良地区餐酒(vin délimité de qualité supérieure，缩写为VDQS，见35页)或法定产区葡萄酒(appellation d’origine contrôlée)，正面的酒标上都有一些同类的信息。首先是酒瓶的容量，通常为 375毫升、750毫升及1500毫升三种。其次是装瓶者的名称与地址，装瓶者也可能就是酿制者。不过这些信息有时会以条码方式标示，例如JFV à 5600；有时为了方便将相同的酒卖给不同对象，也会以化名标示，这在选购上毫无帮助。依规定必须标示的最后一项资料是葡萄酒的产地。无法提示一个明确产区的酒只能挂上普级餐酒(vln de table)销售，也等于丧失了宣告年份酒或葡萄品种的权利。

其他通常会出现在酒标上的资讯还有：专属品牌名称，例如慕东·卡德（Mouton Cadet）、派得·欧尔（Piat d’ Or）、马勒松（Malesan）等；特定葡萄园名称，例如梅斯尼庄园 (Clos du Mesnil)；特别的调配酒名，例如劳伦斯调配酒(Cuvée Laurence)；酒精浓度，通常介于10.5%至15%之间；等级(普级餐酒、地区餐酒、优良地区餐酒或法定产区葡萄酒)；酒是否在酒庄装瓶以及酿酒年份等。

阿尔萨斯

这是法国唯一几乎会在所有酒标上标示葡萄品种名称的重要产区。其他产区，如波尔多、勃艮第也开始效仿此法，来应对新世界的竞争。

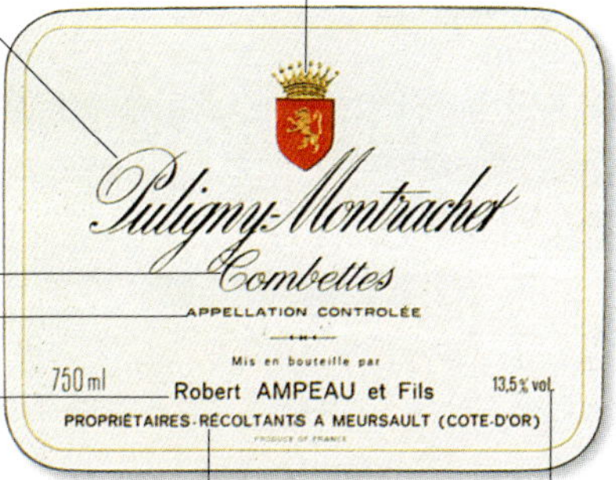

勃艮第

勃艮第酒区的葡萄园分级制度中，最好的是一级葡萄园，少数更优的上选葡萄园则称为特级葡萄园。所有葡萄园不管是否被列级，都可将名字印在酒标上，所以选购葡萄酒时务必注意“premier cru”这一字眼。至于像高登一类的特级葡萄园甚至不用将村庄名印在酒标上。

地区分级制度

除了上述的标示术语外，有些酒区还有其专属的分级制度。此处以阿尔萨斯酒区(见64－79页)、勃艮第酒区(见112－159页)以及波尔多酒区 (见80－111页)为例详加说明。阿尔萨斯酒区中几乎所有的酒标上都会标出酿酒用的葡萄品种，另外该酒区还有50多个出色葡萄园被列为“特级(grand cru)”。波尔多及勃艮第两个酒区在高级酒庄及葡萄园的分级上相当复杂，共有中级酒庄 (cru bourgeols)、列级酒庄(cru classé)、一级葡萄园(premier cru)、特级葡萄园(grand cru)、列级特级酒庄(grand cru classe)、一级特级酒庄(premler grand cru classe)等。这些酒从来不在酒标上标出酿酒葡萄的品种名。此外，酒标上还有一些虚张声势的字眼要特别提防。举例来说，Grand Vin de Franoe、Cuvée Prestige及Réserve Speclale等，都是合法但却不具有任何保障意义的用语。酒标上标有“老葡萄树(vieilles vignes)”者，表示该瓶酒的酒质特别丰富醇厚，至于树龄多大的葡萄才有资格称“老”则没有明文规定。最后一点是酒标上若标有“elévé en fûts de chêne”，则表示该酒是在橡木桶中陈年，可惜的是无法得知该橡木桶的年龄。这点其实相当重要，因为新、旧橡木桶会以不同方式影响到酒质。

波尔多

波尔多酒区的酒标内容视产区不同而差别甚大。圣爱美浓及梅多克(包括波亚克酒)两个酒区都有专属的一套分级制度；至于波美侯地区的酒庄则完全不采分级制度。

日常饮用的餐酒

法国大部分葡萄园所生产的葡萄酒仍以没有列入法定产区葡萄酒者居多，虽然如此，从这些葡萄酒中还是可以获得很多的饮酒乐趣。

所有的法国葡萄酒都依照一套金字塔形的品级评断标准分类。这套标准将葡萄酒划分为4类，最底层的是普级餐酒，往上类推依次是地区餐酒、优良地区餐酒(简称 VDQS)，以及最上层的法定产区葡萄酒(AC级法定酒)。

今非昔比

这种酒酿成时，高比耶酒区还只是个优良地区餐酒产区，现在高比耶已荣登为AC级法定酒产区了。

普级餐酒

估计法国葡萄酒总产量的28%，是法国葡萄酒品质分级制度中的最低一级。普级餐酒的酿制方式没有一定规则可循，只规定不能在正面酒标上标示酿酒用的葡萄品种与产区。一般来说，普级餐酒的品质都不高，不过偶尔也有违反法定产区葡萄酒规定的好酒被降黜至本级中，例如由卢瓦尔河流域顶尖酿酒师迪第尔·达盖纽(Didier Dagueneau)酿制的普依芙美甜酒(见220页)，以及由波尔多酒尔杜隆(Dulong)酒商公司混调的得奖红酒雷贝列(Rebelle)等。

地区餐酒

地区餐酒在品级制度中比普级餐酒高一级，包括150种左右的各地酒品。地区餐酒制度于1973年订定，目的在于推广各地区的产酒，该制度明文规定每种酒的法定葡萄品种、酿制方式以及各产区的葡萄酒风格。不同于法定产区葡萄酒，地区餐酒可以将葡萄品种印在酒标上。这个发展神速的酒类原本规范的只是日常饮用的葡萄酒，但事实上，许多地区餐酒今天的身价已远超过一些AC级法定酒，这一点令许多AC级分级系统的支持者颇不服气。这样的成果要归功于许多企图心旺盛的酒庄主人，例如埃罗省 (Hérault)马斯－杜焉加萨克(Mas

普级餐酒

阿尔萨斯一生产商的酒标，打了个法规的“擦边球”：法规规定法国普级餐酒不能标示年份，这一酒标上虽未提及年份，但“Z002”或许提供了暗示。希望法规能有所放松，这样类似的“努力”便可省下了。

法律禁止普级餐酒标示出葡萄品种及详细产区，所以这一酒标上只简单注明为“法国白葡萄餐酒”

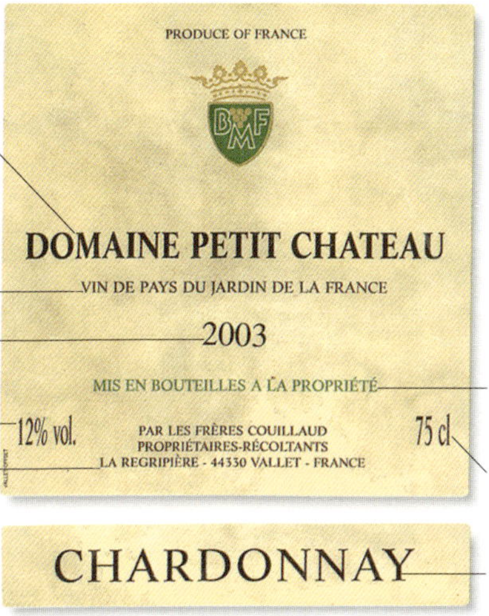

地区餐酒

不同于法定产区酒，就像大部分地区餐酒一样，这一来自法国迦丁地区的酒标上标示出了葡萄品种，不同于普级餐酒的是，地区餐酒酒标上可标示年份。

de Daumas Gassac，见278页)酒庄的艾姆·吉伯特(Aimé Guibert)、朗格多克－鲁西永酒区的法国斯卡利弗坦(Skalli Fortant de France)酒庄的罗伯·斯卡利(Robert Skalli)等，都以不逊于AC级法定酒优良酒庄的酿酒技术及品质来生产地区餐酒。地区餐酒目前估计是法国葡萄酒总产量的四分之一，这类酒的成功已经使得密内瓦(见199页)及高比耶(见195页)等酒区内许多AC级葡萄园积极投入地区餐酒的生产。

优良地区餐酒

最后是介于地区餐酒与法定产区葡萄酒间的优良地区餐酒，这个小规模的品级近年来已被逐步淘汰。大部分的优良地区餐酒已升级为法定产区葡萄酒，只有一小部分因未明的原因仍被困在这个等级中，例如颇负盛名的圣比苏维浓(Sauvignon de St Bris，见155页)。

优良地区餐酒

这是一个需对法国酒标系统再斟酌的典型范例。包括卢瓦尔河流域大普隆地区餐酒在内的一些酒品，与许多其他地区餐酒相比，没什么突出之处。而像Tursan这样的酒品，与附近其他地区所产的不那么精心酿造的葡萄酒相比，则很容易胜出。然而，优良地区餐酒的制造厂，并未受此鼓舞从而生产出更多上好美酒，因为人们对这些酒的价格预期比较低。

法定产区葡萄酒

约有40%的法国葡萄酒属于法定产区葡萄酒，法定产区葡萄酒制度可以保证葡萄酒的产区及风格，至于品质方面则另当别论。

法定产区葡萄酒(Appellation d'Origine Contrôlée)制度于1936年制定后，一直是法国知名葡萄酒奉行的最高原则，而且被世界各产酒国竞相仿效。这个制度规定所有装瓶的酒一定要符合瓶身酒标的标示内容，以保证消费者及诚实酒庄的利益。

目前法定产区葡萄酒制度仍坚守 1936年创立时的宗旨，即保证葡萄酒的产区、风格及品质。事实上大部分酒庄都同意，尽管不断努力，法定产区制度还是有许多实施上的漏洞。从正面来看，虽然有不少的葡萄酒被非法地进行产地转移，但是法定产区制度管制下的葡萄酒大部分还是能符合酒标上产区、产酒乡社或葡萄园的标示。

制定法规

国家法定产区管制局(INAO)设址在巴黎，负责多种法国葡萄酒的检定及推广，同时也负责许多地方特产的促销，其中奶酪就有三十多种。

此外，该制度也确实要求每个产区只能使用法定许可的酿酒葡萄品种，不过这点在实务上却显得似是而非。以勃艮第(见112－159页)白葡萄酒为例，99%以上的勃艮第白葡萄酒都是以夏多内葡萄酿成，以至于合法使用白皮诺葡萄酿成的白葡萄酒就显得颇不寻常。另一个例子是密内瓦(见199页)法定产区的葡萄酒，该地区的酒就和许多法国南部的红葡萄酒一样，都是以多种葡萄混合酿成。有些酒庄为了仿制澳洲酒及罗讷河流域(见238－263页)的酒，于是钻研法规漏洞，在不违法的情况下以希哈葡萄酿出一种与该产区风味迥然不同的葡萄酒。除了葡萄品种，法定产

蜜思卡得酒区的葡萄树苗

勃艮第香瓜种葡萄是唯一获准用来酿造蜜思卡得酒的葡萄品种。葡萄品种的法规限制可以帮助消费者了解各款法定酒应有的特质。

区葡萄酒制度也规定了各产区葡萄酒的风格，但是也时有不合常规的情形存在。例如酿酒师迪第尔·达盖纽所酿造的香甜酒、晚摘型普依芙美甜酒(见220页)其实并不符合法规规定；又如武夫赖(见226页)产区及阿尔萨斯(见64–79页)许多酒庄所合法酿成的美味甜酒，酒标上的标示却让人误以为是不甜的酒。

制度的漏洞

另一个混淆点在于制度中有关“一级葡萄园”语焉不详的界定方式。以默尔索酒区(Meursault，见145页)的沙尔姆(Charmes)一级葡萄园为例，分享这座葡萄园的酒庄可以将酿成的酒标示为“默尔索沙尔姆一级葡萄园法定产区葡萄酒(appellation contrôlée Meursault Charmes Premier Cru)”或“默尔索沙尔姆法定产区葡萄酒(appellation côntrolée Meursault Charmes)”。紧邻的巴尔庄园(Clos de la Barre)并非一级葡萄园，其酿成的酒则可以标示为“默尔索法定产区葡萄酒(appellation contrôlée Meursault)”或“默尔索巴尔庄园法定产区葡萄酒(appellation contrôlée Meursault Clos de la Barre)”销售。因此，在没有明白标示“一级”的情况下，该如何判断哪一种酒产自一级葡萄园？很简单：根据法定产区的规定，除非是来自一级葡萄园的葡萄酒，否则葡萄园名字的字体高度不能超过村庄名字高度的一半。为避免造成辨识困难的缺失，比起对品质认定的忽略程度还只是小巫见大巫。

所有的酒在获得法定产区葡萄酒的认定之前，都必须先经过匿名品酒鉴定。这种鉴定方式的第一个缺失是，参与鉴定的都是当地的品酒专家，这些专家难免有徇私之嫌；更严重的一点是，试酒会是在新酒装瓶前进行，甚至是在酒整桶卖给酒商之前，之后这些酒将会经过混调等后续处理才再

潜光未露

马斯—杜马加萨克酒庄的地区餐酒虽然未能晋升为AC级酒，但是该酒庄生产的生命力长的顶级红酒与白酒都属法国名酒之列。

装瓶出售。换句话说，送到消费者手上的酒，并不一定就是评审团当初同意授予AC级法定酒资格的酒。1995年，在经过对法定产区制度的评估后，法国国家法定产区管制局的负责人不得不承认，将近15%的AC级法定酒不合法定标准。这项声明发表后不久，这位位居要津的诚实官员就被撤换了。法国酒农显然和农民一样，左右政局的影响力不容小觑。

葡萄酒先驱

1923年，罗伊男爵(BaronLeroy，上图右)为法定产区制度奠下基础，有法定产区制度教父之称的约瑟夫·卡普斯(JosePh Capus，上图左)将之付诸实施。

品酒

经数世纪的经验累积，各项专业知识和技能都有长足的进步。不过在以专业见长的品酒学问上却是见仁见智，因此品酒大师就成为漫画家笔下最常见的消遣对象。

漫画家对品酒这件事所抱持的嘲笑态度是有原因的。毕竟喝酒、享受酒，以及手持一杯酒，表情严肃地转动酒杯、又闻又反复浅尝后将酒吐出的喝酒方式到底有哪门子关系，至今仍是各说各话。一言以蔽之，这就是“体验(perceive)”和“经历(experience)”二者间层次的不同。一种是看、听、吃、喝；另一种则是审视、聆听与品尝。两者间最简单的区别在于脑筋及心思的运用程度。以音乐为例，有人可以花钱买一张昂贵的入场券到音乐厅欣赏迈尔·戴维斯(Miles Davis)、马动或米格·杰克(Mick Jagger)的音乐，但是同样的音乐在另一场合中则成为某项社交活动的背景音乐。再者，全世界每天都有数不尽的食物与饮料被吞咽下肚，其中让人吃出真滋味的到底有多少?又有多少简单地被当做“食物”而消耗?

唯有真正用心“体验”过的事物才会深深刻在记忆中。有些事物在第一眼时就令人印象深刻，而经验的累积则可以帮助我们进一步来做判断。这种理论用于品酒亦同，所谓的品酒就是在短暂的时间内集中精神，将杯中的酒和过去品尝过的酒做一比较。品酒的程序如右页图所示，在餐厅中做这些动作并不会失礼。

审视

分析葡萄酒时，首先要观察酒的颜色。不论酒龄、产区特性，杯中的酒都应拥有晶莹剔透的光泽。酒液中的任何混浊感——只要不是因为红葡萄酒瓶底的残渣受到搅动浮起所致——都是负面象征。从酒色及色泽深浅可以判断出酒龄，倒酒时从酒液顺着杯壁流入杯中的方式，也可看出酒的浓厚度。

薄酒莱酒

这杯酒龄极浅的薄酒莱酒所散发出的紫色光泽，是一般新酿红葡萄酒的共同特色。

勃艮第酒

勃艮第酒可从其砖红色的酒色一眼看出。这种酒已有三年酒龄，边缘处的酒色已变得较浅。

颜色与清澈度

酒液是否晶莹剔透？是新酒或是已开始发展出红褐色？

气味

酒香是否纯净？是哪种香气？是单纯的气味还是富有层次感？

结构与酒质

酒液的口感是清淡细致或是醇厚浓烈？酒质是丰满还是稀薄？

风味

尝起来有果味吗？有香料、动物或蔬菜等味道吗？是单种风味还是有多层次风味？风味随即消逝还是余韵持久？

嗅闻

转动酒杯，让酒在杯中打转，然后深深嗅入酒香，再全神贯注分析其气味。闻起来的味道是浓是淡？是新鲜纯净还是有霉味、混浊味或酒醋味？散发的香气中带有果香、香料味、花香还是蔬菜味道？将闻到的单种或综合气味记在脑中，假以时日就可练出不看酒也能快速猜出葡萄酒背景资料的好本领。

啜饮

专业的品酒师会慢慢啜饮，让酒液的风味在口中一层层绽放开来。过去的品酒师，将重点集中在舌头的味蕾所感受到的咸、甜、酸、苦等滋味；现在的品酒师，则比较注意酒香的体验。为了加大酒与氧气接触的效果，品酒师会将酒含在齿间来回滚动，并同时吸入空气，让酒液与空气混合。口内的加温效果会带出酒中的更多味道。

吐出或咽下

如果必须同时试饮很多种酒，又不想吸收太多酒精的话，将入口的酒液吐出来是很好的折中办法。如果口中还有残余的风味，可以花一点时间感受这口中的余韵。上等高级酒与普通酒的最大差别就在于酒入喉后，是否还有余韵及其余韵是否持久。

梭甸酒

这种以好年份葡萄酿成的梭甸酒有3年的酒龄，其诱人的金黄色会随着熟成而逐渐加深。

丽丝玲酒

这是酒龄两年左右的阿尔萨斯无甜味丽丝玲酒应有的淡稻草黄色泽。存放10年以后，酒色会发展成金黄色。

葡萄酒的品鉴

谈过品酒技巧后，下一阶段是如何运用品酒技术来评断葡萄酒的品质以及其发展潜力。

假设所有的葡萄酒都拥有诱人且均衡的风味，那么高级酒和一般酒的差别就在于层次感。以音乐做比喻，如果以单种乐器演奏的旋律来比拟普通葡萄酒，那么顶级美酒的层层质感就像是百乐争鸣的交响乐。

所有葡萄酒经过熟成后外观都会改变。试着在白色背景前将酒杯往身外倾斜，然后仔细观察酒液的边缘部分。酒龄越久的葡萄酒，边缘的色泽会越淡。酒色可以提供更多判断酒龄的依据，例如红葡萄酒会由原本的偏紫色依熟成时间的长短转变为红宝石色、砖红色，最后呈现出褐色；白葡萄酒则由原本的绿－金黄色变为金黄色，最后成为古铜色。此外，气味与风味也会产生变化。葡萄品种固有的特质，以及源自于装瓶前发酵及熟成所产生的最初特质都会消失。装瓶后的葡萄酒会发展出只有在瓶中才会形成的第二种酒香及风味。

明日之星

品酒师正在品尝去年酿成的新酒，在此阶段即使是经验老到的专家也可能做出错误判断。

今天大部分的葡萄酒在最初的特质仍相当明显时就已被饮用。薄酒莱酒(见126－127页)、蜜思卡得酒(见219页)以及欧克地区餐酒(Vins de Pays d’Oc，见279页)的确最适合在这个阶段饮用。不过若是贸然喝下一瓶未臻熟成的上选红葡萄酒与白葡萄酒，其结果就像只观看彩排而漏失精彩的首演一样遗憾。

展望潜力

要判断一瓶酒是否具有发展潜力，必须观察下列数项特征。酒的气味与口感是否新鲜？好酒就像

抢手的老酒

可以久藏至将近四分之三个世纪的好酒实在不多。这种来自波尔多酒区玛歌酒庄(Château Margaux)的红葡萄酒就是其中代表。

老当益壮的老年人，即使是酒龄老大不小也能保有清新的味道。不幸的是，一种现在喝起来平淡乏味的酒，明天只会更糟糕。酒的味道可不可以在瓶中耐过几年的熟成期?以一种清淡细致的葡萄酒来说，或许现在顺口好喝，但是经过几年的存放后可能变得稀薄乏味。结构的均衡也是该注意的重点。好红葡萄酒需要一定量的单宁含量(单宁的艰涩口感可以平衡红葡萄的果味)，好白葡萄酒则需要相当的酒酸含量才会与甜味相抗衡。过多的单宁及酒酸都不好，但是在评估一种酒未来的发展时，很难准确地预测出这些成分及彼此间的平衡会随着时间如何变化。

葡萄酒竞赛

一年一度的世界葡萄酒大赛以“匿名”试酒方式进行，如图所示的竞赛方式常会有出人意料的结果。

试饮年轻的波尔多红葡萄酒时，很难推断出单宁后所隐藏的果味成分有多少以及品质高下。以1970年及1982年的波尔多红酒为例，酒评家在试过新酒后，认为1970年的酒单宁强劲，而1982年的酒因单宁不足将不耐久藏。结果这两个推论都错了，1970年酒中的单宁在陈年后仍然强劲艰涩，难以入口；而1982年的酒却像个蕴藏无尽潜能的运动健将，随着熟成而渐渐释放出前未预见的更多单宁。

转变的模式

酒在熟成过程中难以预测的可能变化，是品酒师必须面临的另一项挑战。不同的葡萄品种与不同产区所生产的葡萄酒，熟成速度的快慢各自不同。罗讷河流域维欧涅葡萄所酿成的孔德里约酒(Condrieu，见252页)熟成的速度就比阿尔萨斯的丽丝玲葡萄酒(见64－79页)来得快。马珊及胡珊葡萄酿成的罗讷河流域白葡萄酒装瓶数年后会有每况愈下的现象，但在酒龄7年时却又能绽放出更诱人的味道。

同样，波尔多酒在不同的发展阶段会出现长达1年左右的衰竭现象，这个现象的轻重度会随着年份而有所不同。举例来说，1985年的酒完全没有出现上述现象，而1966年的好酒却会数度陷入死寂状态。勃艮第红葡萄酒因为单宁含量较低，可能在6个月之间就从果香扑鼻的适饮状态转为稀薄乏味。酒质较为浓烈的波尔多红葡萄酒一般来说不会很快就失去魅力，不过却可能过了熟成期后单宁仍一样涩口。

匿名品酒

以匿名方式进行品酒时，品酒师对所品的酒一无所知，必须完全凭临场感觉做出评价。上图是以餐巾裹住瓶身的一种匿名方法。

葡萄酒品鉴术语

不同时代与不同国家都各有一套用语来形容葡萄酒的味道与特质。

将葡萄酒的风味诉诸文字，就像以言辞描述一首交响乐或一幅画作般困难。语言的确不是能清楚表达感官感受的理想中介。以文字描述葡萄酒的特性，主要从三个角度切入。首先是香气与风味，通常以气味近似的水果、香料或药草来描述。其次是风格与酒质，单宁是否浓烈如茶般涩口?或者酸度不足如淡而无味的青苹果?口感稀薄还是醇厚?最后，是综合前两种角度，由味道与风格来判断一瓶酒是否适合饮用。瓶内的酒是尚未成熟、已达成熟巅峰还是已走下坡?气味清爽还是有不明确的混浊感?口感单纯简单还是复杂富层次感?风味短暂即散还是在口中萦绕?描

法语葡萄酒品鉴术语表

ACETIC 酒醋般的酸味，由酒中细菌所产生的醋酸引起。

AMYLIQUE 以低温发酵酿成的酒会有这种水果糖般的香气。

ANIMAL 动物气味，许多成熟红葡萄酒或以希哈葡萄酿成的年轻红酒常会有这种味道。

ÂPRE 用来形容酒中强劲的单宁所散发的苦涩、粗犷。

AROMATIQUE 以格乌兹塔明那等香气浓郁的葡萄所酿成的酒通常带有这种特殊的香料气味。

ARÔME 用以形容新酿成、尚未装瓶的葡萄酒所散发的新鲜气味及葡萄香。

AUSTERE 形容酸性白酒或单宁高的红酒味道。

BALANCED 酒中各种香气和谐。

BARRIQUE 橡木桶，通常指新桶。

BISCUITY 饼干味，勃艮第白酒及香槟酒常有的香气。

BOISÉ 酒中的木头香气。

BOUCHON(GOÛIT DE) 软木塞味。

BOUQUET 用来形容酒经过装瓶熟成后的香气，以区别于形容未装瓶新酒香气的“arôme”一词。也可用来泛指酒香。

BUTTERY 奶油香，用以形容上等勃艮第白酒的特殊味道。

CAPITEUX 形容酒精含量过高的酒。

CHALEUREUX 形容酒香浓厚、酒精浓度高的红酒。

CHAPTALISÉ 在发酵过程中，借由添加糖以提升酒精含量的酒。

CHARNU 与“chaleureux”为同义词，但是比较不强烈。

CHARPENTÉ 形容风味浓郁但单宁含量稍浓的红酒，存放后品质更出色。

CHÊNE 橡木，指新橡木。

CIGAR BOX 雪茄盒，成熟波尔多红酒所散发出的杉木香味。

CLOSED 指香气和风味都不明显的酒，有些酒在开瓶与空气接触后会绽放开来。

COMPLET 酒质复杂且风味均衡。

COMPLEX 葡萄酒带有一种以上的风味。

CORKED 用以形容发霉的酒味，这是因瓶塞发霉所引起。平均3%~6%的葡萄酒会有这种情形，严重程度不一。

CORSÉ 意思同于“charnu”、“chaleureux”二词。

DÉPOUILLÉ 味道渐趋清淡无味的酒。

DILUTE/DILUE 酒质稀薄，因葡萄盛产或采收时雨水过多所导致。

ELEGANT 用以形容酒质细致、均衡和谐。

ÉTOFFÉ 酒质浓烈醇厚、有耐久藏的发展潜力。

ÉVENTÉ 已超过最佳饮用状态的酒。

FAT 以圆熟葡萄酿成、风味十足的酒。

FÉMININ 指细致清淡的酒。

FINISH 余韵，酒入喉后回绕口中的风味。

FLABBY 形容酒酸不足的酒，不耐久藏。

FONDU 指甫进入成熟阶段的酒。

FRIAND 年轻或老的酒，拥有出色的成熟果味与酸度的均衡感。

FUMÉ 烟熏味道；在新兴酿酒世界指的是橡木桶味。

GOBS OF FRUIT 指果香四溢的酒，常用来形容新款的波尔多红酒，以及产自罗讷河流域或法国南部的酒。

述葡萄酒的用语无奇不有，有米开朗基罗形容意大利酒“吻、舔、咬、刺、叮”，也有无名氏所言“如婴儿耶稣穿着丝绒裤滑下你的咽喉”，以及所谓的“如丝”、“如缎”、“如蕾丝”等种种关于质感的形容词，令人叫绝。北美洲则偏向使用酿酒技术用语，例如“乳酸发酵”、“葡萄皮接触”等。下表中所列的是通行于法国、美国及英国的常用葡萄酒品鉴术语。

风格多变

葡萄酒各具特色，要形容每款酒独特的风味是一项奥妙精细的艺术。

GREEN 以不够成熟的葡萄所酿成的酒，通常肇因于夏季温度过低。

HOT 与“capiteux”一词意思相近，是指酒精浓度过高，压过本身的风味。

HYDROGEN SULPHIDE 酒在装瓶前会添加硫黄以抗氧化，如果硫黄挥发的程度不够反而会形成硫化氢，使酒产生一股类似臭鸡蛋的难闻气味。

LONG 形容酒的余韵长且持久。

LOUCHE 酒质混浊，通常因细菌感染而引起的败坏现象。

MEATY 形容酒质密实，入口后仿佛可以咀嚼。

MERCAPTAN 难闻的化合物气味，酒装瓶后，酒中的氢化硫与酒精化合所产生的味道。 MOISI 霉味，通常因酒桶或酒槽不洁所导致。

NOBLE ROT/POURRITURE NOBLE 贵腐霉，这是一种生长在白葡萄表皮的益菌，会让酿成的甜白酒散发一股独特且享有很高评价的香气。

NOSE 酒的“鼻子”，指酒的气味，包括“ârome”和“bouquet”。

PÂITEUX 形容酒质薄弱无力、酒酸不足的甜白酒。

PÉTILLANT 用以形容气泡较弱的气泡酒，与“crémant”意义相近，另一种更轻柔的气泡酒称为“珍珠气泡酒”(perlant)。

PIERRE-À-FUSIL 硝石味，即英文的“gun-flint”。形容白苏维浓葡萄酒的冷冽特质。 POURRI 腐烂味，形容使用已感染有害菌而腐坏的葡萄所酿成的酒。

PUISSANT 强劲，指风味与酒精浓度皆强烈的葡萄酒。

RANCIO 指存放在橡木桶中经过至少两年且通常以过阳光直接暴晒的加烈酒或天然甜葡萄酒。这种已氧化的酒近似西班牙的雪莉酒，在法国鲁西永地区特别受到喜爱。

RICH 法文“puissant”的英文同义词。

ROBE 直译为“洋装”，指酒的外观。

RÔTI 形容贵腐葡萄酒所散发的烧烤味道。

SHORT 指酒的余韵不足。

SOYEUX 形容酒的质感如丝般柔顺好喝易入喉。

STALKY 指遭葡萄梗的木头侵入的酒。

STRUCTURE 酒的结构是指酒中所含的单宁、酒酸、糖分、果味等与酒精浓度的比例关系。

SULPHUR 硫黄，在酿酒过程中有抗氧化及杀菌作用，用量过多会呛鼻，尤以甜白酒为甚。

TANNIC 单宁强劲，形容艰涩红酒的口感就像冷浓茶般的涩口。

VEGETAL 蔬菜味，以未成熟葡萄所酿成的酒常会有的味道。

VIF 活泼、清淡。

VOLATILE ACIDS 低温时会挥发的酸质。醋酸是最重要的挥发性酸质，含量过高会使酒散发难闻的酒醋味。

VOLUPTUOUS 形容口感丰富、风味浓郁且酒精含量高的酒。

YEASTY 酵母味，上等香槟酒的招牌香气；采用传统的未去酒渣培养法(surlie)，不经净化或过滤手续即装瓶的蜜思卡得酒也有此味道。

饮酒的艺术

数世纪来，用来盛酒的容器形形色色，有最精致的高级水晶杯，也有为了禁得起吧台撞击而特别以白蜡制成的沉重酒杯，材质与造型琳琅满目。

烛光下的酒

换瓶的诀窍在于先将酒瓶直立至少24小时。然后就着烛光或手电筒，将葡萄酒慢慢倒出酒瓶，直到看到沉淀物快流出为止。

有时最美好的饮酒经验，不见得需要高级的酒杯、麻烦的温酒手续以及理想的搭配佳肴。情境是最好的催化剂，情境对了即使是就口啜饮香槟酒也其乐无穷。当然，有机会能在家中悠然享受好酒，采用正确的饮酒方式才不会辜负一瓶好酒，也才能尽得其中精粹。

奥地利籍的玻璃杯制造商乔治·雷德尔(Georg Riedel)，颇富新意的以技术证明，不同形状的酒杯可以巧妙敏锐地带出不同种类葡萄酒的风味。所以，他除了为波尔多红葡萄酒、勃艮第红葡萄酒及罗讷河流域红葡萄酒设计出不同形状的专属酒杯外，也打算为其他产区打造通用的酒杯。如果有酒客着迷于某一款葡萄酒，想必也会一头栽入雷德尔酒杯系列的收藏热中。不过，拥有一组完整系列的酒杯就像拥有一整套厨房刀具一样，事实上经常动用的恐怕只有其中数件，而且可能这些就已经能够应付自如了。就我个人来说，家中只摆了四具杯组，包括用来喝红葡萄酒的大杯子、高脚但容量略小的白葡萄酒杯、用来喝香槟酒的金香杯（flute），以及用来喝波特酒及甜白葡萄酒的小酒杯。

不论使用哪一种酒杯，如果希望能充分展现酒的优点，则务必遵守下列标准。

酒杯组

这4只以透明水晶制成的酒杯能应付所有快乐的饮酒时刻。

酒杯必须是以透明水晶玻璃制成，酒杯的容量以装盛三分之一到半满程度就能达到所需分量者为佳。此外，杯口应稍向内缩，比杯肚略小，杯身的高度则应高于杯口的直径。换言之，传统的茶碟（saucer）状的香槟玻璃酒杯是最不理想的设计，据说该酒杯是根据法国玛丽皇后的乳房形状而设计的，这种酒杯宽阔的杯口会使酒香和气泡迅速逸出。

换瓶及让酒“呼吸”是颇富争议性的手续。在饮用前数小时拔开酒塞其实毫无意义，因为仅仅拔掉软木塞的话，酒液与空气接触的面积并不大。换瓶手续就可一举两得。首先，换瓶有助于将陈年红葡萄酒与酒瓶底部的沉淀物分开；也可以有效达到让酒苏醒且柔化新酒的效果。不论红葡萄酒、白葡萄酒、甚至气泡酒在流注入新瓶的过程中，都能顺着瓶身充分舒展开来。年轻的酒可以在饮用前2至3个小时进行换瓶，至于老酒则越晚换瓶越好，因为长年存放在瓶中的成熟老酒受不了一下子暴露在空气中的强烈刺激，酒质可能会变得疲弱。

按一般的饮酒传统，用餐时的供酒顺序应该是淡酒先于醇厚浓烈的酒，白葡萄酒先于红葡萄酒，年轻的酒先于陈年老酒，不甜的酒先于甜酒。此外，每一轮的酒又应比上一轮的酒更高级。想想如果先上桌的勃艮第白葡萄酒优于后上的红葡萄酒，搭配奶酪的陈年波尔多酒又比搭配鹿肉的艾米达吉酒还要精致，那该怎么办?最佳守则还是遵循经验判断。中上品质的酒如果紧跟在顶级酒后饮用，会显现不出其特质，除非有一道极出色的佳肴来衬托。若是需要供应多种酒时，最好能像欣赏画作一样，在每一款酒间保留适当的缓冲时间，使客人能逐一充分地感受其美味。

杠杆式螺旋开瓶器

美式“Ah-So”开瓶器

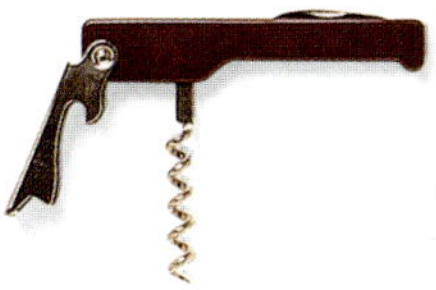
“侍者之友”开瓶器

慎选开瓶器

杠杆式螺旋(screwpull)开瓶器最好用，美式“Ah-So”开瓶器适用于陈年软木塞，“侍者之友(Waiter’s)”开瓶器效果也不错。不管是哪种开瓶器，务必选用以螺旋钻设计者为佳。

最适合的酒温

不甜白葡萄酒在过低的酒温下无法感受其风味，红葡萄酒若酒温过高感觉就像在喝汤。要降低酒温，可以在饮用前将酒放在装满冰块及水的冰桶中泡上10分钟左右。若是温酒，则是将酒瓶浸在温水中。

淡红葡萄酒，如卢瓦尔河流域的红葡萄酒及薄酒莱红葡萄酒	11℃－13℃
年轻的勃艮第红葡萄酒、罗讷河流域红葡萄酒或陈年波尔多酒	14℃－16℃
陈年勃艮第酒、高单宁的年轻波尔多酒及罗讷河流域酒	16℃－18℃
清淡的半甜型及不甜型白葡萄酒，如武夫赖酒	6℃－9℃
玫瑰红葡萄酒、香槟酒、丽丝玲酒等香气浓郁的白葡萄酒，以及桑塞尔酒及基本型沙布利酒等较为浓烈的白葡萄酒	8℃－11℃
酒质较醇厚的勃艮第白葡萄酒及波尔多白葡萄酒	11℃－13℃

葡萄酒与美食

每个酒区的葡萄酒当然与该区的地道料理最为相衬，酿酒者首先要服务的对象就是产区内的酒客与餐厅。如何选对理想的餐酒，秘诀就在将酒想象成餐点的搭配酱汁。

如何完美地搭配葡萄酒与美食，主要有两派见解。第一种就是所谓的传统专业酒侍(sommelier)守则派，他们为酒与美食的搭配定下了金科玉律，一定得照本宣科，马虎不得。另一派别强调“跟着感觉走”，没有搭配上的特殊规定，完全听由个人喜好与品味行事。当然最好的做法就是兼取两者的优点，也就是依照常理并参考他人累积的经验来下判断。酒农酿制出适合搭配当地名菜的葡萄酒，本来就是一件再自然不过的事。例如勃艮第酒区（见112－159页）是法国一流牛肉与鸡肉的产地；梅多克酒区（见99页）则以出产高级羊肉闻名；桑塞尔（见222页）的羊奶奶酪则与桑塞尔酒齐名。

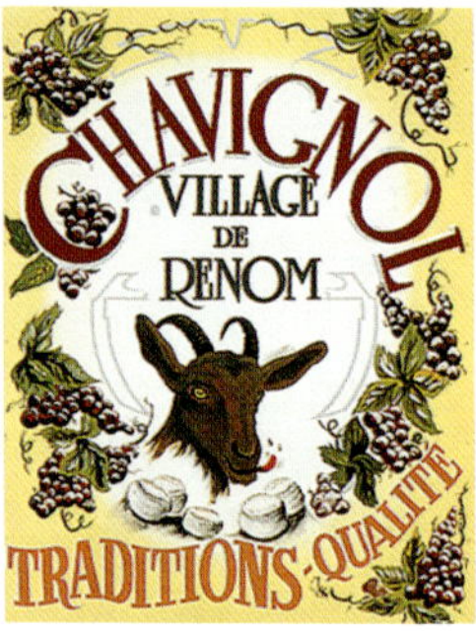

葡萄酒与奶酪

不是所有的葡萄酒都可以用来搭配奶酪。搭配上图这款夏威纽(Chavignol)羊奶酪，最理想的是白酥维浓葡萄酒。

用来佐餐的酒可以比拟成菜肴的酱汁。强劲的艾米达吉酒(见258页)和重口味的研磨胡椒酱(sauce poivrade)，都无法为以动物内脏为食材的料理增添风味；蜜思卡得酒及奶油浓汁同样会淹没在鹿肉浓烈的味道中而尽失其味。所以在挑选餐酒时，千万要注意味道的浓淡性与协调性。其次，将各类酒的风味牢记在心。鹿肉一类的野味搭配研磨胡椒酱等辛辣酱汁，再来杯口感同样辛香的酒(如艾米达吉酒)，就将收到相得益彰的效果。有水果入菜的菜肴，例如使用葡萄的“薇若妮卡式比目鱼(sole Véronique)”，适合搭配丽丝玲酒或麝香葡萄酒等充满果味的葡萄酒。

酒质与菜肴的质感也是考虑的重点。例如油质肥厚的熏鲑鱼搭配口感油腻的格乌兹塔明那葡萄酒实在恐怖，换上清淡爽口的白苏维浓葡萄酒要好得多。

口感硬涩、高单宁的红葡萄酒不能用

酒的料理功能

加酒慢炖可以使过老的禽类肉质变软(见左下图)，也可以帮淡菜(见右下图)提味，使料理更出色。

来搭配牛肉，否则会使牛肉肉质变涩变硬，建议最好选用勃艮第酒搭配牛肉，而波尔多酒则留着搭配羊肉。如果波尔多酒与牛肉之间的不相容让人讶异，那么再尝试以一瓶上等的年轻梅多克酒来搭配经过高温杀菌处理的布里（Brie）奶酪，那种有如地狱般的味觉酷刑更让人害怕；奶脂味浓厚的软质奶酪使单宁高的酒尝起来好像满口金属，换成一瓶柔和的勃艮第红葡萄酒或无甜味的白葡萄酒则是绝配。

香浓的甜点酒除了酿酒葡萄的香味外，通常还会夹带着其他的水果香味，是用完主菜后搭配这些水果甜点的最佳拍档。甜点酒是饭局的甜蜜句点，也可做成别出心裁的甜点小品，例如以波尔多红葡萄酒与红醋栗做成的果冻，或者以香槟酒做成的雪糕（sorbet）等。

经典搭配

只有细致的葡萄酒才能烘托出贝类海鲜的细致美味。蜜思卡得酒是搭配大部分海鲜的最佳佐餐选择。

酒与料理

酒在厨房中的用途极广。早在罗马时代，就已使用酒、橄榄油及香草来制成腌酱汁，用来软化坚硬的肉质并增添风味。这种用途的酒，最好是酒质单纯、年轻且浓郁的红酒，尤以产自罗讷河流域酒区(见238-263页)、波尔多酒区(见80－111页)及法国南部者为佳。同样的，梨子配波尔多白酒(见93页)、草莓配波尔多陈年红酒、威尼斯波美侯香葡萄酒(见259页)配水果沙拉都是理想的搭配方式。鱼可以在白酒与高汤中水煮，烧酒鸡(coq au Vin)及勃艮第式炖牛肉(boeuf Bourguignon)则是红酒慢炖坚韧肉类的代表之作。

选择采用的葡萄酒时，首先记得要淘汰自己根本不爱喝的酒类。此外，如果希望菜肴带有酒醋或雪莉酒的味道，则要仔细阅读酒标内容。有些传统食谱会建议以佐餐用的名贵酒入菜，其实这倒没有必要。喝得起稀有的特级香贝丹酒(GrandCruChambertin)的人已是屈指可数，用这种酒来烹调鸡肉简直是暴殄天物；建议使用酒质醇厚浓烈的黑皮诺地区餐酒(见276－279页)、马贡红酒(Mficon Rouge)或其他口感柔和且果味强的红酒就可完成一道鸡肉美食。在一些强调要使用波尔多红酒入菜的食谱中，改用以卡本内－苏维浓葡萄酿成的优秀地区餐酒应该会比稀薄的普通波尔多红酒效果更好。此外，所有无甜味的气泡酒或带有酵母味道的蜜思卡得酒(见219页)都可以用来替代香槟酒(见160－177页)入菜。在以酒烹饪时，别忘了尽早淋上酒汁，使酒精有足够的时间挥发掉。

加酒的艺术

除非是像雪莉酒松糕那种特别强调酒味的料理，否则绝对不要在起锅前才淋上酒。

葡萄酒与美食小百科

有些大餐厅的专业酒侍对下面所列的搭配方式或许不尽赞同，不过这都是作者个人多年来所累积的经验。

前菜

鱼子酱：精致的鱼子酱与香槟酒是天造地设的绝配。

蛋：以勃艮第红葡萄酒烹调勃艮第式酒煮蛋；薄酒莱酒与新酿的普通勃艮第酒适合搭配煎蛋卷。此外，也建议选用白葡萄酿制成的香槟酒以及产自勃艮第、卢瓦尔河流域或波尔多的白葡萄酒。

鹅肝：口感丰富、带点甜味的鹅肝酱佐以梭甸酒或其他晚摘型的顶级葡萄酒，美味无敌。

冷肉酱：来自乡间的地道冷肉酱最适合搭配散发乡村粗犷气息的葡萄酒，例如第宏酒、菲杜酒、普罗旺斯玫瑰红酒、罗讷河丘酒或薄酒莱酒等。

哈密瓜：哈密瓜会破坏多种葡萄酒的风味，但是搭配休姆－卡德酒(Quarts-de Chaume)及晚摘型的丽丝玲葡萄酒却相得益彰。

沙拉：拌了酒醋的沙拉对葡萄酒的品尝有害无益，如果一定要配酒，建议选用普通的白葡萄酒。

鱼贝类

淡水鱼类：味道浓郁的淡水鱼类需要搭配风味较重的葡萄酒，理想的搭配用酒有勃艮第白葡萄酒、阿尔萨斯的丽丝玲葡萄酒、桑塞尔酒及不甜的波尔多白葡萄酒。此外，不甜型玫瑰红酒，甚至是新酿的勃艮第红葡萄酒(勃艮第酒用来料理鳟鱼尤佳)也是好选择。

海水鱼类：搭配味道清淡的海水鱼务必挑选风味细致的葡萄酒。沙布利酒、艾米达吉白葡萄酒、不甜型居宏颂、白皮诺葡萄酒或不甜型波尔多白葡萄酒都可与大部分的海水鱼搭配。

烟熏鱼肉：富含油脂的烟熏鱼肉应该搭配口感清新爽口的葡萄酒，因此以阿尔萨斯格乌兹塔明那葡萄酒搭配烟熏鲑鱼并不恰当。带有橡木桶味的白葡萄酒也是搭配烟熏鱼肉的理想选择，例如现代风格的贝沙克－雷奥良(Pessac-Leognan)酒、勃艮第酒及地区餐酒。

贝类海鲜：螯虾、螃蟹、龙虾及扇贝类等口感较鲜甜的贝类海鲜配上勃艮第白葡萄酒、桑塞尔酒、不甜型武夫赖酒、灰皮诺葡萄酒或阿尔萨斯丽丝玲葡萄酒都十分合适。产自罗讷河流域及香槟酒区、散发胡椒香味的玫瑰红酒也很理想。搭配淡菜的最好酒单是蜜思卡得酒、沙布利酒或杜兰(Touraine)的苏维浓葡萄酒。

葡萄酒与奶酪

虽然不少人认为只有红酒才能搭配奶酪，其实乳脂味较浓的软质奶酪更适合以白酒相伴。

生蚝：推荐沙布利酒及蜜思卡得酒，也可以选用香槟。

肉类

牛肉：以牛肉的烹调方式来决定搭配的葡萄酒。个人认为，勃艮第红葡萄酒及整个罗讷河流域的酒都比波尔多红葡萄酒更恰当。

羊肉：波尔多红葡萄酒是上上之选，卢瓦尔河流域的红葡萄酒如希浓酒或布歌依酒、卡欧酒也不错。

内脏：以肝脏和肾脏为食材的料理可以搭配波尔多红葡萄酒(尤其是圣爱美浓酒及波美侯酒)、教皇新堡酒。

野味：勃艮第红葡萄酒是不错的选择，不过还是以罗讷河流域的红葡萄酒为佳。法国西南地区较精致的葡萄酒，如卡欧酒及马第宏酒也相当理想。

鸡肉：应避免风味过于强烈或太细致的葡萄酒。佐以奶油浓酱的鸡肉料理最好搭配带有果味的不甜型苏维浓葡萄酒、不甜型武夫赖酒或阿尔萨斯的丽丝玲葡萄酒才够味。至于享用原味烤鸡时，则宜选用夏多内葡萄酒或阿尔萨斯的丽丝玲葡萄酒。

鸭肉：搭配鸭肉以勃艮第红葡萄酒最理想，不过香气扑鼻的阿尔萨斯丽丝玲葡萄酒或散发果香的罗讷河流域南部的酒，例如吉恭达斯(Gigondas)酒或教皇新堡酒也很适合。

辛辣料理

传统上印度并没有饮用葡萄酒的习惯，所以如何选对葡萄酒来搭配咖喱料理是一大挑战。菜肴中所使用的香料种类直接影响到葡萄酒的选择，不过格乌兹塔明那葡萄酒以及充满果香的桑塞尔白葡萄酒几乎都可以成功搭配。姜和大多数的葡萄酒都合不来，但似乎和格乌兹塔明那葡萄酒及迪城－克雷耶特传统气泡酒十分相衬。

蔬菜类

大部分的蔬菜都不太挑剔搭配的葡萄酒，不过某些味道较重的蔬菜倒是要特别用心选酒。例如风味独特的**朝鲜蓟**就不是葡萄酒的好搭档，它会使红酒尝起来有金属味，尤其当料理中有用到荷兰式酱汁时情形更为严重；在这种情况下，建议选用桑塞尔白酒或玫瑰红葡萄酒、不甜型多凯灰皮诺葡萄酒、安茹 (Anjou)的卡本内葡萄酒或产自侏罗或勃艮第酒区的玫瑰红酒。**芦笋**搭配卢瓦尔河流域的不甜型苏维浓白酒最是可口，因为这种酒本身就有芦笋味；无橡木桶味的沙布利酒及上等的普依富塞 (Pouilly Fuisse)酒也是搭配芦笋料理的好选择。不管是以填馅或焖杂烩 (ratatouille)的方式烹调的**茄子**，都可以和法国南部酒区的红葡萄酒及带有胡椒味的罗讷河丘酒(C6tes du Rh6ne)一起上桌。果肉油滑的**酪梨**要以口感清新爽口的卢瓦尔河苏维浓葡萄酒、沙布利酒搭配，或是选择灰皮诺葡萄酒。**茴香**的浓郁气味会盖过许多葡萄酒的香气，因此建议选用酒质醇厚浓烈的普依芙美酒。

奶酪

奶酪拼盘中的奶酪种类越多，用以搭配的葡萄酒就越难选择。一般来说，单宁强烈的新酿波尔多红葡萄酒只能搭配硬质的咸味奶酪，例如**帕尔梅森**(Parmensan)奶酪。烟熏味并带有些许甜味的奶酪**如德**(Comté)、**格吕耶尔**(Gruyère)及**艾曼塔**(Emmenthai)等，都适合搭配灰皮诺葡萄酒、麝香葡萄酒及格乌兹塔明那葡萄酒等果香洋溢的阿尔萨斯酒。**侯格堡**(Roquefort)等蓝纹奶酪，可以搭配晚摘型的葡萄酒，如梭甸酒、半甜型居宏颂酒或邦若酒。乳脂味浓郁的软质奶酪，如**布里及卡蒙贝尔**(Camembert)、**布希亚－沙维灵**(Brillat Savarin)等，和许多红葡萄酒都合不来，但是搭配桑塞尔白葡萄酒、普依芙美白葡萄酒却是相当出色。这两种白葡萄酒也很适合山羊奶酪。勃艮第红酒因为单宁含量低，比波尔多红酒或罗讷河流域红酒更适合搭配软质奶酪，不过**香贝丹之友**(Ami du Chambertin)等味道强烈的勃艮第奶酪，则会压制住成熟勃艮第酒细致的风味。香槟酒及阿伯瓦 (Arbois)黄酒是所有奶酪的绝配。

甜点

巧克力甜点：气味浓郁的牛奶巧克力或黑巧克力都是葡萄酒的天敌。最好的选择是麝香天然甜酒，例如威尼斯波美麝香葡萄酒及班努斯酒等。迪城－克雷耶特传统气泡酒只适合巧克力慕斯，香槟酒则要绝对避免。

奶制甜点　奶油类制成的甜点不适合用来搭配带有果味的上选甜酒。建议选用半甜型居宏颂酒、波尔多甜白葡萄酒以及甜型(doux)香槟酒。

水果类甜点　水果类甜点当然要搭配带有果味的葡萄酒，晚摘型的阿尔萨斯丽丝玲葡萄酒或麝香天然甜酒都很适合。

甜蜜搭档

某些酒类书中会提到，梭甸酒可用来搭配所有甜点，不过还有许多其他的葡萄酒可供选择。

酒窖的布置

对一个深深爱恋葡萄酒的人来说，有一座可以藏酒的小小酒窖，就像其他收藏好书与好音乐的人一样，都会乐在其中且其乐无穷。

这个时代只有极少数的幸运儿得以坐拥一座专门用来典藏私人酒品的地理室，因此“酒窖”一词必须从较为广义的观点来看：例如，在楼梯下搭个酒架放酒或将不使用的壁层充当酒库；使用人工酒窖(Eurocave)——一种商业化生产、在市面上流通、可以控制温度与湿度的酒柜；或使用改装过的冰箱等。

私人酒窖里的酒架

这种标签标示一目了然，不过切记标签纸及书写的墨汁都必须能够防潮。

酒窖必须长期保持稳定的低温状态，最理想的温度是11℃左右，不过维持恒温状态远比冷度更重要。

酒窖中也要保持适当的湿度，以预防软木塞干缩，理想的湿度应尽量维持在75%至85%之间。太过干燥的酒窖可以加强湿度，至于太潮湿的酒窖则可以铺上一层沙砾吸收湿气，如此也可在不慎手滑下防止摔破酒瓶。此外，流通的新鲜空气也相当重要。别忘了酒窖的安全问题，珠宝首饰要锁起来，价格不菲的好酒也要慎防小偷觊觎。最好能为藏酒保险，并随时视酒价调整保额。最后还得选置理想的酒架，如本页插图所示。

酒瓶的摆置

不论酒窖有多理想，酒窖中的藏酒其实都只能一排排的像书本般陈列。如果要找一瓶蜜思妮 (Musigny)酒还必须像找一本《悲惨世界》一样费尽工夫爬上爬下，那实在令人扫兴。在只有十来款好酒的那个年代里，在酒窖里找酒的确不费吹灰之力。不过随着新款式葡萄酒的与日俱增，想要迅速找出一瓶藏酒就要困难多了。

其实有一种简单的酒窖规划方式，在不需要依照风格分类下也可以马上就找到想要的葡萄酒。那就是在酒窖中装置一种专业用的开放式酒架，并以一套由数字与字母组成的编码法将每个存酒窖编号。横向以数字编号，纵向则以字母编

酒庄中的酒窖

像波尔多酒区的埃斯图涅—高斯酒庄 (Château Cos d' Estournel)这样的大型酒庄，大多会将历年所生产的葡萄酒——收藏起来。

码。举例来说，不同时候购买的圣乔治夜酒(Nuits-St Georges)会有不同的存放位置，可能的位置编号是 B45、F82、U12等。这种规划法的要诀在于，清楚记下每瓶酒的存酒窖编码，这点可以轻松借助电脑建档来完成。开始布置酒窖是，都应该已经拥有下列各类的酒：每日饮用酒、仍须存上一段时间的酒及“特殊场合”使用的酒。例如，蜜思卡得酒、大部分的白皮诺葡萄酒以及大部分的罗讷河丘普通红葡萄酒都是不用再经存放的酒，而优良的波尔多红葡萄酒则会随着存放在酒窖中陈年而更趋完美。有些酒在上市时已经适合饮用，不过存放一年至二年会更成熟诱人，无年份的优良香槟酒就具有这种特性。

下表列出的是开始布置酒窖时应该尽量备齐的210瓶建议酒单，也可以将其数量全都拦腰减半，只收藏105瓶。

隐藏的宝藏

这个酒窖巧妙地将酒沿着楼梯排置，嵌在地板上的手拉门适合装置在用餐室附近。

酒窖建议酒单

6 瓶已臻成熟或正趋成熟的高品质波尔多红酒。

6 瓶新酿的高品质波尔多红酒。

12 瓶中级酒庄或小而美的酒庄所生产的波尔多酒。

6 瓶产自罗讷河流域北部的红酒：艾米达吉酒、罗第丘酒或高纳斯 (Comas) 酒。

6 瓶产自罗讷河流域南部的红酒：教皇新堡酒或吉恭达斯酒。

11 瓶优秀的罗讷河丘村庄红酒。

6 瓶新酿的优秀勃艮第红酒：伯思酒(Beaune)、渥尔内酒 (Vialnv) 或冯内－侯玛内 (Vosne-Romande) 酒。

6 瓶酒龄较老的前述酒。

12 瓶勃艮第红酒。

4 瓶希浓酒或布歌侬酒。

4 瓶弗勒莉 (F1eurie) 酒。

12 瓶卡欧红酒、密内瓦红酒及艾克斯丘 (Côteaux d'Aixen Provence) 红酒(综合采购)。

12 瓶优秀的地区餐酒红葡萄酒。

6 瓶顶级勃艮第白葡萄酒：沙布利特级葡萄园酒、梅索酒或夏山－蒙哈榭 (Chassagne-Montrachet) 酒。

12 瓶勃艮第白酒或优秀的沙布利酒。

4 瓶阿尔萨斯的丽丝玲葡萄酒、灰皮诺葡萄酒或格乌兹塔明那葡萄酒。

4 瓶优秀的阿尔萨斯白皮诺葡萄酒。

4 瓶阿尔萨斯晚摘型葡萄酒。

6 瓶孔德里约酒。

6 瓶桑塞尔酒或普依芙美酒。

4 瓶不甜型武夫赖酒。

4 瓶武夫赖甜酒。

6 瓶贝沙克－雷奥良白酒。

12 那优秀的波尔多白酒(选购时必须特别用心)。

4 瓶新酿的孔德里约酒。

4 瓶梭甸酒或巴萨克酒。

4 瓶不甜型居宏颂酒。

12 瓶以苏维浓或夏多内葡葡酿制的优秀地区餐酒白葡萄酒。

4 瓶蜜思卡得酒(用以搭配生蚝)。

6 瓶无年份的上选香槟酒。

4 瓶年份香槟酒。

葡萄酒投资

每一瓶葡萄酒都像所有有价物品一样，拥有一个代表身份与品质的价格。有些酒的价格(或价值)会越老越值钱，有些酒则很不幸且不可避免地出现无量下跌的情形。

一般人买酒大多是以饮用为目的，绝对没有人会傻到送一箱普通的罗讷河丘酒去进行拍卖。不过如果1993年拿一桶1982年的拉图酒庄(Chteau Latour)酒进行拍卖，获利将可高达到10倍。有幸买到好酒又能细心照顾，其增值的空间会相当可观。由此可知，葡萄酒确是不错的投资标的。

烛光拍卖会

在伯恩慈善医院 (Hospices de Beaune)的拍卖会上，拍卖师不使用槌子而是以一根蜡烛燃烧的时间作为一项拍卖物的竞价时间。

对于许多酒庄来说，将葡萄酒当成是投机获利的工具是一件无法接受的事，但是他们其中又有多少人在为每年的新酒定售价时，不会把该款酒最近在拍卖场的成交价格列为主要参考?

不同于画作一旦完成就已成定局且永远存在，葡萄酒生命的长短则取决于采收葡萄的年份、葡萄园的品质以及酿酒技术的优劣。预测某个特定年份酒的陈年潜力，就像预测一匹初生之牛犊在比赛中的获胜概率一样难料。以1983年的拉图酒庄酒为例，其初酿价格大概与1982年的酒差不多，但是1983年的酒因为成熟速度太快，所以价值就大幅滑落。

一直到20世纪90年代初期，大部分专门购买已臻成熟或接近成熟状态的葡萄酒买家，不外乎以拉图酒庄及少数其他“蓝筹(blue chip)”波尔多酒来炒热拍卖市场。不过，渐渐地市场走向改变了，现在已由带领众人“发现”并推荐“新款式”酒的美园葡萄酒权威独领风骚，而且有越来越多的卖家纷纷投入葡萄酒市场。

明日之星

买家的酒架上一旦填满“蓝筹酒”后，就会开始想买一些其他同好所没有的新奇酒类。以每年只限量生产2.5万瓶酒的皮恩酒庄(Château Le Pin)为例，这家创立未久的新酒庄目前的酒价已直追拥有光荣悠久

价值的仲裁者

有200年历史的克利斯蒂(Christie)拍卖公司经营权尽管现在落入一位法国人手中，并发展全球性的酒类生意。不过它仍然长记在伦敦葡萄酒业者的心中。

皮恩酒庄（Château le Pin)

这个新崛起的小型酒庄所生产的葡萄酒身价大幅飙涨，但是有些观察家却预期它们的价格会下跌。

蓝筹葡萄酒庄

波尔多酒区：Chateaul，Angdlus，ChevalBlanc，Cosd'Estourncl，Ducru-Beaucaillou，Figeac，Grand-Puy - Lacoste，Gruaud - Larose，Haut-Brion，Lafite，Lafieur,Ldoville Barton。Leoville-las-Cases，Lynch Bages，Margaux，la Mission-Haut-Brion，Montrose，Mouton Rothschild，Palmel：PapeCldment，Pdtrus，Pichon - Lalande，Pichon-Longueville，Rauzan Sepia，Chateaul egzliseClinel，laMondotte。lePin,Valandraud

勃艮第酒区：DrouhinMarquisdeLaguiche，Gros freres，Hospicesdc Beaune(DrouhinandJadot)，Lafon，Leroy，MeoCamuzet，Romance Conti(LaTache，RomaneeConti，RomaneeStVivant)deVogue

罗讷河流域：Chapoutier,Chave，Guigal，Jaboulet Aine

历史、年产量为其10倍多的玛歌酒庄。圣爱美浓酒区、波美侯酒区的小酒庄，或勃艮第及罗讷河流域酒区内罕为人知的庄园所限量酿制的酒也是投资者视为热门的抢手货。

这些葡萄酒的长期投资报酬率究竟如何，完全要看它们是否能像股票市场上的蓝筹股一样，可以禁得起时间的考验。除非全世界厉行禁酒，或者所有的餐厅全面以可乐取代葡萄酒佐餐，否则经典细致的佳酿价格绝对会只涨不跌。希望在葡萄酒投资上制胜的酒国同人，必须遵守几个黄金守则：随时注意权威酒评家所发表的年份品鉴，借以重新评估自己酒窖中的酒；小心照顾藏酒，尽量选购自己喜欢饮用的酒来收藏。即使藏酒的身价未如预期中攀升，至少还可以畅饮这笔液体财富，这点肯定是贬值的股票所无法提供的。

时间的考验

个别酒庄产品的价格变动频大。图中这张由酒商根据1982年葡萄酒在拍卖场的表现所绘制的表，可以明显看出，白马酒庄(Château Cheval Blanc)及皮钦—拉兰得酒庄(Chfitcau Pichon-Lalande)等蓝筹酒庄的表现远较一般酒庄来得可靠。

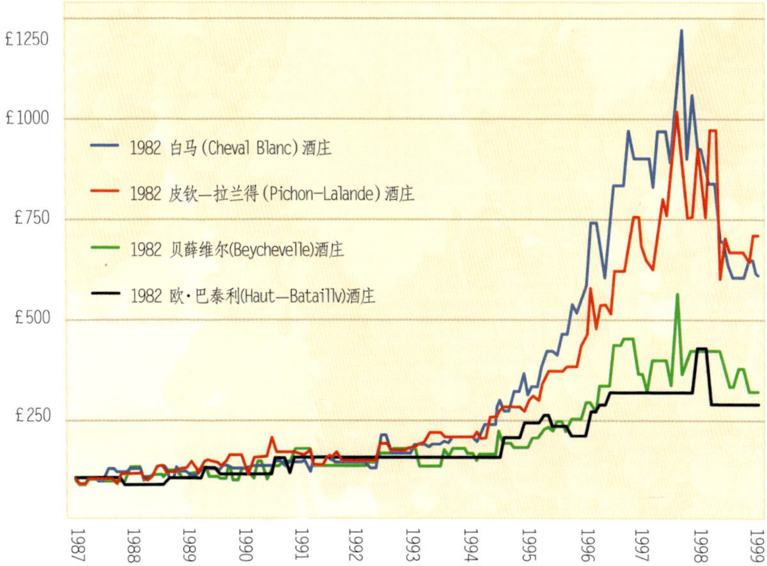

年份评鉴

从葡萄的采收年份预测成酒的潜力实在困难重重且容易发生失误。原本看好的年份可能最后让人大失所望，而普通年份却偶有令人惊喜的稀罕佳酿。

时间的考验

好年份的顶级佳酿如果保存得当，可以通过严苛的时间考验。

对所有品酒经验丰富的葡萄酒爱恋者或专业酒评家而言，“年份”的确是葡萄酒最奥妙难解的谜。每年，在各酒区或葡萄园中，大自然都为酒农们准备了一连串的新挑战。从葡萄树上的串串葡萄到酒瓶中的葡萄酒，其间的发展只能以变化莫测形容。再加上酒客对成熟佳酿的定义各有不同，想要预测酒的陈年潜力就越发困难了。

美女或野兽?

从葡萄最初的生长阶段到葡萄酒装桶发酵的这段时间，实在无法预知成酒的品质与陈年潜力。

在参考年份评鉴表时，千万要记住这只是一个广泛的评鉴。一张简单的图表无法凸显出少数幸运或技术良好的酒庄，也不能指出未能将某一好年份的葡萄发挥到极致的酒庄。年份评鉴表(见56页)列出品质在中上等级以上的葡萄酒，逐年标示出年份品质评鉴及最适合饮用的时间。例如，1998年是玛歌酒的杰出年份，由优秀酒庄酿造装瓶的1998年玛歌酒最适合饮用的时间是在2004年至2020年之间。

要解读年份评鉴，首先要知道同一年出产的酒会因酒区不同(甚至是同一个酒区但位置不同)，出现相当大的品质落差。例如，1982年是波尔多红葡萄酒的好年份，但对勃艮第酒来说却是不显眼的一年。对波尔多酒区的梅洛葡萄有利的年份常常不利于卡本内－苏维浓葡萄，所以，以种植梅洛葡萄为主的波美侯酒区及圣爱美浓酒区在1998年出现许多好酒，而邻区大量种植卡本内－苏维浓葡萄的梅多克酒区则表现平平。同样的，对酿造上选甜白葡萄酒的贵腐霉葡萄而言的好年份，往往酿不出优秀的不甜型红葡萄酒。

好年份与坏年份有多种定义。有些年份的酒从新酿好时就顺喉可口，同一产区的有些酒却必须经过耐心等候才会发展出好品质。所谓“坏年份”的酒，可能是指酸涩无法入口或平淡无味的酒。有些被视为“较差”年份的酒在达到熟成时可能美味诱人，而顶级年份的酒也可能表现不如预期。

沉睡已久的红葡萄酒

这些1949年的波尔多红葡萄酒至今尝来仍风味不减，而同一庄园所酿的1950年的酒已风采不再。

1949

法国葡萄酒年份表

	2004	2003	2002	2001	2000	1999	1998	1997	1996	1995
阿尔萨斯酒区										
精选贵腐霉葡萄酒／晚摘型葡萄酒	– –	**** '07–'17	***** '07–'20	*** '06–'18	**** '05–'16	*** '05–'09	*** '05–'10	***** '05–'20	**** '99–'10	**** '97–'09
波尔多红葡萄酒										
梅多克	***	***** '07–'30	**** '06–'18	**** '06–'16	***** '05–'30	*** '05–'12	**** '04–'25	– –	***** '00–'20	**** '00–'18
贝沙克・雷奥良	**	**** '07–'25	**** '06–'15	**** '06–'16	***** '05–'25	**** '05–'12	**** '04–'20	– –	**** '02–'15	**** '01–'18
波美侯／圣爱美浓	***	**** '07–'27	*** '06–'10	**** '06–'12	**** '05–'25	*** '05–'12	***** '03–'28	– –	**** '01–'15	**** '02–'20
波尔多白葡萄酒										
贝沙克・雷奥良	****	*** '04–'09	**** ‘05–'17	***** '04–'17	***** '03–'20	**** '04–'16	**** '98–'12	**** '00–'10	– –	*** Now
苏特恩	***	***** '07–'30	**** '05–'25	***** '05–'30	**** '04–'25	***** '03–'25	**** '02–'25	**** '03–'22	– –	*** '00–'12
勃艮第红葡萄酒										
薄酒莱酒村庄	**	**** '05–'10	*** '04–'06	**** Now	*** Now	**** Now	**** Now	**** Now	**** Now	***** Now
伯恩丘	***	***** '07–'15	***** '06–'15	**** '04–'11	*** '02–'09	***** '02–'11	***** '04–'10	**** '00–'12	**** '00–'10	**** '98–'12
夜丘	***	***** '07–'18	***** '07–'17	***** '04–'18	**** '02–'11	***** '02–'13	***** '04–'15	**** '01–'15	**** '01–'12	**** '00–'15
勃艮第白葡萄酒										
沙布利	****	**** '06–'13	***** '06–'18	**** '05–'11	***** '05–'18	**** '05–'11	– –	**** '00–'07	***** '00–'12	***** '99–'10
马贡酒	***	**** '06–'10	**** '05–'12	**** '05–'09	***** '05–'16	**** '05–'10	– –	**** '00–'06	**** '99–'10	**** '98–'07
伯恩丘	***	*** '06–'11	**** '06–'18	**** '05–'12	***** '05–'15	*** '05–'12	– –	**** '00–'10	***** '99–'15	**** '99–'10
香槟酒区										
年份香槟酒	****	*** '10–'16	**** '09–'30	** '06–'10	*** '07–'15	**** '06–'23	***** '05–'27	**** '05–'23	***** '05–'25	**** '05–'15
卢瓦尔红葡萄酒										
红葡萄酒	***	***** '05–'15	**** '06–'21	**** '05–'12	*** '05–'10	*** '05–'08	**** '00–'10	***** '00–'15	***** '99–'14	**** Now
卢瓦尔白葡萄酒										
莱阳丘	***	***** '08–'25	***** '06–'22	**** '05–'12	*** '05–'09	**** '05–'10	*** '05–'15	***** '05–'22	***** '05–'21	***** '00–'22
罗讷河流域										
罗讷河北部红葡萄酒	****	**** '06–'18	** '05–'09	***** '05–'25	**** '05–'16	**** '05–'15	**** '05–'20	*** '00–'15	***** '05–'23	***** '00–'24
罗讷河南部红葡萄酒	****	***** '06–'15	** '05–'07	***** '05–'18	**** '05–'15	**** '05–'12	**** '05–'12	*** '00–'08	*** Now/ past it	**** '98–'12
罗讷河北部白葡萄酒	****	**** '05–'10	** '05–'06	***** '05–'12	**** '05–'11	**** '03–'10	**** '00–'07	**** Now	**** Now	*** Now

例
* 普通 *** 好 **** 非常好 ***** 特优
6–'10 适合在2006–2010年间饮用 -- 不是好年份

994	1993	1992	1991	1990	1989	1988	1987	1986	1985	其他优良年份酒
--	--	--	--	***** '94–'16	**** '93–'06	**** '92–'06	--	--	--	'85, '83, '81, '76, '69
--	--	--	--	***** '95–'20	***** '95–'20	**** '01–'16	--	**** '96–'12	--	'85, '82, '70, '61, '59, '55
--	--	--	--	***** '95–'15	***** '95–'15	**** '98–'10	--	**** '95–'10	--	'85, '82, '70, '64, '61
--	--	--	--	***** '02–'20	***** '94–'20	***** '05–'20	--	--	**** '90–'10	'82, '71, '70, '64, '61
--	--	--	--	**** Now	**** Now	**** Now	--	--	*** Now	'83, '82, '81
--	--	--	--	***** '95–'17	**** '93–'12	**** '93–'14	--	--	**** '90–'10	'83, '76, '75, '71, '70
--	--	--	--	*** Now	**** '91–'98	*** '09–'97	--	--	--	'85, '78
--	--	--	--	***** '94–'11	*** '93–'11	***** '92–'11	--	--	--	'85, '78, '71, '64
--	--	--	--	***** '95–'12	**** '95–'12	***** '93–'11	--	--	--	'85, '78, '71, '64, '61
--	--	**** Now	--	--	**** Now	**** Now	--	***** Now/ past it	--	'85, '82, '79, '78
--	--	**** Now	--	--	**** Now/ past it	***** Now	--	**** Now	--	'85, '82, '79
--	--	**** Now	--	--	***** '91–'08	**** Now	--	*** Now	--	'85, '82, '79, '78, '73
--	**** '00–'15	**** '99–'15	--	***** '98–'20	--	--	--	--	--	'88, '85, '83, '82, '79, '76
--	--	--	--	***** '93–'06	***** Now	--	--	--	Now	'78, '71
**** 7–'09	--	--	--	***** '95–'20	***** '94–'15	--	--	--	--	'78,'71, '64, '61
--	--	--	***** --	***** '95–'11	**** '95–'11	'94='09	--	--	--	'88, '86, '85, '83, '79, '78
--	--	--	--	Past best	***** '94–'06	***** '94–'08	--	--	--	'81, '78, '70
--	--	--	--	***** '93–'06	***** '93–'06	**** Now	--	--	--	'88, '86, '85, '83

酒区之旅

法国的酒庄主人总是和蔼亲切得令人大感意外，甚至连鼎鼎大名的酒庄也不例外。这些热诚可感的酒庄主人还邀请访客参视酒窖，并以葡萄酒盛情相待。

葡萄酒吧

在没有品酒室或优秀酒庄名址的情况下，可以在餐厅或葡萄酒吧单点以杯计价的葡萄酒来投石问路。

教皇新堡酒区布满鹅卵石的葡萄园、香槟酒区特殊的白垩质坡地、罗讷河流域陡峭的山谷，法国境内各产酒区的自然环境各具特色；不过在亲口品尝过这些地区的产酒后，对于这些天然景观一定会有更深一层的感受。这种经验就像熟读剧本后，再亲历其境地欣赏演出一样深刻。

哪个季节是前往酒区参观的好时机呢?这就要看此行的目的何在，若纯粹只为了观光度假，夏天是很好的选择：酒庄主人会盛情带您参观酒窖，不过由于时值观光旺季，必须和众多的观光客分享有限的空间。观察敏锐的摄影师可能最喜爱葡萄采收的时节。葡萄园中处处可见各种年龄的采收工人，葡萄树下的野餐时光以及酒厂里的狂欢大餐都是值得捕捉的好镜头，而且恐怕一辈子都很难忘怀。

大部分法国葡萄的采收期都在9月20日与10月5日之间，但如果想将旅程掐准在采收期间并不容易。因为就像水手必须等待风向以扬帆出航，酒庄的采收时间也必须配合气候。如果打算往旅游途中卖酒，千万得深思，因为这时酒农正忙着采收、榨汁和进行葡萄发酵，不可能有从容的时间详细介绍酒品；所以采收时节不是一个买酒的好时机。

想要获得酒庄主人最热情亲切的招待，最好选择在每年的1月或2月中旬前往造访。这时大部分的酒庄主人都会因贵宾临门而有借口不用在葡萄园中忍受刺骨寒风，会很高兴有机会带着访客参观酒厂及酒窖；而且这段期间也不用挤在一大堆观光客中难以脱身。

参观酒窖

美国、澳大利亚等新兴酿酒国家的酒厂大都会附设品酒室、纪念品店，并特别准备整套礼盒，包括印有品牌名称的玻璃酒杯、开瓶器、 T恤、帽子及海报等供观光客选购。法国的大部分酒庄则是由酒庄主人或家庭成员亲自接待访客，热情殷切的态度会让人有宾至如归之感。当然，还有一些欢迎游客造访的酒庄会在路边竖起招牌以吸引访客。可惜的是，这些酒庄就像闪烁着广告霓虹灯的餐厅一样，往往无法提供地道的好产品。

参观小型酒庄的酒窖时必须切记，这里不是商店或展示室，而是酒庄的工作坊甚至是住家。因此多数酒庄会限制

酒农的守护神

许多酒区的酒庄会在每年1月22日守护神圣文森特(st Vincenc)节之后的周末，抬着亲酿的葡萄酒进行展示。

酒窖开放的时间以免影响到工作或家庭生活，所以想要品酒的访客最好能事先预约时间。一天之中，午餐时间是参观法国酒庄最不恰当的时候。

在淡季前往酒区参观，有时可能会碰到酒庄主人用一瓶酒质疲弱的葡萄酒来招待的情形，这瓶酒或许是数天前用来招待访客剩下的。切记，永远要以礼貌的态度表达品酒后的真正感受，借以让酒庄主人了解您的真正口味。如果对该酒区的酒有若干了解，也应技巧地让主人知道，并说服他再开一两瓶酒来品鉴。若是酒庄主人连开几瓶自家酒都不舍得的话，那么千万别在这里买酒。不管是只买一瓶酒或连买数箱，大部分的酒庄主人都会非常高兴。因此如果没有动心的酒，不必给自己压力强迫购买；但同时也别在酒窖中逗留太久，以免浪费主人的时间。

活历史

许多酒区博物馆中都收藏有希腊、罗马、中世纪时代的酿酒器具。这些古老工具加上地图及记录文献，有助于了解该产区的发展脉络。

法国酒区总览

法国酒区地图

在法国近似六边形的版图上，有着各具特色的诸多酒区，这些酒区辨识度极高，拥有独特的风格与风味。酒的品质与特性取决于气候、土壤及酿造传统。受欢迎程度、价格、声望则与历史机遇关系更为密切。曾经默默无闻的小辈，而今也呈现出赶超皇家御用酒品的态势。

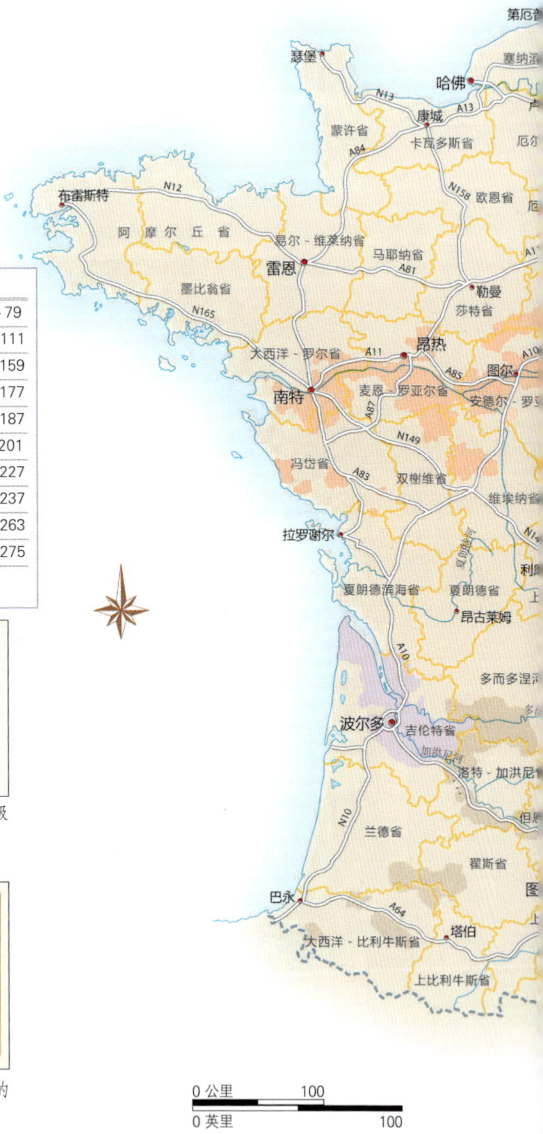

图例	页码
阿尔萨斯与洛林酒区	64 – 79
波尔多酒区	80 – 111
勃艮第酒区	112 – 159
香槟酒区	160 – 177
侏罗与萨瓦酒区	178 – 187
郎格多克 – 鲁西永酒区	188 – 201
卢瓦尔河流域酒区	202 – 227
普罗旺斯与科西嘉	228 – 237
罗讷河流域酒区	238 – 263
法国西南部酒区	264 – 275
分界线	

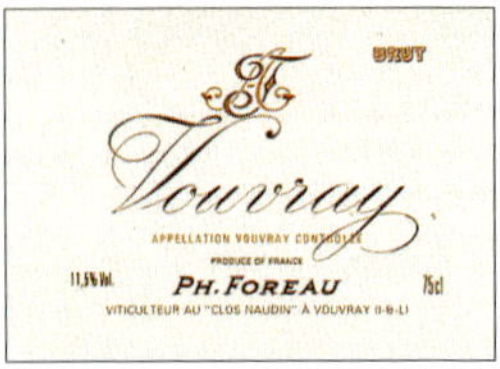

卢瓦尔河流域酒区是许多世界顶级白葡萄酒及玫瑰红葡萄酒的产地。

法国西南部酒区提供了一些很好的波尔多酒的替代品种。

香槟地区仍是许多世界顶级香槟酒的产地。

阿尔萨斯与洛林酒区所产的独特的白葡萄酒重获欢迎。

熟成至鼎盛的勃艮第酒各具风味。

广阔的罗讷河流域产有大量可口、热辣的红葡萄酒。

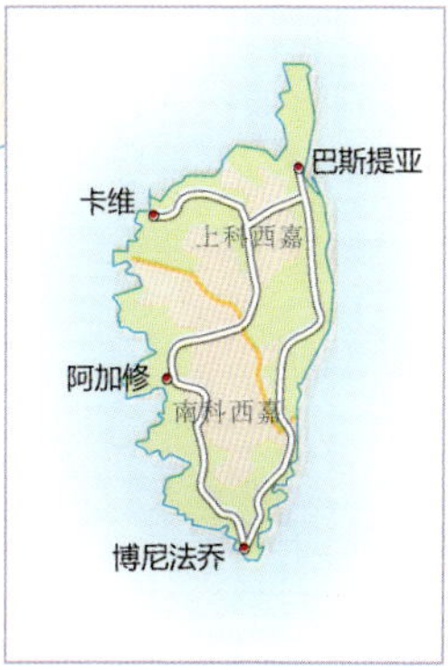

阿尔萨斯与洛林
ALSACE AND LORRAINE

阿尔萨斯与洛林 (ALSACE AND LORRAINE)

阿尔萨斯有不少世界级的最上等白酒，其邻区洛林也曾经在这一点上不遑多让。

阿尔萨斯酒商

许多阿尔萨斯酒商公司开业至今已经超过400年。

全是白葡萄

本酒区的葡萄有九成以上是白葡萄，其中大部分为外来品种，例如格乌兹塔明那。

阿尔萨斯与法国其他酒区多所不同。大约20年前，在一次法国葡萄酒匿名竞赛的评审会上，有来自勃艮第与波尔多两个区的酿酒者。对其中一位评审来说这无疑是一次最特别的经验。他先迷惘地嗅嗅酒味，接着浅尝一口，马上将第一口酒吐在试酒碟中，终于忍不住说道："这哪是酒!这简直是香水!"对于一个喝惯夏多内白葡萄酒的人而言，格乌兹塔明那葡萄酒那种混合辛香与芳香的味道简直是不可思议。当然，今天的法国酒商已经是见多识广，对于各种葡萄酒的性质大多已见怪不怪了。

阿尔萨斯是法国的东界，东与德国接壤，因地缘与历史渊源而发展出一种德法参半、纯阿尔萨斯色彩的语言、料理及葡萄酒。阿尔萨斯是法国唯一几乎只栽种白酒葡萄的产区，也是唯一将酿酒葡萄品种的名称标示在酒标上的法定产区。

所以，酒客在选购勃艮第酒区以夏多内葡萄酿成的白酒时，会以产地为挑选标准，竞逐鼎鼎大名的法定酒区如夏山－蒙哈榭(Chassngne-Monrtachet，见135页)或普里尼－蒙哈榭 (Puligny-Montrachet，见153页)的葡萄酒。但是挑选阿尔萨斯白酒时则必须以葡萄品种为依据，如丽丝玲、格乌兹塔明那或多凯－灰皮锘(Tokay-Pinot Gris)。这三种葡萄特质差异极大，种植在广达1.35万公顷的阿尔萨斯酒区，分别受到不同土质及气候所影响。运气好的话，酒标上或许会附加特级葡萄园名称，但是这类葡萄园将近有50个，实在不易记住。

在选购阿尔萨斯酒时，一定要仔细阅读酒标，选择一个品质及风格都值得信赖的酒庄。其实这点是购买任何葡萄酒时都应该切实执行的步骤，不过对于阿尔萨斯酒来说更是不可或缺。

酒区概况

- 13 500公顷；年产量1.57亿瓶。
- 北部大陆型气候，夏季偏暖。佛日山脉成为本区的挡雨墙，葡萄大多栽种于坡地上，以达最佳的成熟度及最大产量。
- 多样，佛日山脉的斜坡地为花岗岩与沙岩，丘陵地为石灰岩，平原则属沃土。
- 白葡萄酒：白皮诺、多凯、灰皮诺、蜜思嘉、格乌兹塔明那、希瓦那、殴塞华、黑皮诺

约司迈耶酒庄产的丽丝玲酒

在法国各大酒区中，阿尔萨斯是唯一一个特别注重葡萄品种的酒区。

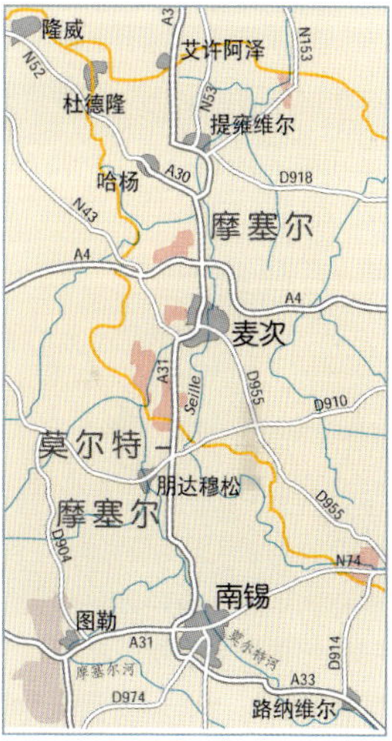

甜蜜的洛林

随着阿尔萨斯的日益受重视，历史悠久的洛林酒区却常被忽略。洛林在一个世纪前就和阿尔萨斯一样，都是风味特殊的葡萄酒产地。摩塞尔河是洛林主要河川兼德法界河，也是本酒曲重要的灌溉水源。但是今天的洛林只有两种酒勉强获得优良地区餐酒(VDQS)的等级：摩塞尔(Vin de Mosell)及都乐丘(Côtes de Toul)。

阿尔萨斯与洛林酒区历史

阿尔萨斯及洛林两个酒区的酿酒历史可溯至罗马时期，其后迭经起落，兴衰不定。19世纪70年代，这两区的酒类贸易一蹶不振。直到20世纪中叶，阿尔萨斯的酿酒业才又渐渐恢复，而洛林却尚未重拾19世纪的荣耀。

阿尔萨斯地区受德、法两国轮流统治达2000年左右。最早是在公元1世纪时，日耳曼部族斯维比(Suebi)人由一个称为塞卡尼人(Sequani)的塞尔特族部落手中夺走这块土地。

恺撒大帝时期的罗马大军扭转了局面，重新统治本区近200年。到了4世纪时，另一支日耳曼部落阿勒曼尼人(Alemanni)又夺回阿尔萨斯；公元496年，现在法国的祖先法兰克人赶走阿勒曼尼人，阿尔萨斯重归版图。

由于对酿酒的热诚，使得阿尔萨斯

15世纪的葡萄种植

葡萄树的栽种、酿酒及其他活动，使得阿尔萨斯的农民终年忙碌不休。这幅15世纪的美丽壁毯所展示的正是工作中的酒农。

居民虽然饱受战乱之苦，却仍不放弃葡萄树的栽种与耕作。公元780年时，教会史官亚当修士(Adam the Monk)曾记载酿酒业是本区效益最高的经济活动。

公元843年签订的《凡尔登条约》(Treatv of Verdun)，使查理曼大帝有权将其横跨欧陆的大帝国分给三个孙子。他将德国连同阿尔萨斯一起分给路易(Louis the German)，原因是为了“让新王国能生产葡萄酒”。到了9世纪末，阿尔萨斯的葡萄园已蔚然可观，酿酒的村镇至少已有119个。

接下来的500年间，酒村数目增加至400个以上，有酿酒活动的修道院也多达300个。本区最有名的酒商强尼·胡格(Johnnv Hugel)在他所著的《振兴阿尔萨斯酒业的理由》(*Reasons for the Renaissance of Alsace Wines*)书中写道，1481年时本区的葡萄酒出口量若以现代方式计算，约有8000万瓶，相当于今天的两倍之多。

阿尔萨斯最早用来酿酒的葡萄品种应该是黑皮诺葡萄，可能是罗马人为了酿造红酒而引进本地种植。

12世纪时，阿尔萨斯当地的酒农便已开始从酿造红葡萄酒过渡到以白葡萄酒为主。丽丝玲、塔明那(Traminer，格乌兹塔明那的古名)及蜜思嘉等葡萄品种在15世纪之前已经引入本区种植。接着引进的白皮诺葡萄，可以肯定是来自勃艮第酒区。多凯－灰皮诺葡萄应该也是来自勃艮第，但是阿尔萨斯居民认为这个品种是某位阿尔萨斯将军远征匈牙利带回的战利品。姑且不管多凯－灰皮诺源自何处，早在16世纪阿尔萨斯酒农就对不同品种葡萄的特性及潜力了解甚深，也深谙各种葡萄栽种与采收的窍门。当时本区的酒类贸易是由力克威镇 (Riquewihr)的酒农联合工会管理，该工会并规定葡萄要尽可能等到十足成熟时才采收。

兴盛与衰退

根据力克威镇酒农工人的规定，正式领有执照的品酒师(weinsticheren)得以将酒分成两大类：一种是供阿尔萨斯境内饮用的“一般酒 (huntsch)”及指定出口的“高贵酒(vin noble，即德文的Edelwein)”。出口事业由成立于1574年的道普夫(Dopff)等酒商公司控制，今天的摩林－道普夫(Dopff au Moulin)及艾吕翁·道普夫(Dopff & Irion)两家酒商公司的名称即沿用于此。分别于1626年及1637年成立的特里姆贝屈(Trimbach)及胡格(Hugel)两家公司也相继投入市场。

1911年的葡萄丰年庆

习俗或许不免时移世转，但是庆祝丰收的热烈心情却古今亦然。

这些酒商公司获利颇丰，不过1618年至1648年间的30年战争却让欣欣向荣的阿尔萨斯酒业受创严重。17世纪末，官派品酒师的人数骤降至一半，加上不少来自法国、瑞士、提洛尔 (Tyrol)、德国等地的移民，在法王路易十四的命令下无偿接收部分葡萄园。新居民们不像过去的酒农那样注重品质，他们摒弃耕作难度高的山坡地，改在肥沃的平地上进行耕作。虽然1731年及1766年两度颁发命令规定要保护丽丝玲、蜜思嘉、塔明那及各种皮诺葡萄品种，不过这些品种还是逐渐为平淡无味的艾柏林(Elbling)、夏斯拉及希瓦那等葡萄所取代。

恢复法国国籍

在1790年法国大革命结束及教会葡萄园瓦解之后不久，阿尔萨斯又掀起新葡萄品种“妮沛雷 (Knipperle)”的栽种热潮，而且马上占到本区葡萄总产量的五分之一。

阿尔萨斯省的葡萄酒业随着1871年割让给德国及葡萄根瘤蚜虫等一连串病虫害后加速没落。据酒商强尼·胡格回忆，第一次世界大战后，当阿尔萨斯重新纳入法国版图时，当时整个酒业的情形只能用萧条二字形容。

“更改国籍所带来的改变，不只是更换国旗，而是进入一个完全迥异的经济空间。海关撤掉了，老客人流失了，尤其还得面对一套完全不同的酿酒规定……1918年时，我们根本连一个巴黎客户都没有。”其实当时即便有巴黎客户上门，也不会对阿尔萨斯酒有任何正面的评价。

阿尔萨斯葡萄酒业能够延续至今，并且维持过往的好品质和好声誉，居功至伟的是区内许多积极投入、注重品质且敬业努力的优良合作社。

交战的邻国

虽然法国与普鲁士之间的战争早在125年前就结束了，但是战争所留下的影响今天还是延续在阿尔萨斯大地上。

阿尔萨斯的酒乡之旅

官方设计的阿尔萨斯葡萄酒之旅(Alsace Route du Vin)从马连罕(Marlenheim)开始，到坦恩(Thann)结束，共约180公里。以下的导览涵盖了其中部分，并收入区内数个与格林兄弟童话有关的美丽小村镇。

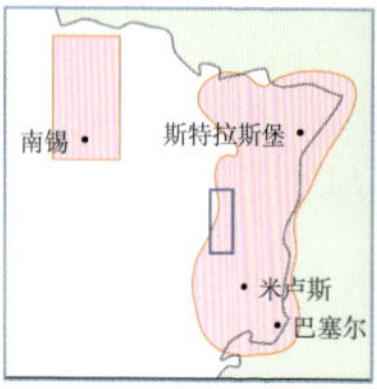

从科尔马到埃吉斯汉

漫步在科尔马市①(Colmar)的圆石旧街上，行经各式各样的古钟、富装饰趣味的招牌及色彩粉嫩的半木料建筑物，感觉就像在倾听歌剧的序曲——而阿尔萨斯的其他城镇则好比歌剧本身。一如本区其他城镇，科尔马市美得就像华特·迪士尼的童话仙境一般。由于城市当初的规划设计中没有纳入汽车一项，因此最好的参观方式还是步行。千万不要错过“小威尼斯”(Petite Venise)运河及位于马尔尚街(Ruedes Marchands)的“芬斯特之家”(Maison Pfinster)。

鲁法克②(Rouffach)是本导览最南的村镇，这座四面环有城墙的古镇上有一座数世纪之久的老教堂，及一座15世纪至今的谷物市场。胡塞伦堡(Husseren les Chateaux)就位于海拔400米的山丘上，这座城堡的地标是由三座古塔组成的埃吉斯汉塔(Tours d'Eguisheim)，巍巍矗立于树林之中宛如恐龙的牙齿。埃吉斯汉③(Eguisheim)酒村是本行程的下一个停留点，酿酒师库恩兹·贝斯(Kuentz Bas)为艾虚贝格特级葡萄园(Grand Cru Eichberg)酿有优良的葡萄酒。风景秀丽的埃吉斯汉建于15世纪，是教皇利奥九世(Leo IX)的出生地，埃吉斯汉城堡曾是其皇邸。布律诺索格(Bruno Sorg)及利奥拜耶(Leon Beyer)是两个值得参访的酒庄，不过镇上的大型合作社也生产品质不错的酒。附近的温任汉(Wintzenheim)有两个城堡古迹和一个规模相当大的汉斯特特级葡萄园(Hengst Grand Cru)，后者有酿出的格乌兹塔明那葡萄酒。

平静的乡间

迷人的小径贯穿低矮成林的葡萄园，这正是阿尔萨斯酒区小城镇与村庄的典型风光。

从图克罕到力克威

在图克罕④(Turckheim)，可以比较品尝阿尔萨斯最佳酒庄之一的铃洪伯雷契(Zind Humbrecht)酒庄的酒与另一家优秀的合作社有何不同。别忘了抬头看看屋顶，运气好的话，或许可以看到在屋顶上筑巢的雀鸟。阿尔萨斯的荣耀之子——史怀哲的故乡就在魏斯河(Weiss)下的凯斯柏镇⑤(Kaysersberg)。过去这里悠久辉煌的酿酒历史可以从镇上壮丽的建筑得到印证，尤其教堂上那座手持葡萄的耶稣像更具象征意义。酒客来此必参观的圣地首推温贝赫酒庄(DomalneWeinbach)的酒窖，酿酒师劳伦丝福勒(LaurenceFaller)在此酿出优良的丽丝玲酒，双子城班维尔⑥(Bennwihr)与密特威⑦(Mittelwihr)从战后几近废墟的状态中重建成功。在其他地区不受重视的希瓦那葡萄在此处备受礼遇的情形就像细心照顾建筑物一样，如果不喜欢拥挤的观光人潮，千万不要在夏季时前往力克威镇⑧(Riquewihr)。酒商胡格创业于此，他的酒庄到目前依然存在。路过为纳威镇(Hunawihr)时，别忘参观镇上的教堂，教堂时钟雕有许多双手，看起来就像一串串葡萄。

从利宝维尔到密特堡罕

利宝维尔市(Ribeauville)⑨至今仍不失其阿尔萨斯酒业中心的气势。这里有许多迷人的老教堂和古堡，也有不少精致的餐厅、酒庄及上等的特级葡萄园。伯罕镇(Bergheim)⑩的参观重点是市政厅及高门(Porte Haute)步道，后者是过去犯人逃入教堂寻求庇护的小道。圣西波利特镇(St Hippolvte)以其壮丽的广场及所产的优质黑皮诺葡萄而闻名。古老的瞭望塔值得摄影珍藏，但别忘了留几张底片拍摄高高矗立在一片葡萄园中的欧柯尼希堡(Haut-Koenigsbourg)，位置就在金斯罕(Kintzheim)与夏特诺(Chfitenois)之间。丹巴赫拉威镇 (Dambach-la-Ville)⑪旧名“丹巴赫葡萄园”，此地建于10世纪的圣塞斯蒂昂 (St Sebastian)教堂就位于丰克屈泰(Frankstein)特级葡萄园内，足见本地对酒业的重视。镇上的半木料建筑物及花卉园艺造景是如此完美，仿佛每天都有人精心维护一般。安罗镇(Andlau)⑫的兴起据说是9世纪时，天使曾派来一只熊指示在此建造修道院而发迹。至于密特堡罕 (Mittelbergheim)⑬则是历史上的“酒城”，可说是最华丽的一座村镇，改变也最小。

旅游办事处

科尔马
4 Rue Unterlinden
☎ 03 89 20 68 92
FAX 03 89 41 34 13

埃吉斯汉
22 Grand Rue
☎ 03 89 23 40 33
W www.ot-eguisheim.fr

凯斯伯
39 Rue Charles de Gaulle
FAX 03 89 78 27 44
@ Info@kaysersberg.com

利宝维尔与力克威
1 Grand Rue, Ribeauvill é
☎ 03 89 49 08 40
FAX 03 89 49 08 49
@ info@ribeauville-riquewihr.com

阿尔萨斯与洛林酒区美食

地方料理最能彰显出处在德、法间的这两个酒区的地理及历史特色。喜爱莱茵河东岸注重猪肉料理及腌制食品的老饕不会败兴而归，偏好卢瓦尔河淡水鱼类的食客也能在此大快朵颐。

酥皮点心类是阿尔萨斯及洛林两区的料理重头戏，其中的洛林卤肉派(quiche Lorraine)及一种类似比萨，由洋葱、培根、鲜奶油、生面团制成的德式点心(famme-kuche)更是世界级美食，只可惜现在已因泛滥而原味尽失。

本区传统上尊称猪为“猪大爷”(seigneur cochon)，对猪肉的重视可见一斑，尤以阿尔萨斯最显著。只要点一道“腌高丽菜”(choucroute)，就能尝到本地数种猪肉的烹调方式，包括原味猪肉、烟熏猪肉、腊肠、火腿及培根。当然这道以高丽菜为名的料理中，主角还是高丽菜。每年秋天在过了葡萄采收时节后，专业厨师便会挨家挨户腌制高丽菜，首先将新采收的高丽菜切丝，加入盐、水、小茴香子、杜松子、酒及些许高丽菜叶放在木桶中，再盖上一块布及盖子，最后再以石头压实。用这种方式处理的高丽菜可以存放一整个寒冷的冬天。猪肉也可以与其他肉类一起烹调，例如和小牛肉制成孟斯戴派（tourte de la vallee de Munster)，与

酥皮点心

阿尔萨斯最受欢迎的杯状蛋糕是一种散发葡萄干及杏仁香味的海绵蛋糕。这道点心是以传统的圆环状陶制模型烘焙而成，看起来极像中世纪商人的帽子。

百汇酸腌高丽菜丝

(Choucroute Garnie)

高丽菜丝(德文：sauerkraut)，是将高丽菜切丝与盐、杜松子、月桂叶放在木桶中腌制一个月后，再加上猪肉、火腿、腊肠及阿尔萨斯酒，慢煮而成。

羊肉、牛肉做成肉类杂烩(backeoffe casserole)等。阿尔萨斯的犹太人则以其他肉类取代猪肉料理，最成功的是鹅肉，有烟熏鹅肉及鹅肝酱等。味道强烈的肉类料理包括野兔及山猪等都相当受欢迎，食材可以就近在山林中捕获。

本区盛产白葡萄酒，当然鱼产也不虞匮乏。过去以莱茵河及伊尔河的鲑鱼及八目鳗为主，现在则偏重淡水鳍鱼、梭子鱼、大头鱼、鳟鱼及鳗鱼，最常以丽丝玲葡萄酒及鱼高汤做成水手浓汤(matelote stew)。

无论是何种料理，烹调用的香料都占有一席之地，尤其以肉桂、小茴香、葛缕子、胡芫荽及豆蔻等最为常见。这些香料也用在令阿尔萨斯人腰围日广的美味甜点中。不过有名的杯状松软蛋糕(kugelhopf)却不使用香料，而以葡萄干及杏仁香味取胜。

双果猪肉

阿尔萨斯的厨师一向喜爱利用丽丝玲酒的细致苹果香味与新鲜苹果一起做成猪肉料理。

阿尔萨斯派

这道传统点心使用的水果可以是苹果、杏、桃或樱桃。首先用樱桃酒及糖粉醃泡水果，再淋上肉桂鲜奶浓汁烘焙。

本地特产奶酪

从阿尔萨斯居民对葡萄酒风味的执著，可以想见这里的奶酪味道一定强烈。过去阿尔萨斯的奶酪全由修士制作，只供修道院食用。虽然今天区内还有不少小型的奶酪农场，但是大部分的奶酪还是由工厂大量生产。工厂以高热杀菌过的牛乳制成的孟斯戴奶酪及味道近似的洛林热罗姆(Gerome)奶酪，仍保留人工生产的部分特质，但味道却大为逊色，拥有孟斯戴工会联盟证书的厂家所制造的奶酪值得选购。

孟斯戴奶酪

阿尔萨斯及洛林两区都产有这款软质奶酪，刺鼻的味道是最明显的辨认特征。阿尔萨斯居民习惯搭配马铃薯食用。

阿尔萨斯特雷米(Trami d'Alsace)奶酪

这款略带乳脂味道的软质奶酪是以未经高温杀菌的牛奶制成，过程中还以格乌兹塔明那酒刷洗外皮。这种奶酪气味刺鼻，香料味浓厚。

畅游阿尔萨斯

阿尔萨斯是法国最独特的酒区，也是在凉爽时节最值得一游的酒区。在轻快爬过一个个小山坡后，有丰盛的美食在等着你，在12月，特别在圣诞期间，这里的小村庄更是如童话中一般美丽。

餐饮—住宿

精选当地最好的餐饮住宿地，让你尽享当地美食与美酒，安心留宿于令人印象深刻的、风格独具之处。

COLMAR

Le Maréchal, 4–6 Place des Six Montagnes Noires.
03 89 41 43 07
这家旅馆位于镇中心，16世纪的木制建筑安然立于水边，满溢着阿尔萨斯的浪漫氛围。提早预订。

Château de Barembach, 5 Rue du Maréchal de Lattre de Tassigny.
03 88 97 97 50
文艺复兴时期的可爱城堡，附设庭园及网球场。是一整天品酒之旅后放松身心的舒适佳选。

La Maison des Têtes, 19 Rue des Têtes.
03 89 24 43 43
因其建筑正面众多小的人头雕像而得名，是受国家保护的古迹文物，地处市中心，提供优质、丰盛的阿尔萨斯传统美食。

EGUISHEIM

Caveau d'Eguisheim, 3 Place du Château St-Léon.
03 89 41 08 8
FAX 03 89 23 79 99
这家合作社生产了大量公社葡萄酒，同时还经营着两家相邻的声誉良好的餐馆。对传统菜肴加以现代化的改良，达到了极高的水准。其中press room餐馆价位更为大众化。

ILHAUSERN

L'Auberge de l'Ill, 2 Rue de Collonges au Mont d'Or.
03 89 71 89 00
这个获米其林三星的美食圣地，传统及现代美食任君挑选，其酒单也毫不逊色，异彩纷呈。

MULHOUSE

Hotel du Parc, 26 Rue de la Sinne.
03 89 66 12 22
FAX 03 89 66 42 44
W www.hotelduparc-mulhouse.com
如果你想大肆挥霍一把，住大酒店，吃豪华餐，那么这里便是最佳选择。房间里有阅读/休憩区域，以供天气转凉不适合在花园里闲散地打发时光时使用。

Winstub Henriette, 9 Rue Henriette.
03 89 46 27 83
FAX 03 89 70 81 02
一家优质、传统的"葡萄酒吧"，价格平易，提供精心烹制的传统菜肴。

OBERNAI

A la Cour d'Alsace, le Jardin des Remparts, Le Caveau de Gall Winstub, 3 Rue de Gall.
03 88 95 07 00
FAX 03 88 95 19 21
这栋带酒窖的老建筑里，包含着一家旅馆、一个露天酒吧、两家餐馆。两家餐馆的菜肴都既经典又可口，价位也很合理。

RIQUEWIHR

La Grappe d'Or, 1 Rue des Ecuries.
FAX 03 89 47 89 52
这家装饰着花花草草的小餐馆价格平易。

STRASBOURG

Le Festin de Lucullus, 18 Rue Ste-Héléne.
FAX 03 88 22 40 78
这里的大厨，师从清淡菜的创始人米歇尔·基拉得（Michel Guerard），因此这里的菜肴也是走清淡路线，味道却毫不逊色，十分丰富。菜肴和精挑细选的当地酒，都比基拉得的餐厅便宜。

TURCKHEIM

Auberge du Brand, 8 Grande Rue.
03 89 27 06 10
FAX 03 89 27 55 51
以该村庄最好的葡萄园命名，这座半木质的小旅店是那种你在当地看到就会给它拍照的典型建筑。里面只有9个房间，所以最好提前预订。这里的餐馆也不错。

葡萄酒商店

许多当地的美酒在你回到家中后便难以再寻到，因此不要错失良机，在离开之前一定要囤够自己喜欢的酒。

HAGUENAU

Vins et Terroirs, 2 Rue Maréchal-Foch.
03 88 07 16 47
《法国葡萄酒月刊》(*La Révue du Vin de France*)读者及编辑评出的"心动(Coup de Coeur)"奖得主。

STRASBOURG

Le Vinophile, 10 Rue d'Obernai.
03 88 22 14 06
米歇尔·格里斯（Michel Gris）是法国最好的葡萄酒零售商之一，出售各种产自法国众多优质葡萄园的美酒。他可提供葡萄酒

在阿尔萨斯用餐

在阿尔萨斯的餐馆中，可品尝到一些法国最好的美食。

方面的专业建议，他同时还是一位备受推崇的音乐评论家。

博物馆

一些制造商会提供葡萄园或酒庄之旅。详情可咨询当地的旅游办事处（见下文）。

KIENTZHEIM
一家很棒的小博物馆，位于葡萄酒区中心。
☎ 03 89 78 21 36
这里收藏的亮点是阿尔萨斯的果味白兰地。
LAPOUTROIE
Le Musée des Eaux de Vie,
85 Rue du Général Dufieux.
☎ 03 89 47 50 26
FAX 03 89 47 22 24
这家位于地区首府的博物馆搜罗了与阿尔萨斯相关的一切。
STRASBOURG
Musée Alsacien, 23 Quai
St-Nicolas.
☎ 03 88 35 55 36
有关阿尔萨斯的一切都呈现在这座博物馆中。

网站

关于阿尔萨斯葡萄酒的主要网站是www.vinsalsace.com，这一网站还提供了制造商的相关链接；想了解当地旅游资源信息，可访问www.ribeauville-riquewihr.com；也可访问www.tourisme.fr了解具体小镇或村庄的相关信息。

其他信息

地区葡萄酒委员会（Regional Wine Committee）
Ribeauvillé et Riquewihr地区旅游办事处（Office du Tourisme du Pays de Ribeauvillé et Riquewihr）

☎ 03 89 20 16 20
Office du Tourisme du Pays de
Ribeauvillé et Riquewihr,
1 Grand Rue, Ribeauvillé.
☎ 08 20 36 09 22
FAX 03 89 49 08 49
@ info@ribeauville-riquewihr.com

年度葡萄酒节日及活动

在春季、夏季和秋季，阿尔萨斯的众多小村庄里都会轮番上演各种节日和举行各种活动，其热情程度恐怕只有罗讷河河谷地区堪与之相媲美。而到了圣诞节前那几周，其庆祝活动的丰富就无处可与之相匹敌了。有人说，12月是探访阿尔萨斯的最佳时节，因为此时这里童话般的美景将一切都渲染上了魔幻般的魅力，还会有各式各样的彩灯装饰。阿尔萨斯的冬季系列展会通常会持续几周时间，而前往参观的最佳时间是周末。想要了解具体的活动日期，请咨询地区葡萄酒委员会（见“其他信息”）。

4月
葡萄酒展会
snail展会

5月
葡萄酒系列展会
生态-生物之面包、葡萄酒、奶酪展会
St.Urbain展会

6月
葡萄园野餐活动
葡萄酒展会

7月
葡萄酒晚间展会
葡萄酒系列展会

7月/8月
葡萄酒系列展会

8月
葡萄酒系列展会
艺术、民俗、鹅肝酱及葡萄酒节
阿尔萨斯葡萄酒展会——当地最主要的年度葡萄酒盛事

9月
系列丰收节

10月
系列丰收节
La Couronne d’Or丰收节

11月
冬季展会

11月/12月
冬季系列展会

12月
冬季系列展会
除夕庆典

高贵的混合（EDELZWICKER）

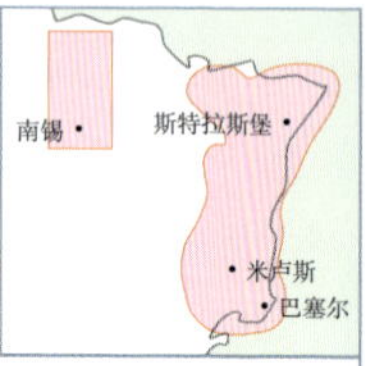

虽然众所周知现在的阿尔萨斯酒大多以单种葡萄酿成，不过本区传统却是采用混合式酿酒。过去，由数款基本型的葡萄品种所混合酿成的酒称为“斯维克酒”(德文为Zwicker)，而由上选葡萄混合酿造的酒别称为“香提酒”(法文为gentil)。1871年，德国统治阿尔萨斯后，曾试过以德文“Edelwein”取代法文“gentil”，不过阿尔萨斯居民则折中以“爱德斯维克”(Edelzwicker，高贵的混合)及“斯维克”“Zwicker”为酒名。1927年，法国政府下令废除“斯维克”一词，所以今天阿尔萨斯的混合酒，不论葡萄品种与比例，一律统称为“爱德斯维克酒”。由于这类混合酒多不出色，所以一些品质严谨的酒庄会在生产的混合酒酒标上附加“Gentil”、“Reserve”(精选)或在“C6tes du”后标示产酒乡社以示区分。不幸的是有些品质不良的酒也会鱼目混珠地以此方式销售。

罗利·卡斯曼酒庄(Rolly Gassmann)
此酒庄有上选的爱德斯维克酒，价格不高却独具一格。

欢迎光临
许多酒窖都欢迎访客参观，在阿尔萨斯甚至最顶级的酒庄都还附设门市，方便访客在离开时就地采购。

- 阿尔萨斯全区均有出产
- 白酒具传统风味、单纯。富果味、不甜。
- Jean-Baptiste Adam, Marcel Deiss, Jean-Pierre Dirler, Hugel, Kreydenweiss, Kuehn, Rolly Gassman, Cave de Ribeauvillé, Schlumberger, Louis Sipp, Pierre Sparr.
- 开心果香烤猪后腿肉
- 2003, 2002, 2001
- 2－3年

格乌兹塔明那（GEWÜRZTRAMINER）

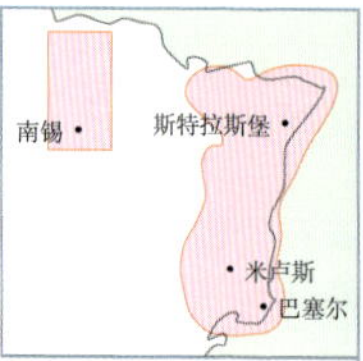

“格乌兹塔明那”是一种葡萄品种名称，旧名“塔明那”。阿尔萨斯人都同意丽丝玲葡萄可以酿成品质精致优雅且耐久藏的酒，不过辨识容易且外皮呈粉红色的格乌兹塔明那葡萄所酿成的酒却更令人难以抗拒。阿尔萨斯酒区内的格乌兹塔明那葡萄表现差异甚大，视葡萄生长环境、采收时的成熟度及酿酒技术而定。坚持使用生长于优良土质的低产量特级葡萄园的葡萄来酿酒，可以酿出酒香浓郁且不甜的格乌兹塔明那白酒，晚收成的酒散发出诱人的东方风格及细致香气，这类审慎的优秀酿酒师和酒庄有福勒(Fallef)、欧斯特塔(Ostertag)、特里姆贝屈 (Trimbach)及铃洪伯雷契(Zind Humbrecht)等。

铃洪伯雷契酒庄(Zind Humbrecht)
温暖年份的格乌兹塔明那葡萄通常会酒酸不足，但像图中这款顶级酒却必定口味均衡。

葡萄园山丘
在典型的阿尔萨斯葡萄园区中，可以见到葡萄树覆满山坡，而酒农们就住在山脚下。

- Ammerschwihr, Barr, Bergheim, Guebwiller, Hunawihr, Kayserberg, Kientzheim, Mittelbergheim, Mittelwihr, Obernai, Orschwihr, Ribeauvillé, Riquewihr, Rorschwihr, Rouffach, Turckheim, Wintzenheim.
- 有酒香芬芳的不甜白酒与甜白酒两种
- Blanck, Deiss, J-P Dirler, Faller, Mittnacht Klack, Ostertag, Zind Humbrecht.
- 孟斯戴(Munster)奶酪
- 2003, 2001, 2000, 1999
- 5－10年

蜜思嘉（MUSCAT）

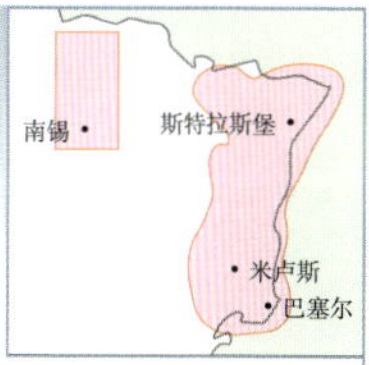

阿尔萨斯的酒多半散发甜味，而通常在其他酒区作为酿制香甜麝香酒的蜜思嘉葡萄，在本区却令人意外地酿出不带任何甜味的白酒。其实蜜思嘉葡萄有好几种，光是在阿尔萨斯酒区就有三种：小粒种蜜思嘉(Muscat a Petits Grains，有白色与粉红色皮两种、欧托内—蜜思嘉(MuscatOttonel)。这三种葡萄各有支持者。虽然阿尔萨斯的蜜思嘉葡萄发展潜力颇为看好，但其栽种面积却日益流失，与复斯拉葡萄的栽种面积几乎不相上下。栽种蜜思嘉葡萄要懂得控制果实产量，以及慎选采收时间，如此才能确保酿成的酒有足够的酒酸含量，不至过于薄弱。幸亏本区有不少深谙此道的酒农，可以让蜜思嘉葡萄酒散发出葡萄、苹果、柳橙、橘子等果香。

迈耶—丰内酒庄(Meyer-Fonne)
这种迈耶—丰内酒庄生产的麝香葡萄酒口感细致、香而不甜，适合趁年轻时饮用。

路边守护神
传统的宗教信仰在偏远的乡下扎根已久。这个守护着葡萄园的十字架位于力克威镇近郊。

- Barr, Bennwihr, Katzenthal, Mittelwihr, Riquewihr, Rorschwihr, Voegtlinshoffen, Wettolsheim, Wintzenheim.
- 白酒清淡不甜，散发葡萄味
- Ernest Burn, Hugel, Andre Kientzler, Meyer-Fonné, René Muré-Clos St Landelin, Bruno Sorg; Schoffit, Marcel Deiss.
- 奶酪蛋糕
- 2003, 2001, 2000, 1999
- 阿尔萨斯麝香酒(ACAlsace Muscat)1—3年；阿尔萨斯特级葡萄园麝香酒(AcAlsace GrandCruMuscat):2–5年

白皮诺（PINOT BLANC）

阿尔萨斯葡萄最注重香气，几乎不带香气的白皮诺葡萄是个例外。白皮诺在好年份且果实控制得宜时，可以酿出诱人的好酒。许多阿尔萨斯酒农以白皮诺葡萄发展出大粒种“白皮诺葡萄”曾经用来与夏斯拉葡萄混合酿造爱德斯维克酒。由于白皮诺葡萄的特质极不明显，所以酿酒法规准许灰皮诺、皮诺欧塞华(Pmot Auxerrols)、夏多内至黑皮诺等葡萄酿成的酒，在酒标上挂上“白皮诺葡萄”或“克雷维内葡萄” (Klevner或 Clevncr，见79页)销售。这种有失严谨的做法引起若干酒标标示的混乱，不过也有助于酒庄酿出比纯白皮诺葡萄酒口感更好的酒。尤其是皮诺欧塞华还带有一股阿尔萨斯酒的特殊辛香味。

保罗·布朗克(Paul Blanck)
白皮诺葡萄通常用来酿造阿尔萨斯的日常餐酒，巅峰时可以酿出乳脂般且略带辛香味的美酒。

特级葡萄
图中的汉斯特葡萄园是阿尔萨斯最好的葡萄园之一，冠上特级葡萄园的殊荣可谓名副其实。

- Mittelbergheim, Pfaffenheim, Saint Hippolyte, Westhalten, Wintzenheim.
- 白酒口感清新不甜、爽口带劲；可再发酵酿成气泡酒；也可混合酿制爱德斯维克酒。
- Paul Blanck, Henri Brecht, Kuentz-Bas, Meyer-Fonné, Cave de Turckheim, Zind Humbrecht, Ostertag, Hugel, Weinbach-Faller, Marcel Deiss.
- 洋葱派
- 2002, 2001, 2000, 1999
- 白酒：2–8年

灰皮诺（PINOT GRIS）

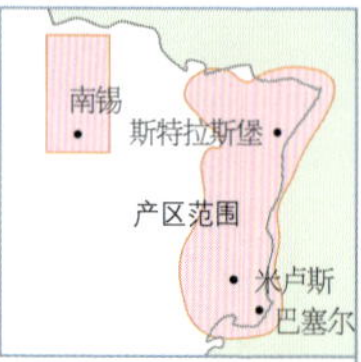

阿尔萨斯酒怎会和匈牙利的酒镇多凯有所牵扯？一直是个神秘的谜。据地方传说，阿尔萨斯将军施文迪·拉札雷（Lazare de Schwendi）帮助匈牙利驱退来袭的土耳其军队，因此于1565年获赠4000桶的匈牙利多凯酒及数株来自该镇的灰皮诺葡萄幼株作为谢礼。今天，灰皮诺葡萄已在匈牙利境内绝迹，但却占了阿尔萨斯葡萄总产量的4%，并酿成本区最具风格的美酒。灰皮诺葡萄的酒酸比丽丝玲葡萄弱，甜度比过甜的格乌兹塔明那或蜜思嘉葡萄适中。阿尔萨斯居民称这种葡萄为“苏丹”，按传统的饮酒习惯会将迟摘型（vendanpes tnrdives）的葡萄酒及选粒贵腐葡萄酒用来搭配鹅肝。灰皮诺葡萄酒酒标上通常会标示“多凯－灰皮诺”或“灰皮诺”，有时也会见到酒标上出现非合法酒名“阿尔萨斯多凯”(Tokayd’Alsace)。

特里姆贝屈精选灰皮诺酒（Trimbach Pinot Gris Réserve）
特里姆贝屈是阿尔萨斯品质最好的酒商，其灰皮诺酒品质永远值得信赖。

力克威(Riquewlnr)
法国最迷人的酒镇之一，也是阿尔萨斯许多杰出酒商及酒庄汇集之处。镇上可以找到上等的灰皮诺酒。

Barr, Dambach-la-Ville, Guebwiller (Kitterlé), Kayserberg, Kientzheim (Schlossberg), Mittelwihr (Mandelberg), Obernai, Riquewihr (Sporen), Thann (Rangen), Turckheim.
口感丰富的不甜及甜白酒
Ernest Burn, Bott-Geyl, Dopff & Irion, Kreydenweiss, Ostertag, Schleret, Sorg, Weinbach (Faller), Zind-Humbrecht.
甜白酒：鹅肝酱
2003, 1999, 1998, 1996
不甜白酒：3－8年

黑皮诺（PINOT NOIR）

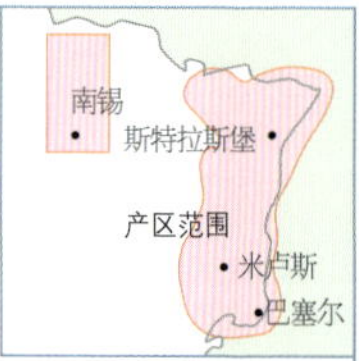

黑皮诺葡萄是唯一能在阿尔萨斯酿出好酒的红皮葡萄，但是由许多酿酒师的经验得知其中仍有许多困难与挑战。首先是要酿造出红酒而非玫瑰红酒。近年来借由引进新品种及滚筒式发酵器，虽然在葡萄色素的萃取上已有所进展，却也可能赔上细致的口感。其次，阿尔萨斯的酒庄为酿出接近勃艮第红酒的葡萄酒，一窝蜂地采用新橡木桶酿酒，结果只徒然落个画虎不成反类犬的下场。其实阿尔萨斯的各家酒庄应该放弃模仿冯内-侯玛内酒(Vosne-Romanee，见158页)，专心酿造散发樱桃及覆盆子果香的阿尔萨斯玫瑰红(Rose d’Alsace)；此外，这款玫瑰红酒比深色且重木桶味的红酒更适合搭配阿尔萨斯的细长形瓶子。

亚伯曼（Albert Mann）
酿制黑皮诺葡萄酒的酒庄中企图心最强的一家，酿酒师亚伯曼先将酒存放在橡木桶中适当成熟后才上市。

以酒为荣
阿尔萨斯常可看见这样的招牌，小型酒庄及酒商对传承的悠久历史都引以为荣。

Dambach-la-Ville, Eguisheim, Orschwiller, Ottrot, Pfaffenheim, Ribeauvillé, Rodern, St Hippolyte, Traenheim, Turckheim.
红酒优雅、清淡、新鲜
J.B. Adam, Jean Becker, Joseph Cattin, Marcel Deiss, Caves de Eguisheim, Robert Faller, Albert Hertz, Hugel, Roger Jung, KuentzBas, Pfaffenheim, de Turckheim, Charles Wantz.
肉类与蔬菜煲
2003, 2002, 1998
红酒：10－15年

丽丝玲（RIESLING）

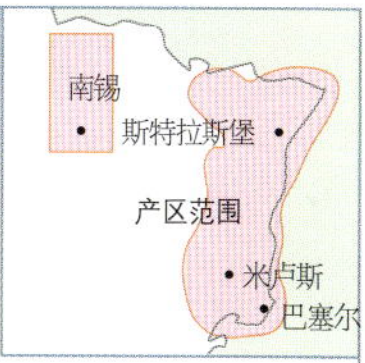

丽丝玲葡萄深受酒商及酒评家喜爱，也是阿尔萨斯人最引以为傲的葡萄品种。早在15世纪以前，本区就已种有丽丝玲葡萄，或称“高贵芬芳(gentil aromatique)”，目前已逐渐取代希瓦那葡萄(见下文)。1969年丽丝玲葡萄占全区葡萄园总面积的13%，今天已增加至20%。虽然莱茵河对岸德国酒的坏名声为本区带来负面影响，但是阿尔萨斯丽丝玲酒独特的风格还是吸引了不少爱好者。德国不甜的丽丝玲酒单薄，阿尔萨斯丽丝玲酒则因得利于气候温和而要丰润成熟得多。本区各地所产酒土质不同各具特色，酿自黏土土质葡萄园的酒口感最丰富，酿自花岗岩及石灰岩葡萄园的酒则需经长时间的成熟过程，因此阿尔萨斯酒农都会将酒至少存放18个月后才上市。

温贝赫酒庄的迪奥调配酒(Cuvee Theo)
劳伦练·福勒所酿的酒相当出色，她也推出数款调配酒，这款迪奥调配酒是以其父亲的名字命名的。

利宝维尔(Ribeauville)
这里曾是阿尔萨斯的首都，境内的盖斯贝格、奇尔虚贝格及欧斯托贝格等特级葡萄园生产本区最好的丽丝玲酒。

- Barr, Beblenheim, Guebwiller, Kayserberg, Ribeauvillé, Riquewihr, Rouffach, Turckheim, Wintzenheim.
- 不甜白酒与甜白酒
- Paul Blanck, Marcel Deiss, Dirler, Albert Hertz, Kientzler, Ostertag, Rolly Gassmann, Schlumberger, Roland Schmitt, Bruno Sorg, Trimbach, Weinbach, Zind-Humbrecht.
- 不甜白酒：阿尔萨斯鱼汤
- 2002, 2001, 1998, 1996
- 红酒：5－15年

其他

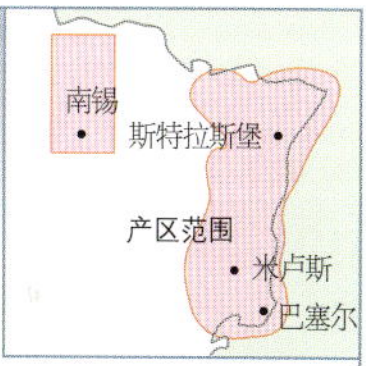

夏斯拉酒是以同名葡萄酿成，本区的夏斯拉葡萄正逐渐被淘汰中(目前仅占葡萄园地总面积的2%，1969年时还占有16%)；虽然还有部分酒庄如休弗(Schoffit)及肯恩兹勒(Kientzler)还是用故里夏斯拉葡萄酿制具果味、适合年轻时饮用的清淡葡萄酒，不过该种葡萄大多用于酿造爱德斯维克酒(见64页)。采用多种葡萄酿成的阿尔萨斯气泡酒(cremant d’ Alsace)相当成功，最佳的葡萄组合是灰皮诺、黑皮诺及夏多内三种葡萄，其中尤以玫瑰红气泡酒最值得推荐。海利卡斯坦－克雷维内(Klevener de Heiligenstein)是一种源自侏罗酒区的葡萄品种——粉红莎瓦涅(savagnln Rosd)的本地种。皮诺欧塞华葡萄的特质介于白皮诺与灰皮诺之间，是一种略带辛香味的温和品种，官方错误地将其归类为白皮诺葡萄，不过部分酒庄还是执意将“皮诺欧塞华葡萄”标示在酒标上。希瓦那葡萄目前占全区葡萄园面积的17%(1969年曾高达27%)，几乎悉数用来酿造爱德斯维克酒。洛林的都勒丘优良地区餐酒产区有不错的清淡红酒(以黑皮诺及皮诺莫尼耶葡萄酿成)，以及前述两种葡萄混合加美葡萄酿成的玫瑰红酒，但是产量不大。同属优良地区餐酒级的摩塞尔红酒及白酒则产于天摩塞尔河沿岸的谷地中，只有这样产区生产并选择温暖年份的酒才值得采购。

胡格名门(GentiIHugel)
这种酒是传统阿尔萨斯调配酒中的怀古杰作。

希尔克力斯潘(Sierck-les-Bains)
整个阿尔萨斯都可以见到充满德国风格的建筑物。

波尔多
BORDEAUX

波尔多(BORDEAUX)

波尔多酒区的红葡萄酒和白葡萄酒中有不少是世界级的名酿，而且酒龄通常还比当初酿制此酒的大师寿命来得长。

如蜜糖般的甜酒

位于加洪尼河北岸的卢皮亚克(Loupiac，见97页)，境内有生产芬芳甜白酒的大片葡萄园。

波尔多酒令人难以洞悉的品质差异，一个相当重要的原因就是酒区面积实在太辽阔。本酒区的葡萄园达10万公顷，是勃艮第酒区(见112－159页)的三倍大。区内的酒庄多达2万个，但其中大约只有100个获得国际肯定，这也是波尔多酒品质与风格不一的一个主因。其中至少有三分之一以上的酒庄将酿成的酒自行装瓶，并在瓶身印上自家酒庄的名字，而这些酒庄的规模往往与一栋花园别墅差不了多少。

显而易见的，本酒区内各个小酒区的土质与气候自然也各有异同。上梅多克酒区(Haut-Medoc，见97页)及格拉夫酒区(Graves，见96页)拥有最好的细沙土壤，主要栽种散发香浓黑醋栗味道的卡本内－苏维浓葡萄，搭配适量的卡本内－弗朗及梅洛两种葡萄提味，一起酿成区内的精致红酒，有时也会加入少许带有辛香味的小维铎(Petlt Verdot)葡萄。至于其他酒区，尤其是圣爱美浓(St Emilion，见105页)及波美侯(Pomerol，见103页)则属于黏土含量较重的土质，由带有黑李香味的梅洛葡萄称霸全区。除了梭甸酒(Sauternes，见110页)及巴尔萨克酒(Barsac，见92页)，两种杰出的甜酒外，传统的波尔多白酒多偏微甜，品质平庸。近年来，因为酿酒技术的革新，以白苏维浓、榭密雍两种葡萄酿成的新一代波尔多白酒，不甜且品质优良。

在气候方面，波尔多酒区因受惠于西面的大西洋，气候相当温和。但是其地理位置仍嫌偏北，所以平均每隔3年才能采收到一次完全熟透的葡萄来酿出好酒。在大自然的循环下，每年只会轮到几种酒或几种葡萄表现良好，换言之，甜白酒的好年份可能是红酒歉收的坏年份，如此就增加了选购上的困扰。针对这一现象，法国于1855年汇整了一套波尔多地区梅多克酒、格拉夫酒及梭甸酒的上选酒庄官方评级表，20世纪又经重新修订。近年来，越来越多人表示，不论官方排名如何，独立酒庄的表现好坏，其实决定的因素还是在于酿酒师的技术、酒庄设备等。波尔多酒的真正爱好者会长期锁定一些酒庄评定其每年的表现，自行建立自己的分级表。

酒区概况

- 113 000公顷；年产量8.6亿
- 全区皆受邻近的大西洋影响，但各小酒区之间的气候差异仍然相当大，圣爱美浓酒区及波美侯酒区较近似大陆型气候
- 有适合卡本内－苏维浓葡萄的沙砾土质，也有梅洛葡萄偏爱的黏土土质
- 红酒：卡本内－苏维浓、卡本内－弗朗、梅洛、马尔贝克、小维铎白酒：白苏维浓、榭密雍、蜜思卡岱

波尔多酒区

酒区检索

- 巴萨克
- 布拉伊丘
- 布而格丘
- 西隆
- 恩特得美尔（包括卡迪亚克、卢皮亚克、波尔多首丘、圣十字山）
- 格拉夫
- 巴布里（包括弗朗萨克与卡农－弗朗萨克、卡斯提雍丘、弗朗丘、波美侯－拉隆）
- 梅多克（包括上梅多克、里斯塔克、玛歌、慕里斯、波亚克、圣爱斯台夫、圣朱里安）
- 贝沙克－雷奥良
- 波美侯
- 梭甸
- 圣爱美浓
- 省界
- 波尔多酒区界线

红葡萄酒与白葡萄酒

位于波尔多市南方的格拉夫，是本区唯一兼产卓越红葡萄酒与优质不甜白葡萄酒的酒区。部分酒庄的白葡萄酒甚至比红葡萄酒还出名，例如杜尔马提列克(La Tour Martillac)酒庄。

到处都是水

波尔多酒区温和、稳定且适合葡萄生长的气候，除了归功于环绕全境的森林外，大西洋、吉伦特(Girondc)河及加洪尼(Gnronne)河的调节也功不可没。

波尔多酒区历史

12世纪阿基坦的埃莱亚诺(Eleanor of Aquitaine)女公爵和英国王位继承人金雀花王室诺曼·亨利(Norman Henry Plantagenet)联姻后，波尔多地区的酿酒活动才开始活跃起来。这桩婚姻不但为阿基坦地区的酒提供一个现成的好市场，也在波尔多港的发展中起到了决定性作用。

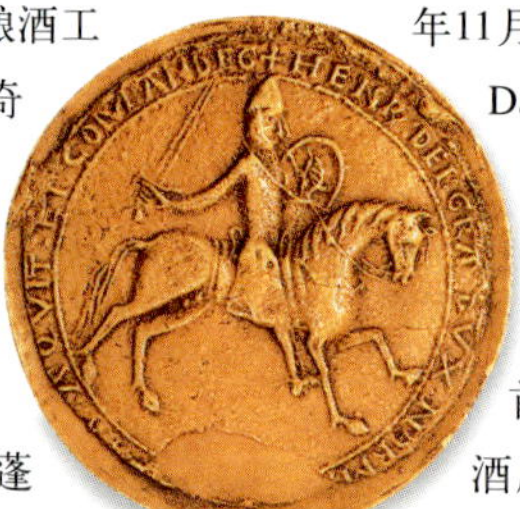

皇家封印

诺曼公爵亨利·金雀花于1154年登基为英格兰国王。

当法国大部分酒区的酿酒工业还在以史学家漠纳克·沃奇斯 (Hanneke Wirtjes)所形容的“耐心修士”缓慢发展时，波尔多地区的酒业却因贸易商积极寻找货品以填满回头船的需求刺激下蓬勃发展。当时的波尔多就像今天香港的中世纪版本，聪明的香港商人选择出口纺织品而不出口棉花，机智的波尔多酒农同样也坚持出口利润较高的葡萄酒而不是葡萄。

14世纪初期，从波尔多港出口的酒有半数以上的目的地是不列颠群岛；其中大部分生产系统称为“高地”的地区，即现代波尔多酒区东边的贝乐哈克(Bergerac，见270页)及加雅克(Gaillac，见272页)两个酒区。波尔多地区的酒商及酒庄很快就发现这股来自邻近酒区的竞争压力，于是规定上述酒区的酒必须等到每年11月11日圣马丁节(St Martin’s Dav)后，即在波尔多酒全部装船完毕时才能进到波尔多地区来。这种波尔多人的商业头脑，也使得本区得以首创酒品牌制度，即这里的酒庄可以直接在酒标上标示酒庄名字，而不是标上葡萄园所在地的村镇名称。令英国日记体作家萨缪·佩皮斯(Samuel Pepys)在1663年4月10日一饮之后打破戒酒禁令的就是“一瓶叫做 Ho Bryan的法国酒”。

目前划入贝沙克－雷奥良(Pessac-leognan,见102页)酒区的欧布赖恩酒庄(Chateau Haut- Brion),有得天独厚、天然排水性极佳的土壤，不过16世纪以前，梅多克(见99页)地区大多是不适合栽种葡萄的潮湿林地，地势较高的玛歌酒庄(Château Margaux)及拉斐特酒庄 (Château

波尔多港

如这幅版画所示，17世纪忙碌的加龙河是当时发展迅速的波尔多葡萄酒贸易的命脉。

Lafite)也是到17世纪晚期才开始酿酒。大约在此同时，荷兰工程师开始在梅多克区架设今天仍可看到的排水设备，并且进行铺路工程，使酒农能以牛整地，成排耕作葡萄园地。

迈向现代法定酒区制度

18世纪时，酿自波尔多港附近许多葡萄园的酒纷纷经由英国、爱尔兰、荷兰、德国及丹麦酒商销售。他们之间建立起一套高获利且组织良好的行销制度，不但安然度过1789年法国大革命的冲击，其中重要的制度甚至仍沿用至今。或许这些酒商最大的贡献，就是将波尔多地区的葡萄酒依价格分级，做成一份评级表。这是应波尔多商会的请托，将波尔多酒加以分级列出，以参加1855年在巴黎举行的万国博览会；表中包括了梅多克及梭甸(见110页)丽区最好的酒庄，以及贝沙克－雷奥且酒区的欧布赖恩酒庄等。这份1855年制定的分级表除少部分稍作更动外，目前仍持续使用中。

从1945年第二次世界大战结束后至今，有两个对波尔多法定产区制度影响极大的重要人物。第一位是已逝世的罗斯柴尔德－菲利浦 (Philippe de Rothschild)，他是波亚克 (Pauillac’ 见100－101页) 酒区慕东－罗斯柴尔德酒庄 (Chateau Mouton-Rothschild)的主人。罗斯柴尔德是第一位采用“酒庄自行装瓶”方式的人，而不是依循惯例将初酿酒卖给酒商，再由酒商负责使其成熟与装瓶。罗斯柴尔德深谙市场行销策略，他将产自别处葡萄所酿成的普通酒冠上自家酒庄慕东－卡德(Mouton-Cadet)的酒名销售，结果大卖，现在慕东－卡德酒已是波尔多酒区最有名的葡萄酒之一。

第二位是有“现代酿酒学之父”美誉的艾米尔·佩诺德(Emile Peynaud)教授，他许多突出的贡献大多在于解析葡萄与葡萄酒在处理上易犯的错误与陷阱；同时他也成功地将葡萄酒的筛选分级观念再度普及化，让酒庄们将最好的酒分装出来，将次等酒以“副牌酒(second wine)”的方式销售。

最后是由律师改行担任酒评家的美国人罗勃·帕克(Robert Parker)，其贡献不亚于前两位。他在1978年发行他的第一本杂志《葡萄酒拥获者》(*Wine Advocate*)，首创以50－100点数为葡萄酒打分数。1993年时，该杂志的订户已达2.8万位，主要是美国读者。如果没有帕克定下这套广为大众接受的计分方式，许多过去默默无名的波尔多酒恐怕无法拥有今天的国际知名度与高身价。

萨缪·佩皮斯

这位英国著名的日记体作家在1663年喝到一瓶来自梅多克区欧布赖恩酒庄(Château Haut-Brion)好酒。这也是英文文献首次提到酿自单一葡萄园的葡萄酒。

波尔多酒乡之旅

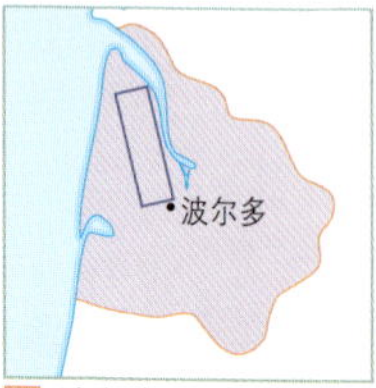

波尔多□ 导览区

勃艮第酒区的酒镇往往相互毗邻，仅以一条窄道区隔；波尔多酒区的酒镇却四散分布，尤其以梅多克区为甚。以下的导览将一访梅多克酒区的主要酒镇及数个比较鲜为人知的产酒地区。

波尔多

可以在波尔多市(Bordeaux)①停留数天，慢慢参观市内的画廊、博物馆以及零售酒坊等。不管行程规划如何，务必先到波尔多市的“葡萄酒之家 (Maison du Vin)”走一趟，搜集本区各个葡萄酒协会所印制的资料手册。

高级精品

阿雅拉(Ayala)香槟酒厂所有的拉罔酒庄是上梅多克酒区少数几个列入分级表的酒庄。

从波尔多到玛歌

在往北走的这一路上，卢同(Ludon-Mddoc)②是第一个葡萄酒览胜地，首先且看到拉罔酒庄(Chateau La Lagune)，这是极少数不位于玛歌、圣朱里安、波亚克从圣爱斯台夫等法定酒区内的别致酒庄之一。附近还有未获选纳入酒庄分级表的肯特梅尔酒庄(Château Cantemerle)及酒质物超所值的莫坎波酒庄(Châtreau Maucamps)。在马考(Macau)③右转，沿着吉伦特河河岸走，可以看见经常出现在法国印象派作品中的露天咖啡座及秀丽的河岸风光。

玛歌酒区开始于玛歌镇南方不远处。一行经拉巴德(Labarde)④，就已置身在有名的玛歌庄园吉斯库尔酒庄(Château Giscours)的北侧。建议在位于肯特纳克(cantenac)⑤北郊公路旁的普里厄－利钦酒庄(Chateau Prieure Lichine)稍作停留。这个酒庄竭诚欢迎游客来访，在此可参观老式的铁制酿酒器具及俄裔美籍的酒庄创立人亚历克斯·利钦(Alexis Lichine)的著作集。一到依桑(lssan)⑥后，在行经帕默酒庄(Chateau Pahner)的塔楼后不久，可以绕道浏览建于16世纪、有壕沟环绕的依桑酒庄 (Chateau lssan)。沿着公路继续前行，可抵侯赞－塞拉酒庄(Chateau Rauzan Segla)，这个酒庄在投入巨额资金后成为一个新兴之星。抵达玛歌 (Margaux)⑦后，在一排行道树尽头就是玛歌酒庄的壮丽大门。两百年前，美国总统杰佛逊就连声赞叹过这座城堡典雅的立面。

从拉马奎到圣朱里安－贝薛维尔

如果说玛歌酒庄是18世纪的绅士，那么拉马奎(Lalnarque) ⑧镇上的设防城堡就是中古世纪的骑士。离开拉马奎，住17世纪为防御英军所建立的城垛附近可以看到梅多克碉堡(Fort Medoc)，值得一访。圣朱里安－贝薛维尔(St Julien－Beychevellc)⑨有许多知名的酒庄，首先映入眼帘的是贝薛维尔酒庄(Château Bcychevelle)，此外还有杜鲁博凯虚酒庄(Château Ducru Beaucaillou)以及由列欧威 (Leoville)家族兴建的三家酒庄——巴通(Barton)、波费耶(Poyferrd)及拉斯凯希 (Lascases)均值得参观。沿着拉斯凯希酒庄壮观的石砌走道离开就可以出镇。

从波亚克到圣爱斯台夫－进入波亚克酒区，马上就会看到皮钦－隆格维尔男

旅游办事处

Lesparre
37 Crs du Mar é chal de Lattre de Tassigny
05 56 41 21 96

Margaux
7 Place Trëmoille
05 57 88 70 82

Moulis
1137 Le Bourg
05 56 58 32 74

Pauillac
Maison du Tourisme et du Vin, La Verrerie
05 56 59 03 08
FAX 05 56 59 23 38
@ mtvp@wanadoo.fr
W www.pauillac-medoc.com

St Estèphe
Place de l' Eglise
05 56 59 30 59
@ maison-vin.st-estephe@wanadoo.fr

St Laurent-Médoc
5 Rue du Gal de Gaulle
FAX 05 56 59 92 66

爵(Pichon- Longueville Baron)及拉兰得伯爵皮钦隆格维尔(Pichon-Longueville-Comtesse-de-Lalande)两座竞争激烈的酒庄，前者骄傲地展现它现代感十足的增建部分。右手边则是拉图酒庄(Château Latour)著名的尖塔；左手边的销远处是林奇巴日酒庄(Chateau Lynch-Bages)，其前方不远就是宁静的波亚克镇 (Paulllac)⑩。沿着公路继续往北，一路上依次经过慕东－罗斯柴尔德酒庄(Château Mouton-Rothschild)、拉斐特－罗斯柴尔德酒庄(Château Lafite-Rothschild)及充满东方建筑风格的埃斯图涅－高斯酒庄(Chaiteau Cos d' Estournel)。埃斯图涅－高斯酒庄旁的小路可以通往马布泽(Marbuzet)⑪及圣爱斯台夫(StEstephe) ⑫。

从里斯塔克到慕里斯

南下回程时，可以在里斯塔克(Listra-Medoc)⑬稍事停留，镇上的克拉克酒庄(Château Clarke)及丰瑞欧酒庄(Château Fonreaud)等酒庄积极推出更顺口好喝的红酒；慕里斯(Moulis-en-Medoc)⑭的普饶酒庄(Poujeaux)、毛凯鲁(Maucaillou)及恰塞－斯皮林(Chasse-Spleen)等酒庄都有物超所值的好酒。

波尔多酒区美食

波尔多酒区以出产世界闻名的高级红葡萄酒及甜白葡萄酒著称。常常出现在各餐厅菜单上的“波尔多红酒酱”，是用来搭配牛小排的传统酱汁。造访波尔多的观光客很快就会发现，这里还有许多取材自陆地、河川及海洋的各式诱人佳肴。

菌菇

牛肝菌可以替代蔬菜大量用在各式肉类及家禽类炖煮菜式或沙锅料理中，或可以切成薄片和大蒜、洋香菜同炒。黑色的松露则适合搭配梭甸酒。

在某次世界杰出侍酒师的选拔赛中，有位参赛者因为没有将波亚克酒列入搭配小羊肉的理想葡萄酒中而惨遭扣分。虽然慕东·罗斯柴尔德(Mouton Rothschild)酒庄的名字和羊肉一点关系也没有(该酒庄名称中的Mouton在此解释为“小山丘”)，但是这个位于梅多克酒区的村镇内以牛奶饲养小羊，生产出肉质香嫩的美味食材却是不争的事实。

尽管越来越多人认为牛肉和波尔多红酒不是理想的搭配，因为牛肉会使单宁含量高的酒显得艰涩，但是以红酒制成的波尔多红酒酱却能为牛排带来意想不到的绝佳风味。尽管如此，用来搭配梅多克酒或格拉夫酒的传统菜肴，还是建议点用波尔多式烤山鹌鹑，佐以朝鲜蓟、洋葱及马铃薯，然后浇上少许波尔多白兰地点火燃烧；也可以来一道焖鹅肉酱(confit doie)佐以酸模泥。

香草波亚克羊肉

波亚克地区以牛奶喂养小羊，因此羊肉的肉质香嫩。烹煮羊小排最好使用浓稠的荷兰芹酱汁，切块后上桌。

勃艮第的大厨以红酒来烫煮鳟鱼，而波尔多的厨师则用红酒烹煮吉伦特河所产的鲜美鱼类，如八目鳗、小鳗鱼等。吉伦特鱼子酱曾经风行一时，不过后来因为制作鱼子酱的鲽鲛早在10年前就已从河中绝迹，所以被迫停止生产。另一种与波尔多地区难以联想在一起的特产是路边到处在卖的野生牛肝菌，这种肥厚的褐色野菇通常与大蒜、火腿、荷兰芹、香酥土司丁一起做成肉类料理。本地产的松露可以加入火腿、鳗鱼、萝卜、芹菜、洋葱、红酒焖煮的菜肴中提味。新引进的农畜产品除了松露外，还有鹅肝，也非常适合搭配梭甸酒。

波尔多酒也是制作甜点的重要材料，雪碧(granité)是一种以红酒或梭甸甜白酒、西隆甜白酒制成的冰激凌状甜点。偏爱简单甜点的人可以来道“圣爱美浓蜜梨(polres au St Emilion)”，做法是将梨子放在红酒、橘子汁及肉桂粉调成的酱汁中煮软即可。

鸭肝

这道肉酱料理是波尔多地区的节日菜，滋味丰美，价格高昂。烹调前要先将鸭肝浸泡在白兰地中，然后搭配梭甸酒食用。

生蚝

波尔多地区产有野生及养殖的生蚝，生食时通常佐以柠檬汁及面包，再搭配不甜的波尔多白酒。

本区特产奶酪

在法国，只要有牛、羊或山羊的地方就有奶酪。波尔多地区的农民因忙于耕作葡萄而没有时间发展具有地方色彩的奶酪。本区一般餐厅提供的奶酪大多来自邻近的法国西南地区。佩里戈尔 (Perigord)、利穆赞(Limousin)及凯尔西(Quercy)等地目前仍继续生产美味的奶酪，如风味艳佳的山羊奶奶酪卡贝谷(Cabecou)、罗卡麦多尔(Rocamadour)，及利穆赞美味的羊奶圆柱形奶酪(Pourmes)。

贝洛克修道院奶酪

(Abbaye de Belloc)

产于巴斯克地区(pays Basque)，以红鼻子的马奈克(Mdncch)母羊的奶制成，味道强烈。

农庄山羊铎姆

(Tomme de Chevre Fermier)

这款咸味的山羊奶酪有多种口味，在法国相当普遍。法国西南部有大量生产，深受波尔多居民喜爱。

畅游波尔多

虽然波尔多国际名声显赫，每年来到这里的观光客为数众多，但真正的探访者的增加速度却不及其他一些酒区。每一季，新的酒店、餐馆、葡萄酒商店都大量涌现，尽管如此，波尔多地区仍不乏神秘之处等待我们去探寻。

餐饮&住宿

精选本地最好的餐饮住宿地，让你尽享当地美食与美酒，安心留宿于令人印象深刻、风格独具之处。

ARCINS, NEAR MARGAUX

Le Lion d'Or, Place de la République.

05 56 58 96 79

巴比埃（Barbier）先生这座位于路旁的旅馆是当地酒商及外来访客的最爱，供应好吃简单的地方菜及时令菜色。事先询问人很好的巴比埃先生，或许能获得特许，让你带着自己的食物进来吃，然而通常情况下都严格规定不可以这样做。

Bordeaux

Hôtel des Quatre Soeurs, 6 Cours du 30 Juillet.

05 57 81 19 20

这家风格独特、价格适中的小旅馆位于市中心，曾是瓦格纳与其情人幽会之处。没有自己的餐厅，不过楼下有一家客流不断的咖啡馆，附近也有许多其他餐馆。

La Maison Bordeaux, 113 Rue du Docteur-Albert-Barraud.

05 56 44 00 45

这是一座新改造的17世纪的建筑，属于碧吉・特顿（Brigitte Lurton），特顿家族拥有该地区多处顶级地产。陈设豪华。拥有一家餐厅，提供的美食相当不错。

La Tupina, 6 Rue de la Monnaie.

05 56 91 56 37

所提供的菜肴中，有一些可谓波尔多地区最棒的菜品，还有一些性价比颇高的美酒。烤肉是这里的特色菜。

BOULIAC, NEAR BORDEAUX

Le Bistroy, 3 Place Camille-Hostein.

05 57 97 06 06

毗邻奢华的圣詹姆斯酒店，与后者同属一位老板所有。环境闲适，美食可口，价格适中。

LANGON

Claude Darroze, 95 Cours du Général Leclerc

05 56 63 00 48

位于波尔多西南部的一座小镇上，是在法国以外很难找到的那种典型的乡村旅店。美食拥有星级品质，还有很多高品质的当地美酒。错视装饰乃店家所好。

PAUILLAC

Château Cordeillan Bages, Route des Châteaux.

05 56 59 24 24

与邻近的林奇巴日酒庄（Chateau Lynch-Bages）同属一家，是参观梅多克酒区北部的理想落脚处。这里的ad-hoc葡萄酒学校不止提供各种课程，这里的侍酒师还非常乐于提供测试，以拓展你的葡萄酒知识，他们会神秘地将葡萄酒端到你面前，让你来品尝分辨。

ST ÉMILION

Hôtel au Logis des Remparts, Rue Guadet.

05 57 24 70 43

FAX 05 57 74 47 44

@ logis-des-remparts@saint-emilion.org

紧邻奢华的圣詹姆斯酒店（St James hotel）并与其同属一家老板，这家小餐馆在休闲的氛围中，提供相当不错的美食，价格也更平易。

葡萄酒商店

小酒庄都喜欢向观光客兜售葡萄酒，而大酒庄则只喜欢与酒商做生意。因此，探访波尔多的葡萄酒商店就显得十分重要。虽然大部分酒会漂洋过海运到国外，但价格也随之水涨船高。下面列出的这些商店是特别值得了解一下的。

ARCACHON

Vintage International, Marché Municipal.

05 56 22 59 98

基于地处海岸的优势，这家零售商店拥有自1898年以来的

在波尔多休闲用餐

即使是在波尔多最随意的用餐处，如小餐厅、葡萄酒吧、咖啡馆，也能有机会品尝到在其他地方很难找寻到的美酒。

500种波尔多葡萄酒。

BORDEAUX

Badie, 62 Allée de Tourny.

FAX 05 56 52 23 72

这家店拥有百年历史，存有2000多种不同的葡萄酒及烈性酒。

l'Intendant, 2 Allées de Tourny.

05 56 48 01 29

这家店拥有1.5万多瓶葡萄酒，围绕堆放在一个旋转楼梯旁。

STE FOY LA GRANDE

Cave Larégnère, 10 Boulevard Garrau.

05 57 46 31 23

FAX 05 57 46 36 42

曾闯入世界顶级零售商比赛决赛的米歇尔·巴拉顿(Michel Baraton)拥有2000种酒品。

年度葡萄酒节日及活动

波尔多承办的双年葡萄酒商展在每个单数年份的6月举行，只向专业人士开放。不过这里还有很多其他活动，不管你对葡萄酒了解多少，都能让你玩得尽兴。

1月

圣文森特节

4月

面向专业人士的期酒品酒会，由酒庄联合会(union-grands-crus@vins-bordeaux.fr)及当地酒商联袂举办

"欢动时刻"

酒窖开放

5月

酒窖开放

葡萄酒集

6月

春季展会

户外活动

Château Mouton Rothschild

花卉节

7月

葡萄酒展会

9月

葡萄酒系列展会

梅多克马拉松赛

10月

葡萄酒系列展会

11月

葡萄酒展会

12月

葡萄酒展会

博物馆

一些制造商会提供葡萄园或酒庄之旅。详情可咨询当地的旅游办事处(见下文)。

BORDEAUX

Musée des Vins, 41 Rue Borie.

05 57 87 50 60

FAX 05 57 87 50

坐落于老葡萄酒贸易区一栋曾经的商铺中，馆中展示了外来人在波尔多历史中所发挥的作用。

Musée le Vinorama,
10 Cours du Médoc.

05 56 39 39 20

FAX 05 56 39 19 51

这家引人入胜的博物馆追踪展示了从罗马时代到现代的历史，还有以罗马时代的方法及19世纪的方法酿造的不同的葡萄酒，来访者可将其加以比较。

GRADIGNAN

Ecomusée de la Vigne et du Vin,
238 Cours du Général de Gaulle.

FAX 05 56 89 00 79

古老的酿酒人居住的房屋中，展示着500多种古老的酿酒用具。

LANGON

Le Musée de l'Etiquette, Chateau de Mauriac.

05 56 63 39 81

如果对酒的标签感兴趣，那么一定要到这里来，你可以在此了解到一切关于酒签的常识。

Musée des Arts et Métiers de la Vigne et du Vin, Château de Maucaillou.

05 56 58 01 23

FAX 05 56 58 00 88

这里有关于葡萄酒的制造、成熟的全面介绍，还有一台可以让你闻到不同葡萄酒香气的装置。

PAUILLAC

Musée Privé du Vin dans l'Art,
Chateau Mouton-Rothschild.

05 56 73 21 29

菲腊男爵的近期创作，收集有全球各地3000年间与葡萄酒有关的艺术品及手工艺品。

网站

官方网站www.bordeaux.com是个不错的出发点。想获取更多信息，不妨访问www.bordeaux-news.com，也可在www.maisondesbordeaux.com网站上了解关于波尔多及其高级产区的相关信息。许多酒庄和酒商都有自己的网站，在www.robertjoseph-onwine.com找到相关链接。你也可以在www.tourisme.fr网站上找到关于城镇和村庄的具体信息。

其他信息

Bordeaux Maison du Vin
and Office du Tourisme,
1 Cours du 30 Juillet.

05 56 00 22 66

W www.bordeaux-tourisme.com

这是波尔多市的主要中心地区，是获取信息资源的最佳去处，有关于葡萄酒的地图、宣传单，也有关于整个地区活动的信息。大多数城镇里都有葡萄酒之家(Maisons du Vin)，还有许多当地旅游办事处。

巴萨克（BARSAC）

巴萨克位于加洪尼河左岸，与南侧较大的梭甸酒区（见110页）仅隔着小小的一条西隆（Ciron）溪。本区所产的葡萄酒可用巴萨克酒或梭甸法定产区为酒名销售。西隆溪对于本区的气候调节上有重要作用。秋日清晨笼罩在冰冷河面上的薄雾，加上午后的温暖阳光，形成贵腐霉菌生长的理想条件，得以酿出巴萨克独具一格的甜白葡萄酒。本区平坦的土地比梭甸酒区的砂岩与石灰岩混合土质来得肥沃，因此酿成的白酒比较清淡，有异于其他同类酒。一般而言，以巴萨克法定产区行销的葡萄酒在品质上要比梭甸法定产区酒稳定可靠。

克莱蒙酒庄（Château Clinens)
这款“塞普列斯（Les Cypres)”是这个顶尖酒庄的副牌酒，风格和它的老大哥特级葡萄酒(Grand Vin)相去无几。

神奇的薄雾
笼罩本区的秋雾是形成贵腐霉菌最重要的条件，如此酿出的酒风味独特。图中所示的迈雷酒庄就经常雾锁葡萄园。

- AC Sauternes, AC Barsac.
- 白酒：榭密雍、白苏维浓蜜思卡岱
- 甜白酒优雅芬芳
- Ch Broustet, Caillou, Cantegril, Climens, Coutet, Doisy-Daëne, Doisy-Dubroca, Doisy-Védriens, Gravas, Liot, Myrat, Nairac, Piada, de Rolland, Suau.
- 温热的葡萄鸭肝
- 2003, 2002, 2001, 1999, 1997, 1996, 1995, 1990, 1989, 1988, 1983, 1976
- 5－20年

巴萨克与梭甸酒镇

梭甸与巴萨克这两个波尔多最负盛名的甜白葡萄酒酒区，两地酒庄之间彼此存在着奇特的关系。自从 20世纪30年代法定产区制度建立后，巴萨克酒区生产的酒可以选择挂上“巴萨克法定产区”或“梭甸法定产区”上市，不过梭甸地区的酒却不能使用“巴萨克法定产区”的酒名。此外，巴萨克地区的酒庄还可以使用日益普遍的“梭甸－巴萨克”的酒名。

梭甸酒区内目前有波姆(Bommes)、法格斯 (Fargues)、沛妮雅克(Preignac)及梭甸 (Sauternes)四个酒镇，生产的甜白葡萄酒品质不一，从令人不敢恭维到美味绝伦都有。也许随着消费者逐渐懂得欣赏真正卓越的甜酒，以及深入了解贵腐甜白酒酿造过程的困难与艰辛后，巴萨克以及波姆、法格斯和沛妮雅克等产酒地区将会更积极拓展自己的知名度。密内瓦酒区(Minervois，见199页)的小酒镇早在1985年就独立分割出来，而上述的同样类型的酒区却未获准分割，殊为可惜。

大自然之星
巴萨克村虽然宁静偏远一如往昔，但这里生产的佳酿已经让它扬名全球。

波尔多（BORDEAUX）

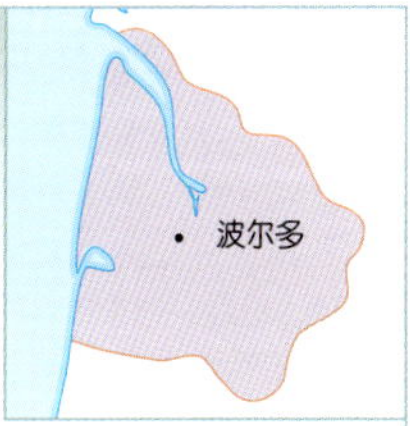

波尔多基本酒所涵盖的葡萄园地面积广达10万公顷，经下所列酒名的适用对象便占了全法国法定酒产量的四分之一。以“波尔多”为酒名销售的酒来自不同土质、不同气候以及不同的酿酒技术，这个品牌是世界上最成功，但也是最不可靠的葡萄酒。

法规束缚

生产世界一流甜白葡萄酒的依奎姆酒庄(见110页)，因关于法定产区规定，只能将所产的细致不甜白葡萄酒以“波雨多法定产区”为酒名上市。

如果波尔多酒行销专家的策略成功了，那么“波尔多酒”给人的联想就应该是“蝴蝶结”——记得砸下大笔宣传费在各大杂志刊登的广告吧!其实最能代表波尔多酒形象的应该是区内显赫的大酒庄。例如，慕东－卡德(Mouton-Cadet)酒成功的案例，要诀就是让消费者深信能够以较低的价格享受到慕东－罗斯柴尔德酒庄(Chateau Mouton Rothschid)酒的风味，卖的就是酒庄的金字招牌。其实任选一个年份比较这两个酒庄的酒，就会发现波尔多基本酒酿造与销售时会遭遇的困难。在慕东－罗斯柴尔德酒庄酒的故乡波亚克(见100－101页)，由于葡萄园位置绝佳，因此葡萄的成熟度均匀而完全，这种气候优势也是波亚克及其酒庄之所以成名的原因。相反地，在自然条件较差的波尔多葡萄园，葡萄不但不易成熟，并且为鼓励盛产而制定的规则却使情况更糟；举例来说，如众所知葡萄株若缺水，葡萄就会停止成熟，但却偏偏有禁止灌溉的规定。

当然，区内还是有不少雄心勃勃的小酒庄努力酿造出好品质的波尔多基本酒，例如梭甸酒区(见110页)的依奎姆酒庄（Château d’Yquem)及梅多克酒区（见99页)的玛歌酒庄所生产的优质不甜白葡萄酒，但是关于执拗的法定产区规定，这些好酒只能以普通“波尔多法定产区”为酒名销售。可惜好酒庄真是少之又少，许多有头有脸的大酒商所装瓶销售的酒还是令人失望。波尔多酒区持续经营之道在于：第一，要松绑现行过度严格的法定酒区规定；第二，要加强酿酒技术；最后，要提升区内最上等酒的调混技术。

- AC Bordeaux, AC Bordeaux Clairet, AC Bordeaux Sec, AC Bordeaux Rosé, AC Bordeaux Supérieur, AC Bordeaux Supérieur Clairet, AC Bordeaux Supérieur Rosé, AC Crémant de Bordeaux.
- 红酒／玫瑰红酒：卡本内－维浓，卡本内－弗朗、梅洛，马尔贝克.
- 红酒中等浓度到醇厚浓烈；白酒不甜；玫瑰红酒不甜；另产气泡白酒。
- Barton et Guestier, Ch Bonnet, Dourthe Frères, Maître d’Estournel, Haut Bertinerie, Landereau, Michel Lynch, Tour de Mirambeau, la Raemn, Rauzan-Despagne, Reignac, Reynon, Sirius, Thieuley.
- 白酒：温热的马铃薯沙拉，如入淡菜、芹菜、洋葱及黑松露为配料
- 红酒：2004, 2003, 2002, 2000
- 2－5年

泰利酒庄

（Château Thieuley）

这个杰出酒庄虽然属于恩特得美尔酒区，不过所产的酒却以波尔多酒销售；酒庄主人是弗朗西斯·考赛尔（Francis Courselle)。

卡迪亚克(CADILLAC)

以同名村镇为中心、沿着加洪尼河东岸延伸的卡迪亚克酒区，长久以来在南边的卢皮亚克酒区及东边的圣十字山酒区环伺下，显得相形见绌。虽然法定酒的酿酒法条规定本区的酒必须以贵腐霉葡萄酿造，但在实际上却非如此。上选的卡迪亚克白酒口感清爽迷人，散发乳脂味与葡萄干香气；至于以波尔多首丘（Premieres Cotes de Bordeaux）为酒名销售的红酒值得选购。

尚罗依(Jean du Roy)酒庄
一如所有的卡迪亚克好酒，这种酒含有贵腐霉葡萄的杏桃香味，其清爽的口感是梭甸酒所罕见的。

- AC Cadillac.
- 白酒：榭密雍、白苏维浓、蜜思卡岱
- 部分甜白酒以贵腐霉葡萄酿成
- Carsin, Cayla, Reynon, Jean du Roy, du Juge, Manos, Thieuley.
- 爽口的水果塔
- 2003, 2002, 2001, 1999
- 白酒：3－8年

布拉伊丘(CÔTES DE BLAYE)

早在吉伦特河口对岸的梅多克酒区开始栽植葡萄之前，罗马人早已在布拉伊丘及邻近的布尔格(Bourg)种植葡萄。虽然布拉伊丘酒仍是传统的粗犷味，不过本区红酒已见改善，在葡萄完全成熟的好年份里可以酿出品质不错的好酒。本区酒以“布拉伊法定产区”(AC B1aye或AC B1ayais)为酒名销售，酒精含量较高(品质不见得较佳)者则以“布拉伊首丘(PremieresCotesdeBlaye)”挂名上市。白酒占总产量的一成左右，以白酒专属的“布拉伊丘法定产区”销售。

欧索希安都酒庄
(Château Haut Sodando)
这是布拉伊酒区中最好的“新浪潮”酒品之一，有梅多克葡萄酒特有的细致优雅。

- AC Blaye, AC Côtes de Blaye, AC Premières Côtes de Blaye.
- 红酒：梅洛、卡本内－苏维浓
- 红酒中等浓度，不甜；白酒不甜
- Haut Sociando, Tourtes.
- 烤羊肉
- 红酒：2003, 2001, 2000
- 红酒：2－6年.

布尔格丘 (CÔTES DE BOURG)

山丘间满布葡萄园的布尔格丘酒区，向有“吉伦特省的小瑞士”之称。本区面积虽小，但垦地密集，所以酒产量超过了其北边面积大得多的布拉伊丘酒区。这里的土质和布拉伊丘酒区类似，但是所产的红酒品质一向较好，在不断改善酿酒技术下，布尔格丘酒不但口碑好，而且非常物超所值。区内种植的马尔贝克及小维铎两种葡萄为传统波尔多酒带来有趣的口味变化。

法尔法斯酒庄 (Château Falfas)
这是本区品质最好的酒之一，丰富圆润的酒香一点也不输给许多圣爱美浓酒。

- AC Côtes de Bourg.
- 红酒：梅洛、卡本内－苏维浓
- 红酒中等浓度
- Brûlesécaille, Falfas, Fougas, Guerry, Les Jonquières, Maldoror, Repimplet, Roc de Cambes, Rousset, Tayac.
- 蘑菇鸡肉
- 2003, 2001, 1998
- 红酒：4－8年

卡斯提雍丘(CÔTES DE CASTILLON)

卡斯提雍丘酒区位于多尔多涅河(Dordogne)北岸，是利布尔纳地区(Libournals)最东端的酒区。此地混合砂砾、细沙和黏土的土质长着梅洛及卡本内－弗朗葡萄，酿出的酒圆润、富果香，常常比邻近价格较高的圣爱美浓酒(见105页）表现更好。长久以来，势力庞大的卡斯提雍合作社(Cooperatlve de Cashllon)掌控了区内三分之二的葡萄酒糖产量，不过近年来的投资经管，使区内冒出了不少优秀的新酒庄。

皮特雷酒庄 (Château Pitray)
卡斯提雍丘酒区势力较大的酒庄之一，所产的酒可耐久藏。

- AC Côtes de Castillon.
- 红酒：梅洛，卡本内－弗朗、卡本内－苏维浓
- 红酒强劲雄厚，不甜
- Belcier, Cap de Faugères, Grand Tuillac, Grande Maye, Lapeyronie, Pitray, Poupille, Robin, Vieux Château Champ de Mars.
- 鸭胸肉
- 2003, 2001, 2000
- 红酒：2－6年

弗朗丘(CÔTES DE FRANCS)

弗朗丘是个新近才又开始运作的酒区，又名“波尔多－弗朗丘(Bordeaux Cotes de Francs)”，位于利布尔纳地区东端，紧邻卡斯得雍丘酒区(见 94 页)，离圣爱美浓酒区(见 105 页)也不远。弗朗丘酒区的土质与卡斯提雍丘近似，石灰岩含量稍高，地势也较高，加上降雨量少以及全省日照最充足等优势，有助于酿出细致好酒。本区良好的天然条件吸引了不少顶尖酿酒师，包括普盖劳德酒庄(Château Puygueraud)的蒂恩潘(Thienpont)家族。

普拉连酒庄 (Château La Prade)
弗朗丘的酒名令人觉得品质值得信赖。此酒庄的酒细致中散发着黑醋栗的香味。

- AC Côtes de Francs, AC Côtes de Francs Liquoreux.
- 红酒：梅洛，卡本内－弗朗、卡本内－苏维浓
- 红酒圆润丰厚，香气浓郁
- Charmes-Godard, de Francs, Laclaverie, la Prade, Puygueraud.
- 干邑酒烧腰子
- 2003, 2001, 2000, 1998
- 红酒：3－7年

恩特得美尔 (ENTRE-DEUX-MERS)

这是恩特得美尔地区最大的法定产区，除了基本的波尔多白酒外，这里还是波尔多白酒产量最大的酒区。恩特得美尔出产红酒，以波尔多法定产区(AC Bordeaux)或优级波尔多法定产区(AC Bordeaux Superieur)为酒名销售，不过还是以白酒为主。虽然由于合作社在设备及酿酒技术上的不断更新，酒的品质近来已普遍提升，但是本区事实上并不是一个理想的产酒区，好酒的出现率还是偏低。

博纳酒庄 (Château Bonnet)
这款酒新鲜芬芳、酒质出色，证明只要有好技术及决心，这里还是可酿出好酒的。

- AC Entre-Deux-Mers, AC Entre-Deux-Mers-Haut-Benauge, AC Bordeaux-Haut-Benauge.
- 白酒：白苏维浓、榭密雍、蜜思卡岱、白于尼
- 白酒不甜
- Bonnet, la Lezardière, Ste-Marie, Thieuley.
- 烤鳟鱼
- 2004, 2003, 2002
- 1－3 年

弗朗萨克与卡农-弗朗萨克 (FRONSAC AND CANON－FRONSAC)

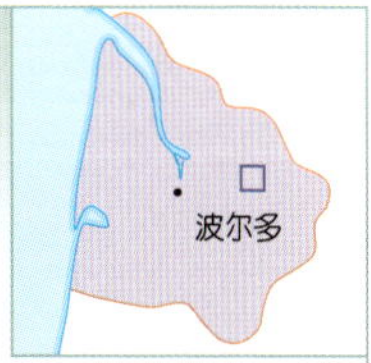

18世纪及19世纪时，位于利布尔纳镇西方的弗朗萨及卡农－弗朗萨克两个酒区的知名度远超过附近的波美侯酒区(见103页)。经过近年来的抢救后，这里的酒已经又能与利布尔纳地区的许多好酒相提并论了。卡农－弗朗萨克在传统上是附近葡萄园的心脏地带，这是一块由多尔多涅河冲积而成的陡坡，是用来防止葡萄树受到霜害侵袭的。弗朗萨克及卡农－弗朗萨克两个酒区大多为黏土与石灰岩的混合性土壤，下面则是石灰岩地层，这和圣爱美浓(见105页)酒区的圣克里斯多夫(St .Chnstophe)台地的土质相似。梅洛葡萄是这里种植面积最广的品种，目前所酿的酒比起以前要好得多，已能成功地将梅洛葡萄醇厚的香味以密实的结构展现出来。

道芬酒庄 (Château La Dauphine)
这款弗朗萨克葡萄酒散发着上等的矿石味，与昂贵的顶级圣爱美浓酒风味近似。

弗朗萨克
由弗朗萨克境内教堂的规模，可以证明早在梅多克区享誉国际之前，这里也曾有过繁华的风光岁月。

- AC Fronsac, AC Canon-Fronsac.
- 红酒:梅洛,卡本内－弗朗,卡本内－苏维浓
- 红酒酒色深,酒香浓郁
- 弗朗萨克:Dalem, la Dauphine, la Fleur Cailleau, Fontenil, Moulin Haut Laroque, la Rivière, la Rouselle, la Vielle Cure Villars.
  卡农－弗朗萨克：Barrabaque, Canon de Brem, Canon-Moueix, Moulin-Pey-Labrie, Cassagne Haut-Canon.
- 鹅胸肉
- 2003, 2001, 2000, 1998
- 红酒:5－8年

格拉夫(GRAVES)

格拉夫生产世界最顶尖的好酒，也是波尔多唯一兼产高级红酒与白酒的酒区。区内最好的酒庄及部分土地在1987年被划入新兴的贝沙克—雷奥良(见102页)法定产区，自然大感委屈与不平。尽管如此，格拉夫酒始终都是波尔多大酒区内风格独具且品质一流的佳酿。

贝耳耶别墅(Villa Bel Air)
尚米歇尔·卡日(Jean-Michel Cazes)于1990年入主这家酒庄，他相当关心本酒庄生产的红酒与白酒，程度一如他关心位于波亚克镇的另一座酒庄林奇巴日酒庄。

格拉夫酒区的规模一直不断缩小。在遭受葡萄根瘤蚜虫肆虐之前，区内的葡萄园面积约1万公顷，今天却只剩下3000公顷。部分葡萄园一直未进行重耕，邻近市区的土地则转为建郊区住宅及波尔多梅林纳(Merignac)机场。

1987年以前，格拉夫酒区的范围可延伸至波尔多市南方60公里处，包括欧布赖恩(Haut-Brion)等杰出酒庄。欧布赖恩酒庄后来并入贝沙克－雷奥良酒区；格拉夫酒区徒留空名，区内的杰出好酒已经不多了。

本区传统上以酿造白酒为主，1961年区内白酒的产量还是红酒的4倍。不过随着品位要求渐趋精致化，不甜的白酒全面取代甜白酒，而白酒又渐渐拱手让位给红酒。今天，红酒产量已经是白酒的两倍。格拉夫红酒有黑醋栗香味，普遍耐久藏，但通常缺乏英国人偏爱的丰富酒香。

白酒在选择上比较棘手。19世纪与20世纪初期所生产的“淑女酒”(甜白酒)，以及20世纪60年代至70年代平板且硫黄过浓的不甜白酒都不值一顾。近年来，酿酒师彼得·温丁－戴尔(Peter Vinding-Diers)和丹尼斯·杜博迪乌(Denis Dubourdleu)利用特殊酵母菌引出榭密雍及白苏维浓葡萄的完美风味后，白酒品质已有改进。温丁－戴尔的兰迪雷斯酒庄(Chateau Landiras)酿制上等的格拉夫白酒，品质胜过贝沙克－雷奥良酒。

目前区内还有平均年产量约为225万瓶的甜白酒品质平平，却以“优级格拉夫(Graves Superieur)”为酒名销售。

格拉夫酒庄
(Domaine la Grave)
这个现代化酒庄的知名度虽然不高，产酒品质却相当优良而可靠。

苏艾酒庄
(Château du Seuil)
本酒庄主人为英国人，生产本区品质最好的不甜白酒。

- AC Graves, AC Graves Supérieur.
- 红酒：梅洛、卡本内–苏维浓白酒·榭密雍、白苏维浓、蜜思卡岱
- 红酒中等浓度至醇厚浓烈，酒质丰润，带有土味及烟草香；白酒中等浓度至醇厚浓烈；优级格拉夫酒也包括甜白酒。
- Ch d'Archambeau, d'Ardennes, de Cardaillan, de Chantegrive, Clos Floridène, la Grave, Landiras, Magneau, de Malle, Millet, Rahoul, Respide Médeville, Roquetaillade la Grange, St Robert, Tourteau-Chollet, Villa Bel Air.
- 煎小牛肉块
- 白酒: 2002, 2001, 2000 Red: 2003, 2002, 2001, 2000, 1998, 1996, 1995
- 红酒：7—20年 白酒：2—12年

上梅多克（HAUT-MEDOC）

本酒区位于梅多克区的南半部，区内另有独立的玛歌(见98页)、波亚克(见100–101页)及圣朱里安（见108页）等法定产区。此外还包括上梅多克酒区的数个列级酒庄(crus classes)及中级酒庄(crus bourgeois)，如拉罔(Lagune)、希特兰(Citran)、伯蒙（Beaumont)、肯特梅尔(Cantemerle)、拉内桑(Lanessan)、索辛杜–马列(Sociando- Mallet)及莫坎波(Maucamps)等。酿自吉伦特河附近葡萄园的酒口感细腻，台地附近所产的酒则偏向浓烈。

索辛杜–马列酒庄
(Château Sociando- Mallet)
酿出的酒带有橡木桶味，品质常优于邻近价位较高的葡萄酒。

- AC Haut-Médoc.
- 卡本内–苏维浓、梅洛、卡本内–弗朗
- 红酒浓度中等
- Ch Beaumont, Camensac, Cantemerle, Citran, la Lagune, Sociando-Mallet, Tour Carnet, Tour du Haut-Moulin.
- 兔肉沙锅
- 2003, 2002, 2001, 2000
- 5–10年

波美侯–拉隆（LALANDE-DE-POMEROL）

位于波美侯酒区（见103页)北方，包括奈雅克(Neac)及波美侯-拉隆。面积900公顷，甚至大过波美侯酒区。拉隆一地的葡萄园多位于地势较低的砾质沙土新垦梯田；奈雅克镇则有部分葡萄园位于地势较高的南向台地上，有优良的砂砾土壤，与巴巴内(Barbanne)河对岸的波美侯酒区土质相同。本区的酒主要以梅洛葡萄酿造，价格比波美侯酒区低廉得多，但精选酒的品质几乎不相上下。

贝耳耶酒庄 (Château de BelAir)
勿与圣爱美浓酒区的贝耶(Belair)酒庄混淆。这里的酒有波美侯酒的水准，价格却便宜许多。

- AC Lalande-de-Pomerol.
- 梅洛
- 红酒中等浓度
- Ch de Bel Air, Belles-Graves, Croix-St-André, Grand Ormeau, Haut-Chatain, Siaurac, Tournefeuille, Trocard.
- 烤野猪
- 2003, 2001, 2000, 1998
- 5–10年

里斯塔克(LISTRAC-MEDOC)

里斯塔克镇和南边的慕里斯镇(见99页)经常被误认为是姐妹镇。本镇的葡萄园面积约700公顷，主要为石灰质黏土。这些葡萄园位于平均海拔400米的坡地上，是梅多克区地势最高的酒镇。由于土质中缺乏砂砾，加上大量种植的卡本内–苏维浓葡萄在黏土土壤中又不易成熟，以致酿成的酒普遍酸涩咬口，甚至粗糙，近似圣爱斯台夫(见107页)的劣等酒，而不像慕里斯酒或其他上梅多克酒。

弗卡斯霍斯汀酒庄
(Château Kourcas Hosten)
这种酒最适合喜爱口感刚烈、耐久藏的传统波尔多红酒的酒客。

- AC Listrac-Médoc.
- 卡本内–苏维浓、梅洛、卡本内–弗朗、小维铎
- 红酒高单宁，中等浓度
- Ch Clarke, Fonréaud, Fourcas-Dupré, Fourcas-Hosten.
- 烤珠鸡
- 2003, 2002, 2001, 2000
- 6–10年

卢皮亚克(LOUPIAC)

卢皮亚克酒区位于加洪尼河右岸，与巴萨克酒区(见92页)隔河相对。本区所产的甜白酒此邻近的圣十字山(见109页)及卡迪亚克(见94页)更胜一筹。本区的酒因使用贵腐霉葡萄酿造而更显芬芳甜美。虽然卢皮亚克酒比好年份的梭甸酒（见110页)和巴萨克酒要清淡一些，但是本区不少雄心勃勃的酒店所酿的酒往往比前两者的表现更佳。

贵族酒庄 (Domaine du Noble)
梭甸酒的爱好者应该特别注意这个酒庄，因为它的甜白酒绝对不逊于任何优秀的梭甸酒。

- AC Loupiac.
- 榭密雍、白苏维浓、蜜思卡岱
- 部分甜白酒以贵腐霉葡萄酿成
- Clos-Jean, Ch du Cros, Loupiac-Gaudiet, Mazarin, du Noble, de Ricaud.
- 塔丁(Tatin)苹果派
- 2003, 2002, 2001, 1999
- 红酒：5–15年

玛歌(MARGAUX)

玛歌酒区是波尔多大酒区唯一以顶级酒庄命名的产酒地区，这里是全法国最诱人却也最难琢磨的葡萄酒产地。区内排水良好的砾质土壤最适合栽种卡本内—苏维浓葡萄，好年份时可以酿出单宁细致的最上等佳酿，不过坏年份的酒则清淡乏味。

显贵之家

壮丽宏伟的玛歌酒庄生产的红酒，耀眼而香醇，经过20世纪70年代末的大力改革后，今日已经跻身波尔多酒区顶级酒之列。

玛歌酒区最负盛名的产酒村镇是玛歌村，其葡萄园地以玛歌酒庄为中心向四方绵延。玛歌酒庄是本区唯一获得一级特等酒庄(premler grand cru classe)的最高殊荣者。除了玛歌村外，本酒区的红酒还来自以下四个酒类：苏桑(Soussans)、肯特纳克(Cantenac)、阿尔萨克(Arsac)以及拉巴德 (Labarde)。许多波尔多酒迷喜爱讨论本区内不同产地的酒有何异同；事实上，这个议题意义不大，因为本区包括玛歌酒庄在内的许多酒庄都不使用单一村镇的葡萄酿酒，而是混合数个葡萄产地的葡萄。

对提升波尔多酒品质(特别是玛歌酒庄)卓有贡献的艾米雨·佩诺德(见85页)曾提出一个尖锐的问题。他问道，玛歌酒引以为荣的轻柔细致特质，有几分是来自区内的砾质土壤，又有几分该归功于酿酒师的努力?比较近年来由玛歌酒庄、帕默酒庄 (Chateau Palmer)及侯赞－塞拉酒庄(Château Rauzan- Segla)推出的酒，可以证明酿酒技术的贡献远比土质更大；因为玛歌酒除了香味较浓外，在结构上并不比邻区的波亚克酒(见100－101页)或圣朱里安酒 (见108页) 轻柔。

除了上文提到的好酒庄，本区许多酒给人的感觉就像是看到一个伟大演员栽在一场失败的演出上，导致这种结果的主因在于葡萄产量过多及酿酒技术不佳。此外，即使拥有最好的设备及最严谨的酿酒态度，玛歌酒区本身的条件还是不太可能像其他梅多克酒区一样每年都能推出顶级好酒。当尚米歇尔·卡日卖下本区的肯特纳克-布朗酒庄 (Château Cantenac-Brown)时，可是花了九牛二虎的力气与相当长的时间，才让酒质达到显著的改善。

- AC Margaux.
- 红酒：卡本内－苏维浓、梅洛、小维铎、卡本内－弗朗
- 红酒中等浓度至醇厚浓烈，酒香馥郁，单宁较圆润
- Ch d'Angludet, d'Arsac, Bel-Air-Marquis d'Aligre, Brane-Cantenac, Ch Cantenac-Brown, Dauzac, Desmirail, Durfort-Viviens, Ferrière, Giscours, la Gurgue, d'Issan, Kirwan, Labégorce, Labégorce-Zédé, Lascombes, Margaux, Marquis d'Alesme Becker, Marquis de Terme, Monbrison, Palmer, Paveil de Luze, Prieuré Lichine, Rauzan-Ségla, Siran, la Tour de Mons.
- 小牛胰脏，以松露提味
- 2003, 2002, 2000, 1998, 1996, 1995, 1990, 1989, 1988, 1986, 1983, 1982, 1970, 1961
- 5－25年

帕默酒庄（Château Palmer）

作风大胆且屡赋新意，酒质几乎与玛歌酒庄不分上下。

梅多克(MEDOC)

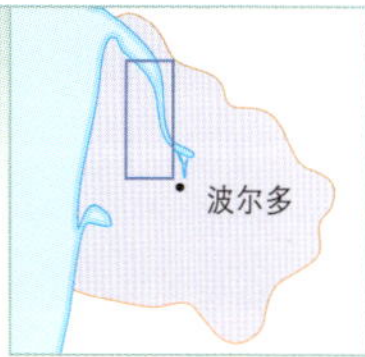

梅多克酒区涵盖了波尔多大酒区内最重要的红酒产区。全区占地广袤，南至波尔多，北至苏拉克(Soulac-sur-Mer)，西濒大西洋，东邻吉伦特河。本区南半部另划分为上梅多克酒区(见97页)，其下有6个列级酒镇；也就是说只有产在梅多克酒区北部的酒才称为梅多克法定产区酒。本区属砾石、石灰岩及沙土等多种土质的混合性土壤，所产的酒性质差异甚大，主要生产成熟度较差、高产量葡萄所酿成的普通波尔多酒。至于酿自波坦萨克酒庄(Château Potensac)及图尔拜酒庄(Château la Tour de By)等酒庄的酒，则可达到梅多克酒区南部突出法定产区酒的水准。

罗兰拜酒庄
(Château la Cardonne)
位于重要的酒镇贝加登(Begadan)境内，酿酒师尚·居伊昂(Jean Guyon)所酿的红酒口感浓厚，令人满意。

加登内酒庄
(Château Rollan de By)
本酒庄位于布莱纳(Blaignan)酒镇内，与波亚克酒区的拉斐特－耀思柴尔德酒庄同一经营者。

- AC Médoc.
- 卡本内－苏维浓、梅洛、卡本内－弗朗、马尔贝克、小维铎
- 红酒醇厚浓烈，常以橡木桶熟成，单宁强劲
- Canteloup, la Cardonne, du Castéra, Greysac, Loudenne, Ormes-Sorbet, Patache d'Aux, Potensac, Rollan de By, Tour-Haut-Caussan, Tour St Bonnet.
- 烤牛小排，佐以红酒青葱酱汁
- 2003, 2002, 2000, 1998, 1996, 1995, 1990, 1989
- 5－10年

慕里斯(MOULIS)

慕里斯镇的葡萄园绵延于乡间，面积约500公顷，其位置是在本区临大西洋那侧而非吉伦特河岸这边。慕里斯镇和邻居里斯塔克(见97 页)一向被视为“需要更努力”的两个酒镇。事实上，口感如丝绒般圆润的慕里斯红酒散发着成熟水果及黑醋栗的浓郁香气，与单宁较强的里斯塔克酒大不相同。慕里斯酒区的土壤中混合了黏土、石灰岩及砾石，配合隔酒技术的适当变化，便可酿出各种风格的葡萄酒。本区最好的葡萄酒酿自大普饶村(Grand Pouleaux)附近的葡萄园，其中名声响亮的恰塞-斯皮林酒庄(Chateau Chasse-Spleen)及普饶酒庄(Chateau Poujeaux)两个酒庄以橡木桶成熟的酒十分出色，极耐久藏。

普饶酒庄
（Château Poujeaux）
这个响当当的庄园与恰塞－斯皮林酒庄并列为慕里斯酒区的龙头酒庄。

恰塞－斯皮林酒庄
（Château Chasse-Spleen）
这座进取心旺盛的酒庄所生产的超级好酒，带动近年来慕里斯酒的不凡名声。

- AC Moulis.
- 红酒：卡本内－苏维浓、梅洛
- 红酒酒质醇厚，口感圆润，部分以新橡木桶熟成
- Ch Bel-Air Lagrave, Biston-Brillette, Chasse-Spleen, Dutruch-Grand-Poujeaux, Gressier-Grand-Poujeaux, Maucaillou, Mauvezin, Moulin-à-Vent, Poujeaux.
- 小牛胸肉烩甜菜
- 2003, 2002, 2000, 1998, 1996, 1995, 1990, 1989, 1988, 1982
- 8－12年

波亚克(PAUILLAC)

想要在法国找一个所谓“佳酿济济，不胜枚举”的酒区，波亚克酒区可说是当之无愧，1855年选出的五个一级红酒葡萄园中，就有三个属于本区；此外，梅多克酒的列级酒庄中也有近三分之一位于本区。这里的酒不但新酒上市就魅力四射，也有世界上最耐久藏的好酒。

大普拉卡斯特（Grand-Puy-Lacoste）
这是广受精明的波尔多酒迷所热爱的一款酒名，风味独特，而且售价要比邻近的许多酒庄平易近人。

波亚克镇一直充满着－19世纪度假村的气氛，这里不临海，只有一条河川及一道运河。镇上有露天咖啡座、亲切的小旅馆，甚至还有一座停产的炼油厂，完全感觉不到世界顶级酒的产地就近在咫尺。不过出城后的景观就大不相同，不论是河谷沿岸或通往圣爱斯台夫(见107页)的道路两旁，都是一望无际的葡萄园与大大小小的酒庄。三个一级葡萄园酒庄拉图酒庄、拉斐特－罗斯柴尔德酒庄及慕东罗斯柴尔德酒庄，以及两个势均力敌的二级特级酒庄(Deuxiemes crus)皮钦－隆格维尔男爵酒庄及拉兰得伯爵皮钦－隆格维尔酒庄都在此隔着马路遥遥对立。此外还有经常荣获国际品酒大奖的其他卓越酒庄，例如林奇巴日、庞泰坎内特(Pontet-Canet)、克莱米隆(Clerc Milon)、大普拉卡斯特(Grand-Puv- Lacoste)、阿迈哈(d'Armailhac)等。

这份长长的名单令人忍不住好奇，为什么波亚克酒区的表现如此突出?为什么充满浓郁的黑醋栗及雪茄盒香味的波亚克酒，在如丝绒般滑顺醇厚的口感下又巧妙地蕴藏有几丝铜铁般锐利的余劲，又怎能在久藏50年后仍保有新酒般清新的口感?答案就在卡本内－苏维浓葡萄、砾质土壤、缓坡地形三者的完美结合。

波亚克酒区也拥有相当突出的酒庄主人。玛歌酒区(见98页)有不少顶级酒庄会生产出品质平庸的酒，但是波亚克酒区的上等酒庄，如伯利(Borie)卡日(Cazas)、兰奎塞恩(De -Lencquesaing)、泰塞隆(Tesseron)及罗斯柴尔德等酿酒家族却坚持只生产品质最完美的好酒。这些酒在年轻时饮用柔和顺口；经过窖存陈年后则会发展出富层次感、无可比拟的果香与动物味。

- AC Pauillac.
- 红酒：卡本内－苏维浓、梅洛、卡本内－弗朗、小维铎
- 红酒醇厚浓烈，散发黑醋栗果味及雪茄盒的杉木味
- Ch d'Armailhac, Batailley, Becasse, Clerc Milon, Colombier-Monpelou, la Couronne, Duhart-Milon-Rothschild, Fonbadet, Grand-Puy-Ducasse, Grand-Puy-Lacoste, Haut-Bages-Averous, Haut-Bages-Libéral, Haut-Batailley, Lafite-Rothschild, Latour, Lynch-Bages, Mouton-Rothschild, Pedesclaux, Pibran, Pichon-Longueville Baron, Pichon-Longueville Lalande, Pontet-Canet, la Tour-Pibran.
- 烤波亚克小羊肉
- 2003, 2002, 2000, 1998, 1996, 1995, 1990, 1989, 1986, 1982, 1970, 1961
- I0－25年

拉兰得伯爵－皮钦隆格维尔酒庄（Pichon-Longueville Comtesse de Lalande）
依据官方分级，本酒庄属二级特级酒庄，但其以梅洛葡萄为主所酿成的酒，常在匿名酒会中获得与一级酒庄相等的评价。

波亚克酒区的大酒庄

拉斐特－罗斯柴尔德酒庄
这里生产的酒虽然不够华丽显眼，却一贯维持着其独有的风格。拉斐特—罗斯柴尔德酒庄的酒十分适合存窖数十年，慢慢发展其独树一帜的丰厚与复杂风味。

今天备受推崇的波尔多酒分级制度制定于公元1855年，但是波亚克酒区生产顶级好酒的葡萄园，却早在18世纪以前就获得“一级葡萄园”的地位。

拉图酒庄的葡萄园早在16世纪以前就已开始酿酒，远远领先于梅多克区的大部分酒庄。18世纪时，这些葡萄酒已出现在伦敦的酒类拍卖市场上。当时，拉图酒庄、拉斐特酒庄(后来更名为拉斐特–罗斯柴尔德)以及现在所称的慕东–罗斯柴尔德酒庄等都属于同一个经营者所有。

拉图酒庄历任的主人中，包括拥有《金融时报》(Financial Times)以及跨国企业莱昂斯联盟 (Allied-Lyons)公司的大财阀，该财团于1993年将酒庄脱手给一位法国商人。

拉图酒庄生产的酒在年轻时较不易判断其品质优劣，但是经过存放后，即使产于较差年份的酒，仍会散发出美妙的甜蜜果香。由年轻葡萄所酿成的酒或品质较差的酒，会以副牌酒“Les FortdeLatour”挂名销售，让消费者能够以比较低廉的价位感受拉图酒庄的风格。

至于拉斐特–罗斯柴尔德酒庄的酒，虽然不似拉图酒庄强劲，也没有慕东–罗斯柴尔德酒庄的华丽显眼，却是许多人心目中最精致优雅的波尔多酒。拉斐特－罗斯柴尔德酒庄创立于17世纪末,19世纪初期则因酒质受到肯定，而屡屡创下波尔多地区酒类售价新高。这座酒庄原名拉斐特，在波尔多葡萄酒评级表完成13年后的1868年，由银行巨子罗斯柴尔德家族的詹姆士(James de Rothschild)男爵买下，才更改酒庄名称。此酒庄生产的副牌酒称为“Les Carruades de Lafite”。

在18世纪中叶以前，众所周知的慕东–罗斯柴尔德酒庄仍是拉斐特酒庄的一部分，不过在酒的生产和销售上却各自独立。几代相传下来，慕东–罗斯柴尔德酒庄的酒质渐渐不及拉斐特酒庄与拉图酒庄。

或许正因为如此，1855年的评级表只将慕东–罗斯柴尔德酒庄列为二级特级酒庄。另有一说认为其中有反犹太运动介入，因为在评级表建立的前两年罗斯柴尔德家族的纳萨尼(Nathaniel de Rothschild)才刚买下这家酒庄。不管如何，在该家族的菲利浦男爵不断游说下，慕东–罗斯柴尔德酒庄终于在1973年晋级为一级酒庄，可说是酒园一大盛事。除此之外，1855年的评级表至今没有任何更动。慕东–罗斯柴尔德酒庄的酒比邻区的酒更丰富醇厚且更适合立即饮用，不止如此，1945年及1949年的年份佳酿证明了此酒庄的酒可以成为陈年好酒。

慕东－罗斯柴尔德酒庄
唯一成功挑战1855年评级的杰出酒庄，由二级顺利晋级为一级特级酒庄。

贝沙克－雷奥良(PESSAC－LEOGNAN)

这是法国资龄最浅的法定酒区之一，区内有不少世界级的酒庄生产细致的红酒与不甜白酒。本区紧邻现代化的波尔多市区，是最早为波尔多大酒区赢得盛名的酒镇，其中的著名佳酿包括1663年令作家山谬·佩皮斯为之倾倒的“Ho Bryan”酒。

卡邦尼乌斯酒庄

这座本笃会酒庄长久以来即以品质可靠的白酒知名，酿酒技术在近年来有戏剧性的进步，酒质大幅提升。

至20世纪80年代末期，欧布赖恩酒庄、克莱蒙主教酒庄（Chateau Pape-Clement)、欧拜利酒庄 (Château Haut-Bailly)及契瓦利酒庄(Domâlne de Chevalier)等显赫的大酒庄都还是归属于格拉夫法定产区(见96页)——一个绵延于波尔多市南方达60公里的砾质土壤酒区。1987年，决定将位置较靠北的几座葡萄园与南边品质较差的葡萄园分开，独立为新法定产区，并以区内的两个酒镇贝沙克及雷奥良为新酒区命名。

本酒区每年约产有900万瓶酒，相较于年产量2200万瓶的格拉夫酒区，只能算是个小酒区。但是这里有适合葡萄生长的完美环境，排水良好的砾质山坡地既可种植酿造不甜白酒的榭密雍及白苏维浓葡萄，又可栽种用来酿制圆润红酒的卡本内－苏维浓及梅洛葡萄。虽然贝沙克－雷奥良红酒的果味偏甜，又带有一些些矿物味道，但风格上还是与北边同属砾质土壤的上梅多克酒区(见97页)近似。甚至连最上等、成熟最慢的欧布赖恩酒庄及欧布赖恩教会庄园(La Mission Haut-Brion)的酒都可以在年轻时饮用，但是存放10年则可以让其复杂的风味完全呈现出来。有些酒庄利用榭密雍与白苏维浓葡萄成功酿出品质优秀的白酒，经验丰富，例如契瓦利酒庄及欧布赖恩酒庄。其他像卡邦尼斯乌斯时酒庄(Château Carbonnieux)，则是近几年才在白酒的酿制上有较大的突破，目前酿成的白酒层次复杂，令人激赏。

史密斯－欧拉费酒庄
（Château Smith-Haut-Lafitte）

近年来的大笔投资已使该酒庄的品质获得明显改善。

契瓦利酒庄
(Domaine de Chevalier)

这个特级酒庄的红酒及白酒都需经10年以上的成熟期。

- AC Pessac-Léognan.
- 红酒：卡本内－苏维浓、梅洛白酒：榭密雍，白苏维浓
- 红酒圆润滑顺，带有土味及烟草香；白酒为浓中等至醇厚浓烈
- Ch Bouscaut, Carbonnieux, Dom de Chevalier, de Cruzeau, Ferrande, de Fieuzal, la Garde, Haut-Bailly, Haut-Brion, Haut-Gardère, Larrivet-Haut-Brion, Latour, Laville-Haut-Brion, la Louvière, Ch Malartic-Lagravière, La Mission-Haut-Brion, Pape-Clément, Smith-Haut-Lafitte, la Tour-Haut-Brion.
- 红酒:迷迭香、大蒜香烤羊肉
- 白酒：2002, 2001, 2000, 1999, 1996, 1995
  红酒：2003, 2002, 1998, 1996, 1995, 1990, 1988, 1982, 1970, 1961
- 红酒：6－25年

波美侯 (POMEROL)

波美侯酒区位于多尔多涅河东岸的利布尔纳地区，地势平坦不起眼，1855年的波尔多葡萄酒评级表(见85页)对于本区甚至不予置评。但这并不损及波美侯红酒的地位，其圆润如丝绒般的口感仍跻身于举世最曼妙且最昂贵的高级酒之列。

意外的成功

波美侯是因酒致富的新贵，不过目前仍是波尔多大酒区中最僻静的一个酒镇。这里没有所谓的聚落中心，教堂尖塔便成为区内最佳路标。

波美侯镇虽然早在公元前1世纪就开始种植葡萄，却迟至20世纪60年代才在国际间闯出知名度，目前本区只生产红酒。18世纪时，波美侯镇平坦、富含铁质的黏土葡萄园大多用以酿造白酒。当红葡萄逐渐取代白葡萄，且葡萄园间也陆续种起其他作物后，酿酒的品质还是没有改善。本区的酒长期被外界视为是圣爱美浓(见105页)的次级酒，而圣爱美浓又被视为梅多克(见99页)的次级酒。1920年，在乔治·圣茨伯里(George Saintsbury)的《酒窖手记》(*Note ond Cellar Book*)一书中对波美侯地区根本只字未提。波美侯酒过去只销往比利时和法国北部，即使在这些地方也未曾建立起知名度，因为区内大部分酒庄的年产量都太小了。本酒区内一向缺乏大型酒庄，甚至连本区最负盛名、出产高价名酒的皮特庱斯酒庄(Château Petrus)，都只像个朴实的乡村农庄，其年产量也不过是5000箱。

20世纪50年代及60年代，是波美侯改变命运的大转机，这都该归功于酒商兼酿酒师的尚－皮耶·茅克斯 (Jean－Pierre Moueix)，他手中共有皮特卢斯酒庄、拉韩恩酒庄(Château Lagrange)、弗鲁－皮特卢斯酒庄(Château la Fleur－Petrus)、拉图酒庄、波美侯酒庄及土坦欧酒庄(Chateau Trotanoy)等六座酒庄。他和其子克里斯汀成功地将本区的葡萄酒引进英美市场，尤其美国人更是为波美侯酒丰富的果香、柔软的单宁及潜藏的几丝矿物质气味而沉醉。

波美侯的大部分酒庄主要使用梅洛葡萄酿酒，但西坦老城堡 (Vieux Château Certan)等部分酒庄则会再加入种在适合土质上的卡本内－弗朗和卡本内－苏维浓葡萄混合酿制。

- AC Pomerol.
- 红酒：梅洛、卡本内－弗朗、卡本内－苏维浓
- 红酒：酒色深红，酒质醇厚浓烈，单宁细致柔顺
- Ch Beauregard, Bourgneuf-Vayron, Certan-Giraud, Certan de May, Clinet, Clos de Clocher, Ch la Conseillante, la Croix, la Croix de Gay, Clos de l'Église-Clinet, Ch l'Enclos, l'Évangile, Feytit-Clinet, la Fleur-Pétrus, le Gay, Gazin, Haut-Tropchaud, Lafleur, Lafleur-Gazin, Lagrange, Lagrave, Latour à Pomerol, Nénin, le Petit-Village, Ch Pétrus, le Pin, Clos René, Ch Rouget, Trotanoy, Vieux Château Certan.
- 樱桃炖煮野兔腿肉
- 2003, 2001, 2000, 1998, 1996, 1995, 1990, 1989, 1985, 1983, 1982, 1970
- 5－25年

西坦老城堡
(Vieux Château Certan)
本酒庄在传统的梅洛葡萄中加入其他品种的葡萄混合酿成美味好酒。

波尔多首丘(PREMIÈRES CÔTES DE BORDEAUX)

公元1000年前后，目前所称的波尔多首丘酒区已经是个重要的产酒地区。本区由一条窄长的石灰岩山脊构成，由波尔多市沿着加洪尼河向南绵延60公里，为恩特得美尔辖境的一部分。区内共有37个村镇，每个村镇都可以将村名附加在法定产区名之后。充足的日照时间、砾石与黏土的混合性土壤，都有利酿出以梅洛葡萄为主、果味十足的红酒，经过6年的熟成后相当好喝。

区内产有甜与不甜的两种白酒，不甜白酒只能以普通波尔多白酒为名销售。虽然本区鼓励酿制甜白酒，但是酒质实在普通，有关规定也剥夺不了甜白酒提升品质的机会。

卡尔辛酒庄（Château Carsin）
由芬兰人经营的这家新酒庄，以现代化的酿酒技术呈现本酒区最好的一面。

坡地葡萄园
波尔多首丘酒区沿着加洪尼河北岸的狭长石灰岩山脊延伸，区内山陵起伏的秀丽景致与河对岸的平地景观截然不同。

- AC Premières Côtes de Bordeaux.
- 红酒：梅洛
  白酒：榭密雍、白苏维浓、蜜思卡岱
- 红酒中等浓度，不甜；甜白酒
- Barreyre, Carignan, Carsin, Chaumont, Fayau, du Grand Plantier, Haut Rian Matherau, Pascot, Peyrat, Plasson, Reynon, Sissan, Thieuley, Vieille Tour.
- 牛小排，佐以青葱及野生蘑菇
- 2003, 2001, 2000, 1998
- 红酒：3－6年 白酒：5－10年

波尔多酒区的明日之星

一些曾经表现欠佳的红酒产区中，最近屡屡有令人讶异的出色表现，波尔多首丘酒区就是一个例子。这个酒区的两个酒庄更是优秀：一是列农酒庄(Château Reynon)，由波尔多大学的丹尼斯，杜鲍迪乌(Denis Dubourdieu)教授负责酿酒；另一个是由芬兰人经营的卡尔辛酒庄，由澳裔的曼迪·詹斯(Mandy Jones)以澳洲设计的现代设备酿酒。令人惊讶但不无道理的是，这两个酒庄的酒常常比圣爱美浓酒区(见105页)的特级酒庄售价高昂。其他前景看好的酒区还有弗朗丘酒区(见95页)、布尔格丘酒区(见94页)以及圣爱美浓与波美侯两个酒区的卫星小酒区，例如圣乔治－圣爱美浓(St Georges-St Emilion，见106页)和波美侯拉隆(见97页)。其酒质提升主要是因为葡萄种植技术及酿酒技术的改进，而仔细筛选健康、成熟的葡萄来酿酒更是主因。另一个关键因素现是在的酒客已经愿意付出高价购买来自较普通法定产区的优质佳酿。

列农酒庄
丹尼斯·杜鲍迪乌教授对于许多波尔酒庄影响深远，目前负责首丘列农酒庄的酿酒工作。

圣爱美浓(ST EMILION)

圣爱美浓酒是全球响当当的红酒名号，不过也是最不容易选购的名酒之一。最上等的波尔多酒几乎都酿自本区，但是平淡无奇的酒也到处充斥，而且得以拜本区享誉国际之赐，鱼目混珠高价销售。

圣爱美浓之顶
圣爱美浓镇安逸地坐落在高高的石灰岩台地上，温暖的陶瓦屋顶与周遭绿色、咖啡色交错的珍贵葡萄园相映成趣。

圣爱美浓酒区的葡萄园因罗马的镶嵌及罗马诗人奥索尼乌斯(Ausonius)的礼赞而留名青史。虽然是历史名城，但因为有多尔多涅河与加洪尼河的隔绝，以及在缺乏外联桥梁的情形下，圣爱美浓一直隔离于波尔多市，无法直接与酒商接触，以致使本区的酒一直到20世纪初期还是默默无闻。

战后由于百业振兴，果香丰富的顶级圣爱美浓酒登上波尔多酒区最高价位的宝座。1958年制定出一套针对圣爱美浓酒的繁复分级制度。最顶尖的葡萄园可以列入“一级特级酒庄”A或B，这个等级的酒每10年必须接受考评决定去留。接下来是“列级酒庄(grands crus classes)”，此一等级的酒庄经常品质普通。最后是品质更普通的第三等级称为“特级葡萄园”(grands crus)，目前包括两百多座葡萄园，入选后不需要再接受重新评等。

从地理及地质分析来看，圣爱美浓酒区至少可以分为四个部分。城镇四周及南部地区是圣爱美浓台地及圣爱美浓丘的坡地，属于石灰岩与黏土的混合性土壤，几乎所有的圣爱美浓“一级特级酒庄”都位于此地带。圣爱美浓丘西部地区称为“格拉夫－圣爱美浓(Graves-St Emilion)”，属于砾质沙土。酒区的更西部一带为大片的沙质土壤，这里出产的圣爱美浓酒品质最普通。上述前三个地区中的酒庄大多使用梅洛葡萄混合高达65%的卡本内－弗朗葡萄酿酒；至于第四个地区中，梅洛葡萄的使用比例较高。

安乐卢斯酒庄
（Château l’Angélus）
这是本区的后起之秀，从20世纪80年代起声势日益高涨。

图普隆－蒙杜酒庄（Château Troplong-Mondot）
虽然不是圣爱美浓酒区最负盛名的酒庄，品质却是最严谨可靠的。即使在1994年这样的普通年份，他们都能推出精心的作品。

- AC St Émilion, AC St Émilion Grand Cru, AC St Émilion Grand Cru Classé, AC St Émilion Premier Grand Cru Classé A and B.
- 红酒：梅洛、卡本内－弗朗
- 红酒或是中等浓度、口感柔和或是醇厚浓烈、酒色深红
- Angélus, Ausone, Beauséjour, Beauséjour-Bécot, Belair, Canon, Canon la Gaffelière, Cap de Mourlin, Cheval Blanc, Dassault, la Dominique, Faugères, Fourtet, Figeac, Fombrauge, Fonplégade, Fonroque, Franc Mayn, des Jacobins, Larmande, Magdelaine, la Mondotte, de l'Oratoire, Troplong-Mondot, de Valandraud.
- 红酒酱汁炖八目鳗
- 2003, 2001, 2000, 1998, 1995, 1990, 1989, 1986, 1985, 1983, 1982
- 红酒：5－25年

圣爱美浓卫星酒区 (ST ÉMILION SATELLITES)

1935年制定法定产区制度时，圣爱美浓酒区的卫星酒镇便获认可，可以各自使用专属的法定产区销售，而无须一律挂上圣爱美浓酒上市。这些卫星酒镇知名度尚低，但态度严谨，有时表现会比许多圣爱美浓酒更好。

蒙塔涅－圣爱美浓酒区

一如利布纳尔的其他地区，这里也以梅洛葡萄为大宗，酿造出醇厚如丝绒般、散发诱人黑李香气的酒。

圣爱美浓镇东方及北方的四个村落：律沙 (Lussac)、蒙塔涅(Montagne)、普榭冈(Pulsseguin)及圣乔治统称为圣爱美浓卫星酒区，酿造的酒各自有专属的法定产区名。这四个卫星酒区的土质和圣爱美浓镇一样，不外乎是石灰质黏土或砾质沙土，也都以种植梅洛及卡本内－弗朗葡萄为主，不过比较偏重香气浓郁、带点辛香味的梅洛葡萄。“好喝，为早熟型的波尔多红葡萄酒”是英国权威酒评家艾德蒙· 佩尼－罗歇(Edmund Penning- Rowsell)在20世纪70年代对圣爱美浓卫星酒区的酒所作的评语。他还建议这四个酒村使用“圣爱美浓村庄酒”为共同法定产区名。另一位酒评家胡格·詹森 (Hugh Johnson)新近的评语是：“这些酒有令人满意的扎实度，但口感不够细致。”有些定价高高在上的圣爱美浓酒所获得的评语比这个更差。

导致这些卫星酒区的酒表现不如预期的原因，可能在于当地合作社及独立酒庄缺乏酿制好酒的进取心，只以提升葡萄产量为目的，而不作稳定品质之图。近年来圣乔治－圣爱美浓酒区的圣乔治酒庄、蒙塔涅－圣爱美浓酒区的费尔日乌酒庄 (Château Faizeau)，都因酿酒技术的改进而有令人激赏的表现。在更多卓越的酿酒技术和设备投入本区之前，很难论定哪个酒村有较大的发展潜力。目前则以圣乔治－圣爱美浓酒区的酒最耐久藏，而普榭冈－圣爱美浓酒区的酒最为简单与单调。

粗犷的魅力

厚实、泥土味与粗犷风格是形容圣爱美浓卫星酒区常用的词。区内的建筑也具有同样风格，图中所示为蒙塔涅－圣爱美浓酒区内的教堂。

- AC Puisseguin-St Émilion, AC Lussac-St Émilion, AC Montagne-St Émilion, AC St Georges-St Émilion
- 红酒：梅洛、卡本内－弗朗
- 红酒口感柔和圆润，有丰富果香
- 律沙－圣爱美浓：Barbe Blanche, Bellevue, les Couzins, de la Grenière, Haut-Milon, Lyonnat, Moulin Noir, Trocard, Vieux Château Chambeau.
  塔涅－圣爱美浓：d'Arvouet, Beauséjour, Bonfort, Calon, Corbin, Faizeau, Fauconnerie, Vieux Château Calon.
  普榭－圣爱美浓：Bel-Air, Branda, Haut St-Clair, Rigaud.
  圣乔治－圣爱美浓：La Croix-St Georges, Haut St Georges, St Georges.
- 炭烤羊肉或猪肉
- 2003, 2001, 2000, 1998, 1996, 1995
- 5－10 年

寇尔实酒庄

（Château Corbin）

这是蒙塔涅－圣爱美浓酒区内数个努力研发新酿酒技术的酒庄之一，酿出的酒比邻近许多酒庄要精致许多。

圣爱斯台夫 (ST ESTÈPHE)

对于习惯饮用传统波尔多红酒的酒客而言，单宁含量高、成熟期极长的圣爱斯台夫酒就是一款风格完整的波尔多酒。由于目前世界酒客偏好口感圆顺的红酒，这个位于梅多克区最北部的酒镇似乎有点不合潮流：不过近几年的酒已经朝向果味稍浓及加强圆润度的方向发展。

埃斯图涅－高斯酒庄（Château Cos d' Estournel）
这道拱门以产自东非桑给巴尔岛(Zanzibar)的橡木雕筑而成。拱门之后是完全不同于欧洲风格的酿酒厂，与厂内充满异国辛香味的酒香相互增色。

波尔多葡萄酒评级表于1855年制定时，酒评家一致同意圣爱斯台夫酒并非梅多克区最好的酒，所以圣爱斯台夫酒镇只有5个酒庄入选“列级酒庄”，较之波亚克的18个酒庄以及玛歌镇(见98页)的21个酒庄差距甚远。此外，本区还有40个酒庄入选“中级酒庄”，仅次于五级特级酒庄(Cinquiemecru)，但优于一般不符分级标准的酒庄。

口感刚烈、酒色暗红、单宁及酒酸含量皆高是圣爱斯台夫酒的一贯特色，与果汁般滑顺、梅洛葡萄含量丰富的邻区波美侯酒(见87页)对比强烈。更令人惊讶的事实是，圣爱斯台夫与另一个邻区波亚克有相同的砾质土壤，且同样以种植卡本内－苏维浓葡萄为主，但两区的酒质却有天壤之别。不可否认的本区土质的黏土含量确实较高，因此以卡本内-苏维浓葡萄所酿的酒需要较长的成熟时间，否则难以表现出特质。圣爱美斯台夫酒的风格有时会尽情表现出来，例如蒙特罗斯酒庄(Château Montrose)及埃斯图涅－高斯酒庄(Château Cos d' Estournel)两个酒庄，都能酿出醇厚、带有香料味风格突出的作品。

圣爱斯台夫的酿酒活动在20世纪80年代末期曾经大幅改革，当时有一群积极的酿酒者发现，本地黏土含量高的土壤相当适合种植更多的梅洛葡萄，如果将采收期延后，还可以使酒变得比传统的圣爱斯台夫酒来得温和圆润。虽然如此，目前本地大部分的酒仍是由合作社大量生产，或许这是因为圣爱斯台夫酒不是当红的缘故吧。不过新的酿酒方法正渐获重视，改革势在必行，但原假以时日后圣爱斯台夫酒也能成为梅多克酒中的新宠儿。

欧马布日酒庄（Château Haut-Marbuzet）
酿酒师使用高达五成的梅洛葡萄酿酒，酿出更富果香且单宁较低的酒品，有别于传统的圣爱斯台夫酒。

- AC St Estèphe.
- 红酒：卡本内－苏维浓、梅洛、卡本内－弗朗、小维铎
- 红酒浓烈醇厚，酒色深红，单宁强劲且熟成期长
- Andron Blanquet, Calon-Ségur, Chambert-Marbuzet, Cos d'Estournel, Cos-Labory, Le Crock, Haut-Beauséjour, Haut-Marbuzet, Lafon-Rochet, Lavillotte, Lilian Ladouys, Marbuzet, Meyney, Montrose, les Ormes-de-Pez, Petit-Bocq, de-Pez, Phélan-Ségur, Picard, Tour de Pez, Tronquoy-Lalande.
- 朝鲜蓟心、洋葱及波尔多红酒嫩煎鹌鹑肉
- 2003, 2001, 2000, 1998, 1996, 1995, 1990, 1989, 1986, 1982, 1970, 1961
- 5－30 年

蒙特罗斯酒庄（Château Montrose）
圣爱斯台夫的两个二级特级酒庄之一。本酒庄主要以卡本内－苏维浓酿酒，酿出忠于传统风味、成熟期长的圣爱斯台夫酒。

圣朱里安 (ST JULIEN)

波尔多没有一个酒区可以像圣朱里安一样，生产高比例的细致优质红酒。虽然区内没有酒庄入选一级特级酒庄评级，但本区优良的砾质土壤与态度积极的酿酒师，使得圣朱里安酒的品质直逼波尔多名酿。

拉韩恩酒庄（Château Lagrange）
虽然有人不赞同由日本人接手这家酒庄，但不可否认的是，酒庄确实恢复了以往的水准，酒质也重获肯定。

曾经来过梅多克区的人都知道，圣朱里安离玛歌（见98页）相当远，却与波亚克(见100页)仅以朱亚克溪(Juillac stream)一水相隔。溪的一边是圣朱里安的列欧威－拉斯凯希酒庄(Château Leoville- Lascases)，另一边是这家酒庄的竞争对手波亚克镇的拉兰得伯爵－皮钦隆格维尔酒庄及一级特级酒庄拉图酒庄。在匿名品鉴会中，这三个酒庄常常势均力敌，三者拥有同样的砾质土壤且都使用高比例的卡本内－苏维浓葡萄酿酒。

完美的圣朱里安酒结合了杉木雪茄盒的香味及新鲜黑醋栗的果香，劲道不似波亚克酒强悍，酒质比圣爱斯台夫酒(见107页)圆润，结构则比玛歌酒醇厚密实。列欧威－拉斯凯希酒庄的酒在售价上与波亚克一级特级酒庄的酒不相上下，至于邻近的列欧威巴通酒庄有最好的年份酒，但价格相对较低。本区其他11个列级酒庄还有：Château Branaire、Lagrange、Leoville-Poyferre、Ducru-Beaucaillou及Talbot等。

不过，格罗里亚(Gloria)、罗斯慕林(Moulin de la Rose)及圣皮耶(StPierre)等中级酒庄所生产的酒，表现常常比某些波尔多列级酒庄好。本区有些酒庄生产的副牌酒也值得购买，例如列欧威－拉斯凯希酒庄的“马奎斯庄园酒(Clos du Marquis)”及拉韩恩酒庄的“拉韩恩－菲弗酒(Les Fiefsde Lagrange)”等。本区南部的贝薛维尔(Beychevelle)及格鲁奥－拉罗斯(Gruaud-Larose)两座葡萄园所酿造的酒比圣朱里安镇近郊的酒丰厚。

目前的圣朱里安酒可以在年轻时享用，但是好年份的酒还是建议存放10年以上，如此可让雪茄盒香味更浓郁，并让年轻时的黑醋栗香味减弱。

- AC St Julien.
- 红酒：卡本内－苏维浓、梅洛、卡本内－弗朗、小维铎
- 红酒醇厚浓烈，口感丰富耐久藏，散发黑醋栗及杉木香气。
- Ch Beychevelle, Ch Branaire-Ducru, Ch la Bridane, Ch Ducru-Beaucaillou, Ch du Glana, Ch Gloria, Ch Gruaud-Larose, Ch Hortevie, Ch Lagrange, Ch Langoa-Barton, Ch Léoville-Barton, Ch Léoville-Las Cases, Ch Léoville-Poyferré, Ch Moulin de la Rose, Ch St Pierre, Ch Talbot.
- 洋香菜末嫩煎小羊里肌肉片与鸡肉
- 2003, 2001, 2000, 1998, 1996, 1995, 1990, 1989, 1986, 1982, 1970, 1961
- 8－25年

列欧威－拉斯凯希酒庄（Château Léoville-Las Cases）
本酒庄虽然没有入选五大一级特级酒庄，出色的酒质却经常与邻区波亚克镇的一级酒庄相提并论。

圣十字山（STE CROIX-DU-MONT）

对于坚信葡萄树必须种植在坡地上的人来说，位于加洪尼河右岸、虞皮亚克（见97页）南方的圣十字山酒区，应该比平地上的梭甸酒区（见110页）及巴萨克酒区（见92页）更有酿出优质甜白酒的潜力。圣十字山的土质的确不错，南向的葡萄园间有加洪尼河流过，清晨的薄霜可帮助贵腐霉菌的形成。事实上，这里的酒具有上等贵腐霉葡萄甜白酒特有的蜂蜜香气，价格也比高知名度的梭甸酒及巴萨克酒便宜。圣十字山酒和卢皮亚克酒一样，颜色和浓度都比梭甸酒清淡；或许这是因为本地酒庄限于成本，无法分批采收贵腐霉葡萄的缘故。

劳宝斯酒庄（Château Loubens）
本区最可靠的酒庄之一，所产的酒芳香诱人又细致可口。

十字山酒庄（Château Croix-du-Mont）
圣十字山酒区虽不及梭甸酒区声名显赫，区内却不乏壮丽的酒庄。

- AC Ste Croix-du-Mont.
- 白酒：白苏维浓、榭密雍、蜜思卡岱
- 部分甜白酒用贵腐霉葡萄酿成
- Ch de Beaucastel, Ch Bel Air, Ch des Coulinats, Crabitan-Bellevue, Ch Croix-du-Mont, Grand Plantier, Lamarque, Lescure, Loubens, Lousteau-Vieil, Ch la Rame.
- 草莓派，佐以圣十字山酱汁
- 2003, 2001, 1999, 1996, 1995, 1990, 1989, 1988, 1986, 1985, 1983, 1982
- 5–10年

贵腐霉菌（NOBIE ROT）

圣十字山酒区和其他非加烈甜酒产区的酒农都面临同一个挑战，那就是如何控制贵腐霉菌（Botrytis clnerea）的生长。酿制无甜味葡萄酒的酒农，只要静待葡萄成熟即可采收酿酒，而酿制甜酒的酒农却必须完全仰赖一个适合贵腐霉菌生长的湿暖气候。波尔多的梭甸（见110页）、巴萨克（见92页）、卢皮亚克（见97页）及圣十字山等酒区；法国西南部的蒙巴立亚克（Monbazillac，见274页）及居宏颂（Jurancon，见272页）；罗亚尔河流域的武夫赖（Vouvray，见190页）、邦若（Bonnezeaux，见178页）及休姆－卡德（Quarts－de－Chaume，见185页）等酒区，都拥有符合贵腐霉菌生长的条件，年复一年都要看气候的脸色来决定当年的收成品质。以1982年为例，那年的气候对波尔多红酒来说是个上佳年份，对梭甸酒而言却是差强人意。每株葡萄树上的贵腐霉葡萄收成数量都远低于一般葡萄，酒农为避免恶劣的气候破坏葡萄，大都尽速采收，不敢冒险分批收成。投资报酬率过低也是问题所在，贵腐甜酒的回收与酒农的努力和风险往往不成比例；例如梭甸地区最有名的贵腐甜酒酒庄克莱蒙酒庄（Château Climens），1997年每瓶甜酒的价格和梅多克区的红酒相当，然而后者每公顷产量却是梭甸甜酒产量的两倍。

另一种美
长有贵腐霉菌的葡萄外貌虽丑，却是酿造高贵甜白酒不可或缺的主角。

费工夫的收成
贵腐霉葡萄的采收非常困难，根本无法像不甜白酒葡萄一样用机械采收。

梭甸(SAUTERNES)

没有任何甜酒能像这款波尔多酒一样受此殊荣，不可否认，这款白酒之王的品质在近年来的确退步神速。尽管如此，并非所有瓶身标有“梭甸”二字的酒都是品质保证的百分百好酒。

丽乌塞克酒庄（Château Rieussec）
这是梭甸酒区数座最值钱的葡萄园地之一，地点就在靠近西罗讷河的缓坡上，拥有生产优质酒的最佳条件。

梭甸最早是以酿造不甜的红酒起家，约在17世纪时才开始酿造白酒，而且是不甜的白酒。当时的白酒相当清淡，因此荷兰商人还必须掺入白兰地来加烈。1787年，前美国总统杰佛逊品尝过依奎姆酒庄(Château d’Yquem)的白酒后念念不忘，特别写下梭甸酒是法国最好的白酒，仅次于香槟酒(见160－177页)及艾米达吉酒(见258页)之语。至于梭甸地区到底何时开始酿制甜白酒，已无人能确定。有人说依奎姆酒庄在1859年因为葡萄过晚采收，而导致部分葡萄感染到贵腐霉菌；有人则认为时间应该往前提早23年，当时有一位叫做弗克 (Focke)的德国酒农将贵腐霉菌的相关知识从莱茵河传入法国。不管哪种说法正确，总之1859年的依奎姆甜白酒在俄国宫廷大受欢迎，从此梭甸甜白酒的盛名便历久不衰至今。

梭甸酒区最好的酒庄，包括依奎姆、丽乌塞克 (Rleussec)及梭杜劳(Suduiraut)等酒庄都位于西罗纳河附近的小山丘上，河面产生的薄雾有利于贵腐霉菌的形成。其中依奎姆酒庄拥有最好的地理位置，同时也坚守严谨把关的传统，费尽心力分批采收葡萄，甚至在收成不够完美时，放弃推出当年份酒。

梭甸法定产区可以将巴萨克(见92页)包括在内，近年来因为减少在酿酒过程中加入氧化硫，使得本区的酒质提升不少。虽然如此，只标示为法定产区的梭甸酒还是少碰为宜，而且区内许多小酒庄连在好年份时酿出的酒也令人不敢领教。

这种情形只能归咎于相关单位拒绝梭甸酒区将次等酒以其他酒名销售，不像邻近的西隆酒区(Cérons，见111页)就可以将品质较差的葡萄酒挂在格拉夫(见96页)酒名下上市。梭甸酒区有两种选择：一种是梭甸甜白酒；一种是不甜的白酒，后者以波尔多白酒(Bordeaux Blanc)为酒名销售(售价往往过高)。

- AAC Sauternes(可以包括巴萨克酒区的酒)AC Bordeaux Blanc(不甜白酒)
- 榭密雍、白苏维浓、蜜思卡岱
- 甜白酒强劲、芳香
- d’Arche, Barréjats, Bastor-Lamontagne, Clos Haut-Peyraguey, Doisy-Védrines, de Fargues, Filhot, Gilette, Guiraud, Haut-Bergeron, les Justices, Lafaurie-Peyraguey, Lamothe, Lamothe-Guignard, de Malle, Rabaud-Promis, Raymond-Lafon, Rayne Vigneau, Rieussec, Romer de Hayot, St Amand, Sigalas-Rabaud, Suau, Suduiraut, la Tour Blanche, d’Yquem.
- 鹅肝酱
- 2003, 2002, 2001, 1999, 1997, 1996, 1995, 1990, 1989, 1988, 1986, 1983, 1976
- 5－30年

依奎姆酒庄（Château d’Yquem）
本酒庄对葡萄园的用心照顾与严谨细心的酿酒态度，都反映在它的超高价格上。

其他

一般人通常认为波尔多酒区只生产红酒与白酒，很少知道这个大酒区也酿制玫瑰红酒及气泡酒。波尔多大酒区内有一鲜为外界知悉的小酒区。在酿酒技术的进步下，这些小酒区常有物超所值的作品值得仔细选购。

在波尔多酒日趋醇厚、酒色与味道越来越浓重的同时，有些酒庄重新推出玫瑰红酒及“淡红酒”（clairet,风格介于玫瑰红与红酒间）。事实上，上述两种酒与色泽较深的红酒还是有直接的关联，本质上应该说差异不大，差别只在于淡色葡萄酒是将未完全发酵的葡萄汁提早出桶装瓶而已。

1990年新创的波尔多气泡酒(Crémant de Bordeaux)，目前正小量生产(每年约有100万瓶的产量)，有物超所值的气泡白酒及玫瑰红气泡酒。酿制气泡酒的葡萄品种以榭密雍为主，通常会加入蜜思卡岱、苏维浓、高伦巴及卡本内－弗朗等其他种类葡萄。

罕为人知的西隆酒区紧邻巴萨克酒区（见92页）所产的酒与巴萨克酒一样清淡细致，其中大恩克罗斯-西隆酒庄（Grand Enclos du Château de Cérons）的酒更是代替波尔多高价甜酒的绝佳选择。有趣的是，西隆酒区的酒可以挂上“格拉夫酒”上市，不像邻近的梭甸及巴才、萨克酒区，只能将所产的白酒以自己的法定产区名或冠上“波尔多白酒”销售。

与格拉夫酒几无关联的瓦意尔－格拉夫(Graves de Vayres)酒区位于多尔多涅河左岸的一小块砾质土地上。这里的酒独具一格，19世纪时很受欢迎，当时几乎只产白酒，目前则兼产红酒。区内最好的红酒主要以梅洛葡萄酿制，推荐酒庄有Chateaux la Chânelle-Bellevue、Lesparre及Canteloun。

恩特得美尔酒区(见79页)东边的圣发－波尔多(ste Foy de Bordeaux)酒区是另一个从白酒产区改为红酒产区的例子。最好的红酒都产于创建于18世纪的古老酒庄如夏波兰酒庄(Château des Chapelaines)、小蒙蒂博酒庄（Château du PetitMontibeau)以及埃克罗斯酒庄（Château l’Enclos)。

波尔多－上伯诺吉(Bordeaux- Haut-Benauge)及恩特得美尔－上伯诺吉(Entre－Deux－Mers－Haut- Benauge)是恩特得美尔酒区西边的9个酒区中的两个。其中的恩特得美尔－上伯诺吉酒区产有以白于尼、高伦巴及莫札克等葡萄品种酿成的不甜白酒，风格与恩特得美尔酒近似。波尔多－上伯诺吉酒区则产有中等甜度白酒或甜白酒，是以成熟度较高的榭密雍、白苏维浓及蜜思卡岱葡萄酿成。其酒质比波尔多酒区南部的波尔多丘－圣马克耶(Côtes de Bordeaux-St Macaire)酒区的半甜型白酒品质更佳。

圣发－波尔多（Ste Foy de Bordeaux）
由于甜白酒的销路不甚稳定，因此本区目前以生产红酒为主。本区没有酿制细致甜白酒不可缺少的贵腐霉葡萄时，酒庄必须另寻生路。

西隆酒庄
（Château de Cérons）
本酒庄所用的酿酒葡萄和梭甸酒区一样，不过这里的酒因名气较小所以价格较为低廉。

勃艮第
BURGUNDY

勃艮第(BURGUNDY)

勃艮第是袖珍型葡萄园之乡，本区的红葡萄酒与白葡萄酒产量虽小，却以出产世界公认的佳酿而名闻遐迩。

勃艮第的人文风景及酒产，始终是爱酒者钟情的对象。本区有好几种法定产区(appellation)所产的不见经传的小酒，但其馥郁的野浆果香气以及所散发出动物般无可言喻的吸引力，均属顶级佳酿。反之，有几种酒名甚为响亮、打着大酒厂出产的高价名酒，喝起来却是平板、稀薄和酸涩。因此不到打开瓶塞的那一刻，任酒仙也无法预知瓶中酒的好坏。

勃艮第酒区的酒质难测，令爱酒者相当困扰。其原因大致如下：首先是地理气候因素，勃艮第酒区位处偏北，即使是最南端都因纬度过于偏北而无法每一年都生产成熟的葡萄。第二，依据法国对酒的管制法令规定，波尔多酒区的酒厂(见80－111页)可以弹性地混合数种葡萄品种以酿制出顶级酒；而勃艮第酒区大部分的酒却仍需以单一品种的葡萄来酿制。此外，波尔多地区平均每个酒庄每一季的产量可以达到20万－30万瓶，经济效益相当高；而勃艮第地区的传统袖珍型酒庄，每年平均只能生产约3万瓶葡萄酒。最后一个也是最关键性的因素，便是大众对“法定产区”的迷思，许多消费者盲目地认定只要酒瓶上贴着“沙布利”(Chablis，见132－133页)、“薄酒莱”(Beaujlais，见126－127页)、“夏山－蒙哈榭”(Chassagne-Montrachet，见135页)或“普依富塞”(Pouilly-Fuisse，见152页)等酒名的标签，就可万无一失的品尝到预期中的风味，而当事实与期待有所落差时，失望与迷惘感当然就更深了。

如拼图般的葡萄园
平均面积只有4公顷的袖珍葡萄园，会聚成一大片绿野拼图，这就是全法国产权最零碎的酒区。一座葡萄园往往分属数个地主，人为因素也是酒质不稳的一个主因。

酒区概况

- 45 000公顷；年产量3.9亿瓶
- 大陆型气候，沙布利酒区较寒冷，最南端的马贡内(Maconnais)酒我则明显偏暖，每个酒区的温度受葡萄园所在高度影响。
- 多样，沙布利酒区为石灰岩；金丘为石灰泥及坚硬的黏土；薄酒莱酒区为花岗岩
- 红酒：黑皮诺、加美、恺撒
  白酒：夏多内、阿里哥蝶、白皮诺，灰皮诺

既然勃艮第所产的酒品质如此不稳定，为何还要坚持冒险一试?因为勃艮第共有五个产酒区，从北部所产的沙布利白酒一直到南部产的薄酒莱，其中若干小葡萄园的好年份葡萄所酿成的佳酿，是其他酒产区所无法望其项背的。举例来说，世界各地都产有许多以夏多内(Chardonnay)葡萄酿成的美酒，但是以勃艮第沙布利酒区传统方式酿制，毋须或者仅需要短时间放入橡木桶陈年的勃艮第沙布利白酒，其独特的风味，肯定举世无双。又例如，许多酿酒师都懂得用黑皮诺葡萄酿制上等红酒，然而只要品尝一口勃艮第金丘(Cteôd' Or)卓越酒庄所酿制的红酒，其色泽之细致诱人，风味之多变化，保证让人惊叹且回味再三。虽

勃艮第地区

酒区检索

- 薄酒莱
- 沙布利
- 里昂丘
- 夏隆内
- 伯恩丘
- 夜之丘
- 依宏希
- 马贡地区
- 普依
- 圣维宏
- 苏维浓
- 省界
- 勃艮第酒区界线

黄金之心

富庶的勃艮第平原，一向以盛产美酒与美食著称。夜之丘与伯恩丘(合称金丘)就位于勃艮第产区的中心地带。

然，勃艮第的薄酒莱酒常被酒评家视为价超所值、酒质欠佳，不过该酒区的花岗岩土质却能栽培出最好的加美葡萄，经过传统酿酒技巧所酿成的葡萄酒，会散发天然醉人的樱桃及黑巧克力香气，这是其他同等酒所难取代的。

不过在选购方面必须谨慎为上，最好还是只挑选本书所介绍的酒庄和葡萄园所生产的酒，或者向诚实可靠的酒商购买，以免大失所望。

勃艮第酒区历史

勃艮第地区的居民永远不会忘记勃艮第公爵统治的时期，当时勃艮第公爵的势力范围远及今天的荷兰。他运筹帷幄，与各国统治者大开协商之门（包括将圣女贞德的生命以1万金币的代价出售给英国人）以及提高税赋，并亲自监督伯恩、第戎等富裕大城的发展。

慈善医院

伯恩慈善医院(Hospices de Benune)创立于14世纪，每年循例公开拍卖院方自产的葡萄酒，所得用于维持新医院的运营。

勃艮第公爵领导下的半独立时期与辉煌风光的岁月，不但带给勃艮第居民一股至今犹存的强烈自主意识，也为今日的酿酒工业奠下良好基础。史料显示，勃艮第的酿酒历史可以远溯罗马时代，公元4世纪时，位于今天第戎市(Dijon)南方的金丘已辟有专门用来酿酒的葡萄园，虽然当时的葡萄品质可能远逊于今日。

此外，地方野史也提到，公元312年罗马帝国的君士坦丁大帝(Emperor Constantine)曾获报，金丘的居民无力纳税，因为葡萄园内尽是干枯老藤，地面也因布满坑洞而车马难行。然而，今天金丘的葡萄园却已身价不凡，专供酿造勃艮第酒区最上等的名酒。

品质至上的优良传统

金丘的葡萄园发展史和教会有着密不可分的关联。公元587年，勃艮第国王龚通(Gontran)赐地给金丘一带的大修道院，两百年后查理曼大帝(Emperor Charlemagne)也比照办理。金丘上的出色葡萄园早在当时就已因品质而特别区隔开来，据传查理曼大帝发现到某些山坡地的融雪时间特别早，因而规定要在这些坡地上栽种葡萄，他认为融雪较早的地区表示阳光比较充足。这块获得帝王青睐的土地就是今天的高登(Corton)山丘，帝王指定的园地就是高登-查理曼特级葡萄园(grand cru Corton Charlemagne)。依照勃艮第地区的方言，每个酒镇内种植葡萄的最小单位土地称为 "climat (气候)"，因为这些小单位土地各具独特的微气候形态。早在18世纪以前，金丘的地图上就已分别标示出生产佳酿的知名酒镇，例如，圣乔治夜 (Nuits-St Georges，旧名Nuys)、哲维瑞－香贝丹(Gevrey-Chambertin，旧名Chambertin)、渥尔内(Volnay，旧名Volnet)、普里尼－蒙哈榭 (Pligny-Montrachet，旧名Puligny-Morachet)等。当时公认区内最适合酿制红酒的葡萄品种是黑皮诺，酿制白酒的葡萄品种是夏多内，甚至早在1395年就有律条公开禁止种植加美葡萄(品种近似黑皮诺，较易栽种)。 1789年法国大革命后，勃艮第王室葡萄园被充公并分割成比波尔多地区更零散的小块土地。1790年拿破仑法典(Code Napoléon)颁布，其中一条律法规定财产必

须均分给所有孩子，不得因年龄与性别而有差异，此举更加速土地的重新分配。

利益联姻

拿破仑法典中的继承法规对勃艮第葡萄园产权影响甚巨。一代又一代的产权分割使得今天整区的葡萄园已如拼图般零碎。葡萄园家族之间的联姻，在土地并合下，便产生出不少以两家姓氏作为联合酒庄的名字，因此酒标上经常可见到以复合姓氏为名的葡萄园或酒庄，例如，克许-博利考(Coche-Boulicault)、克许－杜利 (Coche-Durv)等。

想要同时生产并销售数种小产量的葡萄酒极不容易，尤其在气候多变且收成量不稳的情形下更是困难重重。因此18世纪初就有专责收购、混合、装瓶的贸易酒商出现。两百年间，这些贸易酒商几乎已控制了整个勃艮第葡萄酒的市场。到了20世纪末，才开始有平均占地 6公顷的葡萄园主尝试从葡萄的栽种到酒的装瓶成熟等均一手包办，这种“小而美”的袖珍酒庄在20世纪70年代至80年代间蔚为风行。挣脱了酒商的钳制，加上产区管制法律的实施，的确有助于消弭酒类管销中常见的造假情形，但也增加了小型酒庄面临恶劣天候的经营风险。特级葡萄园、一级葡萄园、村庄酒及产地酒的分级制度，使消费者在选择时更为方便。不过，实际上好年份且认真酿制的村庄酒，往往会比坏年份、制造不严谨、索价又高的特级葡萄园要优秀得多。

“品酒骑士”

“品酒骑士联谊会(Confrèrie des Chevaliers du Tastevin)”对提升中世纪勃艮第的形象贡献厥伟。此联谊会成立于1934年，现在每年仍固定在梧玖庄园(Clos de Vougeot)及其他海外联谊处举行美酒餐会。

家族大事

这是20世纪初梅索镇葡萄收成的情形，从当时到现在，葡萄采收一直是全家总动员的大事。

勃艮第酒乡之旅

此导览涵括大部分伯恩丘的著名产酒村镇，以及上伯恩丘 (Hautes-CotesdeBeaune)比较鲜为人知的产酒村镇。此外，富丽堂皇的罗许宝(Rcohepot)古堡也在介绍之列，如梦似幻的建筑恍如进入童话世界，提供的品酒享受也让人回味无穷。

勃艮第酒区 导览区

伯恩市

中世纪古城伯恩 (Beaune) ①，有勃艮第许多举世闻名的酒商家族，馆藏丰富的葡萄酒博物馆(nlusee du vln)值得一看。著名的“上帝之家(H6tel Dieu)”医院建于15世纪，营运经费部分来自其专属葡萄园所酿制的酒。

从伯恩市到梅索镇

沿着往索恩－夏隆(Chalon-Sur-Sa6ne)方向的公路离开伯恩市，在经过“高丘合作社(Cave Cooperative des Hautes-Cbtes)”后右转，开往波玛镇 (Pommard)方向②。波玛酒庄附近的酒窖可以买到仅在当地自制自销的酒。渥尔内村(Volnay)③地势较高，可以远眺山谷间交错的小葡萄园。这一区有许多优秀酒庄，米榭·拉法莒 (Michel Lafarge)是其中的佼佼者。沿着往奥塞－都黑斯(Auxey-Duresse)方向的公路走，会途经蒙地里(Monthelie)④，右手边可以看到该村的酒庄。一如蒙地里，奥塞－都黑斯⑤也有许多被遗漏的好酒庄，可以找到价格不错的可靠红酒和白酒。奥塞－都黑斯的教堂中有以圣母一生为主题的三幅系列雕刻作品，值得一访。梅索镇 (Meursault)⑥的规模已接近都市形态，其主要广场、壮丽的教堂以及保存良好的酿酒家族祖传宅第和酒窖，都反映出梅索镇的葡萄酒已在世界上占有一席之地。镇内的制酒家族波雷(Paulde)每年11月都会择期在梅索酒庄举行长达一整天的盛宴。

波玛酒庄 (Chteau de Pommard)
访客可以在这里买到当地酿造且仅供当地销售的酒。

从普里尼—蒙哈榭到夏山—蒙哈榭

相较于梅索镇，普里尼－蒙哈榭(Puligny-Montrachet)⑦要清静得多，像个沉睡中的小镇。酒商奥力维乐福拉(Olivier Lefiaive)除了供应多种白酒外，还附设一家充满地方风味的餐厅。加美村 (Camay) ⑧的相关资料有限，这里应该是勃艮第最早培育加美品种葡萄的地方。圣侯曼 (StAubin) ⑨的酒庄有许多价格公道的白酒，例如罗堡酒庄 (Domaine Roux) 的白酒就是其中之一。从圣侯曼到夏山－蒙哈榭 (Chassagne-Montrachet) 会行经闻名于世的特级葡萄酒法定产区蒙哈榭(Le Montrachet)⑩，这里的石砌拱门是热门的取景点。夏山－蒙哈榭⑪也是个安静又迷人的小镇，值得造访。

从松特内到罗许宝

松特内 (Santenay) ⑫有温泉、迷人的土广场、赌场以及一些不错的红酒和白酒。诺雷镇(Nolay)⑬不产酒，不过有一个充满奇趣的14世纪大型市集。林木蓊郁的连绵丘陵山藏着一座罗许宝古堡⑭鲜亮的彩色屋顶和伯恩市区的“上帝之家”医院的屋顶如出一辙。

从罗许宝到萨维尼

这一带已是起伏不平的上伯恩丘(Hautcs-C6tes de Beaune)所在地。驻足在奥奇村(Orches)⑮的陡峭山崖上，可以看到秃鹰等野生

高登山丘

高登山丘的优质葡萄园，酿造出整个勃艮第地区最珍贵的美酒。

旅游办事处

Beaune
1 Rue de l'Hôtel Dieu
☎ 03 80 26 21 30
FAX 03 80 26 2

Meursault
Place de l'Hôtel de Ville
☎ 03 80 21 22 62

Nolay
24 Avenue de la R é publique
☎ FAX 03 80 21 80 73

猛禽盘旋于山谷之间。继续往上走，便是圣侯曼村 (St.Romain)⑯，区内的酿酒师亚伦·葛拉(AlainGras)有几款自酿自销的上等白酒。

从萨维尼到伯恩市

前往萨维尼(Savigny-iès-Beaune)⑰的一路上，可看到萨维尼酒庄的美丽景观，此酒庄目前已辟为自行车博物馆。往阿罗斯－高登(Aloxe-Cotton)⑱一路前行，沿途的高登丘地可以看到一些属于伯恩丘的特级葡萄园(grandscrus)。佩南－维哲雷斯镇(Permand-Vergelesses)⑲的酒品质相当出色。修黑－伯恩 (Chorcy-les-Beaune)⑳的多罗宝酒庄 (DomaineTollot-Beaut)和修黑酒庄(Chateau de Chorey)两个酒庄都生产浓烈的红酒。

罗许宝古堡

建于中世纪，彩色瓦砌屋顶和伯恩（见129页）市内的“上帝之家”相似。这座古堡是昔日光荣岁月的见证，当时勃艮第公爵的势力范围远达法兰德斯。

勃艮第酒区美食

勃艮第的美食传统几乎与美酒一样历史悠久且驰名远近，勃艮第经典名菜更是法国美食不可或缺的一部分。这些佳肴实在、丰厚，适合在葡萄园工作一整天后享用，虽然不以名贵食材见长，却是勃艮第好酒的最佳拍档。

勃艮第是物产丰饶的地区，有闻名世界的沛斯 (Bresse) 鸡肉；深获各国主厨赞赏的夏侯雷 (Charolais) 牛肉；河流密布的莫尔旺 (Morvan) 淡水鱼肉质鲜美，是法国人的最爱，还有各类野禽汇集的蓊郁森林等。此外，美味的菌菇类、肥美的蜗牛、新鲜的蔬果更是数量丰富。而荣登勃艮第名产宝座的美酒，不仅是进餐时最完美的搭配，更在料理过程中扮演着重要角色。红酒是传统焖炖菜如勃艮第红烧牛肉必备的基本材料，也是调制蛋类及鱼类料理酱汁的精华所在；同样，白酒在鸡、兔类料理中也有画龙点睛之效：以榨汁后的葡萄残渣提炼酿成的勃艮第酒渣白兰地 (marc de Bourgogne)，则可用来擦拭本地奶酪的外皮。

传统美食家总是建议佐餐的酒最好和烹调主菜所使用的酒一样。但是，以今天一瓶特级香贝丹红酒的天价，大概只有追求百分之百的完美主义者或是挥金如土的亿万富翁，才会面不改色地将半瓶贵如黄金的红

猪肉制品

一如法国其他地方，火腿、猪肉酱、腊肠、猪头肉冻等猪肉制品，都在勃艮第料理中占有重要地位。在特殊节庆时，火腿常整只上桌。

勃艮第红烧牛肉

传统炖牛肉的做法是，先将牛肉切块并炖制，然后加上培根肉块、洋葱、蘑菇等材料，以薄酒莱酒或其他勃艮第红酒小火慢炖。

色液体倒进煮菜锅里。现在大部分的主厨会改用酒质佳、结构强劲的勃艮第红酒来替代入菜。

鲜奶油也是勃艮第料理中常见的食材，通常在烹调菌类及火腿类菜肴时使用。火腿过去是复活节的传统菜色，可以加红酒闷煮成一道热食，或加入荷兰芹提味制成火腿肉冻 (jambon persillekl)。勃艮第还有许多猪肉制品(charcutene)，例如，猪头肉冻(sanslot)、干腊肠(sauclsson)、内脏制成的生香肠(andouillette)及猪肉酱(pate)等，都是区内普遍的食物。

勃艮第式蜗牛

罗马人将食用的大型蜗牛引进法国后，很快就成为广受欢迎的一道法国名菜。

第戎市的芥末酱和黑醋栗果举世闻名。以第戎芥末酱调制的“第戎式鸡蛋(oeufs a la dijonnaise)”是一道出色的前菜。黑醋栗果酿制的黑醋栗果甜酒，可和白酒调成芬芳可口的“奇尔鸡尾酒(kir)”。

勃艮第各式的烘焙食物也相当有特色，例如“香料松糕 (paln d'dpices)”。另外，有一种在品酒时搭配的传统奶酪泡芙点心(Sougare)，可冷食，也可在微温时食用，可单独品尝或搭配菌类或其他蔬菜食用，都相当可口。

沛斯鸡肉

这是一种有法定产地管制的鸡肉，图中这道佳肴是将鸡肉以细致的勃艮第白酒及鲜奶油烹煮后，再佐以野生蘑菇上桌。

本地特产奶酪

勃艮第的畜牧业虽然不若美酒出名，不过美景如画的夏侯雷所产的奶酪也不遑多让，其香浓醇厚的滋味，与勃艮第美酒搭配最是恰当。这里的餐厅，不论大小，都会供应多种风味不同的勃艮第奶酪。勃艮第奶酪最大的特色在于其浓厚强烈的风味，与黑皮诺葡萄酿成的各款本地红酒搭配，是超乎想象的绝佳组合。

勃艮第艾波瓦塞（Epoisses de Bourgogne ）

这种橘色奶酪气味强烈，传统做法在制造过程中以勃艮第酒渣白兰地擦拭外皮。

沛斯蓝纹奶酪（Bleu de Bresse ）

这种浓醇的软式奶酪是法国南部的传统特产，带有蓝色的青霉成熟后会形成一层白色外皮。

畅游勃艮第

从巴黎出发不到一个半小时车程，还未到里昂，此时你刚好正来到法国的南半部，到处都是罗马风格的屋顶，生活方式更为随性。不必惊讶，不同的风景将带给你不同的心情，这里是法国最让你感到不虚此行的地方之一。

餐饮&住宿

精选本地最好的餐饮住宿地，让你尽享当地美食与美酒，安心留宿于令人印象深刻的、风格独具之处。

勃艮第的咖啡馆生活

虽然勃艮第的餐馆以其特色菜“酒焖仔鸡”而闻名，但这里还有众多提供更清淡美食的咖啡馆。

BAGNOLS, NEAR LYON

Château de Bagnols.
☎ 04 74 71 40 00
FAX 04 74 71 40 09
一座带角楼的神奇城堡，有护城河环绕，地处薄酒莱酒区中心，由其出生于英国的所有者花重金打造。是法国境内最美的旅店之一。

BEAUNE

Au Bon Acceuil, La Montagne de Beaune.
☎ 03 80 22 08 80
FAX 03 80 22 93 12
被称为“Chez Nono”的这家乡村咖啡馆隐藏在城市的高山之上。你邻座的酒友很可能是酒商或是他们的卡车司机。

L'Ecusson, Place Malmédy, Beaune.
☎ 03 80 24 03 82
以合理的价位供应精致美食以及物超所值的美酒。

Le Home, 138 Route de Dijon.
☎ 03 80 22 16 43
离市区不远，便宜舒适的乡村旅社。有老式建筑的房间和一系列汽车旅馆式的房间可供挑选。

CHABLIS

Bistrot des Grands Crus, 8-10 Rue Jules Rathier.
☎ 03 86 42 19 41
FAX 03 86 42 17 11
W www.hostellerie-des-clos.fr
与更为奢华的Hostellerie des Clos同属一家，这家休闲餐厅提供简单的、对传统烹饪方式加以微妙的现代改良的菜肴。

CHAGNY

Lameloise, 36 Place des Armes.
☎ 03 85 87 65 65
FAX 03 85 87 03 57
法国境内最低调奢华、环境静谧的乡村旅店之一，有着很良好的声誉，地处博讷和索恩河畔的夏龙之间，提供该地区最棒的美食，酒单也毫不逊色。

CHOREY-LÈS-BEAUNE, NEAR BEAUNE

Le Château de Chorey, Rue Jacques Germain.
☎ 03 80 22 06 05
想拥有不一样的住宿体验，城堡迷人的老式房间是最佳选择。

MÂCON

Hôtel-Restaurant Bellevue, 416-420 Quai Lamartine.
☎ 03 85 21 04 04
FAX 03 85 21 04 02
虽然随着岁月的流逝，外表不再光鲜，但地理位置极佳，在此可俯瞰河流与市场。房间非常舒适，餐厅供应很好吃的当地美食及与之搭配的美酒。

PULIGNY-MONTRACHET

Le Montrachet, Place des Maronniers.
☎ 03 80 21 30 06
当地最受欢迎的餐厅，这里有别处不容易喝到的美酒。

葡萄酒商店

许多勃艮第红酒在你回到家后便再难寻觅到，故抓紧身在当地的时机，好好“囤货”。

AUXERRE

Le Cellier des Agapes, Rue de Preuilly.
☎ 03 86 52 15 22
偏安于沙布利乡村一隅，聚集有大量令人印象深刻的优质酒品，赢得2003年度法国最佳葡萄酒商店大奖。

BEAUNE

l'Athenéum, 5 rue de l'Hôtel-Dieu.
☎ 03 80 25 08 30
FAX 03 80 25 08 31
@ athenaeum@wanadoo.fr
这里算得上是全世界最好的书店吗？至少我是想不出能胜于此处的了。当然一般人也无法想象，这里的经营范围如此之广，甚至还出售与葡萄酒相关的手工艺品。

博物馆

一些制造商会提供葡萄园或酒

庄之旅。详情可咨询当地的旅游办事处（见下文）。

BEAUNE
Hôtel-Dieu, Rue de l'Hôtel-Dieu.
☎ 03 80 26 21 30
被称为"Hospices de Beaune"的这家博物馆，15世纪时曾是旅客住宿地，是该地区著名的象征之一，值得探访。The Salle des Pauvres（"穷人之家"）、厨房和药房都是这里的亮点。

Le Musée du Vin de Bourgogne, Hôtel des Ducs de Bourgogne, Rue d'Enfer.
☎ 03 80 22 08 19
隐于大教堂背后的这座博物馆展出有从中世纪欧比松挂毯织机到古老的饮酒器皿等诸多展品。

CHAUMONT LE BOIS
Le Musée du Vigneron, Place St Martin.
☎/FAX 03 80 81 95 97
这个小小的可爱的地方呈现了葡萄生长及酿酒过程，还有昔日和今天的制桶工厂、古老的器具和出土文物。

CHENOVE, NEAR DIJON
Pressoirs des Ducs de Bourgogne, 8 Rue Roger Salengro.
☎ 03 80 52 82 83
FAX 03 80 51 55 24
这些13世纪的压榨机中，有一台至今仍在每年一度的庆祝仪式上使用，值得好好探访。

ROMANÈCHE-THORINS, NEAR MÂCON
Le Musée du Hameau en Beaujolais, La Gare.
☎ 03 85 35 22 22
薄酒莱本地酒生产商乔治·杜柏夫开创了这一葡萄酒主题公园，位于一处改建的火车站内，在这里还可以看到3D影片。

网站

当地官方网站为www.vins-bourgogne.com。关于不同葡萄酒的具体信息可登录www.maison-des-vins.com（马孔葡萄酒）www.beaujolais.net（薄酒莱葡萄酒）。想了解关于旅游方面的信息，可登录www.terroirs-b.com或www.tourisme.fr。

年度葡萄酒节日及活动

每年11月的第三个周末会举行"伯恩游客招待所慈善拍卖会"及"光荣的三天（les Trois Glorieuses）"餐会，同时还有上百种新酒的品酒会。这些活动都面向公众开放，至于餐会的入场券，最好透过贸易酒商或下单的大客户索取。这里所列出的其他活动的具体日期，可咨询旅游办事处（见下文）。

1月

（每年在不同的村庄举办）圣文森特节
格朗·奥科赛华圣文森特节

3月

多奈尔葡萄酒酿造节——汤尼尔葡萄酒节

5月

国家葡萄酒竞赛及展会

7月/8月

系列葡萄酒节
古典音乐及葡萄酒节

8月/9月

国际民间竞赛与葡萄酒节

9月

葡萄压榨节——年度丰收节，始于13世纪第一次对新丰收的葡萄加以压榨

10月

葡萄酒节
天堂节——薄酒莱地区的一个节日，标志着对新丰收葡萄压榨的开始
哈克雷节——薄酒莱地区的丰收节，为了纪念当地英雄贝努瓦·哈克雷，他发现了如何让葡萄酒远离飞虫困扰的好方法

11月

葡萄酒展会
Les Sarmentelles——薄酒莱地区的一个节日，届时会有游行、音乐及烟火表演

其他信息

从区内酒庄名单到乘坐热气球俯瞰葡萄园等各项观光资讯应有尽有。

☎ 03 80 26 21 30
The region's main tourist office can provide information on everything from wine makers to balloon flights over the vineyards.
Maison du Tourisme du Pays Beaujolais, 96 Rue de la Sous-Préfecture, Villefranche-sur-Saône.
☎ 04 74 07 27 40
@ paysbeaujolais@beaujolais.net

阿罗斯－高登（ALOXE-CORTON）

阿罗斯—高登法定产区位于伯恩丘红酒区的北端，是有名的高登特级葡萄园红酒与白酒的所在地。阿罗斯—高登酒区的产酒以红酒占大宗，酒的性质与位于北部的夜之丘红酒区较接近，而与其南邻其他生产白酒为主的酒区则较无共通点。

高登－安德酒庄（Château Corton-André）
虽然阿罗斯—高登酒区的范围只有数座小型酒庄，但是其中却不乏举足轻重的大酒商，例如上图这座豪华城堡的主人就是本区赫赫有名的贝铎克皇后酒商。

据说喜剧演员查理·卓别林因为热爱本区的葡萄酒，曾考虑在阿罗斯－高登酒区买下一块庄园，无独有偶，早在1000多年前，罗马帝国的查理曼大帝就对此地的佳酿情有独钟，而将区内的一个白酒特级葡萄园命名断高登－查理曼(corton-Charlemagne)。

阿罗斯－高登酒区所产的酒中，红酒占了99%，也如同勃艮第酒区的大部分红酒一样，以强烈、单宁含量丰富的黑皮诺葡萄酿造。本区红酒是勃艮第所有酒里面，最耐久藏也是最慢达到成熟巅峰的。如此也导致阿罗斯－高登酒区一级葡萄园酒及村庄酒的普及程度，比不上其他口感较柔和、果香较浓郁、成熟期较短的勃艮第红酒，例如，位于附近的酒区伯恩（见128页）和萨维尼(见156页)等。本区的酒装瓶后经过5－15年的成熟期，会形成一种带肉味的丰富果香，价值也会水涨船高。同样地，若在酒龄尚浅时饮用，即便是本区特级葡萄园所产的高贵红酒和白酒，也会有些涩嘴，反倒不及地处稍南的普里尼－蒙哈榭(见153页)和夏山－蒙哈榭(见135页)的酒。大约存放十年后，红酒会变得滑顺、散发出野味般的优雅风味，白酒则变得浓烈，并充满奶油、肉桂、蜂蜜等豪华香气。

长久以来，酒客对本区的注意力都集中在路易拉图(Louis Latour)和贝铎克皇后(La Reine Pedauque)这两个位于阿罗斯－高登镇内、历史悠久的酿酒酒商。可惜这两个酒商的红酒品质普通。近几年来，勃艮第各地几个有名的酒庄和大贸易酒商们，包括修黑－伯恩镇的多罗宝酒庄、佩南－维哲雷斯镇的波诺·杜·马特拉酒庄(Bonneau duMartray)及萨维尼的安东尼居伊昂酒庄(Antonin Guyon)等，纷纷投资新技术，已经成功酿出口感比传统红酒柔和不涩的新产品。

- AC Aloxe-Corton, AC Aloxe-Corton Premier Cru, AC Charlemagne Grand Cru, AC Corton Grand Cru, AC Corton-Charlemagne Grand Cru.
- 红酒：黑皮诺
  白酒：夏多内、博侯皮诺(Pinot Beurot)
- 红酒浓郁丰富，带有肉味香气，色泽深红，部分白酒的结构强劲，熟成期长。
- Arnoux, Bouchard Père et Fils, Denis Boussey, Champy, Marc Colin et Fils, Joseph Drouhin, François Gay, Génot-Boulanger, Camille Giroud, Antonin Guyon, Louis Latour, Prince de Mérode, Antonin Rodet, Comte Sénard, Tollot-Beaut, Michel Voarick.
- 腹中填塞百里香和柠檬片后烤熟的雏鸡，佐以红酒酱汁
- 2003, 2002, 1999, 1998, 1997, 1996, 1995, 1993, 1990
- 红酒：5－15年

拉图酒庄（Domaine Latour）
规模庞大的路易·拉图贸易酒商公司在阿罗斯—高登酒区拥有葡萄园，采收的葡萄用以酿成图中的专属酒。

高登山区的特级葡萄园

高登山区坡地下的高登特级葡萄园及高登-查理曼特级葡萄园占地达180公顷，延伸进入阿罗斯-高登(见124页)、佩南-维哲雷思(见150页)及拉铎镇(见142页)三个法定产区内。这是勃艮第面积最广的特级葡萄园。

山区最高的坡顶种的是夏多内品种的葡萄，专门用来酿造高登-查理曼白酒，年产量有30万瓶。夏多内葡萄园之下的斜坡地栽种黑皮诺品种的葡萄，专门用于酿造高登特级葡萄园红酒。这些葡萄园每年可酿成约50万瓶的红酒，有的冠上高登特级葡萄园的法定产区，有的则在酒标上附加更小块葡萄园的名称。只有极小量的白酒冠上高登特级葡萄园白酒 (Corton Grand Cru blanc)出售，其中几种由路易乐德(LOUIS Jadot)所酿的白酒品质不错。生产高登酒的小区域众多，品质参差不齐，因此购买时要仔细看清楚酒标。建议将高登红酒和白酒存放10年左右再饮用，才能达到熟成的完美品质。

高登酒的优良产地包括：Corton-Bressandes、Corton-ClOS de Roi、Corton-Pougets、Corton- Perreres、Corton-Greves、Corton-Renardes等。

梦之境
高登-查理曼特级葡萄园内所产的优质夏多内葡萄，酿造出勃艮第最完美的白酒。

奥赛-都黑斯 (AUXEY-DURESSES)

景致迷人的奥塞-都黑斯法定产区位于蒙地里(Monthdlie，见 146页)和梅索(见145页)之间的登河(Dheune)谷地上。红酒占本地酒总产量的三分之二，大部分冠以伯恩丘村庄红酒上市。这里的红酒属于早熟型，风味粗犷，稍微偏酸，除非遇上气温较高的年份。好年份酿成的酒的确值得青睐。一般而言，在挂上奥塞-都黑斯为酒名的酒中，白酒品质比红酒好，丝毫不输给邻近梅索的中级品白酒。以南向坡地的都黑斯(Les Duresses)和瓦尔庄园(Climat du Val)生产的一级葡萄园的白酒和红酒值得付出好价钱购买。

优良酒庄：Olivier Leflaive Jean-Francois Coche-Dury、 Jean-Pierre Diconne。

克里斯多·布松
(hristophe Buisson)
地道精酿的奥塞—都黑斯酒充满新鲜的覆盆子般风味，这款由克里斯多·布松生产酿制的酒即为其一。

隐藏的宝藏
在毗邻着世界级产区的盛名影响下，奥塞—都黑斯产区默默地生产着物超所值的优良红酒与白酒。

- AC Auxey-Duresses, AC Auxey-Duresses Premier Cru.
- 红酒：黑皮诺白酒：夏多内
- 红酒口感轻柔，酒质丰满、略带粗犷风味；白酒属早熟型、中等浓度、带有橡木桶味。
- Comte Armand, D’Auvenay, Bouzereau, Coche-Dury, A Creusefond, J-P Diconne, Joseph Drouhin, Louis Jadot, Jaffelin, Olivier Leflaive, J-P Prunier, P Prunier, V Prunier, Roy.
- 红酒：烧酒鸡
- 红酒：2003, 2002, 1999, 1998
- 红酒：3-10年；白酒：2-6年

薄酒莱(BEAUJOLAIS)

在这个越来越重视流行的消费社会中，连酒似乎都必须顺应趋势。然而，薄酒莱酒仍然不受影响。上选的薄酒莱为普遍丰厚、具有浓郁橡木桶味的红酒带来一股清新气息，也是从法国传统料理到辛香亚洲菜等各种佳肴的佐餐良伴。

薄酒莱酒有一种介于红酒和白酒之间扑朔迷离的属性。它具有前者的色泽，却又如后者般轻柔顺口。它是薄酒莱地区铁三角的独特结晶：加美葡萄(全世界没有一个地方的同种葡萄能达到本地的酿酒水准)、花岗岩土质以及二氧化碳浸泡法(maceration carbonique)过程——指整颗葡萄连皮未经压榨一起发酵，酿成的葡萄酒有丰富的新鲜水果味，单宁很不明显。

在酿酒史上，过去的薄酒莱酒从来不登大雅之堂，甚至在拉斐特酒庄(Chateau Lafite)将美国总统托玛斯·杰佛逊的姓名缩写印在瓶身酒标上的一个半世纪后，薄酒莱酒还是小酒店中从木桶倒出来论杯或论瓦罐当啤酒畅饮的廉价酒。20世纪50年代末至60年代之际，薄酒莱酒被正式装瓶并开始外销，但是在外国市场上，它通常归类为北非酒而鲜少被视为勃艮第南部的酒。

逆转薄酒莱命运的贵人终于出现，乔治·杜博夫 (Georges Duboeuf)是薄酒莱酒区一个年轻的葡萄农，他在20世纪60年代投入大盘酒商事业，专门销售真正地道的薄酒莱酒，将这种强调新鲜和樱桃果香的酒成功地包装推销到世界各地去。引发薄酒莱新酒(Beauiolais Nouveau、 Beaujolais Primeur)热潮的行销策略更是杜博夫的一大贡献，薄酒莱新酒的年销售量因此从20世纪50年代末的不满200万瓶剧增到今天的每年9000万瓶。

世界各地酒庄争相效仿薄酒莱新酒，但是许多自负的酒客却将每年11月的这股新酒热潮视为促销噱头，并认为这款酒缺乏实在内涵，但是他们都错了。事实上，世界各地酒客狂饮庆祝新酒诞生，这是酿酒史上的传统。几世纪以来，甚至早在发明软木塞前，畅饮木桶内的新酿红酒，以狂欢庆祝收成就是惯例。随着受人欢迎，该酒价格自是不同以往。为了酿新酒能在11月中及时运到世界各地，大多数的薄酒莱新酒都必须在很有限的时间内

绵亘的丘陵
薄酒莱酒区田野风光的迷人处，不止在这丘陵的起伏之美。丘陵间每条道路的转角处都有一个产酒的美丽小村庄让人惊喜连连。

- AC Beaujolais, AC Beaujolais Primeur, AC Beaujolais Supérieur, AC Beaujolais (village name), AC Beaujolais-Villages.
- 红酒：加美
- 红酒口感轻柔，有充分水果香，多属早熟型。
- Aucoeur, Paul Beaudet, Berrod, Pierre-Marie Chermette, André Colonge, Joseph Drouhin, Georges Duboeuf, Henry Fessy, Ch des Jacques, Jacky Janodet, Pardon et Fils, Frédéric Pérol, Dominique Piron, Jean-Charles Pivot, Ch de Pizay, Plateau de Bel-Air, des Terres Dorés, Michel Tête, Ch Thivin, Frédéric Trichard, Maison des Vignerons.
- 笋尖炒鸡肉
- 2003, 2001, 1997
- 1－3 年
  特级薄酒莱酒：2－8年

尚－保罗·布朗（Jean-Paul Brun）
今天本区大部分的酒庄都酿造清淡、富有果香且易饮的红酒，尚－保罗·布朗却以传统红酒为其特色。

酿造完毕抢先上市。薄酒莱新酒的存在和其必须把握机会抢购尝鲜的强势姿态，对于卖掉薄酒莱酒区一些较差的酒也颇有助益。一般薄酒莱酒全年都可以买到，但品质却良莠不齐。好的酒庄或酒商，例如杜博夫 (Duboeuf)及罗洪(Loron)的薄酒莱酒令人满意，但是超市所卖的不知名酒庄的酒可就得慎选。酒标上若标有“优级薄酒莱(BeaujolaisSupdrieur)”，指的是用成熟葡萄酿造的酒“优级薄酒莱”是一类法定产区酒，在每年的1.75亿瓶薄酒莱酒中，只有约1300万瓶的量。建议选择来自38个薄酒莱村镇的“薄酒莱村庄酒”，有些会在“薄酒莱村庄酒”后面附加村镇名，例如，Beaujolais Villages Lantignie或Bcaujolais Villages Blace。

此外，也可以选择以下10个来自薄酒莱特定村庄 (Cru)、品质更优的酒：布依利(Brouilly)、希露柏勒 (Chiroubles)、风车磨坊 (Moulin－a－Vent)、布依利丘(C6tedeBrouilly)、朱里耶纳(Julienas)、弗勒莉 (Fleurie)、薛纳(Chenas)、莫冈(Morgon)、黑尼耶 (Regnie)及圣阿姆(St. Amour)。目前薄酒莱酒区已甚少生产玫瑰红酒或白酒，后者大部分以圣维宏(St. Vdran)名称行销。

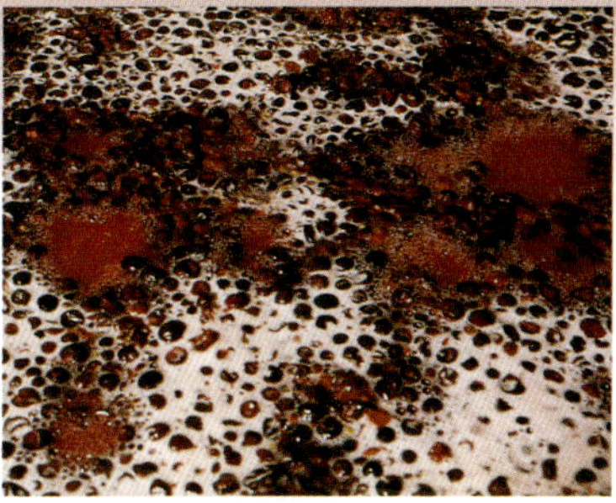

发酵中的加美葡萄

未经压榨过的薄酒莱区加美葡萄，在发酵中会产生一种这个地区特有的热烈香气。

陈年薄酒莱

有幸参观薄酒莱酒区的酒庄时，若主人拿出一瓶外观很老的薄酒莱酒考考它的酒龄时，千万别担心因错估酒龄而出丑，事实上，连最老到的酒评专家都曾做出误差达数十年的判断。酒庄主人急切想显示的是，虽然薄酒莱酒众所周知地必须在年轻时饮用，但是好的优质薄酒莱酒也可以长时间在瓶中成熟，表现出惊人的超长生命力。上等的薄酒莱酒如莫冈及风车磨坊红酒(见148页)的确可以在成熟中发展出丰富的多重口感，反之不见经传的薄酒莱酒陈年后，就与一般勃艮第地区成熟但不出色的红酒无异。值得注意的是，经过陈年后的薄酒莱酒虽然会特别香醇，但也会失去薄酒莱酒特有的新鲜与充满活力的诱人特质。

值得平躺收藏

图中为维力—莫冈村(ville Morgon)的莫冈红酒，这是极少数能经过5年以上成熟期而达到巅峰的一款薄酒莱酒。

伯恩(BEAUNE)

伯恩市是勃艮第地区的第一大都市，这个全球重量级的酒类生产及集散都市，也是勃艮第许多响当当的酿酒及酒商家族的故乡，诸如乔瑟•杜亨（Joseph Drouhin）、布夏父子家族(Bouchard Pere et Fils)及路易•杰德等。“伯恩酒”这个法定产区酒名通常被低估，事实上，在这个标签下有许多勃艮第地区最细致迷人的红酒。

圣酒

这种调配酒由布夏父子家族公司独家出品，400年前的酒评这样描述它：犹如穿着天鹅绒裤的婴儿耶稣滑喉而下。

欣赏伯恩市这个中世纪古城有个好方法，就是在夏季与一窝蜂的观光客搭乘热气球飞越城市的上空，居高临下，鸟瞰全景。如此可以清楚地看出，这座古城的规模在过去数百年间几乎没有改变，甚至现代的环城快速道路都是沿着昔日的老城墙而建。星期六在市区溜达，穿梭在争相叫卖食物、衣服、日用品的小贩之间，也可以发觉今日的伯恩市仍然不脱过去的市集形态。店家们习惯挖个酒窖来贮酒，以至于市区街道下方已经布满像迷宫似的地道系统。葡萄酒买卖长久以来一直是这里的主要经济活动，传统上，店家只销售来自金丘的酒。现在的商店仍然以金丘的酒为主力商品，不过也会搭售产自其他三面山坡的酒。虽然这里没有所谓的特级葡萄园，但是高达四分之三的葡萄园都获得一级的分级，最优秀的葡萄园有：LesAvaux、Les Boucherottes、Les Bressandes、LesCentsVignes、ClosduRoi、LeCloS des Mouches、Les Epenottes、Les Greves、Les Marconnets、Les Teurons以及Les Vignes-Franches等。

虽然伯恩市附近有一些葡萄农自营的独立小酒庄，不过，最好的葡萄园地还是属于乔瑟・杜享、布夏父子家族及路易・乐德等大型酒商所有。讽刺的是，伯恩市的酒商们优先推销来自其他酒区、较昂贵的酒，导致本地所产的酒地位不振。伯恩酒以口感顺滑，充溢野莓果和花香闻名，有些陈年的老酒闻起来简直有如干燥的玫瑰花般。一般而言，由酒商自家葡萄园所酿的伯恩酒，应该是他所销售的伯恩酒中品质最有保障的，另外有几种附加葡萄园名称的伯恩酒，像乔瑟・杜亨酒庄的慕絮庄园(Clos des Mouches)及布夏父子家族的小耶稣葡萄园(Vigne de l'Enfant Jésus)，都是万无一失的最佳选择。伯恩白酒的产量非常少，但是其品质能达到夏山－蒙哈榭酒(见135页)的水准。

- AC Beaune, AC Beaune Premier Cru.
- 红酒／玫瑰红酒：黑皮诺
  白酒：夏多内
- 红酒果味丰富、细致优雅；白酒酒质浓烈，果香馥郁。
- Robert Ampeau, Arnoux P è re et Fils, Bitouzet-Prieur, Bouchard P è re et Fils, Pascal Bouley, Champy, Ch de la Tour, Joseph Drouhin, Dubois, G é not-Boulanger, Germain (Ch de Chorey), Camille Giroud, Louis Jadot, Michel Lafarge, Daniel Largeot, Laurent, Maillard P è re et Fils, Albert Morot, Mussy, Jaques Prieur, Rapet P è re et Fils, Thomas-Moillard, Tollot-Beaut.
- 千层酥派镶蜗牛及牛肝菌菰
- 2003, 2002, 1999, 1998, 1997, 1996, 1995, 1993, 1990, 1988, 1985, 1978
- 红酒：3－12年

乔瑟・杜亨

Joseph Drouhin 乔瑟・杜亨酒商的另一个杰出作品，在细致的口感中散发着美妙的果香，酿酒的葡萄来自慕絮庄园。

伯恩慈善医院（HOSPICES DE BEAUNE）

色彩缤纷的荣耀
伯恩慈善医院在1971年结束医疗服务，现在是当地的重要观光点。

全球酒界不可错过的重要盛会，以及全世界规模最大的慈善酒拍卖会，就是每年11月第二个星期天所举行的“伯恩慈善医院所属葡萄园产酒公开拍卖竞争购会”。1443年，税赋官尼可拉斯·罗林(Nicolas Rolin)为了能在死后上天堂，于是斥资兴建一家慈善医院，为伯恩市贫民提供免费医疗。同时，他也捐出葡萄园支付医院开销，再加上金丘一带地方人士的慷慨赠地，所有收成的葡萄每年可以酿造25万瓶以上的酒，卖酒所得悉数用于伯恩市的慈善活动上。

从1859年起，这些慈善酒改用公开拍卖的方式出售。医院聘有酿酒师负责酿酒，但是新酿成的酒则成桶出售，由买主自行负责装瓶和成熟。医院所酿造的37种“调配酒(cuvee)”中，有几种全用单一葡萄园所产的葡萄，其他则是混合同一法定产区内不同葡萄园的葡萄酿成。起初，调配酒以葡萄农的名字作为酒名，后来则以土地捐赠者姓氏为酒名。按往例，拍卖会上的成交价应该就是当年该种酒的参考价，但是近年来，拍卖会上的疯狂竞争标已使得会上的成交酒价过高。酿酒事业为医院带来可观的收入，但是其酿酒技术也常是各方攻讦的焦点。据说医院曾因使用不好的酒桶而坏了一整年的酒，后来便规定所有的酒一律使用全新的橡木桶存放，但是这却可能让酒带有过重的橡木桶味，除非是结构最强劲的酒。

酒质与培育决定一瓶酒的好坏，除了葡萄园和酿酒技术外，酒的陈年也很重要。在某次令人难忘的“匿名品酒会”中，酒评家认为几种酒间几无共同之处，然而它们却都是来自同一批调配酒，只是由不同的卖主自行装瓶陈年罢了。所有参加拍卖的酒都有一个共同点，就是价格奇高无比，而这高价似乎因镀上了“行善”的光环而普遍为大家所接受。

调配酒

红酒

Auxey-Duresses Boillot
Beaune Brunet
Beaune Clos de la Roche Georges Kritter
Beaune Clos des Avaux
Beaune Cyrot-Chaudron
Beaune Dames Hospitalières
Beaune Guigone de Salins
Beaune Hugues et Louis Bétault
Beaune Maurice Drouhin
Beaune Nicolas Rolin
Beaune Rousseau-Deslandes
Clos de la Roche Cyrot-Chaudron
Corton Charlotte Dumay
Corton Docteur Peste
Mazis-Chambertin Madeleine Collignon
Monthélie Lebelin
Pernand-Vergelesses Rameau-Lamarosse
Pommard Billardet
Pommard Dames de la Charité
Pommard Raymond Cyrot
Pommard Suzanne Chaudron
Savigny-lès-Beaune Forneret
Savigny-lès-Beaune Fouquerand
Volnay Blondeau
Volnay Général Muteau
Volnay-Santenots Gauvain

白酒

Bâtard-Montrachet Dames de Flandres
Corton-Charlemagne François de Salins
Corton-Vergennes Paul Chanson
Meursault-Charmes Albert Grivault
Meursault-Charmes de Bahèzre de Lanlay
Meursault-Genevrières Baudot
Meursault-Genevrières Philippe le Bon
Meursault Goureau
Meursault Humblot
Meursault Loppin
Pouilly-Fuissé Françoise Poisard

该买什么？
在这个耗尽整个周末的品酒盛会中，一年一度的伯恩慈善医院拍卖会是重头戏，有来自世界各地的参访者共享盛举。

勃艮第普级酒(BOURGOGNE)

以“波尔多”或“波尔多红酒（Claret）”为统称酒名的“产区普级酒”经常可以在超市的陈列架上找到，但是以“勃艮第酒”为统称酒名的勃艮第普级酒却难找得多。此外，因为勃艮第酒区小，不稳的气候又对酒的品质影响重大，想要以低价购得好酒是一件相当冒险的事。

除非是专修勃艮第地区地理学的学生，或者已将勃艮第所有好酒庄、酒商的名址都背得滚瓜烂熟，否则别想在打开一瓶勃艮第地区的酒前，就准备预测出其好坏与风格，这就是勃艮第的迷思。同样是“勃艮第(Bourgogne或Burgundy)”却可能出现在一种平淡无奇、由酒商合法混合不知名葡萄园的黑皮诺葡萄酒的酒瓶上；也会出现在一种由产区内最好的葡萄果农精心限量酿成的好酒身上。更甚的是，虽然大多数的酒书上明白写道勃艮第红酒只用黑皮诺葡萄酿造，但是酒客们却常会喝到合法酿成、贴着勃艮第酒标，却丝毫不具黑皮诺特色的酒。事实上，有时甚至可以分辨出酿酒的葡萄根本不是生长在“勃艮第土质”的黑皮诺，而是从某个薄酒莱村庄运来的加美葡萄。

夏隆内丘（Côte Chalonnaise）
位于知名的金丘南方，这个曾经风光一时的酒区，所产的优良红酒与白酒以“勃艮第法定产区”销售。

勃艮第酒区内的每个葡萄园都可能酿出平淡的勃艮第法定产区红酒和白酒。最不可靠的是气候寒冷的上夜丘(Hautes-Côtes de Nuilts)酒区及上伯恩丘（Hautes-Côtes de Beaune)酒区，当地的低温使葡萄不易熟透。金丘平坦坡底上的葡萄虽无成熟的困难，但酿成的酒品质不甚出色。最好的勃艮第酒大多由夏隆内丘和金丘斜坡上的葡萄酿成。

卓越酒庄推出的勃艮第普级酒可以存放5年左右，但多数最好在推出后三四年内喝完。存放过久会使酒发展出野味般的口感但却丧失年轻的黑皮诺酒应有的丰富、新鲜与充满覆盆子果香的特质。只有最好的勃艮第普级白酒才可以耐经三四年的存放而获致成熟巅峰。

依乐酿酒师（Les Vignerons d’Igé）
许多出现在超市或大卖场架上的勃艮第普级酒都是由类似“依乐酿酒师”这样的合作社酿造。

- AC Bourgogne.
- 红酒：黑皮诺
  白酒：夏多内、博侯皮诺、白皮诺、莎西(Sacy)
- 红酒中等浓度；白酒不甜，略带橡木桶味。
- Bertrand Amboise, Bertagna, Boisset, Bouchard Père et Fils, Alain Burguet, Cave de Vignerons de Buxy, La Chablisienne, Henri Clerc, Joseph Drouhin, Camille Giroud, Les Vignerons d’Igé, Louis Jadot, Patrick Javiller, Pierre Labet, Olivier Leflaive, Cave de Lugny, Ch de Meursault, Pierre Morey, Antonin Rodet, Tollot-Beaut, Henry de Vézelay.
- 红酒：大蒜奶油浓汁煮蜗牛
- 白酒：2003年，2002年，2001年
  红酒：2003年，2002年，1999年，1998年，1997年，1996年，1995年
- 红酒：3-4年 白酒：2-3年

勃艮第酒外一章

瓶身非常诚实地标有“普级勃艮第(Bourg-ognr Ordinaire或Grand Ordinaire)”等只在产地或少数连锁超市才看得到的“勃艮第酒”最好不要选购。这类红酒通常是以加美或次等黑皮诺酿造，白酒则是呆板地综合劣等夏多内、阿里哥蝶，甚至勃艮第香瓜种(Melon de Bourgogne)葡萄酒而成。至于“勃艮第淡酒(Bourgogne Clairet)”或“普通勃艮第淡酒(Bourgogne Clairet Grand Ordinaire)”等法定产区更少见，通常是些不在酒区外销售、色泽浅淡的红酒。附有村镇名的“产区勃艮第酒(regional Burgundies)”是较佳选择，如产于金丘和涌恩省(Yonne)的Bourgognes Moutrecul酒。沙布利附近葡萄园所产的次产区勃艮第红酒中最值得注意的有：Bourgogne Epineuil玫瑰红酒、勃艮第依宏希(将只标示Irancy酒名)、Bourgogne Coulanges- la-Vineuse酒及Bourgogne Côte d'Auxerre。而在Bourgogne Chitry、Bourgogne-St Bris、Bourgogne C6tes d'Auxerre、Bourgogne Vezelay等地区则将当地的恺撒葡萄，又称大绅士(Gros Monsieur)或侯曼(Romain)，混合黑皮诺一起酿酒。

依宏希（Irancy Village）
这个勃艮第北部的无名小镇，生产出充满覆盆子果香的优秀红酒。

布依利和布依利丘
(BROUILLY AND CÔTE DE BROUILLY)

这是很少会让人第一个想到的薄酒莱村庄。法律规定其他的村庄只能使用加美葡萄单一品种来酿酒，唯独布依利和布依利丘可以使用多种葡萄来酿酒。布依利酒町以使用阿里哥蝶、勃艮第香瓜种及夏多内等多种葡萄，布依利丘酒则可以使用黑皮诺和灰皮诺。布依利丘的葡萄园位于布依利山富含花岗岩和页岩土质的斜坡上，布依利的葡萄园则在山丘坡底。此即意味着布依利丘红酒的风味较浓郁、结构较强烈，也较耐久藏。尽管如此，一种好的布依利红酒仍然值得存放数年。

第凡酒庄（Château Thivin）
第凡酒庄有一些层次丰富的布依利丘红酒。

布依利山
栽种在斜坡上的葡萄用以酿造布依利丘最好的红酒，生长在较平坦坡底的葡萄则用来酿造布依利红酒。

- AC Brouilly, AC Côte de Brouilly.
- 红酒：加美
- 红酒结构强劲，有浓郁水果味。
- 布依利: Henry Fessy, Lafond, Laurent Martray, Plateau de Bel-Air, Jean-Paul Ruet, Thorin, Ch de Tours.布依利丘 Jacques Depagneux, Georges Duboeuf, Ch du Grand Vernay, J C Pivot, Ch Thivin, la Voute des Crozes.
- 黑香腊(由猪血为主原料制成)
- 2003, 2001, 2000, 1997
- 5－8年

沙布利（CHABLIS）

沙布利法定产区位于勃艮第地区最北部，只种植夏多内葡萄，并以传统、不甜的白酒闻名国际。离巴黎仅100公里远的偏北位置，使本区面临霜害的威协。好年份的沙布利白酒，是新鲜口感与复杂酒质的独特完美结合。

大自然的选择

沙布利不但是勃艮第酒区最北端的一个主要葡萄产地，也曾是涌恩省广大酒区的中心所在。

如果抄袭与模仿是表达赞美最直接的方式，那么沙布利酒就是世界上最受赞誉的酒。本地一些不良商人，早在19世纪就将涌恩省所有邻近地区产的酒，拿来冒充沙布利的酒出售，当时涌恩省的葡萄园面积约有5万公顷。近年来，纽约、加州甚至澳洲的航特谷地(Hunter Valley)都有生产“沙布利酒”。但是这些酒模仿的程度都仅止于皮毛，无法与产自勃艮第小城沙布利的真正沙布利酒相提并论。

沙布利酒区是公认的最佳白酒产地，但是区内这一片3000公顷的广大葡萄园地，却极不易耕作。沙布利酒区在行政区上归属于勃艮第，而事实上，它低温、多变的气候条件与地理性质，都更近似于东北方50公里外的香槟酒区(见162页)，而与南边这片勃艮第土地差异较大。霜害是此地常有的风险，严重时甚至会导致整个葡萄园歉收。有个老葡萄农曾说，他在小时候常和玩伴们在今天已成为特级葡萄园的土地上玩平底雪橇。现在每排葡萄树的两端则已装上风车、洒水系统、油炉系统来保护葡萄树。即便如此，当真正的寒流来袭，还是无法保护葡萄能安然无恙。

尽管本区的天然条件不佳，20世纪70年代及80年代的国际白酒热潮，还是使本区面临供不应求的生产压力，对“沙布利酒”法定产区的管制也就跟着放松，区内葡萄园的面积快速增加，已荒废的园地又重新开始耕作。原本归为村庄酒级的园地纷纷晋升为一级葡萄园，许多品质较差的“小沙布利(petltChablis)”普通葡萄园也取消“小”字而升等。这样的扩张方式，在宁静的沙布利引起强烈抗议，坚持传统主义者认为新耕葡萄园所酿成的酒，没有上等夏布利酒最有名的火石和矿物质风味。他们指出，沙布利酒的特色完全归功于土质中一种白垩岩成分，区内的上等葡萄园皆坐落于这种岩层上方，至于沙布利周围的土质则为另一种白垩岩

- AC Petit Chablis, AC Chablis, AC Chablis Premier Cru, AC Chablis Grand Cru.
- 白酒：夏多内
- 白酒口感清爽、不甜。部分特级酒会放在橡木桶中陈年。
- Christian Adine, Barat, Billaud–Simon, Pascal Bouchard, Jean–Marc Brocard, La Chablisienne, Jean Collet, Jean Dauvissat, René et Vincent Dauvissat, Defaix, J–P Droin, Joseph Drouhin, Duplessis, Jean Durup, Corinne et Jean–Pierre Grossot, Laroche, Long–Depaquit, de la Maladière, des Maronniers, Louis Michel, Sylvain Mosnier, Gilbert Picq, Pinson, Raveneau, Simmonet–Fèbvre, Verget, Vocoret.
- 烤鲑鱼，佐以柠檬汁、西洋芹及茴香。
- 2003, 2002, 2000, 1998, 1997, 1996, 1995, 1990
- 村庄酒：2–5年
一级酒：4–8年
特级酒：6–12年

法兰索瓦·哈佛诺酒庄(Domaine François Raveneau)

可能是沙布利酒区最好的酒庄，酿成的酒不论细致度或生命力都在本区首屈一指。

宁静生活
涌恩河的支流宁静河(Serein river)静静地流过若沉睡中的沙布利镇。

成分，虽然两者在地理学上属于相近岩质，实质上却仍有差异。法定产区管制法律一度力挺以上理论，将后者的葡萄园排除在法定产区以外，或将酿成的酒列为“小沙布利”等级。

法定产区管制法律的修改，使得越来越多品质平平的勃艮第白酒得以冠上“沙布利酒”的酒标充斥市面。此外，市场偏好口感夸张、奶油味浓烈的白酒，这种消费取向也与传统沙布利酒类似金属的清冷特质相悖。选购沙布利白酒要相当审慎，来自向南及向西的7个特级葡萄园的白酒香气浓烈，来自数具一级葡萄园的白酒则风格强烈，各具特色，都是不错的选择。酒庄的好坏是酒质优劣的关键(见132页的推荐酒庄名单)。每个特级葡萄园的沙布利酒都各有特质，所有的酒在酿成后都必须经过数年瓶中熟成的过程；沙布利酒在不甜中，和谐地散发着奶油、坚果和矿物香气，使它独异于全世界其他由夏多内葡萄所酿成的白酒。

关于沙布利酒的争议，除了葡萄的种植地点外，还有酿酒容器的问题：该不该使用橡木桶来发酵和陈年？有些酒庄赞成，并表示现在有很多酒客希望喝到带有些许香草般橡木桶味的勃艮第白酒；有些酒庄则坚决反对，他们认为橡木桶会破坏沙布利酒类似金属的特殊风味，变得和梅索酒(见145页)性质雷同。喝上一杯来自拉洛雪(Laroche)上等酒庄、以不用铁铜容器酿成的白酒，再喝一杯橡木桶味过浓、几乎失去特质的普通酒，很多人会赞成禁用橡木桶酿酒；但是，如果喝一杯由酿酒师尚－保罗·德罗恩(Jean-Paul Droin)采用橡木桶酿成、散发奶香的特级好酒，对橡木桶的保留态度可能就飞到九霄云外了。

William Fèvre
与Bouchard Père et Fils同属一家老板，已成为沙布利地区最值得信赖的酒的品牌之一，拥有多种生命力绵长的特级酒。

维特费(Vaudevey)葡萄园
维特费葡萄园一称维渥(Vau-deVey)，和其他6个园区于1986年升等为一级葡萄园，这是本区产区管制法律的放宽措施之一。

香波－蜜思妮（CHAMBOLLE-MUSIGNY）

香波—蜜思妮和邻近的梧玖镇(Vougeot)一样，都是夜之丘最早种植葡萄的地方。这里所产的酒以“如女性般”优雅细致闻名，感性的深邃酒香、浑然天成的完美结构，为本镇带来可观的财富。

香波－蜜思妮酒庄
（Château de Chambolle-Musigny）
贾奎—佛雷德慕尼耶(Jacques-Frederic Mugnier)以来自蜜思妮特级葡萄园中的自产葡萄酿造香郁无比的佳酿。

香波－蜜思妮村——包括蜜思妮、邦马尔(Bonnes Mares)两个特级葡萄园，以及香波－蜜思妮、香波－蜜思妮一级葡萄园二个法定产区——所产的酒，长久以来就与周围夜之丘村镇所产的酒完全不同。早在19世纪，酒评家拉瓦乐(Lavalle)博士就认为香波－蜜思妮酒是夜之丘最优雅精致的一款酒。究其原因，有人认为该归功于区内富含石灰岩的土质；有人则认为原因出在本地传统的酿酒法，习惯将一向用来酿造白酒的白皮诺葡萄混合优质的黑皮诺葡萄一起酿制红酒。直到今天，这种混合异种葡萄的酿酒法仍然沿用着，只不过用来与黑皮诺混合的葡萄品种，已不是原先使用的白皮诺葡萄，而是已经改为灰皮诺葡萄。

恬静的乡野
离国道相当远的香波蜜思妮村是金丘宁静且迷人的一个村镇。

有趣的是，虽然许多葡萄园都种有灰皮诺，但是依法唯一可用来酿造白酒的葡萄，却只有种在蜜思妮特级葡萄园中的夏多内葡萄。价格昂贵的蜜思妮白酒，每年产量都非常有限，而且只在乔治佛格伯爵酒庄(Domalne Comte Georges de Vogue)生产。

曾经有段时期，有些香波－蜜思妮酒庄把“细致”和“稀释”混为一谈。到了20世纪90年代初，各酒庄决定提高界定“香波－蜜思妮酒”的标准，为品质严格把关，如今的香波－蜜思妮酒在细致中不失紧密的结构，酒香扑鼻且余韵长足。除了蜜思妮和邦马两个特级葡萄园，本区还有许多优秀的一级葡萄园，例如，恋人(Les Amoureuses)葡萄园所酿成的酒经常可及特级葡萄园水准。

香波–蜜思妮酒
（AC Chambolle-Musigny）
相较于蜜思妮特级葡萄园酒，许多本地的村庄酒显得酒质较单纯，也较不耐久藏，但仍不失为美妙的勃艮第红酒，这款来自香波—蜜思妮酒庄的酒便是一例。

- AC Chambolle–Musigny, AC Chambolle–Musigny Premier Cru, AC Bonnes Mares Grand Cru, AC Musigny Grand Cru.
- 红酒：黑皮诺
  白酒：夏多内
- 红酒优雅细嫩、如丝般柔滑含蓄、生命力长、耐陈年。
- Barthod–Noëllat, Bertagna, Ch de Chambolle–Musigny, Bruno Clair, Confuron–Cotetidot, Joseph Drouhin, Faiveley, Geantet–Pansiot, Robert Groffier, Anne et François Gros, Hudelot–Noëllat, Louis Jadot, Dominique Laurent, Philippe Lecheneault, Leroy, Hubert Lignier, Denis Mortet, Mugneret–Gibourg, Henri Perrot–Minot, Georges Roumier, Bernard Serveau, de Vogüé.
- 鲜美多汁的野猪肉
- 2003, 2002, 2001, 1999, 1998, 1996, 1995, 1993, 1990, 1988, 1985
- 红酒：5–20年

夏山－蒙哈榭(CHASSAGNE-MONTRACHET)

夏山—蒙哈榭酿制世界上最高级的白酒。不过传统上，这里却是以出产红酒为主，甚至在1985年，本地的红酒仍占年度绝对量的半数以上。到了1997年，由于夏多内葡萄成功地掳获全世界酒客的心，连带地使本地的白酒产量提升至总产量的60%。

财富之庄
许多夏山—蒙哈榭的葡萄果农就住在葡萄园旁边，这些袖珍葡萄园所生产的夏多内葡萄永远不愁没买主。

一直到几年前，夏山－蒙哈榭村仍是以出产红酒为主。长久以来，葡萄农奉守着传统，在贫瘠的土地上种植加美葡萄，而在较肥沃的土地上栽种黑皮诺葡萄。与邻村普里尼－蒙哈榭(见133页)共同拥有的蒙哈榭特级葡萄园(Montrachet Grand cur)是本地少数几个传统种植白葡萄的优质葡萄园。区内的特级葡萄园，还有相邻的巴达－蒙哈榭(Batard- Montrachet)特级葡萄园及克利优－巴达－蒙哈榭 (Cnots-Batard-Montrachet)特级葡萄园，前者也是与普里尼共同拥有，这些葡萄园生产的葡萄则酿出全球公认最细致的不甜白葡萄酒。至于一级葡萄园则有：摩古欧(Morgeot)、榭尼沃特(Chenevottes)、胡修特(Ruchottes)、属托瓦(En Maltroye)、盖尔雷 (En Cailleret)等。

一般而言，夏山－蒙哈榭白酒普遍比邻村产地的普晨尼－蒙哈榭白酒的结构强烈，且矿石味稍强，经过在酒窖中陈年10年左右会发展出令人惊喜的丰富风味。

虽然夏山－蒙哈榭白酒在近几年来大受欢迎，这里仍然维持其生产红酒的传统。这是因为本地大部分土地与夜之丘的石灰岩泥土质相仿，比较适合栽种黑皮诺葡萄而不适合夏多内葡萄生长，不过后者的种植面积已渐渐凌驾于前者。本地虽然有几个生产佳质红酒的酒庄，但是大部分的红酒品质仍远不及邻近的渥尔内(见157页)及伯恩(见128页)，其简单、清爽的口感比较接近松特内(见156页)的红酒。这里的酒庄在酒的销售上采配给制度，必须要买相当量的红酒才能买白酒，所以红酒并无滞销问题。

加纳－德拉格兰（Gagnard-Delagrange）
这个酒庄酿出的美酒，使用来自夏山—级葡萄园的葡萄。

哈蒙内酒庄（Domaine Ramonet）
拥有蒙哈榭特级葡萄园及一些一级葡萄园的哈蒙内酒庄是本地最杰出的酒农之一。

- AC Chassagne–Montrachet, AC Chassagne–Montrachet Premier Cru, AC Grands Crus: Criots–Bâtard, Montrachet, Bâtard–Montrachet.
- 红酒：黑皮诺 白酒：夏多内
- 红酒结构强劲，充满果香；白酒带辛辣味，香气浓郁。
- Guy Amiot, Marc Colin, Michel Colin–Del é ger, Delagrange–Bachelet, Joseph Drouhin (de Laguiche), Henri Germain, Louis Jadot, Louis Latour, Olivier Leflaive, Maltroye, Michel Niellon, Ch de Puligny Montrachet, Ramonet, Rodet, Roux, Verget.
- 烤鳟鱼
- 白酒：2003, 2002, 2001, 1996, 1995, 1992, 1989 红酒：2003, 2002, 2001, 1999, 1998, 1997, 1996, 1995, 1990, 1989, 1988
- 红酒：3－10年 白酒：3－20年

薛纳（CHÉNAS）

这是薄酒莱葡萄园区中面积最小的一个，带着淤沙的平坦土质使得薛纳村的排名一直比不上知名度较高的圣阿姆(见154页)、莫冈(见148页)及弗勒莉(见139页)等薄酒莱酒村镇，令人不禁怀疑，薛纳是否在当初划定边界时吃了闷亏。生长在西部花岗岩陡坡上的葡萄酿成的酒品质最好，口感浓厚适中，带有几丝橡木桶味。薛纳红酒年总产量的45%来自薛纳酒庄合作社(Château de Chenas cooperative)，该酒庄的中世纪酒窖值得造访。

薛纳酒庄（Château de Chénas）
薛纳红酒每年近半数的总产量来自薛纳酒庄，这是全法国最好的合作社之一。

- AC Ch é nas.
- 红酒：加美
- 红酒中等浓度，口感轻柔，有充分果香。
- Louis Champagnon, Château de Ch é nas, Georges Duboeuf, Hubert Lapierre, Bernard Sant é .
- 以松露提味的白煮鸡
- 2003, 2001, 1997
- 红酒：3－5年

希露柏勒（CHIROUBLES）

希露柏勒在所有薄酒莱特级村庄中，以生产香气最馥郁的酒而闻名。它也是地势最高的一个村庄，海拔400米的高度，宛如天然屏风般耸立在薄酒莱酒区的一片平原上。松软细致的花岗岩沙土，赋予本区酒细致、带紫红色泽及香气显著等标准薄酒莱酒的特色。清新、充满果香的希露柏勒红酒，适合在年轻时饮用，可以搭配所有的猪肉制品，例如用动物内脏做成的新鲜白色法式香肠及风干的腊肠等。

哈吾瑟酒庄（Château de Raousset）
细致、香气浓郁的希露柏勒红酒适合在年轻时饮用，但是像图中这种真正上等的红酒，会随着熟成而更臻完美。

- AC Chiroubles.
- 红酒：加美
- 红酒结构优雅，酒味低，口感清新。
- Émile Cheysson, Georges Duboeuf, Hubert Lapierre, Alain Passot, Ch de Raousset.
- 以动物内脏做成的白色法式香肠，搭配法式芥末酱
- 2003, 2001
- 2－4年

修黑－伯恩(CHOREY-LÈS-BEAUNE)

修黑－伯恩村位于伯恩市北方的平原上，其葡萄园沿着N74号公路两侧分布，西界与萨维尼(见156页)为邻，北界为阿罗斯·高登酒区(见124页)。修黑－伯恩红酒有充分水果香，带有覆盆子果酱般的色泽，酒性近似伯恩红酒(见128页)与萨维尼红酒，而与偏酸涩、高单宁的阿罗斯－高登红酒不同。它的口感轻柔中带着果香，适合在葡萄收成后的三年内饮用。在过去，大部分修黑－伯恩所产的葡萄酒都用“伯恩丘村庄酒”的法定产区名销售，但是最近几年来，修黑酒庄等本地酒庄的成功案例，已经带动葡萄农和贸易酒商以本地地名为酒名，并将地名大大地印在酒标上。

多罗宝酒庄（Tollot-Beaut）
多罗宝酒庄的酒丰润且带有橡木桶味，比邻近伯恩市所产的酒便宜，但毫不逊色。

修黑酒庄（Château de Chorey）
修黑酒庄是萨维尼酒庄的姐妹堡，不但生产好酒，美丽的建筑也是游客参观的好去处。

- AC Chorey-l è s-Beaune, AC Côte de Beaune-Villages.
- 红酒：黑皮诺
- 红酒口感轻柔丰富，有充分果香，适合年轻时饮用。
- Charles Allexant, Arnoux P è re et Fils, Ch de Chorey (François Germain), Doudet-Naudin, Joseph Drouhin, Drouhin Laroze, François Gay, Guyon, Daniel Largeot, Maillard P è re et Fils, Tollot-Beaut.
- 以荷兰芹提味的火腿肉泥
- 2003, 2002, 1999, 1998
- 红酒：2－5年

梧玖庄园和梧玖
(CLOS DE VOUGEOT AND VOUGEOT)

12世纪时，西妥教团(Cistercian)修士在梧玖园开垦了一小块葡萄园，目前该庄园几乎已成为勃艮第占地最大且盛名最著的特级葡萄园。这片竖着围墙的葡萄园是本地葡萄酒工业历史的滥觞，也见证了1789年法国大革命以来的许多变迁。

梧玖庄园城堡（Château du Clos de Vougeot ）坐落在一片葡萄树海之间的这座城堡，宛如一艘邮轮。它现在是勃艮第的观光景点。城堡内展示着中世纪的木制葡萄榨汁机，还有一个大型的宴会厅。

12世纪时，西妥教团修士在靠近修道院的斜坡上种了数株葡萄。14世纪初，信徒的赠地使得当初的小葡萄园面积剧增至50公顷，一道石砌围墙也在此时沿着园地外围筑起。历经二三百年，在法国大革命后，这片葡萄园被划分成6块卖给6个商人，这6块土地代代均分给继承人，导致梧玖庄园现在的地主已多达80多人。

葡萄园的产权分割制度产生不少问题。首先是土地品质的不均等：坡顶的土质一定比中段斜坡稀薄，而中段斜坡的土质又优于坡底排水不良的黏土。过去修士对这个问题的解决方法是，将不同坡段的葡萄所酿成的酒分开装瓶。但是，现在本区的酒庄，不论所使用的葡萄产自哪个坡段，一律将酒贴上特级葡萄园酒标。另一个更严重的问题是，由于小园地的葡萄收成量和酿酒量极小，严重限制葡萄园主的发展。虽然目前每个地主每年的平均酿酒瓶数是200箱，但事实上，将近三分之一的地主每年还生产不到75箱的酒。在目前缺乏小型酿酒设备的情况下，这么少的葡萄产量要进行榨汁、发酵、去渣等酿酒程序，的确相当困难。如果不幸喝到一瓶令人失望的梧玖庄园酒，这就是答案。梧玖庄园城堡现在是著名的“品酒骑士联谊会（confrerie des chevaliers du tastevin）”的所在地，这是1934年由酿酒师创立的同业团体，每年都会在城堡举行一场美酒品尝会及数场美酒餐会。在庄园的外围，还有一片12公顷的葡萄园，每年约可酿制7万瓶红酒及1万瓶白酒，以梧玖庄园或梧玖一级葡萄园挂名销售。这些少量生产的酒经常表现得比梧玖庄园酒出色。

杰夫林（Jaffelin）一如勃艮第许多优良大酒商，杰夫林公司名下有不少专属葡萄园，其产权也及于梧玖庄园。

乔治·慕奈贺（Georges Mugneret）慕奈贺家族中才华洋溢的酿酒师辈出，推出好几种卓越的梧玖庄园酒。乔治·慕奈贺和许多当地居民一样偏好使用“Clos－vougeot”为酒名而不是“Cols de vougeot”。

- AC Clos de Vougeot Grand Cru, AC Vougeot Premier Cru, AC Vougeot.
- 红酒：黑皮诺
- 红酒口感丰富，结构强劲，带辛辣味，充满夏日莓果、巧克力及甘草香气。
- Amiot–Servelle, Robert Arnoux, Bertagna, Bouchard Père et Fils, Champy, Chanson Père et Fils, Jean–Jacques Confuron, Joseph Drouhin–Laroze, René Engel, Faiveley, Genot–Boulanger, Anne et François Gros, Jean Grivot, Louis Jadot, Jaffelin, Méo–Camuzet, Leroy, Denis Mortet, Mugneret–Gibourg, Jacques Prieur, Prieuré Roch, Raphet, Henri Rebourseau, Daniel Rion, Ch de la Tour.
- 红酒炖牛尾
- 2003, 2002, 2001, 1999, 1998, 1996, 1995, 1993, 1990, 1988, 1985
- 10－15年

伯恩丘（COTE DE BEAUNE）与伯恩丘村庄

以这两产区命名的酒名虽然相近，事实上差异却相当大。“伯恩丘红酒”的酒名仅仅用于伯恩市附近地区所产的酒。此外，“伯恩丘村庄红酒”常常会与北部坡地的“夜丘村庄酒”（见下文)混淆不清，大部分人以为这两种酒名分别适用于南北产区，实则不然。这二种酒名的适用对象完全不同，“夜丘村庄酒”指的是一小块特定地区内所产的酒，而“伯恩丘村庄红酒”则是伯恩丘酒区中一些独立法定产区酒可选择的另一种标示名称。圣侯曼(见 155页)、修黑－伯恩(见136页)、佩南－维哲雷斯(见150页)、奥塞－都黑斯(见125页)等产区，都会将较次等的红酒挂上“伯恩丘村庄红酒”的酒名门售。

布夏父子家族（Bouchard Père et Fils）
这是以酿制伯恩丘村庄红酒见长的酒商。

圣侯曼（St Romain）
这个山城所产的酒或以其村庄名——圣侯曼为酒名，或挂上伯恩丘村庄红酒的酒名出售。

- AC Côte de Beaune, AC Côte de Beaune-Villages.
- 红酒：黑皮诺
- 黑皮诺红酒酒味低，口感轻柔，有充分水果香
- 伯恩丘：Jean Allexant, Cauvard, Joseph Drouhin. 伯恩丘村庄：Bernard Bachelet, Bouchard Père et Fils, Maurice Chenu, Coron Père et Fils, Edouard Delaunay, Jaffelin, Lequin-Roussot, Naigeon-Chauveau.
- 以伯恩方式烹调，加上蒜头及荷兰芹士奶油佐味的蜗牛。
- 2003, 2002, 1999, 1998, 1997, 1996
- 2－5年

夜丘村庄（CÔTE DE NUITS-VILLAGES）

勃艮第的优良葡萄园总是和采石场有关系。凡是带有“贝里耶”（perriere）字样的葡萄园所在地，从前都会是采石场。普利西 (Prlssey)、贡布隆香(comblanchien)、科高密(Corgoloin)等村镇以生产用于巴黎奥里(Orly)机场的咖啡色大理石闻名，同时也是上等美酒之乡。但是，由于这几个村镇所酿制的酒产量过小，无法以专属法定产区各别推出，只能一律冠以“夜丘村庄酒”上市。位于“夜丘村庄酒”产区北端的菲尚（见139页)及柏匈(Brochon)两地的酒也一向以“夜丘村庄酒”为酒名。虽然法律许可将“夜丘村庄”南北两地所产的葡萄混合酿酒，但实际上很少酒庄如此做。同样，虽然“夜丘村庄”的酒名也通用于白酒，但是本地酒庄鲜少生产白酒。

贾业－居尔酒庄Jayer-Giles
贾业－居尔酒庄是少数几个认真酿制夜丘村庄酒的酒庄，所酿制的葡萄酒可耐久藏。

木桶
本区的红酒和白酒都存放在橡木桶中等待熟成。不过由于酒质通常不够强劲浓郁，很少使用新橡木桶。

- AC Côte de Nuits-Villages.
- 红酒：黑皮诺
  白酒：夏多内(产量非常少)
- 红酒结构介于中等至强劲之间，酒质单纯，有充分水果香。
- De l’Arlot, Daniel Chopin-Groffier, Jean-Jacques Confuron, Maison Joseph Drouhin, Michel Esmonin, Fougeray de Beauclair, Louis Jadot, Jayer-Giles, Henri Naudin-Ferrand, de la Paulette, Quillardet.
- 加月桂菜和樱桃提味烤热的鸭肉
- 红酒：2003, 1999
- 红酒：3－6年

菲尚（FIXIN）

菲尚村的葡萄园环绕着村镇四周排成方形分布，其中最好的一级葡萄园位于南端与哲维瑞－香贝丹(见140页)接隅处，乍看之下，宛如哲维瑞－香贝丹的北界延伸。事实上，这两区的微气候相去甚远，菲尚村葡萄成熟的时间也晚上一周。此外，两地的土质也不同，菲尚村用来酿制村庄酒的葡萄园平地，黏土含量较高，酿出来的酒偏向粗犷及高单宁，必须经过数年时间才能转为绵柔点，但粗犷风味仍难减。难怪本区许乡村庄酒都贴上夜丘村庄 (见138页)的酒签出售。近年来，酿酒技术的进步使本区的酒质改善不少，标签印上村庄名也大大提升知名度。菲尚白酒产量极少，布律诺·克莱尔(Bruno Clair)的白酒值得一试。

安德·杰佛瑞酒庄
omaine André Geoffrey
有些菲尚酒酒质硬且毫无果香，但这个酒庄的酒则有个性且易饮。

酷寒的边界
菲尚村寒冷的微气候使生产的酒一向生涩且单宁含量高。

- AC Fixin, AC Fixin Premier Cru.
- 红酒：黑皮诺
- 红酒中等浓度，口感略显粗犷
- Vincent Berthaut, Bruno Clair, Michel Defrance, Derey Frères, Doudet-Naudin, Fougeray de Beauclair, Pierre Gelin, André Geoffrey, Jean-Pierre Guyard, Philippe Joilet, Armell et Jean-Michel Molin, Denis Philibert, Charles Vienot.
- 土陶锅炖野兔
- 2003, 1999, 1998, 1995
- 5－12年

弗勒莉（FLEURIE）

这个位于风车磨坊村和希露柏勒村之间的薄酒莱特级村镇有个大特色，那就是这里所产的酒花香扑鼻，令人宛如置身春天的花海中。弗勒莉，这个酒价最高、占地第三大的薄酒莱村镇，拥有典型薄酒莱酒产地的良好条件，生长在大如水晶的粗颗粒花岗岩土中的加美葡萄，酿造出新鲜、清淡且充满了夏天气息的红酒。沿着山丘爬上圣母教堂(La Madonne)，可以鸟瞰区内丰富的风景。最上等、生命力最长的弗勒莉红酒以圣母及曙光(point du jour）两个葡萄园的葡萄酿成。如果法定分级中，薄酒莱酒可以有一级葡萄园的话，本区有不少葡萄园地当之无愧。

贝洛酒庄
（Domaine Berrod）
贝洛酒庄的酒散发着弗勒莉红酒最负盛名的花香。

圣母与葡萄园
位于陡坡上的圣母葡萄园，可以酿出最优质的弗勒莉红酒。

- AC Fleurie.
- 红酒：加美
- 红酒中等浓度，花香芬郁。
- Paul Beaudet, Berrod, Michel Chignard, Guy Depardon (du Point du Jour), Jean-Marc Deprés, Joseph Drouhin, Georges Duboeuf (des Quatre Vents, Ch des Deduits), Pierre Ferraud, Yves Métras, André Métrat (la Roilette), Albert Morel, Tête, Thorin, de la Treille.
- 以动物内脏做成的白色法式香肠
- 2003, 2001, 1997, 1995
- 2－8年

哲维瑞－香贝丹（GEVREY-CHAMBERTIN）

19世纪时让拿破仑击节赞赏的哲维瑞—香贝丹红酒，至今仍广受世人喜爱，并为哲维瑞—香贝丹村带来了可观的收入。哲维瑞—香贝丹红酒拥有夜之丘中占地最广阔的法定产区，酿成的酒有极品中的极品，也有一般水准的酒类。

暴露在外的石灰岩
这个葡萄园因地势特殊而难得地露出，哲维瑞—香贝丹法定产区土质下的石灰岩，正常的情形石灰岩多隐藏在表土与葡萄株下方。

贝兹修道院(Abbnye de Beze)的修士于公元7世纪时开始在此地栽种葡萄，不久之后，聪明的农夫贝丹也跟进。目前，以修士经营的贝兹庄园（Clos de Beze)及香贝丹(Champ Benin)两个葡萄园的葡萄所酿成的红酒，已成为勃艮第最精致的极品。位于夜之丘最北端的哲维瑞－香贝丹法定产区，共有9个特级葡萄园及27个一级葡萄园，最有名的就是毗邻的贝兹庄园及香贝丹。这两块园地现住户分属于25个地主，由此精选的葡萄酿成的酒非常出色，生命力极长，在梅子与樱桃的香气中还有几丝的香料风味。本区有不少特级葡萄园，其中的夏贝尔－香贝丹(Chapelle－Chambertin)及夏姆－香贝丹 (Charmes－Chambertln)两个特级葡萄园的葡萄品质较不稳定，酿出的酒甚至常比不上好的一级葡萄园，如圣贾克庄园(Clos St. Jacques)、卡列堤耶 (Les Cazetiers)。从坡底绵延至公路两旁的葡萄园所酿成的村庄酒品质也不稳定。总之，就本区而言，酿酒技术和葡萄园的地点，对酒质均有重要的影响。以普通葡萄园用心酿造而成的村庄酒，也有可能会胜过来自上等葡萄园的葡萄酒。

本区的特级葡萄园中较好的有：Griottes-Chambertin、Ruchottes- Chambertin、Latricieres- Chambertin及Mazis- Chambertin。

圣贾克庄园
Clos St Jacques
圣贾克庄园虽然只是一级葡萄园，但是所产的葡萄却常比邻近的特级葡萄园表现更好，有达成真正极品的实力。

丹尼·莫戴
Denis Mortet
丹尼·莫戴所酿的酒浓醇而质密，是一位极具潜力的年轻酿酒师。

- AC Gevrey–Chambertin, AC Gevrey–Chambertin Premier Cru, AC Chambertin Grand Cru, AC Clos de Bèze Grand Cru, AC Chapelle–Chambertin Grand Cru, AC Charmes–Chambertin Grand Cru, AC Griottes–Chambertin Grand Cru, AC Latricières–Chambertin Grand Cru, AC Mazis–Chambertin Grand Cru, AC Mazoyères–Chambertin Grand Cru, AC Ruchottes–Chambertin Grand Cru.
- 红酒：黑皮诺
- 红酒浓烈醇厚，有樱桃般的色泽。
- Denis Bachelet, Bourrée (Vallet), A. Burguet, Champy, Bruno Clair, Pierre Damoy, Joseph Drouhin, Dugat–Py, Faiveley, Leroy, Denis Mortet, Armand Rousseau.
- 红酒煮蛋
- 2003, 2002, 2001, 1999, 1998, 1996, 1995, 1993, 1990, 1988, 1985
- 5－25年

吉弗里（GIVRY）

夏隆内丘酒区面积最小且备受忽视冷落的吉弗里村，近年来经仔细重耕及改善园地管理技术后，所产的酒正以新面貌问世。由于黑皮诺占葡萄总产量的90%，所以本区的一般法定产区酒和一级葡萄园酒都以红酒为主，面南的优质一级葡萄园如莎罗蒙庄园(clos Salomon)所产的葡萄可酿成中等浓度、如丝般滑顺且充满樱桃与小红莓果香的美酒。区内的夏多内葡萄酿成的少量白酒爽口、活泼、并略带辛香余韵。积极进取的酿酒师如尚马克·乔布洛(Jean－Marc Joblot)和弗朗索瓦·吕姆普 (Francois Lumpp)的名气正迅速窜升，所酿的酒丝毫不逊于勃艮第其他高价酒。

乔布洛酒庄（Domaine Joblot）
这款由榭弗仙庄园(Clos de la Servoisine)葡萄所酿成的不凡佳酿，可以看出吉弗里酒的潜力。

莎罗蒙庄园
环护围墙的莎罗蒙庄园是吉弗里最好的葡萄园之一，酿造出的酒美味顺口，果香洋溢。

- AC Givry, AC Givry Premier Cru.
- 红酒：黑皮诺
  白酒：夏多内
- 红酒口感轻柔，浓厚适中，有泥土味；白酒不甜，充满花香。
- René Bourgeon, Cave des Vignerons de Buxy, Michel Derain, Jean-Marc Joblot, François Lumpp, Gérard et Laurent Parize, Ragot, Clos Salomon, Thénard, Emile Voarick.
- 红酒：红酒、洋葱炖鹌鹑
- 红酒：2003, 2002,1999, 1996
- 红酒：4－8年 白酒：2－4年

上伯恩丘和上夜丘
(HAUTES-CÔTES DE BEAUNE AND DE NUITS)

高耸在夜之丘(见138页)及伯恩丘(见138页)西侧边缘，海拔达 400米的山谷，是以红酒为主的上伯恩丘和上夜丘的法定产区。漫山遍野的林地和牧场，形成勃艮第最优美的景致之一，但是这里的葡萄园因气温过低及地形过于开放，除非是最温暖的年份，否则所产的酒都带着些许生涩。20世纪60年代，山谷中只有500公顷的葡萄园，幸好附近有一些敬业酒庄，迅速改善本区的酒质，使得本区逐渐受到重视。现在的葡萄树都是精心栽种的成果，许多酒庄也乐意谨守传统园地管理技术。这里的酒口感清淡，柔软中带有果香，是物超所值的好酒。

威廉森林酒庄(Domaine du Bois Guillaume)
这种口感清新、不甜不涩的白酒，只有在凉爽的上伯恩丘酒庄中少量生产。

阳光的礼赞（Sun Worshippers）
许多葡萄农将地势较高且开放的坡顶葡萄藤往上修剪枝叶，使葡萄藤能充分接收每一道阳光，以达到成熟状态。

- AC Bourgogne Hautes-Côtes de Nuits, AC Bourgogne Hautes-Côtes de Beaune.
- 红酒：黑皮诺
  白酒：夏多内
- 红酒口感清淡；白酒不甜。
- 上伯恩丘：Philippe Germain, Lucien Rateau. 上夜丘：Chopin-Groffier, Gerbet, Michel Gros, Cave des Hautes-Côtes, Lechenaut.
- 红酒：动物内脏制成的辣味腊肠
- 红酒：2003, 2002, 1999
- 红酒：2－6年

朱里耶纳（JULIÉNAS）

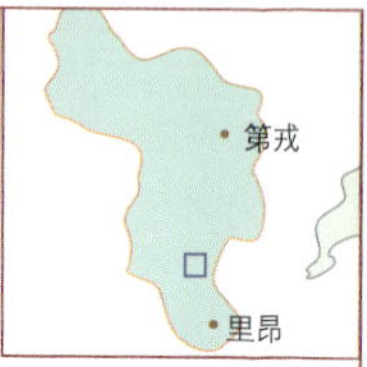

朱里耶纳是10个薄酒莱特级村庄中位置最北的一个村镇，相传这里是薄酒莱酒区中最早栽种酿酒葡萄的地方。这个村镇目前包含四个乡社，西部是排水良好的花岗岩土，东部则是索恩河(river sn6ne)造成的冲积土。刚酿好的朱里耶纳红酒常受到忽视，消费者总是优先选择其他名气较大的特级薄酒莱酒，如弗勒莉红酒(见139页)、风车磨坊红酒 (见148页)等。但是好的朱里耶纳红酒强劲且充满着果香，在酒瓶中存放数年后，会发展出不同凡响的层次感。此地有一个绝不可错过的大活动：每年11月固定选出一位最会品酒的作家或艺术家，奖品是和优胜者体重一样重的酒。

巴斯卡·葛洪乐（Pascal Granger）出自这位杰出酿酒师之手的作品，有令人愉悦的新鲜樱桃香及巧克力香。

薄霜下的葡萄园

虽然位于马贡(Macon)酒区南方数公里处，丘陵地形仍为朱里耶纳村的冬天带来超低温。

- AC Juli é nas.
- 红酒：加美
- 红酒中等浓度，略带辛香
- Ernest Aujas, Jean Benon, Bernard Broyer, François Condemine, G é rard Descombes, Thierry Descombes, Georges Duboeuf, Pierre Ferraud, Pascal Granger, Ch de Juli é nas, Henri Lespinasse, Ren é Monnet, Bernard Sant é , Michel T ê te, Raymond Trichard.
- 奶酪浓汁煮金枪鱼或小牛肉
- 2003, 2001, 1997, 1995.
- 2－5年

拉铎（LADOIX）

此产区位于伯恩丘的最北端，是伯恩丘酒区最不具名气的法定产区酒。拉铎酒的酒名来自于产地的村庄名——拉铎－赛丽尼村(LadoiX-Serrigny)，但奇怪的是，拉铎酒的产区只占该村面积的一半。拉铎白酒的品质虽然前景看好，但是目前本区仍以生产红酒为主，且品质差距甚大。阳光较少的坡地葡萄园所酿出的村庄酒，味道较酸涩，大多冠上伯恩丘村庄酒(见138页)出售。至于在村落北方的2个特级葡萄园及7个一级葡萄园所收成的优质葡萄，酿成的酒则香气丰浑而口感柔和。其中有4个一级葡萄园位于高登山区，和高登山区上赫赫有名的高登及高登－查理曼两个特级葡萄园一样，这四个葡萄园由阿罗斯－高登(见124页)、佩南－维哲雷斯(见150页)及拉铎3个法定产区所共同拥有。

克劳德·马黑榭（Claude Maréchal）拉铎村庄酒多数口感粗糙，挂上伯恩丘村庄酒鞘售，不过这款酒倒是例外。

美景如画

拉铎－赛丽尼村最美的角度，是从其西面山坡上的葡萄园向下眺望，而不是从穿过村中心的国道上观赏。

- AC Ladoix, AC Aloxe-Corton Premier Cru, AC Corton Grand Cru, AC Corton-Charlemagne Grand Cru.
- 红酒：黑皮诺
  白酒：夏多内
- 红酒口感轻柔丰富，略显粗犷；白酒轻至中等浓度，不具甜味。
- Chevalier, Edmond Cornu, François Gay, Claude Mar é chal, A & J-R Nudant, Michel T ê te.
- 春季蔬菜、红酒、蒜头及百里香炖一岁大的小羊肉
- 红酒：2003, 2002, 1999
- 红酒：4-6年
  白酒：2－3年

马贡与马贡村（MÂCON AND MÂCON-VILLAGES）

尽管马贡白酒的名气比不上金丘或沙布利的白酒，但马贡酒区却是勃艮第最大的白酒产地。这里的白酒由夏多内葡萄酿成，每年以马贡酒和马贡村庄酒挂牌销售，产量十分惊人。

马贡－露妮
（Mâcon-Lugny）
这款马贡酒产于露妮村，由大名鼎鼎的贸易酒商路易·拉图公司经销。

据说法国北部与南部相临界点恰好位于马贡酒区内的某处。本酒区的气候和居民的态度较接近地中海形态，而非英吉利海峡形态。这里的葡萄一向比稍北的金丘早两星期收成，酿成的酒有着较成熟丰富的风味。虽然马贡酒区在传统上被列为红酒产区，但是今天区内的白酒产量却为其他勃艮第产区白酒总产量的三倍。清淡、不甜、价格合理的马贡白酒分成许多等级，从活泼、随性、适合年轻时饮用的普通酒，到酒庄推出的佳酿应有尽有，后者的品质更直追伯恩丘酒区的梅索酒(见145页)等名酿。理论上，只有用区内优良葡萄园的葡萄酿成的酒才能以马贡村庄酒民产区销售；而事实上，今天马贡村庄酒这个法定产区名被却普遍标示在区内90%以上的白酒瓶身上。品质较佳的马贡村庄酒来自区内的42个酒村，这些村庄获准将村镇名附加在法定产区之后，其中较知名的有夏姆(Charmes)、普利斯(Prlsse)、皮耶洛斯(Plerreclos)及克勒塞(Clesse)等村镇。最好的酒出自独立酿酒师之手，例如，克勒塞村的让·特弗涅(Jean Thevenet)，就证明厂本区具有出产高级佳酿的能力。至于负责本区总产量四分之三的许多合作社，在品质上较不具进取心。

清淡、富含水果香的普通红酒现在只占本区酒产量的四分之一，这些以黑皮诺或加美葡萄酿成的红酒多以勃艮第普级酒(见130页)、马贡酒或优级马贡酒为法定酒名销售。

夏多内之乡
夏多内是马贡酒区的主要葡萄品种，在石灰岩土质及地中海般的阳光中欣欣向荣。

邦客隆酒庄
（Domaine de la Bongran）
才华横溢、创意丰富的酿酒师让·特弗涅擅长以晚收成的葡萄表现与众不同的美酒。

- AC Mâcon, AC Mâcon Sup é rieur, AC Mâcon–Villages or AC Mâcon–village name (white only), AC Mâcon –(后加村庄名，仅通用只产白酒或只产红酒的村庄)
- 红酒：加美、黑皮诺
  白酒：夏多内
- 红酒口感清淡，有充分水果香白酒口感清淡，不甜。
- D & M Barraud, Paul Beaudet, Berceau du Chardonnay, de la Bongran, Andr é Bonhomme, Cave des Vignerons de Buxy, Cordier, Deux Roches, Georges Duboeuf, Feuillarde, Fichet, Guffens–Heynen, Cave de Lugny, Lafon, Roger Luquet, Mommessin, de Ru è re, Saumaize–Michelin, Roger Thevenet, Valette, Cave de Vir é .
- 白酒：炸得酥脆的银鱼
- 白酒：2003, 2002, 2001, 1997
- 白酒：2–4年　红酒：2–5年

马宏吉（MARANGES）

马宏吉位于松特内的西南方，是个名气小且常被忽视的产区，1989年由3个更鲜为人知的小产区Cheilly－les－Maranges、Dezize-les－Marabges及SampiRny－les－Maranges合并而成。本产区生产的酒主要以伯恩丘村庄酒为酒名销售。文森·吉哈丹(Vincent Girardin)等才气十足的酿酒师正努力为马宏吉酒塑造特质，他们所酿的酒经常物超所值。不过一般的马宏吉酒还是难脱粗犷口感。

文森·吉哈丹（Vincent Girardin）
这是一个值得期待的名字，他是数位致力于提升马宏吉酒品质的酿酒师之一。

- AC Maranges, AC Maranges Premier Cru.
- 红酒：黑皮诺
- 红酒浓度介于中等至浓烈间，有土味，口感粗犷。
- Bernard Bachelet, Pierre Bresson, Fernand Chevrot, Vincent Girardin, Claude Nouveau.
- 红酒煮蛋
- 2003, 2002, 1999, 1998
- 红酒：4－6年

马沙内（MARSANNAY）

位于夜之丘最北端的马沙内，是勃艮第极少数出产带有覆盆子香味的优质玫瑰红酒的产区，也是全法国最好的玫瑰红酒产地之一，而且这里的玫瑰红酒几乎都不外销。本区的红酒也相当不错，充溢果香，但是单宁颇浓，好年份的酒物超所值。产量极少的白酒更不容错过，散发着梅索白酒(见125页)才有的奶油味和矿石味。

布诺·克莱尔（Bruno Clair）
马沙内酒新获颁定为法定产区酒，这项肯定要部分归功于布诺·克莱尔酿制的卓越佳酿。

- AC Marsannay, AC Marsannay Rosé.
- 红酒／玫瑰红酒：黑皮诺
  白酒：夏多内
- 红酒浓度介于清淡至中等之间；玫瑰红酒中等浓度，不甜；白酒口感清淡，不甜。
- Bruno Clair, Charlopin, Fougeray de Beauclair.
- 火腿与荷兰芹冷肉酱
- Red: 2003, 2002, 1999
- 玫瑰红酒：1－3年

梅克雷（MERCUREY）

梅克雷是夏隆内丘酒区内最大的法定产区，村名是起自附近的一座为纪念高卢·罗马时期的上帝使者梅克雷而建的以工代赈堂。本地酒商一向对区内的红酒相当满意，而白酒也在近年来兴起，不过由于本区分布极广，酒质难免参差不齐。地理环境较差的葡萄园所酿造的酒易显稀薄，一级葡萄园在好年份酿造的酒不输卓越的波玛酒(见131页)。一级葡萄园内数量近年来大幅增加，从先前5个、占地15公顷到现今的30个、占地100公顷；所以在选购本区的酒时，一定得慎选好酒庄。

米榭·吉洛（Michel Juillot）
这位梅克雷顶级的天才酿酒师，也是勃艮第酒区最敏锐的葡萄酒试验师之一。

平缓的坡地
一如夏隆内丘酒区的大多数酒镇，梅克雷产区内也布满连绵起伏的小丘陵，葡萄主要种植在缓坡上。

- AC Mercurey Premier Cru, AC Mercurey.
- 红酒：黑皮诺
  白酒：夏多内
- 红酒浓度介于中等至浓烈之间；白酒中等浓度，可存放橡木桶陈年。
- Brintet, de Chamirey, Faiveley, Genot－Boulanger, Emile Juillot, Michel Juillot, Meix－Foulot, Jean Raquillet, Antonin Rodet, de Suremain, Emile Voarick.
- 圣佛伦汀(St. Florentin)奶酪
- 红酒:2003, 2002, 1999, 1996
- 红酒:5－10年 白酒：4－6年

梅索（MEURSAULT）

夏多内葡萄是梅索村最早的葡萄品种，数百年来，在这满布石块的贫瘠土中茁壮茂盛。虽然勃艮第最好白酒的宝冠非高登－查理曼或夏山－蒙哈榭的特级葡萄园莫属，但梅索白酒好喝、口感丰富、不甜，以及散发浓浓的奶油、坚果及香料味道，也令人难以抗拒。

被埋没的布拉妮（Hidden Blagny）
躲在梅索村光芒下的小山村布拉妮，所产的白酒好喝、生命力又强，以AC Meursault-blagny或AC Meursault premiercru的法定产区名出售。

金丘(包括夜之丘和伯恩丘)所产的白酒，三分之一来自梅索。勃艮第许多白酒产区，例如夏山－蒙哈榭(见135页)，都是近几年才开始生产白酒，但是梅索与夏多内葡萄的关系却已存在数百年。早在18世纪，美国前总统杰佛逊在参观本区时就已注意到，并曾说：“梅索只酿白酒，因为当地的土质中含太多碎石，无法种植酿造红酒的葡萄。”梅索白酒在价格上比高登－查理曼和夏山蒙哈榭白酒要便宜许多，但其榛果香及融化奶油的香气，使它驰名全球，并成为美国加州酿酒师模仿的对象。梅索酒可分为数个等级，首先是普通AC级梅索酒，品质差强人意；再来是评定未达一级的知名葡萄园所酿造的酒，如伯尔庄园(Les Clos de la Barre)；最后是像贝里耶(Les Perrieres)等卓越的一级葡萄园酿成的酒，熟成期虽稍长，但酒质细致、生命力极强。最易品尝的是来自有名的夏姆(Les Charmes)葡萄园的酒，来自上夏姆(Les Charmes- Dessus)的酒品质最好，此外欧尔－古特(Les Gouttes d'Or)和杰聂利耶尔(Les Genevrieres)也不错。邻近布拉妮(Blagny)村的皮耶斯(La Piece-sous-le-Bois)葡萄园也有好白酒，通常以AC梅尔－布拉妮或 AC Meursault PremierCru的法定产区名销售。

布拉妮村的红酒以该村规模很小的AC Blagny Premier Cru法定产区销售。梅索红酒的产量极小，清淡而充满水果香味，适合年轻时饮用。

克许·杜利（J-F Coche-Dury）
贝里耶葡萄园酿成的酒，熟成期较长。这款是梅索村最好的酿酒师J-F克许－杜利的作品。

- AC Meursault, AC Meursault Premier Cru, AC Meursault–Blagny Premier Cru, AC Meursault Côte de Beaune, AC Meursault–Santenots.
- 白酒：夏多内
  红酒：黑皮诺
- 白酒口感宽广，散发奶油香气，带几丝矿石味。
- Robert Ampeau, d' Auvenay, Bitouzet–Prieur, Bouzereau, Coche–Debord, Coche–Dury, Jean–Pierre Diconne, Jean Philippe Fichet, Genot–Boulanger, Henri Germain, Albert Grivault, Patrick Javillier, François Jobard, Rémi Jobard, des Comtes Lafon, Latour–Guiraud, Olivier Leflaive, Matrot, de Meu, de Meursault, Michelot, Pierre Morey, Jacques Prieur, Prieur–Brunet, de Puligny–Montrachet, Roult, Roux, Verget.
- 螯虾
- 白酒：2003, 2002, 2001, 1996, 1995, 1992, 1989
- 白酒：3－20年

拉封伯爵酒庄（Domaine des Comtes Lafon）
在杰出酿酒师多米尼克·拉封领导下的这家酒庄及伯尔庄园，酿成的酒岁已达一级葡萄园酒水准。

蒙塔尼(MONTAGNY)

位于夏隆内丘酒区最南端的蒙塔尼镇，是法定产区制度下许多不正常特例之一。不知为何，本区的酒只要天然酒精含量达 11．5%就可获得一级葡萄园酒的分级。另一条奇怪的规定是，蒙塔尼－布希(Montagny－les－Buxy)、布希(Buxy)、圣瓦勒汉(St Vallerin)及朱利－布希(Jully－les-Buxy)4村的酒都可用蒙塔尼酒法定产区销售，但是只有蒙塔尼－布希可以将葡萄园的名字印在酒标上。精心细酿的蒙塔尼白酒有丰富的隆果香及火石味，但是气温偏高的年份，酒会显得稀薄无力。布希合作社有几种佳酿，其中又分为有带橡木桶味和没有橡木桶味的两种。

乐罗吉(Les Loges)
法定产区制度中的一个怪例，本区的酒只要天然酒精含量达11．5%便可获得一级葡萄园酒的分级。

俯瞰蒙塔尼
只有蒙塔尼－布希村可以将葡萄园的名字印在酒标上。

- AC Montagny, AC Montagny Premier Cru.
- 白酒：夏多内
- 白酒浓度介于中等至浓烈之间，不甜。将酒放在橡木桶中陈年的做法越趋盛行。
- Maurice Bertrand et François Juillot, Coop é rative des Caves de Buxy, Ch de Davenay, Joseph Faiveley, Louis Latour, Bernard Michel, Moillard, Antonin Rodet, Ch de la Saule, Jean Vachet.
- 用克鲁业(Gruyere)或法兰许－华德(Frenche－Comte)奶酪做成的卤奶酪泡芙
- 2003, 2002, 2000
- 4－7年

蒙地里(MONTHÉLIE)

从蒙地里村开车往圣侯曼的一路上，可以看到此区葡萄园的全景，部分葡萄园面南，部分别面向东北方。其11个1级葡萄园大多和邻近渥尔内(见157页)的葡萄园一样，分布于石灰岩土质的山坡上，好年份酿成的酒，口感丰富、结构紧密，带有丝般滑顺的长足余韵。尽管一般公认蒙地里酒不如渥尔内，但蒙地里－道哈雷(Monthelie－Douhalret)等最上等的酒庄却推翻这一说法，推出上选佳酿。种植于平坦坡底的葡萄所酿成的蒙地里村庄酒，则显得清淡而粗犷。酿酒师保罗·加洛德(Paul Garardet)及丹尼斯·布赛(Denis Boussey)为1级葡萄园香傅罗(Champs- Fullot)推出好的白酒作品。

尚－菲利普·费雪(Jean-Philippe Fichet)
梅索村附近的酿酒师尚——菲利普·费雪所酿的蒙地里村庄酒结构紧密，物超所值。

蒙地里葡萄园
蒙地里最好的葡萄园分布在城镇东部山腹，图中的平坦坡底产的葡萄只能酿制普通酒。

- AC Month é lie, AC Month é lie Premier Cru.
- 红酒／玫瑰红酒：黑皮诺
  白酒：夏多内
- 红酒中等浓度，优雅，果香洋溢；白酒中等浓度。
- Denis Boussey, Coche－Dury, Comtes Lafon, M Deschamps, Dupont－Fahn, J－P Fichet, Paul Garaudet, Jehan Changarnier, Ch de Month é lie, Month é lie－Douhairet, Pierre Morey.
- 红酒煮蛋，佐以奶油煎香的小面包丁
- 2003, 2002, 1999
- 红酒：3－7年

摩黑圣丹尼（MOREY-ST DENIS）

经常受邻区冯内–侯玛内（见158页），以及哲维瑞–香贝丹（见120页）和香波–蜜思妮（见140页）等高知名度影响而为人忽略的这个酒镇，其实拥有夜之丘数个值得骄傲的葡萄园，并产有数款在勃艮第红酒中名列前茅且品质可靠的佳酿。

摩黑圣丹尼的酿酒史和邻近的冯内－侯冯内、哲维瑞－香贝丹及香波－蜜思妮一样悠久灿烂。早在12世纪，就有修士在此地筑墙修园种植葡萄。尽管酿酒历史悠久，且拥有数个优秀的特级葡萄园，摩黑圣丹尼的酒却鲜少出现在勃艮第的高级酒排名榜中。直至1927年，摩黑村才加上其中一个葡萄园的名字成为摩黑－圣丹尼，在那之前，一直是挂在哲维瑞－香贝丹酒及香波－蜜思妮酒的法定产区下。

罗许庄园(Clos de la Roche)是本区品质最佳、面积最大的特级葡萄园，占地17公顷。其他的特级葡萄园还有：近来提升品质成功的摩蜜辛 (Mommessin)酒商公司所独家专有的塔尔庄园 (Clos de Tart)；刚晋升为特级的兰贝雷庄园(Clos des Lambrays)；圣丹尼葡萄园，以及面积仅有1．84公顷的邦马尔葡萄园部分园地(该葡萄园主要位于香波－蜜思妮境内)。

兰贝雷庄园（Clos des Lambrays Vineyard）
刚晋升为特级葡萄园的兰贝雷庄园，其表现仍有待观察。

最优秀的一级葡萄园则有：索贝庄园(Clos Sorbe)、弗米耶尔(Les Fremieres)、欧蒙庄园(Clos des Ormes)、夏姆(Aux Charmes)及布希雷(La Bussiere)等。

在村庄酒方面，庞梭(Ponsot)、都杰(Duiac)、林格内(Llgner)及格洛佛(Groffier)等酒庄的杰出村庄酒，品质不输给其他酒区品质较差的特级葡萄园酒。酒评家往往不知道该如何形容摩黑－圣丹尼酒和邻区酒的不同处，最常见的说法是“女性化”、“细致优雅”等。本区土质较松软，葡萄树根更易深入石灰岩土质，酿成的酒具有独特酒质。

本区几乎不产白酒，只有瑞松山(Monts Luisants)特级葡萄园石砾遍布的土地上才种有少许供酿造白酒的葡萄，酿成的酒有美妙的矿物味，值得购买。

- AC Morey–St Denis, AC Morey–St Denis Premier Cru, AC Clos St Denis Grand Cru, AC Clos de la Roche Grand Cru, AC Bonnes Mares Grand Cru, AC Clos des Lambrays Grand Cru, AC Clos de Tart Grand Cru.
- 红酒：黑皮诺
- 红酒带泥土味，口感粗犷。
- Pierre Amiot, Bertagna, Bryczek et Fils, Champy, Dujac, Alain Hudelot Noëllat, des Lambrays, Philippe et Vincent Lecheneaut, Hubert Lignier, Henri Perrot–Minot, Jean–Marie Ponsot, Georges Roumier, Armand Rousseau, Clos de Tart, Ch de la Tour, Tortochot.
- 奶油煎丁骨牛排，佐以蘑菇
- 2003, 2002, 2001, 1999, 1998, 1996, 1995, 1993, 1990, 1988, 1985
- 红酒：5－20年

香比家族酒业贸易公司（Champy Père et Cie）
这种由创立多年的伯恩知名酒商香比家族公司所装瓶的酒，来自一级葡萄园欧蒙庄园(Clos des Ormes)。

莫冈（MORGON）

莫冈红酒在10个薄酒莱特级村庄中，不论种植或知名度均名列前茅（见126－127页），其葡萄园主要分布在维力莫冈村（villie-Morgon)。区内的最高点是300米的普山(Mont du Py)，最细致的莫冈酒产区就分布在山坡上。坡地地表覆有薄薄一层富含镁、氧化铁及硫化矿物的易碎岩石，这种岩石快速风化产生的特殊土质，当地人称为“腐土”。种在这种土质中的葡萄所酿成的酒结构紧密，充满樱桃及杏桃果香，甚至可以陈年到20年。其他以平地葡萄酿成的红酒，酒质比较接近普通的薄酒莱酒，虽然好喝，但结构及生命力都不如普山。

马歇·拉皮耶Marcel Lapierre
马歇·拉皮耶酒庄的葡萄园位于普山坡地上，所产的葡萄酒结实且耐久藏。

丰克隆酒庄
Château de Foncronne
丰克隆酒庄的这道现代彩色玻璃窗表现的是本地酿酒史。

- AC Morgon.
- 红酒：加美
- 薄酒莱酒中结构最强劲且最耐陈年者
- Aucoeur, Gerard Brisson, François Calot, de la Chanaise, Louis–Claude Desvignes, Georges Duboeuf (Jean Descombes), Henri Fessy, Jean Foillard, Gauthier, Dominique Jambon, Marcel Lapierre, Piron, Ch de Raousset, Pierre Savoye, Jacques Trichard.
- 小牛肋骨排,佐以第戎法式芥末酱、鲜奶油及青葱
- 2003, 2001, 1997, 1995,1991
- 4–20年

风车磨坊（MOULIN-À-VENT）

风车磨坊红酒因成熟期长、产区大、酒香浓郁及生命力长而享有“薄酒莱酒之王”的美誉。早在1936年就获得“特级薄酒莱村庄”分级的风车磨坊，位于薄酒莱酒区的北部，葡萄园广达 670公顷，酸土土壤富含镁矿。土中的镁矿可为酒注入丰郁的酒香及深浓的酒红色，尤其是强烈的花香及成熟水果香，更可赋予酒耐陈年的生命力，上等的酒甚至可以在酒窖中存放到20年。本地酿酒历史悠久，仍然保留许多传统仪典，尤其每年葡萄收成后，新酿成的酒都会在罗曼奈许－多林(Romaneche-Thorins)教堂举行祈福仪式，再高举着绕境庆祝。

风车磨坊酒庄（Château du Moulin-à-Vent）
布劳德(Bloud)家族所属的风车磨坊酒庄，可以酿出酒色深红且耐久藏的佳酿。

风车磨坊（Moulin-à-Vent ）
这个已停止使用的风车磨坊是本酒名的来源，也是本区的重要地标。

- AC Moulin– à –Vent.
- 加美
- 红酒口感浓烈，颜色深红。
- Berrod, Jean Briday, Michel Brugne, Georges Duboeuf, Gay–Coperet, Gu é rin, Ch des Jacques, Paul Janin, Hubert Lapierre, du Matinal, Ch du Moulin– à –Vent, des Perelles, de la Pierre, Benoît Trichard.
- 炭火烤山鹑，佐以覆盆子及黑醋栗莓酱汁
- 2003, 2001, 1995, 1994, 1991
- 4－8年

圣乔治夜（NUITS-ST GEORGES）

刚酿好时强硬且单宁含量高，使得曼妙的圣乔治夜酒成为勃艮第最为人误解的一款佳酿。圣乔治夜酒在年轻时远比邻区的冯内—侯玛内酒 (见158页)晦涩，但在久藏20年后，达到成熟巅峰的圣乔治夜酒，就可展现丰美的黑莓果香及耐人寻味的余韵。

克里酒庄Château Gris
克里酒庄居高临下俯瞰着同名的出色葡萄园，从山脚下的公路就可看到这座酒庄，是本法定产区的重要路标。

地处夜之丘南端的圣乔治夜镇正位于此法定产区的中心，高卢人及罗马人曾在此地建筑行宫，中世纪时曾有修道院在此设厂酿酒。夹处在伯恩市及第戎市两个城市中间的圣乔治夜显得格外冷清，不过，许多夜之丘地区的大酒商，例如波赛 (Boisset)、费维利(Faiveley)及拉博洛伊(Laboure- Roi)，都将酒窖与总公司设在此地。

一如北边的伯恩酒区(见128－129页)，圣乔治夜酒区内也出乎意外地没有特级葡萄园。不过，本区拥有30多个一级葡萄园，酿成的好酒令人兴奋，甚至比邻近酒区的一些特级葡萄园表现得更好。本区内各地土质差异极大，因此来自不同一级葡萄园的酒常有截然不同的特质，端视葡萄园所在的位置而定。圣乔治夜南部的土质碎石遍布，当地的盖依(Les Cailles)、圣乔治(Les St Georges)及渥克兰 (Les Vaucrains)等一级葡萄园所酿成的传统红酒，富含单宁、结构强烈。本酒区南端的培摩－普利西 (Premeaux-Prissey)村，周围有马黑夏尔庄园(Clos de la Marechale)及阿洛庄园(Clos Arlot)两座葡萄园，酿出本区最浓醇的酒。本区北端边界地带，与冯内－侯冯内(见158页)交界的布豆(Aux Boudots)及米杰尔(Aux Murgers)一级葡萄园所酿成的酒则较轻柔、可以早些享用。

支持者对本区各地的酒各有所好，但本区的好酒间还是有共同特色，那就是结构紧密、散发浓郁野味和醋栗果香。本地的酒存放数年后，会变得圆柔诱人，若想在年轻时饮用，可以调和本地特产的黑醋栗甜酒共饮，以去其涩味。

尼依慈善医院
这家慈善医院借公开拍卖自家葡萄园的产酒来募款，酒在刚酿成时就售出，由买主负责陈年。

拉洛酒庄（Domaine de l’Arlot）
位于本酒区南端的拉洛酒庄新创立不久，所酿的酒浓醇、完美，具现代风格。

- AC Nuits–St Georges, AC Nuits–St Georges Premier Cru.
- 红酒：黑皮诺
  白酒：夏多内
- 红酒浓烈醇厚，口感浓稠中略带弹性。
- De l’ Arlot, Robert Arnoux, Bertagna, Lucien Boillot, Robert Chevillon, Georges Chicotot, A Chopin, Jean–Jacques Confuron, R Dubois, Faiveley, Forey, Henri Gouges, Jean Grivot, Jayer–Gilles, Laurent, Philippe et Vincent Lecheneaut, Machard de Gramont, Alain Michelot, Mugneret–Gibourg, Leroy, des Perdrix, Pernin Rossin, Prieur é Roch, Henri et Gilles Remoriquet, Daniel Rion, Thomas–Moillard, Fabrice Vigot.
- 红酒与野蘑菇炖野兔腰肉
- 2003, 2002, 2001, 1999, 1998, 1996, 1995, 1993, 1990, 1988, 1985
- 红酒：5－20年

佩南－维哲雷斯（PERNAND-VERGELESSES）

法定产区有何意义？假设，阿罗斯－高登（见124页）、拉铎－赛丽尼（见142页）和佩南－维哲雷斯三个法定产区共同拥有的“高登－查理曼”特级葡萄园，将名字改为“佩南－查理曼”相信佩南－维哲雷斯所产的葡萄酒马上声名大噪，价格也会水涨船高。究竟有多少高价酒的品质能与其价格名实相符?实在不得而知。本镇所产的红酒带有柔和的果酱香味，但通常缺少细致感和层次感。白酒方面则清淡爽口、果香纯净，散发出细致优雅的气味，虽然在气温较寒冷的年份会略偏稀薄，但整体而言，品质要比红酒好。

以下3个一级葡萄园的产酒值得选购，可以存放5年左右再饮用：Les Vergelesses、Ile des Vergelesses及Les Fichots。

罗林父子家族（Rollin Père et Fils）
罗林家族是本区值得信赖的酒庄，这种村庄白酒绝对物超所值。

维哲雷斯·易尔（Île des Vergelesses）
维哲雷斯—易尔一级葡萄园虽然名气不响，但村庄与法定产区都用它来命名。

- AC Pernand-Vergelesses, AC Pernand-Vergelesses 1er Cru.
- 红酒：黑皮诺
  白酒：夏多内
- 红酒中等浓度，优雅；白酒清新有劲，有迷人的苹果香及药草香
- Arnoux, Bonneau de Martray, Champy, Chandon de Briailles, Delarche, Drouhin, Dubreuil-Fontaine, Germain, Antonin Guyon, Laleure-Piot, Louis Latour, Pavelot, Rapet, Rollin.
- 烟熏鹅胸肉
- 白酒：2004, 2003, 2002, 2001
- 红酒：4－8年；白酒：2－5年

金丘的复合式法定产区名

许多伯恩丘和夜之丘的产酒村庄名都是复合式地名(Double-barrelled names)。这种流行风潮盛行于19世纪60年代。当时有些机巧的商人发现来自高登、香贝丹、蜜思妮、蒙哈榭等地的酒比其他邻近地区好卖，于是部分村庄，包括哲维瑞、阿罗斯、香波、普里尼、佩南及夏山等，决定在原来的地名后面加上该村最有名的葡萄园名称，于是形成了哲维瑞－香贝丹、阿罗斯－高登、香波－蜜思妮等地名，有些颇负盛名的城镇如伯恩、渥尔内、波玛及梅索等，并不需要借助复合式地名来壮声势，菲尚、蒙地里等村镇则因缺乏优质葡萄园可以打名号而放弃组成复合地名。至于修黑和萨维尼两个集村则干脆在原村名后加上“伯恩”（les-Beaune，意谓就在伯恩附近）。这个更名游戏的确为某些村镇带来利多，但不是所有村镇都能奏效。例如，拉铎村(见142页)在原地名后加上葡萄园名“赛丽尼”销售量并没有增加多少。

无独有偶，金丘的酿酒家族也都有着复合式的姓氏。这是因为19世纪初，法国继承法规定财产必须均分给下一代，因此不同姓氏联姻时，继承而来的财产就会一起冠上男女双方的姓氏，而出现克许－杜刊(Coche-Dury)、克许－德博（Coche-Debord)及米劳－贝多尔(Millaut-Battault）等复合式姓氏。

佩南－维哲雷斯
在原地名后面加上该村最上等的葡萄园名称是金丘的常见现象，也是成功的销售策略。

波玛（POMMARD）

波玛村虽然位于伯恩市(见128页)及渥尔内(见157页) 之间，所产的酒却不同于这两个酒区的酒那样轻爽细致。相反，波玛的红酒浓烈而强劲，是勃艮第最浓厚、单宁含量最高的几款酒之一。年轻的波玛酒虽然不易入口，但却是值得长期等待

慕西酒庄
(Domaine Mussy)
慕西酒庄的这款一级葡萄园酒浓烈强劲，是典型的波玛酒，必须装瓶经过至少5年的成熟才能饮用。

位于伯恩市南方数公里处的波玛村有悠久的酿酒历史，更因早从18世纪就将酒外销到大西洋两岸而在国际间享有盛名。近年来，借着原有的名气，加上地名好读好记，波玛酒成为金丘外销量最多的酒镇，尤其以销往美国为最大宗。不可避免的，惰性与贪婪渐渐在此生根，酒庄们对于取巧的酿酒方式及偷工减料的手法得过且过。其中最广为人知的就是将出自勃艮第普通葡萄园的酒贴上波玛酒的酒标出售。波玛酒本身的特质正是促使酒庄胆敢取巧的原因。诚如勃艮第味觉最敏锐的酿酒师拉洛·比乐华(Lalou Bize-Leroy)所言：“波玛酒就像它镇上的教堂一样：坚硬、方正，乍看之下毫不吸引人。”一如附近的阿罗斯－高登酒区(见124页)的酒，本区的酒单宁含量极高，一定要经过陈年才能饮用。如果在酿酒过程中，加入所谓较次等的葡萄，便可以减短成熟期，让酒早些适于饮用。

近几年间，本区酒的品质已略见改善，好的波玛酒虽然不能像渥尔内酒或伯恩酒那样可以在年轻时饮用，但达成熟巅峰后，却决不输给这两种名酒的最佳年份酒。区内最好的葡萄园首推胡吉安(Les Rugiens)，不过下述葡萄园也常有好酒出现：拉吉利耶(En Largilliare)、弗米耶 (Les Fremiers)、阿维累(Les Arvelets)、埃伯诺(Les Epenots)及匈兰(Les Chanlins)。

照顾葡萄树（Tending the Vines ）
迷人的波玛酒庄，早春时农人在其所属葡萄园中开始剪枝，这座庄园位于波玛东南方的平原上，占地约20公顷。

阿蒙子爵酒庄
（Comte Armand）
著名的阿蒙子爵酒庄所酿的村庄酒和一级葡萄园酒皆极细致。

- AC Pommard, AC Pommard Premier Cru.
- 红酒：黑皮诺
- 结构强劲、宽广，有浓郁的黑醋栗果香。
- Albert-Grivault, Ampeau, Comte Armand, J-M Boillot, Pascal Bouley, Champy, Coste-Caumartin, de Courcel, Paul Garaudet, Michel Gaunoux, Germain P è re et Fils, Vincent Girardin, Bernard & Louis Glantenay, Raymond Launay, Olivier Leflaive, Lejeune, Leroy, Aleth Leroyer-Girardin, de Montille, Pierre Morey, Mussy, Parent, Ch de Pommard, Pothier-Rieusset, Pousse d' Or, Rebourgeon Mure, Virely-Rougeot.
- 野猪肉，佐以红酒和樱桃酱汁
- 2003, 2002, 1999, 1998, 1997, 1996, 1995, 1993, 1990, 1989, 1988, 1985, 1978
- 5－15年

普依富塞（POUILLY-FUISSE）及其外围地区

普依富塞法定产区每年出产约6万瓶白酒，隶属白酒度量丰盛的马贡酒区。普依富塞白酒从基本酒款到珍贵名酿都有，全都以夏多内葡萄酿成，是勃艮第享誉国际的名酿之一。

位于史前遗迹“索鲁特之岩（Rock of Solutre）”脚下的普依小村，四周环绕着夏多内葡萄园，和其东边的富塞村，构成了普依富塞法定产区。广大的普依富塞区共有4个乡社，出产酒主要分为两类。第一类是供应超市和其他卖场的普通酒，酒质新鲜、清淡、口感单调，与产区较北、价格相对低廉的马贡村庄酒(见143页)几无差别。第二类是真正能代表本区的佳酿，口感具层次感、生命力强，出自才华横溢的酿酒师如费瑞(J A Ferret)、尚马利·古芬(Jean- Marie Guffens)及富塞酒庄的文森家族(ncent et Fils)之手的工作，常令梅索(见145页)或普里尼－蒙哈榭(见153页)等勃艮第名酒相形见绌。不同土质明显地对普依富塞酒的品质有相当影响；本酒区西北方维哲桑村(Vergisson)及东南方富塞村四周的葡萄，所酿成的酒酒香最为饱满；酒区中央的普依村出产的酒则以风味复杂取胜。除了土质外，葡萄农和酿酒师的技巧更攸关酒的优劣，尤其对掌控本区主要产量的大型合作社更要注意。购买普依富塞酒一定要找优良酒庄或大酒商，否则不如不买。

位于普依富塞产区东方的普依凡列尔(PoLIlllv-Vlnzelles)及普依娄树(Pouilly-Loche)，是两个在原村名前添加普依二字的卫星小酒村。据说这两个村落的酒比普依富塞来得清淡和简单，但在喝过许多羽量级表现的普依富塞酒后，这个评比显然不尽可信。普依凡列尔的特级白酒酒庄（Cave des Grandes Cnls Blanc)产的酒正证明卫星小酒村的酒是多么圆熟杰出。

史前的狩猎地（Prehistoric Hunting Ground）
“索鲁特之岩”高高耸立在普依镇上，其上散布着史前生物遗骸。

富塞酒庄（Château-Fuissé）
富塞酒庄是普依富塞产区最好的酒庄之一，本区有几支珍贵佳酿即来自这家酒庄。酒庄主人文森(J-J Vincent)精选老葡萄树酿成的调配酒可与美勃艮第最名贵的顶级白酒相媲美。

- AC Pouilly–Fuiss é , AC Pouilly–Vinzelles, AC Pouilly–Loche, AC Mâcon–Chaintre, AC Mâcon–Fuiss é , AC Mâcon–Solutr é , AC Mâcon–Vergisson.
- 白酒：夏多内
- 白酒浓度介于中等至浓烈之间，不甜，部分酒庄会将酒放在橡木桶中陈年。
- Auvigue, Daniel et Martine Barraud, Cordier, Corsin, Michel Delorme, Joseph Drouhin, Georges Duboeuf, Dupond d’Halluin, Ferret, Ch de Fuiss é , des Gerbeaux, Ren é Gu é rin, Guffens–Heynen, Louis Jadot, Roger Lassarat, Noblet, Robert–Denogent, Jacques et Nathalie Saumaize, Saumaize–Michelin, Simonin, La Soufrandise, Valette, Verget.
- 烤鱿鱼，佐以奶酪、柠檬汁及炸酥的小粒面包丁
- 2003, 2002, 2001, 1996
- 白酒：3–6年.

普里尼－蒙哈榭（PULIGNY-MONTRACHET）

在勃艮第所有的白酒中，没有一种像伯恩丘的普里尼—蒙哈谢白酒这么让人梦寐以求。在普里尼—蒙哈榭碎石遍布的石灰岩土地上，夏多内葡萄藤宛如土地之王。在这一小块缓坡葡萄园的法定产区内，酿出世界上最珍贵的四种白酒。

黄金葡萄

普里尼—蒙哈榭的夏多内葡萄园，其价值在世界上首屈一指，通常在葡萄成熟前就已经被整园买下。

普里尼－蒙哈榭虽然是整个勃艮第最早栽种葡萄的一个地区，但是本地这项最精致特产的潜力，却直到近年来才获得肯定。据载，拥有普里尼目前最好的特级葡萄园的蒙哈榭所在地，在17世纪初期被主人以不可思议的超低价脱手，因为当时蒙哈榭的酒几乎没有一丁点儿知名度。普里尼－蒙哈榭的酒和其南部的夏山－蒙哈榭(见135页)的酒常让人分辨不出。事实上，虽然这两种法定酒产地共用一块特级葡萄园地，但是两地的酒质却完全不同。首先，红酒只占普里尼－蒙哈榭产区的年总产量的极小部分，但在夏山－蒙哈榭红酒占年总产量的一半左右。其次，由于两地共享的土地中，巴达-蒙哈榭(Batard-Montrachet)和蒙哈榭两个特级葡萄园的精华园区都划在普里尼，所以光是表现良好的村庄级白酒及一级葡萄园白酒就已胜过夏山－蒙哈榭的任何白酒。

法国一些最杰出的葡萄农、酒商、酿酒师都在普里尼－蒙哈榭拥有葡萄园及酿酒厂，例如，奥力维·乐福拉(Ollvier Leflalve)的乐福拉酒庄、路易·杰德(Louis Jadot)的马真塔公爵酒庄(Domalne du Duc de Magenta)等。尽管如此，来自世界各地的惊人订单仍使得不少酒厂以次选的酒鱼目混珠或肆意哄抬价格。一般而言，只要瓶上标有四大特级葡萄园就可以购买，尤其是来自推荐酒庄的佳酿。下列一级葡萄园所产的酒也同样不错：盖尔雷(Le Caillere)、香嘎内 (Champ Canet)、普歇尔 (Les Pucelles)及夏缘莫(les Chalumeaux)。

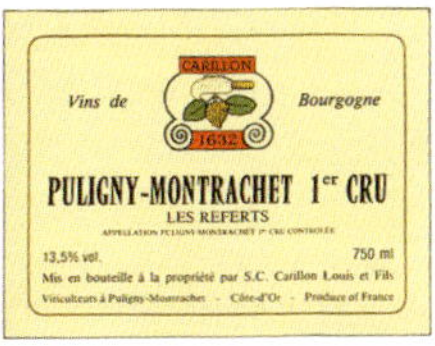

路易·卡利翁（Louis Carillon）

擅长使用新橡木桶为酒增色的路易·卡利翁是普里尼—蒙哈榭新崛起的明星。

- AC Puligny–Montrachet, AC Puligny–Montrachet Côte de Beaune, AC Puligny–Montrachet Premier Cru, AC Bâtard–Montrachet Grand Cru, Bienvenues–Bâtard–Montrachet Grand Cru, AC Chevalier–Montrachet Grand Cru, AC Montrachet Grand Cru.
- 白酒：夏多内
- 白酒优雅，散发如铜铁般的冰冷感。
- Guy Amiot, D' Auvenay, J–M Boillot, Louis Carillon, Chartron et Tré buchet, Henri Clerc, Coche–Dury, Joseph Drouhin, Louis Jadot, Louis Latour, Leflaive, Olivier Leflaive, Duc de Magenta, Maraslovac–Leger, Matrot, Marc Morey, Pascal, Jacques Prieur, Ch de Puligny–Montrachet, Sauzet.
- 平底锅煎鲑鱼排．
- 2003, 2002, 2001, 1996, 1995, 1992, 1989, 1985
- 白酒：4－14年

乐福拉酒庄

Domaine Leflaive

这个声望正隆的酒庄是采用生物机能(bio-dynamic)酿酒法的先驱，文森·乐福拉的女儿安继承衣钵，表现更是出色。

黑尼耶（RÉGNIÉ）

黑尼耶村(全称为黑尼耶-度瑞)从1988年12月起成为第10个薄酒莱特级村庄。这里出产着两类的酒，一种是淡而芳香，一种是厚度十足而结构佳。两种酒都适合在年轻时饮用，并充满着新鲜而清楚的水果香气。这款酒刚推出时，的确在推广上下了一番工夫，现在已享有相当知名度，这都要归功于本地敬业努力的酿酒师群。

欧阁酒庄（Domaine Aucoeur）
酒庄位于毗邻的维力-莫冈境内的欧阁酒庄，酿出的黑尼耶红酒顺口好喝且风味十足。

- AC Régnié.
- 红酒：加美
- 红酒清淡至中等浓度，果味十足。
- Noël Aucoeur, René Desplace, Dominique Piron, de Ponchon, Joël Rochette, Georges et Gilles Roux.
- 蜂蜜烤火腿
- 2003, 2001
- 2－4年

胡利（RULLY）

胡利村位于夏隆内丘酒区最北方，所产的红酒常令人联想到伯恩丘酒区的渥尔内酒(见137页)。本区的气泡白酒挂在“勃艮第气泡酒(CremantdeBourgogne)”法定产区下销售，并且是该款酒中的佼佼者。本区的无气泡白酒爽口、充满苹果香味，红酒则中等浓度、散发野生覆盆子及紫萝兰花香。区内25个一级葡萄园所生产的红、白酒都比村庄酒酒质复杂且更耐陈年。

贾克·杜利（Jacques Dury）
贾克·杜利所酿造的白酒有本地传统的苹果香味，品质可以比美金丘的酒。

- AC Rully, AC Rully Premier Cru.
- 红酒：黑皮诺
  白酒：夏多内
- 红酒优雅细致，结构佳；白酒存放于橡木桶中陈年，不甜。
- Delorme, Joseph Drouhin, Dureuil-Janthial, Dury.
- 红酒：酒煮蛋
- 红酒：1997, 1996, 1995
- 红酒：3－5年 白酒：2－5年

圣阿姆（ST AMOUR）

圣阿姆红酒是情人节最受欢迎的酒，事实上，酒名中的阿姆应该是“圣阿马特(st Amator)”，指的是一位改信天主教的殉道罗马士兵，他的雕像目前还竖立在圣阿姆美景村(St. Amour- Bellevue)。圣阿姆是所有薄酒莱特村庄中位置最北的，处于一个地质过渡的区域，其南部是薄酒莱酒区的花岗岩土质，北部则属于马贡酒区的石灰岩土质。这种含砾石的石灰岩与花岗岩混合土质，使得圣阿姆红酒的口感极为清淡顺滑，酒质与马贡酒(见143页)的近似度胜过薄酒莱酒。位于山腰上的波拉特－图赖讷(Platre- Durand)小村落在圣阿姆酒庄的酒窖(Caveaudu Cru St. Amour)中设有一个品酒室，这里的风景和佳酿都值得一访。

安德·波特凡（André Poitevin）
如果汁般的滑顺细致却不失厚度，这款酒完全具备了上述圣阿姆酒的特质。

可爱的村落
这里富含砾石的特殊混合土质是成就细致佳酿的功臣。

- AC St Amour.
- 红酒：加美
- 红酒口感轻柔丰富，果味十足，适合年轻时饮用。
- Des Billards, Georges Duboeuf, Jean-Paul Ducoté, des Ducs, Henry Fessy, Janin, Patissier, du Plateau de Bel-Air, André Poitevin, Revillon, Michel Tête, Georges Trichard.
- 将猪肉以刀工剁碎制成的传统香肠，搭配薄酒莱酒、大蒜、洋葱、青葱及野生蘑菇炖煮
- 2003, 2001, 1997, 1995
- 红酒: 2-6 年

圣侯曼（ST AUBIN）

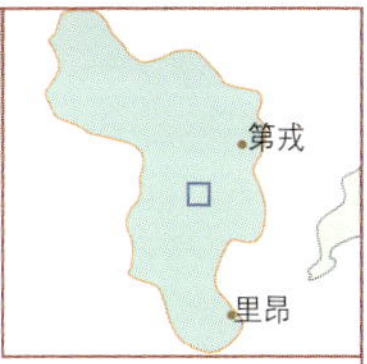

属于伯恩丘村镇的圣侯曼，位于盛产红、白酒的夏山－蒙哈榭(见 115页)产区北方及享誉国际的白酒产地普里尼－蒙哈榭(见133页)东方。此村镇有230公顷的葡萄园，近半数为夏多内及白皮诺品种。此产区内的29个一级葡萄园，大多数也生产白酒，其中最好的是米杰尔－犬牙庄园(Les Murgers des DentsdeChien)和荷米依(EnRemilly)。这里的酒略带臻果香气，在好年份时，甚至表现得比里尼－蒙哈榭的一些酒还出色。这里的一级葡萄园红酒散发成熟的野草莓香气，比村庄酒略富层次感，算是不错的选择，可惜常无法摆脱当地特殊的粗犷口感，白酒则没有这点缺憾。

罗堡父子酒庄（Roux Père et Fils）
这款酒带有奶油及果仁的丰富口感，比起来自邻镇许多相对高价的普里尼—蒙哈榭白酒，每一口都毫不逊色。

受忽视的珍宝
邻近的普里尼—蒙哈榭村和梅索村吸引不少观光客，隐藏在丘陵间的圣侯曼村却冷清许多。

- AC St Aubin, AC St Aubin Premier Cru.
- 红酒：黑皮诺
  白酒：夏多内、白皮诺
- 红酒中等浓度，口感柔软；白酒中等浓度，口感清新爽口，部分会存放在橡木桶中陈年
- J–C Bachelet, Champy, Marc Colin, Hubert Lamy–Monnot, Olivier Leflaive, Henri Prudhon, Ch de Puligny–Montrachet, Roux P è re et Fils, Thomas.
- 白酒：一口酥或千层酥派镶蜗牛、大蒜及牛肝菌菇
- 白酒：2003, 2002, 2001, 1996
- 白酒：3–8年

圣比（ST BRIS）

法国酒界长久以来的一个不解之谜：为什么勃艮第北部这款个性十足的白酒，却只获得优良地区餐酒（VDQS）级的分类。这款被新命名为圣比的清新爽口、不甜、散发香草及烟熏味的白酒，其酒质虽与本区西南方约100公里的桑塞尔相似，但不知为何酒标上不准提及相关信息。与其他勃艮第白酒不同的是，这是一款醇正的长相思酒。

尚－马克·博嘉（Jean-Marc Brocard）
这款酒常被拿来与桑塞尔酒相提并论。

- AC St Bris.
- 白酒：白苏维农
- 白酒清淡爽口，果香十足，不甜。
- Jean–Marc Brocard, la Chablisienne, Joel et David Griffe, St Prix, Sorin–Defrance.
- 小龙虾
- 1998, 1997, 1996
- 1–3 年

圣侯曼（ST ROMAIN）

位于海拔350米的圣侯曼村几乎算是上伯恩丘（见121页）的酒区，凉爽的气候对于葡萄的成熟相当不利。这里的红酒饮来令人愉悦却难脱粗旷感。相反，白酒则清新、带有适度的矿物味而没有橡木桶味，适合不喜欢橡木桶味白酒（例如普里尼－蒙哈榭白酒，见133页）的人饮用。讽刺的是，酒桶商尚·法兰索瓦（Jean François）奇迹式的成功，使得圣侯曼镇反倒成为高品质橡木桶的出口地。

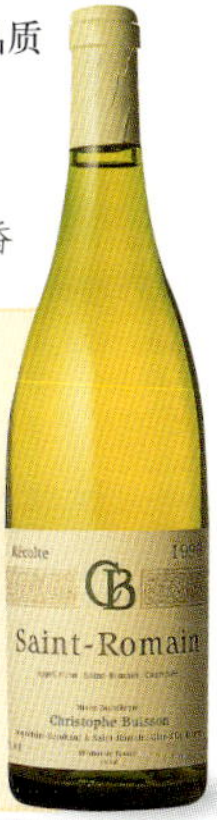

克里斯多福·布松（Christophe Buisson）
这款酒风味新鲜，带矿石味，榛果香气更添加丰富感。

- AC St Romain.
- 红酒：黑皮诺
  白酒：夏多内
- 红酒酒味低，口感轻柔，果味十足；白酒清爽带劲。
- Christophe Buisson, Chassorney, Germain et Fils, Alain Gras, Thevenin–Month é lie.
- 白酒：田鸡腿
- 白酒: 2003, 2002, 2001
- 白酒: 3–5年

圣维宏（ST VÉRAN）

圣维宏酒是1971年才获升级的新法定产区酒，在地理上位于马贡酒区与薄酒莱酒区之间，涵盖以下7个村镇所产的白酒：普依富塞酒区、北方的达法蝶（Davayé）和普利斯（Prissé），以及位于南方的夏内（Chanès）、夏斯拉（Chasselas）、雷恩（Leynes）、圣阿姆和圣维宏德（St,Vérand）区内为石灰岩土质，适合栽种夏多内葡萄，酿成的白酒香郁中带有矿石味。

贾克·舒马兹（Jacques Saumaize）
这款白酒口感丰富，浓郁奶油香中泛着清新的蔬果香，还带一丝矿石余味。

- AC St V é ran.
- 白酒：夏多内.
- 白酒:清淡，不甜
- D et M Barraud, Corsin des Deux Roches, Georges Duboeuf, Ch Fuiss é , Producteurs de Fuiss é , Roger Luquet, J Saumaize.
- 涂抹第戎法式芥末酱及鲜奶油后烤制成的烤鸡.
- 2003, 2002, 2001
- 2－4 年

松特内（SANTENAY）

远从罗马时期就以富含锂质的温泉而闻名的松特内镇，是伯恩丘酒区中位置最南的酒镇之一。松特内白酒值得选购，红酒则占总产量的98%，可归为两种基本类型：一是由本酒区四周及南部AC级葡萄园所酿成的松特内酒，结构强劲、带泥土味；二是产自本酒区北部14个一级葡萄园的松特内酒，清淡而优雅，近似伯恩酒（见128-129页）。

亚地安·贝隆（Adrien Belland）
这位酿酒师酿造的酒优雅精致，精选本区最高级葡萄园的葡萄酿成。

- AC Santenay, AC Santenay Premier Cru.
- 红酒：黑皮诺
- 红酒带泥土味，口感粗犷。
- Adrien Belland, Fernand Chevrot, Marc Colin, Vincent Girardin, Olivier Leflaive, Nouveau, Pousse d' Or, Prieur–Brunet.
- 羊肩肉
- 红酒：1996, 1995, 1993
- 红酒：3–12年

萨维尼（SAVIGNY-LÈS-BEAUNE）

萨维尼的法定产区隐藏在小小的侯茵河（Rhoin river）谷地中，葡萄园面积共有385公顷，主要围绕着萨维尼村分布。此产区东部的酒结构佳，但略显粗犷，北部接近佩南－维哲雷斯酒区（见150页）的葡萄所酿成的酒较柔和，带有奶油般的水果香。侯茵河谷两侧坡地的葡萄园包含22个一级葡萄园，至于酿造萨维法定产区酒的葡萄则多来自坡底的平坦谷地。红酒占总产量的90%，另外，尽管邻近的伯恩丘盛产夏多内葡萄，本地的白酒却混合白皮诺酿成，白皮诺葡萄独特的鲜奶油和巴西核桃香气极易辨认。

西蒙·比兹（Simon Bize）
西蒙·比兹酒庄的酒生命力出奇的长，存放在萨维尼城堡对面的酒窖中熟成。

优劣互见的葡萄园地
萨维尼的葡萄园品质是勃艮第最参差不齐的。最好的葡萄园如拉米耶尔(Les Lavieres)及维哲雷斯(Aux Vergelesses)与伯恩酒区的一级葡萄园不分轩轾。

- AC Savigny–l è s–Beaune, AC Savigny–l è s–Beaune Premier Cru.
- 红酒：黑皮诺
  白酒：白皮诺，夏多内
- 红酒优雅，中等浓度；白酒酒味低，略带辛香。
- Arnoux, Bize, Champy, Chandon de Briailles, Bruno Clair, Girard–Voillot, Drouhin, Dubreuil–Fontaine, Maurice Ecard, Pavelot, Tollot–Beaut.
- 鸭胸肉
- 红酒:1998, 1996, 1995, 1993
- 红酒：6年 白酒：2－3年

渥尔内（VOLNAY）

勃艮第酒的爱好者几乎都有一款特别偏爱的酒。很多人会在夜之丘许多名气响亮的佳酿择上一饮，然而渥尔内酒混合紫罗兰、覆盆子以及成熟梅子的独特香气，却足以让人沉醉。

安杰利雅侯爵酒庄（Marquis d’Angerville）
安杰利雅侯爵酒庄这款来自该酒庄的佳酿口感浓厚、充满樱桃香气，酿酒师的父亲安杰利雅侯爵是法定产区管制制度的创立人之一。

位于山坡上的繁荣小城渥尔内，介于波玛和梅索之间。早在17世纪时，这里就以出产一种颜色浅淡、酒质细致，俗称“稻草酒(vln paille)”的佳酿而闻名远近，制作方法是将葡萄以稻草编成的细格器具破皮榨汁，然后再进行极短暂的连皮发酵（maceration)。1728年，由教堂文职人员所写的《勃艮第记述》(*La Situation de Bourgogne*)一书中提道：“酿这种酒的葡萄只能在发酵器中停留极短时间，一旦稍微逾时，酒质细致全失……”今天的渥尔内酒发酵时间要比过去长，相对的也较耐久藏，其细致的酒质仍然保留，在年轻时饮用更令人愉悦。

沉睡中的街道
渥尔内村坐落在远离国道的山坡上，俯瞰着村下的一级葡萄园，这个风景如画的小山城沉浸在一股静谧又富足的气氛中。

20世纪初期，不少不法酒商经常将使用法国南部，甚至北非阿尔及利亚的葡萄所酿制的酒，胡乱挂上渥尔内酒的酒名出售。后来，渥尔内的酒庄主人安杰利雅侯爵(Marqms d'Angerville)协助奠定法定产区基础管制制度，并于1932年成立广国家法定产区学会(lnsntut National des Appellationsd’Origine)。

经由安杰利雅侯爵之广以及许多杰出酿酒师的努力，今天的渥尔内酒已经成为邻近地区中品质最可靠的法定产区酒。当然，渥尔内酒能保持如此稳定的品质，以及其酒质能如此柔顺芬芳的原因，有以下诸要点：葡萄园面向西南、浅薄的上层以及白垩土质。本区虽然没有特级葡萄园，但是过半数的葡萄园都名列一级其中最杰出的有：断脚庄园（taille pieds）、盖尔雷（Les Caillerets）、公爵庄园（clos des Ducs）、仙妮庄园（clos des chenes）及欧尔布思（Bousse d’or）等。

沃尔内以红酒为主，极少量的白酒则以梅索酒（见145页）的法定产品区出售。

- AC Volnay, AC Volnay Premier Cru.
- 红酒：黑皮诺
- 优雅细致，如丝绒般滑顺，散发红莓果香气。
- Marquis d’Angerville, Roger Bellend, Boigelot, J–M Boillot, Lucien Boillot, Bouchard Pè re et Fils, Pascal Bouley, Caillot, Camille Giroud, Champy, Coche–Dury, Joseph Drouhin, Gé not–Boulanger, Vincent Girardin, Jaffelin, Michel Lafarge, Comtes Lafon, Olivier Leflaive, Leroy, de Montille, Fernand et Laurent Pillot, Prieur–Brunet, Pousse d’Or, Rebourgeon Mure, Ré gis Rossignol–Changarnier, Vaudoisey, Voillot.
- 烤野兔腰肉
- 1998, 1997, 1996, 1995, 1993, 1990, 1988, 1985
- 红酒：3–18年

米榭·拉法苣（Michel Lafarge）
渥尔内的酿酒大师米榭·拉法苣，酿出融合浓厚、香郁及纯净三种特质的美妙佳酿。

冯内－侯玛内（VOSNE-ROMANÉE）

整个金丘好比一座镶满珍膏的纯金王冠，若要从中选出一颗最闪亮的宝石，那就非冯内·侯玛内莫属了。位于夜之丘最南端的这个产区，布满了勃艮第最显赫有名的高级葡萄园，酿成具有诱人特质的红酒。

国王庄园（Clos des Réas）
国王庄园一级葡萄园为知名酿酒家族格罗(Gros)家族其中一房所独家拥有，这款酒甘甜、酒香扑鼻且物超所值。

早在18世纪时就记载着："冯内·侯玛内的酒无可比拟。"直至今天，这个法定产区的酒质仍然维持一致性的杰出水准。在夜之丘其他高级酒区，诸如哲维瑞·香贝丹(见140页)或圣乔治夜(见 149页)，等级普通的村庄酒有时会令人失望，但是冯内·侯玛内的红酒，就连基本款也维持一贯的好品质。

冯内·侯玛内法定产区内有好几个出色的一级和特级葡萄园。其中最出类拔萃且价值连城的特级葡萄园，就是占地1.8公顷的侯玛内－康地(La Romanee-conti)葡萄园。这个名字是为了纪念本地罗马时代遗迹及18世纪的地主康地王子。侯玛内·康地葡萄园现在属世界闻名的侯玛内-康地酒驻(简称DRC)所有，该酒庄并拥有邻接的塔须(La Tache)葡萄园。这里酿成的酒丰富而强烈，充满浓郁的李子果香及辛香口感。其他上选的特级葡萄园还有：侯玛内(La Romanee，为酿酒的酒商布夏家族所有)、侯玛内－圣维冯(Romanee·St. vivant)、丽须布尔(Richebourg)及最近刚兴起但表现不甚理想的葛朗路(La Grande Rue)。

本酒区17个一级葡萄园中最优秀的有：les Beaux Monts、Les Brulees、Les Chaumes、les Suchots、Aux Malconsorts、Clos des Reas及Cros-Parantoux。

酿酒师新人辈出，是侯玛内－康地酒庄不可忽视的竞争对手，例如，Rene Engel、Anne Gros、Domaine Leroy等酒庄的拉洛·比乐华(Lalou Bize- Leroy)，以及Domaine Meo-Camuzet酒庄的尚－尼可拉斯·梅欧(Jean-Nicolas Meo)等。

紧邻本酒区北界以外分布的埃雪索(Echezeaux)及葛朗－埃雪索(Les Grands Eehezeaux)两个特级葡萄园，在行政划分上属于富来奇－埃雪索村(Flagev-Echezeaux)，产自这两个葡萄园的酒酒质与高级冯内－侯玛内酒近似，但口感的强烈度及复杂度则比较不及。

圣迹
侯玛内—康地这座小型的特级葡萄园出产勃艮第最珍贵的红酒，附近的十字架遗迹颇受观光客青睐。

拉洛·比乐华（Lalou Bize-Leroy）
曾经是侯玛内—康地酒庄主人之一的拉洛·比乐华女士，现在自己经营有机葡萄园酿酒。

- AC Vosne-Romanée, AC Vosne-Romanée Premier Cru, AC Grands Crus: Richebourg; La Romanée; La Tâche; Romanée-St Vivant; Romanée-Conti; La Grande Rue.
- 红酒：黑皮诺
- 红酒优雅细致，滑顺如丝绒。
- Arnoux, Bouchard Père et Fils, Cacheux, Confuron-Cotédiot, Joseph Drouhin, Engel, Faiveley, Forey, François Gerbet, Jean Grivot, Anne Gros, Jayer-Gilles, Leroy, Méo-Camuzet, Mongeard-Mugneret, Mugneret-Gibourg, des Perdrix, Pernin-Rossin, Jaques Prieur, Prieuré-Roch, Rion, Romanée-Conti, Romanée-St Vivant, Rouget, Jean Tardy, Thomas-Moillard.
- 烧酒鸡
- 2003, 2002, 2001, 1999, 1998.1996, 1995, 1993, 1990, 1988, 1985
- 红酒：5–20年

其他

除了传统的黑皮诺和夏多内两种葡萄酿成的酒外，勃艮第还有许多名气稍逊的好酒，这些很少销售到勃艮第产区以外的酒，值得多加介绍。例如坐落于夏隆内丘酒区布哲宏村（Bouzeron）附近的“勃艮第－阿里哥蝶－布哲宏酒（Bourgogne Aligote Bouzeron）”。

硕果仅存

涌恩省的圣布里–维那村（st bris le vineux）四周种满了白苏维浓葡萄及本地的恺撒葡萄，这两种葡萄在大部分南法地区已不复见。

对一个热爱酒的人提到阿里哥蝶(Aligot6)葡萄时，可能会连想到“奇尔酒(KIr)”，这是一种由第戎市前市长卡晨·奇尔(Canon Kir)发明的白酒加黑醋栗甜酒的鸡尾酒。在尝过一口纯阿里哥蝶酒后，便不难理解为什么这位市长要加上甜酒调制了。好的阿里哥蝶酒虽然散发诱人的新鲜口感和苹果香，但大多还是酸得难以入口。唯一的例外是种植在布哲宏村附近的阿里哥蝶葡萄，其表现之佳，为酿成的酒赢得“勃艮第－阿里哥蝶－布哲宏酒”的法定产区——很快就要简称为“布哲宏酒”了。

“巴斯红酒(Passetoutgrains)”曾经是勃艮第最普遍的日常红酒，这是由各种当地易取得的葡萄混合酿成的酒。后起之秀“勃艮第巴斯红酒”则是混合黑皮诺和加美两种葡萄酿造而成。按规定，黑皮诺和加美的法定比例应该是一比二，但是许多酒庄都偏爱加重黑皮诺的分量。令人意外的，不少顶级酒庄都产有这款勃艮第巴斯红酒，而且充满迷人的樱桃与覆盆子果香，几可取代特级薄酒莱酒(cru Beaujolais，见126－127页)。

“勃艮第气泡酒（Cremant de Bourgogne)”是勃艮第日常气泡白酒与气泡玫瑰红酒的传统法定产区。这种酒现在除了使用传统的阿里哥蝶和加美葡萄外，也获准使用黑皮诺、夏多内及白皮诺来酿造，品质也随着提升许多。今天，有些完全以夏多内葡萄酿成的勃艮第气泡酒可以用来代替完全用白葡萄酿制的香槟，而完全以红葡萄酿成的勃艮第白酒则充满纯粹黑皮诺葡萄的香气。

有一种称为恺撒(Cesar)的古老葡萄品种，酿成的红酒罕见却值得寻找，产地是邻近沙布利的依宏希(Irancy)。用这种葡萄酿成的酒，有一种介于黑皮诺葡萄酿成的勃艮第红酒(见130页)和卡本内－弗朗葡萄酿成的安茹(Anlou)红酒（见234页）间的迷人酒香。

克许－杜利
（Jean-François Coche-Dury）

阿里哥蝶酿成的酒易偏酸涩，但是图中这款白酒却浓厚而出色。

香槟
CHAMPAGNE

香槟区（CHAMPAGNE）

香槟不仅仅是葡萄酒，更是衣鬓香影的社交生活或庆祝活动的一个普遍象征。

佩里尼翁

这位修道院院长被认为是香槟的发明者而留名青史，其最大的贡献在于以近乎艺术的混合手法酿造香槟酒。

拉开一瓶豪华香槟的软木塞，所获得的享受不只是喝酒本身。上好的香槟是绝妙无比的饮料：不甜，却又透着几丝蜂蜜般的香甜感；口感醇厚却不失清鲜；细致却满口丰盈；好喝顺口却散发着多层次的风味：有果味、坚果味，甚至黑巧克力的味道等。这些特色，是听见软木塞“啵”一声跳开时，个人满心期盼的。经验说明了虽然香槟区投注了无数的财力来维持其盛名不衰，但是印在瓶身的“香槟”二字并不等于品质保证。有些香槟精致优美令人再三回味，有些却或过酸或甜腻或平板乏味，令人大失所望。原因出在本区偏北的地理位置。香槟区因邻近巴黎与东边的各欧洲饮酒国家，在酿酒史上的确有地利之便，但就气候而言，却太偏北偏冷，低温使得本区的葡萄无法达到酿造静态红酒与白酒应有的熟度，而无法与南部各酒区竞争。为了掩饰这个弱点，16世纪的香槟区酒农甚至在酒中加入深黑色的接骨木果汁染色，以模仿勃艮第酒较浓的颜色。经过不断地研究与尝试，到17世纪时才获得重大突破。当时欧特维尔镇(Hautvillers)的修道院院长佩里尼翁(Dom Perignon)被误认为是将气泡打入静态酒中的人，事实上酒中有气泡的现象一直是当时大家所极力避免的，因为当时所用的酒瓶会因为无法承受压力而爆炸。佩里尼翁最大的贡献在于以精巧的调配方法，将香槟区不同葡萄园所生产的酒混合，而不是遵循勃艮第修士的酿酒方式。以混合方式酿出品质更好、气泡滋滋作响的酒，再配合新研发的不爆酒瓶，不久就先后抢进伦敦及巴黎市场且大获全胜。从此以后，大部分的香槟酒都是混合酿成使用不同品种、不同葡萄园生产以及不同年份的葡萄来酿酒。正如同佩里尼翁所体悟的，香槟伟大之处不在于其中的泡泡，而在于混合调配各种葡萄酿酒的巧妙手法。

淋水保护

在葡萄园淋水可以防止霜害。霜害是这个北部产区最大的天然灾害。

酒区概况

- 30 000公顷；年产量2亿7千万瓶
- 受偏北的纬度及大西洋影响，气候极端且变化大。夏季有时严寒，葡萄树在春天易受霜害。
- 全区大多为白垩土质，厚度达300米。表土层包括白垩石块、黏土、细沙、褐煤、灰泥及腐质土。
- 白酒/玫瑰红酒：夏多内、黑皮诺、皮诺莫尼耶

香槟区

令人愉悦的佳酿

不像法国其他酒区用不同酒镇的葡萄个别酿酒，香槟区是将各产区的葡萄混合起来酿酒。

酒乡

酒乡卡蒙(Cremant)附近的葡萄园只栽种夏多内葡萄，酿成细致的白葡萄白酒。

香槟酒区历史

一个热爱香槟的人，一口就可辨识出波林杰(Bollinger)酒厂的上选好酒，就像讲究时尚者可以轻而易举认出一件香奈儿洋装样式或一瓶娇兰香水的特殊香气一样。难怪现在有许多香槟酒厂纷纷并入高级服装及香水制造业一起经营。

香槟酒对法国葡萄酒的哲学完全视若无睹。大部分酒区都严守着法定产区的精髓，试图在酿成的酒中凸显各个葡萄园的特色。而香槟酒，甚至最顶级的香槟，几乎都由不同产地的葡萄混合酿制而成。当然也有单一葡萄园酿成的香槟，不过如佩里尼翁(Dom Perignon)及赫德瑞(Roederer)香槟酒厂的水晶系列(见175页)等出色的香槟酒都是调配酒，其成功要点便在于能展现香槟厂的风格特色。负责酿制佩里尼翁香槟的理察·若弗鲁瓦(Richard Geoffroy)表示，他的执业箴言就是"风格、风格、还是风格"。

除了个别酒厂的风格外，香槟酒也有多种色泽及风味。颜色从白色到各种深浅不一的粉红色都有，其中粉红香槟是将红酒与白酒加在一起酿制，或者刻意保留黑葡萄的皮，以便留在酒液中染色。葡萄酒的甜度也不同，从完全不甜的Brut Sauvage、Ultra Brut或Brut Zero，到香甜的Doux香槟都有。其实上述这两种极端风味的香槟酒现今已经很少生产了。目前能找到最不甜的香槟是所谓的"Brut"，每升含糖量不超过15克；微甜的香槟，有个似是而非的名字叫做"Extra Sec"或"Extra- Dry"每升含糖量介于12－20克之间；甜味更重的香槟名字更引人误会，叫做"Sec"或"Dry"每升含糖量在17－35克之间，最甜的"Demi Sec"或"Rich"，每升含糖量则为35－50克。微甜香槟酒的品质一般都比超市陈售的便宜、不甜的香槟酒好得多。

夏登堡（Château Chandon）

现代香槟酒业的成功象征的是19世纪的致富传奇，不少大酒厂很快地建立起气派的企业形象。左图所示的酩悦酒厂(Moet & Chandon)现在是香水与时装集团旗下的一员。

风格至上

一般而言，葡萄酒的风格取决于所使用的葡萄品种。但是大部分的香槟酒(包括粉红香槟)都是由黑皮诺、皮诺莫尼耶及夏多内三种葡萄混合酿成。也有部分香槟单用夏多内葡萄酿成，称为白葡萄酿成的白酒(Blanc de Blancs)；或者单用黑皮葡萄酿成，称为黑葡萄酿制的白酒（Blanc de Noirs)。所谓的年份香槟是由单一年份

王子与公主的饮料

大型的香槟酒庄习惯将香槟的形象与欧洲皇室结合。

的葡萄酿成：酿酒师判断常年的葡萄品质好到可以单独酿酒，不需加入年份的葡萄酒汁增强品质，不过大部分的香槟仍是无年份的混合香槟。更复杂而奇特的，还是一种称为“新近除渣”(recently disgorged)的年份香槟酒，这是将酵母菌泡在香槟中，经过比一般程序更长的时间，如此酿成的香槟带有新鲜又醇厚的特质。此外，还有所谓的“豪华级香槟”(prestige cuvee)，其定义与法规均付之阙如，却如天价般高不可攀。每个生产香槟的业者都可以为他的豪华级香槟取个悦耳好听的名字，然后装瓶、开个高价，但是却没有任何法规可以保障瓶内液体的品质与瓶身亮丽气派的包装一定具有同样水准。

所有香槟区的独立酒厂、合作社或酒商都可以自由酿造任何风格的香槟。就传统而言，以酩悦(Moet & Chandon，见174页)、克鲁格 (Krug，见173页)、赫德瑞及波林杰等香酒商表现最佳。这些酒商的香槟行销全球，获得的高利润使他们更占优势。他们可以轻易取得最佳品质的葡萄，有的来自自己的葡萄园，有的来自合作的特级葡萄园。优渥的财力使他们可以完好保存数年的葡萄酒，随时与非年份香槟调配混合。同样，他们也拥有最先进的机器设备与最好的调酒技术。

一般认为，合作社处于相对较不利的地位。他们的葡萄只能从成员的葡萄园中取得，所以只能将有限的酒汁调配混合。其次，由于酿成的香槟不冠酒庄名，而是冠上客户的名义销售，无法激励合作社提升品质。至于资本有限的独立小酒庄，所面临的困境就更为艰难了。不过近几年来，不时有酒评家发现大酒厂的品质不如所望，局面似乎有点改变。举例来说，穆姆(Mumm)公司的香槟似乎远不如该公司的加州酒。同时合作社也开始推出自创品牌的香槟，普遍表现已不输给一些酒商公司。至于一些地理位置良好、品质卓越的老庄园，更是推出超乎想象的顶级香槟。

随着21世纪的到来，一些久享盛誉的香槟大厂将面临更多的挑战；国际新市场不断成长，来自香槟区及其他酒区的竞争压力也越来越激烈。最大的赢家将是消费者，以较合理的价格享受更高品质的香槟似乎指日可待。

克丽蔻(Veuve Cliquot)折扇

发现除渣过程的寡妇克丽蔻(国内进口酒商将其香槟酒译为“凯歌”)，是个相当具有宣传效果的人物，正如这把折扇所示。

香槟区酒乡之旅

虽然本区举世闻名的香槟是收集区内各处的数种葡萄后由大酒厂混合酿制，但这里还是有许多独立的小镇与小村庄。以下的导览从兰斯市出发探访这些小镇，最后再回到兰斯市。

香槟酒区 导览区

兰斯山区
兰斯山区的低矮坡地以出产优质的黑皮诺葡萄而闻名。

从兰斯到布立

兰斯市(Reims)①是香槟区的非正式首府，在此您可以尽量利用Louis Roederer、Lanson、Ruinart、 Taittinger、Pommery及Charles， Heidsieck等香槟酒厂为访客提供的参访活动，参观酒厂凿穿地下白垩层建成的酒窖。在参观酒窖之余，还可一览市区壮丽的大教堂，1429年，圣女贞德就是在此大教堂为查理七世加冕见证。经过希勒利(Sillery)②后，便是所谓的兰斯山区(Montagne de Reims)，低矮的山丘间种满了最顶级的黑皮诺葡萄。大约在一个世纪以前，希勒利的酒就是以“兰斯山”为酒名销售的。然后在梅立—香槟(Mailly-champagne)③稍作休息，品尝一下这里的香槟，这是本区最好的合作社之一的产品。维惹内(Verzenay)④、维日(Verzy)⑤、安伯内 (Ambonnay)⑥及布立(Bouzy)⑦这四个村镇都产有优质的黑皮诺葡萄，用以酿成香槟酒及香槟丘布立红酒 (Bouzy Rouge Coteaux Champenois)。布立村的保罗·巴拉(Paul Bara)酒庄及安伯内村的埃占莱－欧雷特(Egly-Duriet)酒庄都有细致好喝的酒。

从卢瓦到阿依

卢瓦(Louvois)⑧有座城堡的花园据说是按凡尔塞宫花园的样式建成。下一站可以参观玛荷—阿依(Mareuil- sur-Ay)⑨的必尔卡—莎梦 (Billecart-Salmon)香槟酒厂——本区最优秀的酒庄之一。在阿依(AY)⑩，可以参观阿雅拉 (Ayala)、波林杰(Bollinger)、德兹 (Dentz)及歌赛(Gosset)等香槟酒厂，还可以到香槟博物馆 (Musee Champenois)看看古老的酿酒器具。

从埃佩尔奈到维特斯

香槟大道(Avenue de Champagne)上最引人注目的是埃佩尔奈 (Épernay)⑪，这里是梅尔西埃 (Mercier)及酩悦酒厂(Moet Chandon)等香槟酒厂的据点，其他酒厂还有波罗傑(Pol Roger)、卡斯岱连(de Castellane)及佩里—日耶 (Perricr-Jouët)等。

薛瓦(chavot)⑫的风景漂亮，建议从斐列克斯山(Mont Fdlix)山顶的教堂前拍摄几张风景照，然后往东南走到阿维日(Aviez)⑬。在此，值得参观的据点是本区数一数二的酒庄雅各·槲洛塞(Jacques Sdlosse)的酒窖，以及联合香槟 (Union－香槟区)合作社。梅斯尼－欧杰村(Mesnil-snr-Oger)⑭坐落在一片夏多内葡萄园中央，这里采收的葡萄提供给克鲁格酒庄生产单葡萄园酒。距此村不远的费杜斯(vertus)⑮，是一个溪流潺涓的中世纪古城——野餐的最佳去处。

从蒙摩尔到马恩–夏提雍

参观完蒙摩尔(Montmort)⑯的16世纪城堡后，往西北方出发，经过玛荷布里(Mareui-en-Brie)⑰后抵达欧拜修道院村(Orbais l' Abbaye)⑱，这个美丽的小村镇得名自村内的本笃会修道院。途中可在多尔蒙(Dormans)⑲停留一下，参观这里13世纪的城堡与公园，享受一下世纪初河滨假期的悠闲气氛。马恩－夏提雍(Chatillon- sur-Marne)⑳的教皇乌尔班(Urban)二世雕像值得一看，就在一座可以俯瞰全镇的山丘上。

从欧特维尔到兰斯经过冯德伊(Venteuil)及达美西 (Damcry)两个酒村后，可以抵达欧特维尔(Hautvillers)[21]，佩里尼翁就是在本镇的修道院中，首次尝试以混合方式酿造香槟。除了这座修道院非看不可外，欧特维尔本身也值得一访。从这里往东，可以到美景 (Bellevue)的皇家香槟(Royal Champagne)旅馆，这是全法国最精致的旅馆之一。这趟香槟之旅的最后数站是夏美西(Chamery)[22]、莎西(Sacy)[23]及帕妮兰斯(Pargny- les-Reims)[24]三个村庄，这些村镇有许多葡萄农自行酿造的香槟，值得一试，刚好可与大香槟酒厂的作品做个比较。

图例
- 品酒点
- 餐厅
- 旅游中心
- ★ 观光据点
- 导览路线
- 观光景点

旅游办事处

马恩－夏提雍
4 Rue de l'Eglise
☎ 03 26 58 32 86
FAX 03 26 51 87 85
@ otchatillon51@aol.com
W www.otchatillon51.com

埃佩尔奈
7 Avenue de 香槟区
☎ 03 26 53 33 00
FAX 03 26 51 95 22

欧特维尔
Place de la République
☎ 03 26 57 06 35
FAX 03 26 51 72 66
@ ot@ccgvm.com
W www.ccgvm.com

兰斯
12 Boulevard Général Leclerc
☎ 03 26 77 45 00
FAX 03 26 77 45 19

古典气息

香槟酒厂是酿酒业中最早开放供人参观的一类酒庄。从图中波美利(Pommery)酒厂大酒桶上精致的雕刻，可以看出象征酒厂地位的门面是很受重视的。

香槟区的美食

这个为全球提供一流香槟的地区，在传统地方佳肴方面竟然是出奇的少。本区有丰富的寒带农作物、有质量俱佳的各式食材，居民过着丰衣足食的生活，不过料理方面却多模仿邻区菜色，缺乏独具本地色彩的创意菜肴。

香槟区料理令人意外的一点是，在食材上很少用到牛肉，即使用到也多半是肉类大杂烩。例如，勃艮第蔬菜肉汤（pot au feu）的香槟区翻版：香槟式蔬菜肉汤（potee champenois）或酒农蔬菜肉汤（potee des vendangeurs）中，就是由五种肉类及五种蔬菜煮成，通常有卤猪肉、牛小腿肉、牛上腿肉、鸡肉及香辣腊肠，加上红萝卜、芹菜、芜菁、高丽菜及洋葱一起熬煮。另一道羔羊望肩镶肉（epaule d'agneau farcieala champenoise）也用到数种肉，这道菜是在羔羊的肩部填入一种由番茄、松子加香槟提味的肉泥。

猪肉是本区最主要的食用肉类，以橡实饲养的猪肉大量应用在各种地方菜中，例如，阿尔登（Ardennes）熏火腿、鼠尾草烤猪肉条、猪内脏灌制的辣味香肠，以及嫩焖猪脚（Ste- Menehould）等。后者是以高汤慢火炖煮猪脚，直到焖烂熟透为止。

本地土产的鱼、肉类常会加入本区

富裕之乡
香槟区的蔬菜水果种类繁多，包括青豆、葱、番茄、芦笋、李子及包心菜等，产量充沛足供全区消费。

阿尔登式鳟鱼
香槟区内有多条河川流经，河内产有极鲜美的红鳟鱼。这道简单但美味的菜式是先将鳟鱼煎好后，再淋上鲜奶油及阿尔登熏火腿同煮的酱汁。

的气泡白酒及静态白酒一起烹煮，其中包括梭子鱼、鳗鱼、火腿、鸡肉、珠鸡、雉鸡及来自阿尔登山林的野猪等。本区红酒也常常用以入菜，许多餐厅都有供应的布立红酒鸡 (pouletsaute auBouzy)，就是一道模仿勃艮第烧酒鸡 (coq au vin) 的红酒菜式。鹅肉派 (ouyettes) 是本区的特别料理，通常会加入杜松子同煮。本区淡水鱼类产量丰富，是地方菜的主角，常见的菜色有：煎鳟鱼佐以火腿、鲜奶油、奶油调成的酱汁，梭子鱼佐以培根肉及小黄瓜等。配菜方面则有洋葱蒜煎马铃薯、蒲公英叶加香煎培根沙拉等。

为这美好的一餐划上句号，可以来一份填有果仁奶油的热那亚 (Genoese) 海绵蛋糕或是佐以浓鲜奶油酱的杏仁蛋白酥皮。其他可口的餐后甜点还有香槟雪碧 (香槟区 sorbet) 或艾吉尼 (Eugenie) 式草莓——新鲜草莓佐以微温的莎巴亚 (sabayon) 甜点酱汁。

阿尔登熏火腿
阿尔登地区山林密布，以出产冷熏火腿肉闻名，这种火腿可以搭配酸黄瓜当开胃菜，也可以用在传统菜肴的料理上。

酥皮肉酱
香槟区有无数种肉酱，猪肉、鹅肉、野猪肉、鹅肝等都可以制成肉酱。这道菜是在肉酱上覆盖一层厚厚的起酥皮后放入烤箱中烘烤。

本地奶酪

1217年，香槟区的伯爵曾致赠 200 个莫城布里(Brie de Meaux)奶酪给法国国王。莫城(Meaux)的布里奶酪是法国最古老、最细致的奶酪之一，早在公元8世纪查理曼大帝时代就已相当普遍。今天在香槟区，从大型奶酪工厂到小农场都投入生产布里奶酪，不仅产量极大而且或精致或简单种类非常多。朗格禾(Langres a la Coupe)及夏乌尔斯(Chaource)是本地的特产奶酪，产量较小，品质也较不稳定。

朗格禾奶酪
这种圆形奶酪的中央凹下的处，可以倒入香槟酒或酒渣白兰地。在制作过程中要不断用盐水搓揉外壳，以形成外壳的颜色。

夏乌尔斯奶酪
这款温和的牛乳奶酪的熟成期不长。很快就能形成一层可以食用的白色外层，中间部分则特别香浓、柔软。

畅游香槟区

探访香槟地区的方式之一就是将其视为一座冰山，各大品牌的酒商、理姆斯大教堂、获奖的克莱耶尔餐厅（Crayères）只是露出水面的冰山一角，而那些小村庄、个人领地、迷人的小酒馆，才是潜伏在水下的冰山的主要支撑。

餐饮&住宿

精选本地最好的餐饮住宿地，让你尽享当地美食与美酒，安心留宿于令人印象深刻的、风格独具之处。

AMBONNAY

Auberge St-Vincent, 1 Rue St-Vincent.

03 26 57 01 98

FAX 03 26 57 81 48

如果你不喜欢蜗牛，或吃起饭来“无肉不欢”，那么很显然这里不太适合你。这家乡村小旅店附设餐馆的特色便是以精湛技巧制作蜗牛、蔬菜、通心粉和沙拉。旅店的房间也很舒适。

EPERNAY

Le Théatre, 8 Place Mendès-France.

03 26 58 88 19

FAX 03 26 58 88 38

这里曾是一家娱乐场所，而今，这里依然是时尚之处，虽然价位偏高，但物有所值、名副其实。

ETOGES

Château d'Etoges, 4 Rue Richebourg.

03 26 59 30 08

17世纪的僻静城堡，有罗曼蒂克的塔楼，最适合在饱餐当地美食之后，点一瓶香槟在房内慢慢享受。

MOUSSY, NEAR ÉPERNAY

L'Auberge Champenoise, Le Village.

03 26 54 03 48

旅馆附设的餐厅，服务亲切，供应美味、简单且价格合理的传统菜肴。

OEUILLY NEAR ÉPERNAY

Micheline et Jean-Mary Tarlant, 21 Rue Principale.

03 26 58 30 60

小型家族庄园提供的住宿服务，房间是由葡萄园中的小屋改建而成。

REIMS

Boyer "les Crayères", 64 Boulevard Vasnier.

03 26 82 80 80

香槟酒厂或公司常带重要客人来此用餐，菜肴精致，气氛豪华隆重。

Flo, 96 Place Drouet d'Erlon.

03 26 91 40 50

FAX 03 26 91 40 54

这家酒店不仅有数量众多的香槟酒单，而且还提供大量精心制作的当地菜肴。

葡萄酒商店

一些由当地小酒商酿造的酒品待你回到家后便很难再寻觅到，还是趁着在当地的机会，离开前大肆搜敛一番。

EPERNAY

Pérardel, 9 Rue Jean Chandon Moët.

03 26 56 97 30

法国最好的当地零售商之一，拥有精心挑选的丰富酒品。

REIMS

Marché aux Vins Pérardel, 3 Place Léon Bourgeois.

03 26 40 12 12

这是理姆斯的分店之一。

La Cave d'Erlon, 40 Place d'Erlon.

03 26 47 44 44

FAX 03 26 47 55 12

地处镇中心，主要香槟酒庄所产的酒品在这里都能找到，同时还有来自30个个人领地的酒品。

酒庄之旅

许多大一些的香槟酒庄都会组织酒庄之旅，交纳入场费即可品尝美酒。有的酒庄需要提前预订。

EPERNAY

de Castellane, 57 Rue de Verdun.

03 26 51 19 11

除了一般都会有的参观地下酒窖之外，在这里，还可以爬上一座装饰华丽的塔楼，俯瞰城镇与周边葡萄园美景。这里是可以观察到香槟酿造细节的最佳选择之一。

Alfred Gratien, 30 Rue Maurice-Cerveaux.

03 26 54 38 20

一家传统的小公司，仍采用传统的木桶陈酿方式。这里还面向个人提供餐馆之旅，但须提前预约好。所酿美酒中，有一些是当地酒中的佳品。

Mercier, 68-70 Avenue de champagne

03 26 51 22 22

在法国超市中，可谓销量大户。组织的参观之旅相当专业。不一定非得预约，进场费中包含了视频演示和围绕酒窖的20公里火车旅行的费用。这里还有世界上最大的酿酒木桶。只是这里所酿酒的品质实在不敢恭维。

Perrier-Jouët, 28 Avenue de champagne.

03 26 53 38 00

如果你想品尝下“美好时代”的

神秘的香槟

香槟地区的餐馆提供的美酒，往往在他处难寻。

美酒，不妨参加免费的酒窖之旅加19世纪末20世纪初玻璃杯收藏之旅。需预约。

Launois Père & Fils, 2 Avenue Eugène Guillaume.
☎ 03 26 57 50 15
为了与大酒庄竞争，这个家族小企业以最好的霞多丽酒村为基础，还拥有一个很棒的博物馆，组织参观与品酒之旅。非常值得探访，但需提前预订。

MAILLY
Grand Cru Mailly, 28 Rue de la Libération.
☎ 03 26 49 41 10
一家酿造顶级香槟的合作社。可以不预约，而且如果遇到对葡萄酒明显有着丰富的学识与热情的到访者，门票费用可免。

REIMS
Piper-Heidsieck, 51 Boulevard Henry Vasnier.
☎ 03 26 84 43 44
并非最传统的酒庄之一，但这里为到访者提供了可在夜总会的氛围中品酒的机会。酒品与活动安排都很不错。

Pommery, 5 Place Du Général Gouraud.
☎ 03 26 61 62 63
走下101级台阶，来到约20公里长的被古罗马人用的白垩石隔开的一个个酒窖，通道以一个世纪以前曾是这里大客户的各城市的名字命名。这里还有浮雕收藏。可以不预约。

Ruinart, 4 Rue des Crayères.
☎ 03 26 77 51 51
当地最古老的酒庄之一，拥有好几个大酒窖。只有付费才能品尝到修纳尔香槟，但物有所值。需预约。

Veuve Clicquot-Ponsardin 1 place des Droits-de-l'Homme.
☎ 03 26 89 54 41
免费的参观与品酒活动将引领你在这个香槟地区最大的酒窖之一内徜徉。提前电话预约。

博物馆

个人酒窖之旅可帮助你了解独特的香槟酒庄，但下面列出的这些博物馆可让你对本地区酿酒业概况有个总括式的了解。

OGER
Le Musée de l'Amour et des Traditions au XIXième Siècle, champagne Henry de Vaugency, 1 Rue d'Avize.
☎ 03 26 57 50 89
FAX 03 26 51 57
两个关于19世纪、20世纪初家庭生活的备受赞誉的博物馆，拥有大量展品。

REUIL
Le Musée du Vignoble en Miniature du Domaine Bacchus, 4 Rue Bacchus, L'Echelle.
☎ 03 26 58 66 60
FAX 03 26 57 65 30
一个不折不扣的神奇之处：精心设计的75平方米小型模拟场地中的150个模型，生动诠释了香槟地区的葡萄生长、丰收过程及酿酒传统等。

VERZENAY
Le Musée de la Vigne et du champagne, Le Phare de Verzenay.
☎ 03 26 07 87 87
FAX 03 26 07 87 88
这座木制建筑俯瞰着葡萄园，博物馆运用丰富的展品和视频，让参观者对香槟地区酿酒过程的各个方面都能有更深的了解。

网站

www.champagne.fr、www.champagnemultimedia.com、www.umc.fr.是三个很有帮助的网站。还可以到为游客开设的网站www.tourisme.fr上，输入城镇或乡村名，便可获得具体的相关信息。

其他信息

旅游办事处
7 Avenue de Champagne, Épernay
☎ 03 26 53 33 00
资讯丰富，包括香槟酒厂的地址、本区地图及庆祝活动简介。

年度葡萄酒节日及活动

春夏两季有许多庆典活动，最值得参与的是5月举行的梅立–香槟节。具体信息可咨询当地旅游办事处(见下文)。

1月

每年在不同地点举行圣文森特展会——包含音乐会、展览、游行、品酒等丰富活动。

5月

梅立–香槟节

7月/8月

露天音乐节——在理姆斯地区或周边举行，包括150场古典及爵士音乐会。

8月

8月间，沿线村庄举办品酒、音乐会、艺术展等活动。

9月

葡萄酒展会

必尔卡－莎梦（BILLECART-SALMON）

这家小型的家庭香槟酒厂，有令人满足的香槟有Elisabeth、Salmon、Nicolas、Francois、Billecart、Blanc de、Blancs、Grande及Cuvee此外该公司的粉红香槟品质之稳定可靠更获得许多酒评家一致公认。从1830年开始生产的粉红香槟，目前占该公司年度营业额的20%。

伊莉莎白·莎梦调配酒（Cuvée Elisabeth Salmon ）
粉红香槟中的极品，这款精致的调配酒散发出诱人的覆盆子香气。

- 黑皮诺，夏多内、皮诺莫尼耶
- 风格明显，各种风格的香槟都是本酒区信用最佳的；粉红香槟尤其杰出。
- Cuvée Nicolas-François Billecart, Cuvée Elisabeth Salmon Rosé, Blanc de Blancs, Grande Cuvée.
- 无
- 1997, 1995, 1990, 1989, 1988, 1985, 1982

波林杰（BOLLINGER）

这是“007”系列电影男主角詹姆斯·邦德爱喝的香槟品牌（小说主人翁喝的是另一品牌），也是许多酿酒师的最爱。其成功秘诀在于拥有一片广达 140公顷的顶级葡萄园，且坚持酿造耐久藏适合搭配菜肴的酒。有些酒厂陆续推出的RD香槟，对本酒厂而言早已是其传统香槟的一种。波林杰生产的“法国老藤葡萄酒（Vieilles Vignes Francaises）”有独特的果香，是由少数硕果仅存、未进行美国葡萄接枝的纯种法国葡萄酿成。

波林傈1990年年份香槟
年份香槟最能充分展现本酒厂醇厚的风格。

- 黑皮诺，夏多内、皮诺莫尼耶
- 口感丰富具层次感，香气浓郁，长期浸泡于酵母中发酵而成。
- Grande Année, RD (Récemment Dégorgé), Vieilles Vignes Françaises.
- 无
- 1996, 1990, 1989, 1988, 1985, 1982

歌赛（GOSSET）

歌赛酒厂成立于1584年，是世界上最古老的酒厂之一。酒厂的经营权世代相传达4个世纪之久，直到最近才被此阿特丽斯·科恩特力尤（Beatrice Cointreau）买走。歌赛酒厂的香槟风格相当传统，强调像木桶中的发酵过程且以高比例的黑葡萄酿造。这里的香槟，从无年份的Excellence香槟到最顶级的Celebris豪华香槟，皆呈现无懈可击的高水准。歌赛香槟的拥戴者偏爱Grande Reserve，这是一种适合搭配菜肴的无年份香槟。

Celebris香槟
最顶级的豪华调配酒，充分表现出夏多内葡萄的特色，值得存放陈年。

- 黑皮诺，夏多内、皮诺莫尼耶
- 熟成慢，带有饼干般的香气，有别于现代香槟风格。
- Grande Excellence, Grand Rosé, Grande Millésime, Célébris.
- 无
- 1995,1990,1989,1988

阿佛德－葛先（ALFRED GRATIEN）

阿佛德－葛先酒厂是最传统的香槟酒厂之一，与卢瓦尔河流域的“葛先典悔耶”(Gratien &Meyer)气泡酒厂属同一集团。这家酒厂将香槟置于老木桶中，与酵母经过超长时间的接触，以产生二度发酵(见24页)。以这种手法酿成的香槟散发着“新近除渣香槟”(见31页)的丰富与清爽风味。上市时已达熟成的阿佛德葛先香槟经过陈年后风味更佳，可与菜肴完美结合。

天堂调配酒（Cuvée Paradis）
这款调配酒完美展现出葛先酒厂饱满、充满酵母味的风格。

- 黑皮诺、夏多内、皮诺莫尼耶
- 最传统且独特的香槟之一，散发出浓浓的饼干香味。
- Cuvée Paradis, Vintage Brut.
- Gratien & Meyer位于梭密尔(Saumur)酒区
- 1996, 1990, 1989, 1988, 1987, 1985, 1983

查理一韩赛克(CHARLES HEIDSIECK)

查理一韩赛克香槟酒厂为技巧精练的酒厂更应坚持品质与不断投资的做法做了最佳示范。20世纪70年代，本酒厂的香槟只有一般超市的水准，在丹尼尔·第鲍尔(DanleIThibnult)的领导下，酒厂的表现突飞猛进。1998年，查理韩赛克香槟酒厂推出了一种标示调配酒调配年份的无年份香槟，在伦敦及东京的国际酒赛中击败不少知名香槟大厂的年份香槟。

Brut Réserve Mise en Cave 1992
这是一款革命性的无年份香槟酒，拥有年份香槟的品质与特色。

- 黑皮诺、夏多内、皮诺莫尼耶
- 近年来品质大幅提升，完美精酿的香槟散发浓郁的香气，适合搭配菜肴。
- Mis en Cave Non-vintage, Cuvée des Millénaires.
- Piper Heidsieck.
- 1995, 1990, 1989, 1985

安西佑（HENRIOT）

当香槟区大部分的家族酒厂渐为财团购并的同时，安西佑的经营权却从财团回到原先的家族手中。安西佑香槟目前仍由凯歌香槟（Veuve Cliquot与安西佑酒厂同属一财团所有）的酿酒师酿造，但是两者的风格迥异。夏多内是本酒厂最爱的葡萄品种，尤其在Souverain Brut及饱满中不失优雅的白葡萄白酒两种年份香槟中表现最为杰出。约瑟夫安西佑 (Joseph Henriot) 同时拥有勃艮第酒区的布夏父子家族酒商公司，在该厂的产品上也做了不少改善。

白葡萄白酒（Blanc de Blancs）
这款完全由夏多内葡萄酿成的香槟酒，是白葡萄香槟中的佼佼者。

- 黑皮诺，夏多内、皮诺莫尼耶
- 口感丰富，有烘焙香气，品质快速进步中；白葡萄香槟相当高级。
- Souverain Brut, Blanc de Blancs, Enchantelleurs.
- 勃艮第酒区的布夏父子家族酒商公司
- 1995, 1990, 1989, 1988, 1985

贾克森（JACQUESSON）

据说包括拿破仑大帝在内的许多显赫人物都是贾克森香槟的拥护者，酒厂因而骄傲地在瓶身帖上最耀眼堂皇的酒标。瓶中的液体就更值得引以为傲了；从Pirfection无份香槟到白葡萄酒白酒（及Brut(不甜)两种年份香槟，都是最细致饱满的顶级香槟。为了呼应，波林杰酒厂也推出了Digorgement Tardif新近除渣香槟，在成熟的酒质中散发着清新气息。

十全十美香槟（Perfection ）
这家小酒厂生产的香槟是市场上最饱满且酿制最讲究的香槟之一。

- 黑皮诺、夏多内、皮诺莫尼耶
- 口感丰富具层次感，风格明显，尤其白葡萄香槟品质更是殊绝，值得推介。
- Signature Brut, Blanc de Blancs, Dégorgement Tardif.
- 无
- 1995, 1990, 1989, 1988, 1985, 1983

克鲁格（KRUG）

克鲁格酒厂生产的香槟堪称是香槟中的贵族，风格独具，是气泡酒中最近似静态酒的一款。原因是它极适合在豪华晚宴中搭配佳肴，而较不适合单独饮用。克鲁格酒厂以生产耐久藏的年份香槟及由单一葡萄园酿成的美思妮庄园 (Clos du Mesnil)白葡萄香槟见长。不过对许多精致香槟的爱好者而言，克鲁格的无年份香槟与粉红香槟最令人无法抗拒，这两种香槟中都含有高比例的成熟葡萄酒。

Grande Cuvée香槟
这款酒可以当之无愧的荣登最佳无年份香槟的宝座。

- 黑皮诺、夏多内、皮诺莫尼耶
- 口感丰富而饱满，无年份香槟尤其诱人。
- Grande Cuvée, Rosé, Vintage, Clos du Mesnil.
- Pommery, Moët & Chandon, Krug, Dom Ruinart, Veuve Clicquot, Mercier.
- 1990, 1989, 1988, 1985

兰森（LANSON）

兰森香槟的品牌名称(不包括其葡萄园)在1991年转卖给香槟区第二大规模的酒厂Marne et 香槟,这家公司酿造的酒通常以自家或客户的酒名销售。现在要评论这项措施(葡萄园与酒名分割)所产生的影响还言之过早，因为目前市面上的陈年兰森香槟都还是未分割前的产品。不过以新葡萄酿成的无年份香槟倒是仍维持着过去的水准，酿酒师也还是原班人马。顶级作品贵族调配酒 (Noble Cuvee) 值得特别推荐，最近推出的Demi Sec也不错。

兰森香槟（Lanson）
金色酒标表示这是一瓶年份香槟，兰森酒厂生产的年份香槟通常极耐久藏。

- 黑皮诺，夏多内、皮诺莫尼耶
- 香味浓郁，值得等待熟成巅峰。
- Noble Cuv é e, Blanc de Blancs.
- Mass é , Marne et 香槟区 brands including Besserat de Bellefon and Alfred Rothschild.
- 1996, 1993, 1990, 1988

罗兰一贝里耶 (LAURENT-PERRIER)

罗兰一贝里耶是一家颇具规模且积极进取的家族香槟酒厂，每年的香槟总产量可达赫德瑞香槟酒厂的两倍。旗下同时拥有数家香槟酒厂，包括Salon、de Castellane两家酒厂，以及新取得的约瑟夫贝里耶 (Joseph Perrier) 公司一半的股权。本酒厂的产量虽大，但是以大量黑皮诺葡萄酿成且酒香浓郁的无年份香槟仍然维持杰出的实在品质。本酒厂有一系列高品质的大时代无年份香槟，包括一款白葡萄香槟、一款粉红香槟及卓越的La Cuvee香槟。

大时代香槟（Grand Siècle）
这款杰出的混合式香槟是由三个不同年份的葡萄酒调配而成。

- 黑皮诺、夏多内、皮诺莫尼耶
- 优雅细致的不甜香槟 (包括最不甜型)，精酿的粉红香槟及口感丰富的 LoCuvee混合式香槟。
- Grand Si è cle 特别是亚历山卓调配酒 (CuveeAlexandre)
- de Castellane, Delamotte, Joseph Perrier, Salon
- 1996, 1990, 1988, 1985

酩悦（MOËT & CHANDON）

酩悦香槟的大名几乎呼遍香槟酒国，每年销售量高达2000万瓶，光是各种世界运动竞技冠军拿来当喷泉喷酒庆祝的特大瓶香槟就已经为数可观。酩悦香槟酒厂虽然在过去有几次品质失常，但是近年来不管风格或品质的表现都相当稳定，这里的不甜型 (Brut) 及粉红香槟 (Rose) 两种年份酒堪称本区的极品。最杰出的佩里尼翁 (Dom Perignon) 豪华级混合式香槟，大量生产上市，上市后仍值得再珍藏10年以臻成熟巅峰。

Brut lmperial 1993年年份香槟
这款杰出的年份香槟酒带有烤坚果的香味，可惜却常遭年份香槟夺去风采。

- 黑皮诺、夏多内、皮诺莫尼耶
- 散发可爱的烘焙香味，包括无年份香槟在内，陈年后更添风味。
- VintageBrutImperial–Dom Perignon(香槟及粉红香槟)
- Mercier, Pommery, Veuve Clicquot, Krug, Ruinart, Canard Duch ê ne.
- 1996, 1992, 1990, 1989, 1988

波罗杰（POL ROGER）

这个家族酒厂的香槟，深获传统酒商及要求口感柔细、结构精致的酒客所喜爱。有些酒厂会偏好某种葡萄，但是波罗杰酒厂则坚持以均等的比例来使用本区的三种葡萄。本酒厂与英国渊源颇深，英国是酒厂第一个海外市场，前英国首相丘吉尔更是对波罗杰香槟情有独钟。为了纪念这位超级酒迷，酒厂特别推出贴著滚黑边酒标的邱吉尔爵士调配酒(Cuvee sir Wlnston Churchill)。

最不甜型香槟（Extra Dry）
这是本区最精致柔细的香槟酒，与波林杰酒厂浓醇丰富的香槟风格形成地比。

- 黑皮诺、夏多内、皮诺莫尼耶
- 风格突出，有明显的黑皮诺风味，陈年后酒质更佳。
- Brut Chardonnay, Cuv é e PR R é serve Sp é ciale, Cuv é e Sir Winston Churchill.
- 无
- 1996, 1990, 1989, 1988, 1985

波美利（POMMERY）

波美利酒厂拥有面积超过300公顷的大葡萄园，所有酒窖均骄傲地以该公司最大的海外香槟输出城市为名。波美利与酩悦酒厂、于那酒厂(Ruinart)、凯歌酒厂同属LVMH集团。不过在亚兰波利尼亚克王子(Prince Alain de Poligac)的领导下，这个由该家族创立的酒厂仍维持其一贯的清淡细致风格。以酒厂创立人(也就是亚兰的祖先)之女命名的露易丝波美特级调配酒(Cuvee Speciale Louise Pommery)，是所有豪华级混合香槟中的极致杰作。

露易丝（Louise）
这款香槟迷人、丰醇，富层次感，陈年后风味更完美。

- 黑皮诺、夏多内、皮诺莫尼耶
- 进步神速的精致无年份香槟、夏多内风味浓郁的 Royal Apanage，以及口感丰富的Cuvee Louise。
- Louise, Royal Apanage.
- Krug, Mercier, Moët & Chandon, Ruinart, Veuve Clicquot.
- 1996, 1991, 1990, 1989, 1988

赫德瑞（ROEDERER）

赫德瑞香槟酒厂是规模最大的家族香槟酒厂之一，也是魄力十足的一家公司。除了购并德兹香槟公司(Deutz 香槟区)公司，并在年份波特酒上以及在罗讷河及波尔多两个酒区进行投资外，更在美国加州创立了一家酿制顶级气泡酒的酒厂。赫德瑞香槟的招牌产品是 Gristal香槟(水晶般洁净透明的酒瓶也是一绝)，早在沙俄时代便已声名远播。Brut Premier及Vintage两种香槟也都值得推荐，经过5–10年的存放后风味更佳。

冷水晶（Cristal Brut）
这是一款绽放黑皮诺风味的超丰醇香槟。产量极少的粉红香槟也十分出色。

- 黑皮诺、夏多内、皮诺莫尼耶
- 丰醇的无年份香槟可在年轻时饮用，陈年后层次感越臻丰富。
- 特别擅长传统典雅风格的年份香槟。
- Deutz, Roederer Estate/ Quartet (California).
- 1996, 1991, 1990, 1989, 1988

于那（RUINART）

于那酒厂是历史最悠久的香槟酒厂，由于那神父(Dom Rulnart)于1729年所创立。20世纪60年代为酩悦酒厂并购后，本酒厂的规模便急速增大。于那酒厂与Louis-Vuitton-Moet-Hennessy旗下其他酒厂最大不同处，在于完成并购后仍维持相当的独立运作。香槟风格仍然是风味浓郁的典雅香槟，大量使用的夏多内葡萄还是来自于那自家的葡萄园。白葡萄香槟以兰斯山区及白丘(Côte des blancs)的葡萄酿成，特别值得推荐。

不甜型（Brut）
这是一款散发浓郁坚果味道、苹果香气的顶级香槟酒，充分显示出夏多内葡萄的风格。

- 黑皮诺、夏多内、皮诺莫尼耶
- 醇厚强劲，却不失香槟风格。
- Blanc de Blancs, R de Ruinart, Dom Ruinart Ros é .
- Moët & Chandon, Mercier, Pommery, Veuve Clicquot, Canard Duch ê ne, Krug.
- 1996, 1993, 1992, 1990, 1988

沙隆（SALON）

“与众不同”今天已是个泛滥的形容词，但用来描述这家罗兰—贝里耶旗下子公司却再适合不过。沙隆酒厂只销售一种只在好年份酿成的年份香槟(vintage cuvée)，并坚持不进行乳酸发酵(见27页)；如此酿成的香槟味道干瘦扎实，尽可以等到其他酒厂的同年份香槟销完的数年后，才推出同年份的香槟。有机会千万别错过任何沙隆香槟，这是最精致的顶级香槟之一。

白葡萄白酒（Blanc de Blancs）
比其他香槟酒干瘦扎实，但酒香芬芳的余韵仍常留口中。

- 夏多内
- 异常涩苦，熟成期极长，未到圆熟可饮的程度前不轻易上市
- The vintage cuvee(唯一生产的酒)
- De Castellane, Delamotte, Lemoine, Laurent–Perrier, Joseph Perrier.
- 1995, 1990, 1988, 1985, 1983

泰丁爵（TAITTINGER）

泰丁爵酒厂是香槟区规模最大的酒厂之一，拥有广达250公顷的顶级葡萄园。本酒厂对夏多内葡萄偏爱有加，主要选自白丘的优良葡萄园，酿成的酒口感清淡且气泡绵密。本酒厂的无年份香槟表现平平，但是年份香槟却极为出色，充满美妙的饼干香味。泰丁爵酒厂的明星级香槟无疑是赫赫有名的Comtes de champaghe豪华级香槟，这是众多酒评家心目中最高级的白葡萄白酒。

香槟侯国(Comtes de champaghe)
这是少数完全以夏多内葡萄酿制的一款豪华级混合式香槟酒。

- 黑皮诺、夏多内、皮诺莫尼耶
- 充满夏多内葡萄风味的年份香槟及豪华级混合香槟比无年份香槟值得购买。
- Comtes de champaghe(香槟及粉红香槟)
- 无
- 1995, 1991, 1990, 1988

寡妇克丽蔻（VEUVE CLICQUOT）

无年份香槟醒目的黄色标签，以及对香槟除渣的技术卓有贡献的寡妇克丽蔻(Nicole-Ba Cliquot-Ponsardin)给人的联想，使得寡妇克丽蔻酒厂很快就赢得国际性的知名度。此酒厂的无年份香槟并不细致，无法满足偏爱波罗杰香槟细致风格的酒客。不过相信任何喜好香槟者都会欣赏寡妇克丽蔻酒的丰富口感与浓度，以及顶级香槟 La Grande Dame卓越的品质。

贵妇人香槟（La Grande Dame）
这款口感丰富的香槟是许多人心目中最杰出的豪华级混合式香槟。

- 黑皮诺、夏多内、皮诺莫尼耶
- 酒香芬芳，品质稳定，一入口便可辨认出其特殊风格。
- La GrandeDame(香槟与粉红香槟) Rich Rcserve(半甜型)
- Krug, Mercier, Moët & Chandon, Ruinart.
- 1996, 1990, 1989, 1988

香槟区的静态葡萄酒

除了那些喜欢用吸管驱散香槟酒中气泡的人以外，对大多数人来说，香槟区所生产的酒就是冒着泡泡的香槟和粉红香槟。事实上，没有气泡的静态红酒、白酒和玫瑰红酒才是本区最早生产的酒，甚至现在区内还有不少小酒庄仍坚持继续生产，并以酒名Bouzy Rouge、Rose、des Ricers及 Coteaux Champenois上市。这些酒有两个共同特色，第一价格普遍偏高，第二只有在温暖的年份才值得购买。寒冷年份的Bouzy Rouge喝起来就像未成熟的勃艮第红酒般酸涩强烈，而寒冷年份的Coteaux Champenois则像青涩无比的沙布利酒。可惜的是，一个酒村通常得等个10年以上才会碰到一个好年份。如果真的好奇到非尝尝不可，建议选择来自利伯家族(Libert-Fils)及埃吉莱·欧雷特 (Egly-Ouriet)等酒庄的白酒和红酒，亚历山卓一博纳(AlexandreBonnet)生产的Rose des Riceys也可以一试。这里还流行一种黑葡萄酿制的白酒 (blanc de noirs)，是以香槟手法将黑葡萄酿成静态酒，茅思·维赛耶(Maurice Vesselle)、赫伯·博福(Herbert Beaufort)是这类酒中的翘楚。

布立村
布立村生产的黑皮诺葡萄专用以酿制高级香槟及静态红酒。

其他

除了少数众所瞩目的“名牌香槟”外，香槟酒区还有许多大大小小的香槟酒厂，从大型的合作社到小型的家庭式庄园应有尽有。各家所产的香槟品质当然参差不齐，有酸涩无味的平板作品，也有细致完美的好酒。

酿造历史
贮存在这个酒窖中的Demoiselle香槟，是一种近年新创的香槟品牌，品质已经可以与一些大品牌相抗衡。

观察力敏锐的读者在看过前列的香槟酒厂名称后，一定会发现名单里少了一些显赫的知名酒厂。例如，最常在新年节庆前大张旗鼓广告的穆姆（Mumm）、梅尔西埃(Mercier)及皮尔朱耶(Perrler Jouet)三家酒厂。这些享有盛名的大厂之所以归入“其他香槟酒”类，有个最简单的理由：许多酒评家认为这些酒厂生产的香槟，虽然有些品质近年来已略有改进，但还是没有前列酒厂的表现好，甚至有些酒厂还比不上下列的合作社或家庭式小酒厂。

首先要介绍的是马恩香槟公司(Marne & champaghe)，这个酒厂鲜少出现在酒评书中，因为是它所生产的香槟总是冠上数百个不同品牌出售。其实这家公司旗下还有兰森酒厂，以及表现不差的Besserat de Bellefon酒厂，此外它的香槟还以亚佛列—罗斯柴尔德(Alfred Rothschild)为品牌销售，但很少外销到其他国家。弗兰肯(Vranken)是另一家生产多种香槟品牌的公司，所酿的香槟除了挂上自家酒厂名称销售外，也以其他品牌名称上市，例如Heidsieck Monopole、Demoiselle等。布鲁诺·派拉德（Bruno Paillard）是值得期待的新起酒商，本身的酒厂及Delbeck和Boizel两个分厂的香槟都相当不错。阿雅拉(Ayalacc)和卡桑诺瓦(de Cazanove)是两家老字号的酒厂，近年来品质改善不少。其他像韦诺吉（De Venoge）酒厂及寡妇克丽蔻酒厂旗下的卡那都薛（Canard Duchene）酒厂，香槟品质也进步了不少。罗兰贝里耶香槟酒厂旗下的卡斯泰兰（De Castellane）及罗德瑞酒厂旗下的德兹酒厂，所酿的香槟都相当可靠且物超所值。

本区品质不错的小型酒厂有：Charles Ellener、Delamotte、Duval-Leroy、Drappier、Forget-Brimont、Hamm、Alexandre、Harlin、Joseph Perrier、Bonnet。合作社方面则推荐“联合香槟酒庄”的Orpale调配酒，此外值得尝试的合作社还有：Jacquart、Mailly Grand Cru、Pannier、Palmer、Nicolas Feuillatte、Beaumont de、Crayeres。

至于小型庄园方面，则推荐PaulBara、Jacques Beaufort、Egly-Ouriet、Chartogne-Taillet、Pierre Moncuit、Gimonnet、Margaine、Jean Vesselle、Jacques Selosse、Vilmart。

杜瓦·乐华酒厂
Duval-Leroy
这家酒厂为客户酿制香槟并挂上客户名称为酒标，其客户从超级市场到五星级豪华饭店都有。

侏罗与萨瓦
JURA AND SAVOIE

侏罗与萨瓦(JURA AND SAVOIE)

侏罗与萨瓦是法国两个遭埋没已久的酒区，这两区的酒风格与风味独具特色，绝非他处可比。

在阿伯瓦镇(Arbois)北方的罗塞列村(Les Rosieres)有座在法国酒史，甚至世界酒史上皆占有重要地位的葡萄园。19世纪末，应拿破仑三世的要求，路易·巴斯德(Louis Pasteur)在此进行实验以研究葡萄汁会变成葡萄酒以及葡萄酒会变成酒醋的原因。巴斯德选择此处进行实验，完全只因为这里是他的故乡。他对酵母及菌类的灵感应该是来自侏罗及萨瓦酒区的“黄酒”(Vin jaune)表面所覆有的酵母层，这些酵母和雪利酒发酵过程中的酵母作用近似。酒液在这层酵母表皮下经过相当时间的氧化后会渐渐转为黄色，此即酒名的由来。今天，侏罗酒区的居民仍一致公认黄酒是区内最精致的酒，其实同样深具特色的“麦香酒”(vin de paille)也值得品尝。麦香酒是甜白酒，其酒名源自其传统的酿造方法：先将葡萄铺在麦草上晒干后，再进行葡萄汁发酵。现在麦香酒已改采意大利威尼托镇(Veneto)酿造阿玛红(Amarone)酒的方式，将整串葡萄挂在茅草屋檐下或铺在架子上暴晒。

侏罗酒区近年来大力推广以黑皮诺葡萄、本地的土梭(Trousseau)及普沙(Poulsard)等葡萄品种酿成的红酒，以及用莎瓦涅(Savagnin)及夏多内葡萄酿成的白酒。在葡萄根瘤芽虫的大肆破坏之前，侏罗酒区的葡萄园总面积高达2万公顷，目前只剩过去的一小部分而已。2000年前普林尼曾对本区的酒礼赞有加，但到了20世纪60年代酿酒业却面临生死存亡的危机。亨利·迈尔(Henrl Maire)是位聪明过人的行销专家，也是巴斯德实验葡萄园目前的主人，推出大受欢迎的“疯酒”(vin Fou)而奇迹似地拯救了侏罗酒区。虽说如此，传统的侏罗酒还是颇令人难忘。

沙隆堡(Château Chalon)
沙隆堡(土产百分之百)莎瓦涅葡萄酿制的黄酒而极负盛名。这里的葡萄尽可能延后采收，即使延迟到下雪也行。

接下来谈谈萨瓦酒区。若不是靠着依塞尔谷地(Val d'Isare)等滑雪胜地的带动，萨瓦酒区可能早就不存在了。本区的红酒与玫瑰红酒口感清淡、有莓果香，是以蒙得斯(Mondeuse)葡萄酿成；白酒则清新好入口，主要以胡榭特 (Roussette)葡萄或称阿尔地斯(Altesse)葡萄酿成，极适合在滑雪后畅饮，与本地的奶酪更是绝配。不过这些酒极不耐存放，往往无法与法国其他酒区更香浓的酒竞争。

不同于法国其他酒区，侏罗与萨瓦酒区的酒品质相当稳定，不会因年份而有太大差异。选购最年轻的年份比已存放数年的酒来得好。

酒区概况

- 3500公顷；年产量3500万瓶
- 侏罗与萨瓦二酒区属大陆型气候，夏热冬冷。因邻近山区，气候变化迅速且剧烈。
- 黏土及石灰岩土质
- 侏罗红酒：
  黑皮诺，普沙、土梭
  侏罗白酒：夏多内，莎瓦涅
  萨瓦红酒：加美、黑皮诺，蒙得斯
  萨瓦白酒：贾给尔、夏斯拉，夏多内

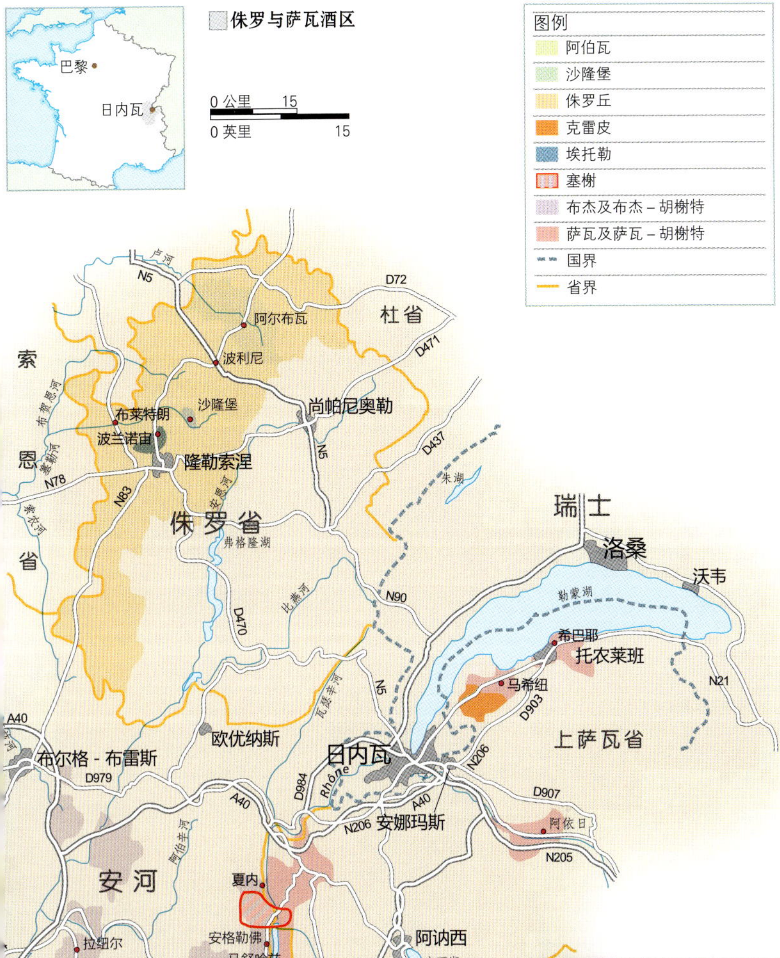

葡萄山脉

侏罗与萨瓦两个酒区的葡萄园位于侏罗山脉低矮斜坡上，距法国境内的阿尔卑斯山滑雪区不远。这里属夏暖冬冷的大陆型气候。

德阿列酒庄（Château d'Arlay）

这座位于阿伯瓦的酒庄产有侏罗及萨瓦两酒区最优良的麦香酒，这种口感香甜的酒是循古法将葡萄置于稻草上晒干后酿成。

畅游侏罗与萨瓦

对滑雪者而言，萨瓦这个地方耳熟能详，这里的葡萄酒和葡萄园和其在滑雪界的知名度相比，还有很大潜力尚待挖掘。侏罗区更是没有什么知名度，在勃艮第与阿尔萨斯之间这条几乎快被踏平的道路上，它就像一个隐居的小角落。但如果你是个好奇心强、爱冒险尝试的人，不妨绕道来这里瞧瞧，一定会惊喜连连。

餐饮&住宿

精选当地最好的餐饮住宿地，让你尽享当地美食与美酒，安心留宿于令人印象深刻的、风格独具之处。

JURA
ARBOIS
Hotel des Messageries, 2 Rue de Courcelles.
03 84 66 13 43
FAX 03 84 37 41 09
@ hotel.lesmessageries@wanadoo.fr
一家低调、舒适、亲切的老驿栈，地处富于魅力的小镇中心。不附设餐馆，但有一个大的露天平台，可以在去La Balace-Mets et Vins（见下文）吃饭前，在这里喝杯开胃酒。

La Balance Mets et Vins, 47 Rue de Courcelles.
03 84 37 45 00
拥有侏罗区的特色葡萄酒及各种菜肴，不妨试试品尝菜单上的美食。

Jean-Paul Jeunet, Le Paris, 9 Rue de l'Hotel de Ville.
03 84 66 05 67
在当地最佳餐馆的评选中，曾与Chateau de Germigney（见下文）难分伯仲。当地特色美食搭配令人印象深刻的美酒，真乃人生一大乐事。

Château de Germigney, Rue Edgar Faure.
03 84 73 85 85
FAX 03 84 73 88 88
@ germigney@relaischateaux.com
这家可爱的乡村旅店是18世纪的一处庄园，处于湖水与树林（秋季时要小心从树上落下的栗子）的环抱之中，装饰风格融合了传统与现代元素。附设的餐厅，既有较为清淡的现代菜肴，也有以当地黄葡萄酒烹制的传统菜色。

SAVOIE
ANNECY
Hôtel du Palais de l'Isle, 13 Rue Perrière.
04 50 45 86 87
FAX 04 50 51 87 15
一处漂亮的18世纪私家宅邸，位于提乌河畔，旁边有一座宫殿。其中最好的房间内，装饰有菲利普·斯塔克（Philippe Starck）设计的家具。

CHAMBÉRY
Hôtel de la Banche, Place de l'Hôtel de Ville.
04 79 33 15 62
位于靠近老城的步行广场，亲切，价格平易，适合作为游览萨瓦区的落脚地。附设的餐厅也很棒，如果你喜欢吃田鸡腿的话，可在这里大饱口福。

Le Bourget-du-Lac Ombremont, Le Bourget-du-Lac.
04 79 25 00 23
FAX 04 79 25 25 77
@ ombremont@relaischateaux.com
这处可俯瞰布尔歇湖（Lac du Bourget）的20世纪的别墅舒适惬意，而且离香槟区和爱克斯温泉镇都很近。这里也只有12个房间，如欲前往一定要提前预订。餐厅的特色是鱼类菜肴，还有很棒的当地葡萄酒佐餐。

葡萄酒商店

在这里品尝到的很多美酒，待你回到家中后便再难寻觅，所以趁着人在当地，好好搜罗你所中意的美酒吧。

JURA
ARBOIS
Les Jardins de St-Vincent, 49 Grande Rue.
03 84 66 21 75
这家零售商拥有众多令人印象深刻的侏罗地区的美酒，喜欢各异口味、怀揣不同预算的访客，均可在此有所斩获。

VILLARD DE LANS
Le Tonneau. 18 Rue du Camp-d'Ambel.
04 76 95 19 05
这里有两百多种酒品，包括上好的萨瓦美酒。

博物馆

一些制造商会提供葡萄园或酒庄之旅。详情可咨询当地的旅游办事处（见右文）。

JURA
ARBOIS
Maison de Louis Pasteur, 83 Rue de Courcelles.
03 84 66 11 72

侏罗区的“秘密花园”
阿布瓦（Arbois）是个品尝黄葡萄酒及美食的绝佳胜地。

FAX 03 84 66 12
路易斯·巴斯德（Louis Pasteur）是巴氏灭菌的发明者，无论是在葡萄酒生产史上，还是在乳品加工史上，都是一个重要人物。他在这处房子中一直住到1895年去世，不妨参观下这里的图书馆，他在此进行过不少次实验。

Musée de la Vigne et du Vin, Château Pécauld.
☎ 03 84 66 40 45
FAX 03 84 66 40
黄葡萄酒与稻草酒有别于法国其他任何一个地方的美酒。在这个博物馆中，你能了解到它们的历史及今日酿造它们的方法。

Lons-le-Saunier Musée d'Archéologie, 25 rue Richebourg.
☎ 03 84 47 12 13
FAX 03 84 24 30 34
拥有30万件展品，包括法国最古老的恐龙遗迹，2.1亿年前的遗迹就是在这附近被发现的。

SAVOIE
MONTMÉLIAN
Musée Régional de la Vigne et du Vin, 46 Rue du Docteur Veyrat, Montmélian.
☎ 04 79 84 42 23
FAX 04 79 84 08 20
位于萨瓦区中心地带，在这家博物馆中，你能够了解到萨瓦区的传统葡萄品种及葡萄酒历史。

网站

侏罗当地葡萄酒商联盟的网站是www.jura-vins.com。另一个具有代表性的综合性网站是www.fruitiere-vinicole-voiteur.fr，不过这个网站上的信息大多用的是法语，而不是英语。当地旅游机构联盟也有一个信息明晰的网站www.arbois.com。

想要了解萨瓦区的酒商信息，最好的网站是www.chez.com/vinsavoie/institutions.htm。想要了解一般的旅行类信息，有两个萨瓦区旅游办事处办的出色的网站：www.france-rhonealps-tourism.com和www.hautesavoie-tourism.com

年度葡萄酒节日及活动

在法国所有地区中，侏罗区和萨瓦区无疑将被列入最值得一游之处，最简单的原因就是这里的美酒在法国其他地方很难找到，更不用说海外了。阿布瓦地区的独特之处在于，在这里能有机会品尝到正在酒窖中熟成的美酒。

2月

黄葡萄酒节——每年一度的品尝最新版本（在木桶中陈酿了6年）的黄葡萄酒，这些黄葡萄酒由75家酒商在50处酒窖中酿造而成。

7月

酒窖节——阿布瓦每年都会举行，用美食、音乐庆祝节日

小酒神节——在阿布瓦举行的美食、艺术展会，以神话为主题。

葡萄酒节

普萨（Poulsard）葡萄酒节——在一个美丽的古老小镇举行的葡萄酒节，聚焦于该地区一个传统的葡萄品种。

9月

比乌节——在葡萄酒生产公社举办的一系列生动的展会；多姿多彩的游行队伍中，一大串巨型葡萄颇为引人注目，被称为“比乌”。

朗西安丰收节——在Pécauld酒庄附近举办的丰收节。

Qu' ara Bara——有700年历史的传统节日，农产品、当地手工艺品、美食与美酒，纷纷呈上。

10月

Belley庆丰节——庆祝丰收的节日。

你还可以登录www.tourisme.fr搜索整个法国的旅游信息，输入任何一个侏罗区和萨瓦区城镇或村庄的名字，你便能了解到相关信息。

其他信息

侏罗区

Comité Interprofessionnel des Vins du Jura, Château Pécauld, BP 41, 39600 Arbois.
☎ 03 84 66 26 14
FAX 03 84 66 10 29
@ CIVJ@jura-vins.com

Office de Tourisme Val de la Cuisance, 10 Rue de l'Hôtel de Ville, Arbois.
☎ 03 84 66 55 50
FAX 03 84 66 25 50
@ otsi@arbois.com

萨瓦区

Comité Régional du Tourisme Rhône-Alpes, 104 Route de Paris, Charbonnières-les-Bains.
☎ 04 72 59 21 59
FAX 04 72 59 21 60

Syndicat Régional des Vins de Savoie, 3 Rue du Château, Chambéry.

阿伯瓦（ARBOIS）

阿伯瓦是葡萄酒世界中最隐密的小镇，这个风景秀丽的中世纪市集小镇，和一百多年前路易·巴斯德居住在此时几乎一模一样。相较于法国其他以生产传统葡萄酒闻名的古镇，这里的白酒也好比包裹上时空胶囊般，一点也没有改变。

隐藏的珍矿
阿伯瓦小镇隐藏在绵延的山谷间，四周的坡地上种满葡萄。这里的葡萄品种在法国其他地区几乎都看不到。

阿伯瓦酒区过去在酿酒界举足轻重，本区的气候条件相当独特，屏障比阿尔萨斯酒区少，也比勃艮第酒区(本区曾被划分在勃艮第酒区之下)更接近大陆型气候。这里的夏、秋雨季相当温暖，但是酷寒的冬季却使葡萄不易成熟，连带地也使酿成的葡萄酒比预期要差。虽然沙隆堡(见185页)及埃托勒(L 'Etoile，见186页)两个法定产区所产的葡萄酒被公认为品质第一，不过阿伯瓦若干优良酒庄的酒也几乎具有相同水准。

在红酒与玫瑰红酒方面，以黑皮诺酿成的酒与基本级的勃艮第红酒(见130－131页)不相上下，以普沙及土梭两种本地葡萄酿成的酒则维持着清爽且带有莓果与辛香味的口感。白酒由本地葡萄莎瓦涅酿成，可酿成三种风格迥异的酒：第一种是近似雪利酒的黄酒，刻意将葡萄汁进行氧化处理而成；第二种是略像雪利酒、非刻意氧化的阿伯瓦白酒；第三种是近似意大利Recioto酒、散发出葡萄风味的麦香酒，酿造这种酒的葡萄必须先经阳光暴晒以提高葡萄汁的浓度，再将酒液于木桶中陈年4年以上才算大功告成。一般认为产自普皮林村(Pupillin)的酒不如阿伯丘村庄级的酒，事实上却常有不错的表现。

近年阿伯瓦镇有些优秀的酒庄趋向生产口感较为清新的红、白酒，例如，弗卢替耶—维尼高雷(Fruitiere Vinicole d'Arbois)、罗列酒庄(Domalne Rolet及普菲尼酒庄(Domaine Puffeney)等。此外，当然不能忘记力挽狂澜拯救侏罗酒区的酒商亨利·迈尔所量产的酒，只可惜其光彩不如前述酒庄的作品。

AC Arbois, AC Arbois Mousseux, AC Arbois Pupillin.

红酒／玫瑰红酒：普沙、黑皮诺，土梭
白酒：夏多内，莎瓦涅
黄酒：莎瓦涅

红酒清淡，有浓郁的花香；白酒清淡且不甜；玫瑰红酒不甜；黄酒风格独特。有胡桃香味。

Lucien Aviet, Ch B é thanie, Maurice Chassot, D é sir é Petit et Fils, Jacques Foret, Fruiti è re Vinicole d' Arbois, Pierre Overnoy, Jacques Puffeney, Rolet, du Sorbief, Andr é et Mireille Tissot, Jacques Tissot.

黄酒：苹果炖鹅肉

1996, 1995, 1990

红酒：3–5年
白酒／玫瑰红酒：2–4年
黄酒：10–20年

弗卢替耶－维尼高雷酒庄
这个酒庄生产的红酒及白酒均相当可靠。

布杰（BUGEY）

布杰酒区的葡萄园横互在布尔格—沛斯(Bourg-en—Bresse)与安贝西尔(Amberieu)之间，沿着塞榭(Seyssel)与隆涅(Langnieu)间的罗讷河东岸谷地分布。栽种在石灰岩土壤中的葡萄用来酿成红酒、白酒与玫瑰红酒，并以布杰优良地区餐酒为酒名销售，本区有5个产酒村镇可以在酒标上附加村庄名，如下所示：virleu-le- Grand、Manicle、Montagnieu、Mnchuraz及Credon。区内大量栽种的加美葡萄多用来酿成活泼好入口的红酒，而用黑皮诺葡萄酿成的酒则别称为“少年勃艮第酒”(Junior Bureundy)。最诱人的布杰酒是以蒙得斯葡萄酿成的红酒，其酒色暗红，略带苦味。玫瑰红酒主要以加美及黑皮带葡萄酿成，口感清淡新鲜；白酒则清淡新鲜，不带丝毫甜味；气泡酒同样拥有优良地区餐酒等级。

克利斯汀·博利由（Christian Beaulieu） 布杰红酒有时显得清淡薄弱，但这款酒丰厚且散发水果香气。

实力可观 布杰酒区生产的优良地区餐酒，口感清淡而迷人，比起有些AC级的酒一点也不逊色。

- VDQS Vins du Bugey(有时会加上产酒村庄名)
- 红酒／玫瑰红酒：普沙、加美、蒙得斯，黑皮诺白酒：胡榭特、贾给尔、夏多内、灰皮诺、阿里哥蝶
- 红酒清淡；白酒清淡且不甜：玫瑰红酒无甜味。
- Christian Beaulieu, Caveau Bugiste, Caveau du Mont July, Cellier de Bel-Air, Eug è ne Monin.
- 培根、奶酪煮松鸡，佐以面条
- 红酒/玫瑰红酒：1997,1996
- 红酒／玫瑰红酒：1-3年

沙隆堡（CHÂTEAU CHALON）

沙隆堡一名是取自区内地势最高的村庄名而非某个酒庄。沙隆堡所生产的黄酒完全以栽种在区内石灰岩与泥灰土壤中的莎瓦涅葡萄酿造。本区的葡萄酒必须存放在半满的木桶中密封陈年6年又3个月，直至发展出著名的酵母香气与雪利酒般的特质，才够资格以沙隆堡酒的酒名销售。沙隆堡酒习惯装在一种容量只有620毫升的clavelin酒瓶中上市，这正是一公升的酒熟成为黄酒的量。

尚·布迪（Jean Bourdy） 此酒庄生产的沙隆堡酒不甜且略带咸 味，品质最可靠。

- AC Château Chalon.
- 黄酒：莎瓦涅
- 黄酒有丰富的胡桃香气酒色呈金黄色。
- Berthet-Bondet, Jean Bourdy, Courbet, Durand-Perron, Jean Macle.
- 黄酒煮鸡胸肉
- 1990, 1989, 1985
- 20年

侏罗丘酒（CÔTES DU JURA）

这个孤立的酒区至今仍保有传统的葡萄品种及酿酒方式，以普沙、土梭及黑皮诺葡萄酿造熟成、具雪利酒特质的黄酒。本区最引人的酒要算是馥郁香甜的麦香酒，酿造这种酒的葡萄必须先行晒干以浓缩葡萄汁，然后存放在木桶中经4年的熟成。

尚·布迪（Jean Bourdy） 这款淡红酒是以优质的普沙葡萄酿制而成。

- AC Côtes du Jura.
- 红酒／玫瑰红酒：普沙 白酒：夏多内、莎瓦涅 黄酒：莎瓦涅
- 红酒：清淡色泽浅淡：白酒清淡且不甜；玫瑰红酒无甜味；黄酒强烈且散发胡桃香。
- Ch d' Arly, Jean Bourdy.
- 黄酒：软质奶酪
- 红酒： 1996, 1995, 1990
- 黄酒：10-15年

克雷皮（CRÉPY）

克雷皮酒和近邻瑞士所产的酒有很多共同点：两地的酒都以红夏斯拉（chasselas Roux）与绿夏斯拉（Chasselas Vert）葡萄酿制；都同样清淡、芬芳、略带气泡感；都深受滑雪客喜爱；都是价廉物美的好选择。对于克雷皮酒是应进行乳酸发酵（见27页）过程，各家意见不同。不经乳酸发酵的酒口感清新爽口、不甜、有果味和轻微气泡；经乳酸发酵的酒则醇厚浓烈，散发出杏仁味，可以保存一到两年。

克雷皮大酒窖
（Grande Cave de Crépy）
这款清新爽口，无甜味的酒带着些微的气泡及杏仁香。

- AC Cr é py.
- 白酒：夏斯拉
- 白酒清新爽，口感清淡且不甜。
- Fichard, Grande Cave de Cr é py, Mercier, Georges Roussiaude.
- 蔬菜汤，佐以艾曼塔（Emmental）或伯堡（Beaufort）奶酪
- 2003, 2002
- 1–3年

埃托勒（L'ÉTOILE）

这个小型的法定产区位于侏罗酒区中央，就在隆勒索涅（Lons—le-Saunier）正北方，毗临勒平村（Le Pin）——此村名与波尔多的知名酒庄同名，应该是个卖点。本酒区面积约70公顷，大部分的酒都由合作社酿造。黄酒颇具潜力，白酒刚由夏多内、莎瓦涅及普沙葡萄酿成，清淡而带有药草味。埃托勒气泡酒（L' Etoile Mousseux）是用上述三种葡萄以香槟制造法酿成。

埃托勒酒庄（Château l' Étoile）
此酒庄生产的白酒清淡、不甜，散发出药草及羊齿植物的气味。

- AC L' Étoile, AC L' Étoile Vin Jaune.
- 白酒：莎瓦涅
- 气泡与非气泡白酒均没有甜味；黄酒散发胡桃香。
- Ch l' Étoile, Michel Geneletti, Montbo.
- 黄酒：艾曼塔奶酪
- 2002, 1999, 1996, 1995, 1990
- 黄酒：10–40年 白酒：2–4年

萨瓦（VIN DE SAVOIE）

萨瓦法定产区是由数个分离的产区所组成，大多数位于碎石山坡或寒冷的冰碛土上。其中某些出产红酒、白酒或玫瑰红酒的村镇可以将村庄名附加在法定产区名后，各村镇用以酿酒的葡萄品种也不同。一般而言，白酒若非使用胡榭特、阿尔地斯或贝杰宏葡萄，就是以一种晚熟型的贾给尔葡萄酿成，这种葡萄酿成的酒在萨瓦酒中最为清淡。马利南（Marignan）、马林（Marin）及希巴耶（Ripaille）三村则另以夏斯拉葡萄酿酒。阿尔地斯葡萄又名胡榭特，酿成的酒有一个专属法定产区名萨瓦—胡榭特（Ac Roussette de Savole）。有些产酒村镇使用蒙得斯葡萄酿制红酒，如Chautagne、St Jean de la Porte、Jongieux及Cruet等。

萨瓦酒的法定产区各也适用于区内所产的气泡酒。

路易斯·马尼（Louis Magnin）
这款以贾给尔酿成的西纽贝乐宏（Chignin Bergeron）酒是法国最新鲜且最清淡的白酒。

清新的山谷Mountain Fresh
位于圣安德烈湖（Lac St Andre）附近的葡萄园酿出的白酒清新可喜，最适合滑雪后饮用。

- AC Vin de Savoie, AC Vin de Savoie Mousseux, AC Vin de Savoie P é tillant, AC Roussette de Savoie.
- 红酒：加美、黑皮诺、蒙得斯 白酒：贾给尔、夏斯拉、胡谢特、夏多内
- 红酒清淡；白酒清新爽口、无甜味。
- Dominique Allion, Louis Magnin, Claude Marendon, Michel Menetrey, Raymond Qu é nard, Trosset, Varicon et Clerc.
- 白酒：咸猪肉、黄酒炖鸡
- 白酒：1998, 1997, 1996
- 白酒：1–3年

塞榭（SEYSSEL）

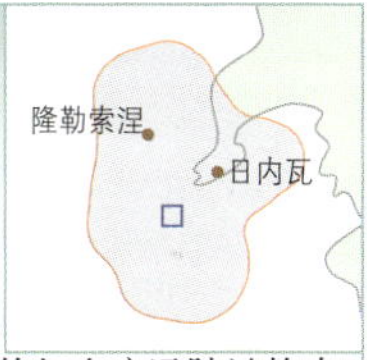

塞榭是萨瓦酒区中最精彩的一区，其葡萄园就在安格勒福特（Anglefort）及夏内(Chanay)两村之间，产有特质迥异的气泡酒与静态白酒。后者主要以夏斯拉葡萄酿成，其中至少占酿酒葡萄汁一成比例的胡榭特葡萄为酒注入了花香，这种葡萄据说是本区原生品种。塞榭气泡酒的知名度远胜过静态酒，也使用夏斯拉及胡榭特葡萄酿制，不过主角却是当地的葡萄品种摩雷特(Molette)。本区最有名的气泡酒是“皇家御用塞榭酒”(Royal Seyssel Cuvee Privee)，带有优雅的饼干味道，近似香槟酒，不过花香更浓郁且果味略减。塞榭静态酒及气泡酒都是搭配本地名菜奶酪火锅（Raclette)的绝佳拍档。

梅桑·摩雷克斯
（Maison Mollex）
这款以胡榭特葡萄酿制的清新白酒，产自本区最可靠的酒庄。

气泡酒之乡
本区许多上选的葡葡萄大多用来酿制气泡酒。

- AC Seyssel, AC Seyssel Mousseux.
- 静态白酒：夏斯拉、胡榭特 气泡白酒：摩雷特、夏斯拉、胡榭特
- 静态白酒口感清淡。
- Mollex, Clos de la P é clette, Royal Seyssel, Varichon & Clerc.
- 静态白酒：新鲜的螯虾沙拉，佐以油炸面包丁及青葱、白酒醋、荷兰芹制成的奶油酱parsley.
- 静态白酒：2002, 2001
- 1–3年

其他

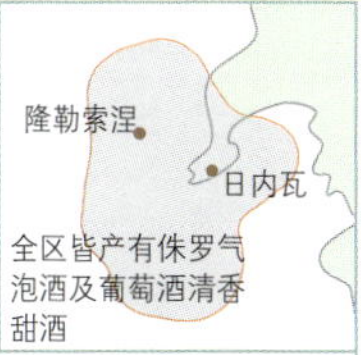

侏罗气泡酒(Cremant du Jura)，以莎瓦涅、白皮诺及夏多内葡萄混合酿成，是一款相当具有潜力、美味顺口的好酒，挑选大弗雷列斯(Grand Freres)等优秀酒庄可以找到物超所值的气泡酒。侏罗、萨瓦酒区的“其他葡萄酒”中最杰出的首推“侏罗葡萄酒渣香甜酒”(Macvinde Jura)，这是酿酒史上重要的代表作，完全不同于法国所有的红酒与白酒。侏罗葡萄酒渣香甜酒和威尼·波美麝香葡萄酒、班努斯酒、哈斯多酒一样，都属于天然甜葡萄酒，但没有这些加烈酒的浓厚口感与果香，反而带有淡淡的怀旧幽香(一种令人熟悉的味道)。其酿制方法是，先将莎瓦涅葡萄汁加热煮至只剩下一半多一点的分量，然后将煮沸过而尚未发酵的葡萄浓汁对入当地土产的白兰地酒，并以香料植物及辛香料调味。如此混合而成的液体(由于未经发酵，还不能称为酒)再放入木桶中经6年的熟成。这种酿酒方式据说是公元9世纪时由沙隆堡修道院的修女发明的。最好的侏罗葡萄酒渣香甜酒产自布迪酒庄（Domaine Bourdy)，该酒庄的酿酒秘方是从1579年沿用至今。许多法国酒评家和外国葡萄酒评作家，都不喜欢这种经过蒸煮、像药酒般的香甜酒。它的味道确实近似苦艾酒，而与大部分葡萄酒大异其趣。

沙隆堡
（Domaine Grand Frères）
侏罗葡萄酒渣香甜酒的特殊酿造秘方一千多年前就是诞生于镇上的修道院中。

大弗雷列斯酒庄
这款口感丰富、气泡绵密的侏罗气泡酒在本区以外很难见到，值得一买。

朗格多克－鲁西永
LANQUEDOC-ROUSSILLON

朗格多克-鲁西永
（LANGUEDOC-ROUSSILLON）

朗格多克—鲁西永酒区，这片酒国中的沉睡大地，近几年已渐趋活跃，推出不少世界水准的酒。

首先看看朗格多克-鲁西永酒区的惊人面积与产量：葡萄园占地超过30万公顷，足足有波尔多酒区的三倍大；产量则占全球总产量的十分之一，全法国的三分之一。

不久前，朗格多克-鲁西永还是默默无名的酒区，人们在有关酒的书籍中甚至绝口不提。理由很简单，本区内很少有符合法定产区管制水准的酒类，区内大部分的酒不是用回收酒瓶贩售，就是接受欧洲联盟的辅助金，由欧盟概括承售。

法国和欧盟的官员大多乐见区内的葡萄园早日变成果园，但是有些人却别有计划。例如，法国斯卡利弗坦酒商公司的罗伯·斯卡利（Robert Skalli）以及曾在欧洲经营酒厂致富的英国人詹姆斯·海利克（James Herrick），都发现到朗格多克-鲁西永地区不但气候条件佳，而且有用不完的土地，只欠缺国际闻名的葡萄品种以及酿制名酒的技术。于是，夏多内、梅洛、白苏维浓、维欧涅、希哈和卡本内—苏维浓等葡萄品种被引进大量种植，外国酒商也从各地派遣酿酒师进驻合作社，现场指导葡萄的采收和酿酒过程。如此积极的投资果然在表象上获得戏剧性的效果。短短数年之间，酒架上就堆满了各式各样标示葡萄品种的“地区餐酒”（Vin de pays），与来自新世界的同等级酒在国际间争夺市场。

水果与坚果

鲁西永丘（Cotes du Roussillon）上的葡萄树与杏仁树相间并列，显示出本区杂耕的传统农业文化。

酒区概况

- 33万公顷；年产量2亿9千万瓶
- 本区因地处地中海沿岸，全区受海洋影响相当大，如密内瓦及里慕等少数地区，因地势较高，气候较凉爽。
- 多样，山丘部分以石灰岩土质为主，平原则为肥沃的冲积土。
- 红酒：格那希、卡本内-苏维浓、梅洛、仙梭，卡利浓、希瓦那、慕维得尔

  白酒：克雷耶特、夏多内、白于尼、白格那希、蜜思嘉、苏维浓、维欧涅

很不幸，这些新推出的酒中固然不乏佳作，却也充斥着相当高比例的劣等酒，既不如新兴酿酒国家的酒果香浓郁，也发展不出法国佳酿特有的层次感。朗格多克—鲁西永酒区的最大障碍，应该在于酒农们在研发上的创意不足，连区内最大的酒庄也似乎不例外。外来酒商马斯·杜马加萨克公司的艾姆·吉伯特（Aime Guibert）有勇气生产一种埃罗（I, Hérault）地区餐酒，以优良波尔多酒的同等价格出售，但是大部分酒农和酿酒业者连葡萄应有的产能和酿酒表现都还无法达成。

本区获颁为法定产区级的酒之间，品质也有落差。朗格多克丘（Coteaux du Languedoc，见196页）的班努斯（Banyuls）、高丽乌尔（Collioure，见194页）、莫利（Maury，见198页）、佛杰尔（Faugeres，见197页）、圣西纽（St Chinian，见201页）、皮克圣露（Pic-St Loup见196页）等酒镇的产酒品质相当获得肯定。至于一些面积广大的法定产区如高比耶（Corbières，见195页）及密内瓦（Minervols，见199页）所涵盖的葡萄园地则从细致优良到表现普通者皆有。

朗格多克－鲁西永地区

图例

- 高丽乌尔、班努斯
- 高比耶
- 尼姆丘
- 朗格多克丘
- 鲁西永（包括鲁西永丘和鲁西永丘山庄）
- 菲杜
- 里慕
- 莫利
- 密内瓦
- 其他AOC级酒区（包括卡巴岱斯、佛杰尔、麝香酒、圣西纽）
- 省界

应许之地

数世纪以来，朗格多克—鲁西永一直被视为生产便宜劣酒的地区，并以法国其他地方的产酒混合出售。这个全世界最大的单一酒区，终于开始扬眉吐气。

朗格多克－鲁西永酒区长期为酒评界所忽略，以至于区内的许多优良小酒镇无法获得应有的地位。想要在此买酒，宁可购买一瓶来自推荐酒庄、有口碑的地区餐酒，不要盲目相信不熟悉的法定产区级的酒。

与波特酒较劲

马斯—安米尔（Mas Amiel）酒庄所产的莫利酒(Maury)口感浓郁，色泽暗红，是法国最杰出的加烈酒之一，与年份波特酒(vintage port)相较也绝不逊色。

畅游朗格多克－鲁西永

对于喜欢阳光、大海及原始自然景观的人们而言，这里是完美的目的地，这片广阔的南部地区也十分适合进行葡萄酒探访之旅，因为这里堆满了超出你期待值的、能令你兴奋不已的美酒——既有传统的也有新异的——等待你的到访。

餐饮&住宿

精选当地最好的餐饮住宿地，让你尽享当地美食与美酒，安心留宿于令人印象深刻、风格独具之处。

AGDE
Le Numero Vin,
2 Place de la Marine.
04 67 00 20 20
美酒是这家餐厅的最大特色，餐厅位于朗格多克的海边地区，这里的酒单是该地区最好的。菜肴也绝对达标，多是用当地海鲜、香料烹制而成。

AIGUES-MORTES
les Arcades,.
23 Boulevard Gambetta.
04 66 53 81 13
FAX 04 66 53 75 46
W www.les-arcades.com
这家别致的旅馆位于城墙内一条较为幽静（在旅游旺季，这里几乎没有绝对幽静的地方）的街道上，装饰上大量使用了普罗旺斯的色彩。这里的菜肴相当不错，是该城镇最富新意的美食，不妨尝尝这里的南瓜花烩海鲜。屋顶的泳池和露天平台提供了一个可避开身背相机的大批观光客的僻静佳地。

BANYULS-DELS-ASPRES
Domaine de Nidolières.
04 68 05 81 47
FAX 04 68 05 85 80
在葡萄酒社区中保存完好的一处“隐秘”之所，这家乡村旅店并非大受欢迎，“隐居”于葡萄园中，提供有点正宗的当地美食，菜量有点慷慨得不合逻辑。餐后最好安排个长距离的散步，免得热量堆积。

BIZE-MINERVOIS
La Bastide de Cabezac,
18 Hameau Cabezac.
04 68 46 66 10
FAX 04 68 46 66 29
W www.labastidecabezac.com
这是一家有品位的现代化旅馆，源于18世纪，幽然宁静。附设餐厅的主厨以创造性的手法烹制当地海鲜，配以当地香料。在这里还可以尝到新浪潮米内瓦葡萄酒。

价位平易的乐享之地

与普罗旺斯同属一家的店相比，这里的价位要平实许多。朗格多克－鲁西永的这家餐厅可以说样样都好。

CARCASSONNE
Hotel du Donjon
les Remparts, 2 Rue du Comte-Roger.
04 68 71 08 80
FAX 04 68 25 06 60
W www.hotel-donjon.fr
由一处完美的中世纪建筑改建而成的旅馆，位于这座竖有城墙的城市的正中心，就像是好莱坞电影中的布景一般。附设的餐厅也很值得推荐。一年四季任何一个时节来到这里都能尽享欢愉。

COLLIOURE
Hostellerie des Templiers,
Quai de l'Amirauté.
04 68 82 98 31
FAX 04 68 98 01 24
W www.hotel-templiers.com
这里一部分是旅馆，一部分是美术馆。拥有2000多件非同寻常的藏品，包括杜菲、毕加索、达利、马蒂斯等诸多知名画家的作品。装饰风格更偏于舒适，而非奢华，价位平易，特别是当你想到在这里很可能有机会与大师邂逅，共度美好时光，那么这里的性价比就显得更高了。还可以在露台上边享用海鲜边眺望美丽的小港。

CUCUGNAN
l'Auberge de Cucugnan, 2 Place de la Fontaine.
04 68 45 40 84
FAX 04 68 45 01 52
乡村中古老的小旅店，周围环绕着卡特里教教堂。房间舒适，附设餐厅供应丰盛的当地美食。

MONTPELLIER – LES BEAUX-ARTS
Le Jardin des Sens,
11 Avenue St Lazare.
04 99 58 38 38
W www.jardindessens.com
当地最知名的美食胜地之一。

提早预订，特别是如果你想在此过夜的话，因为这里只有12个房间。这里的菜肴完美至极，在烹饪手法上富于想象力地借鉴了北非与亚洲的烹饪方式。

MONTSÉGUR
Hotel-Restaurant Costes, 52 Rue Principale.
05 61 01 10 24
w montsegur.com/costes.ht
如果你喜欢《达·芬奇密码》，来到这里时请带上一本索菲·伯纳姆的《蒙塞的宝藏》。这是一本关于卡特里教派所说的宝藏的小说，讲述一位中世纪教徒抱着耶稣并非死于十字架上，而是死于与妻子旅行至朗格多克的途中的信念，最终死去的故事。这处旅馆是一家亲切、低调的乡间小店，提供基础的住宿设施和价格平易的简单菜肴。

SÈTE
Le Grand Hotel, 17 Quai de Tassigny.
04 67 74 71 77
FAX 04 67 74 29 27
w www.sete-hotel.com.
这家旅馆位于一座富于魅力的老建筑中，可俯瞰大运河的景色。虽然名字是“大酒店”，但有点名不副实。不过这里可作为游览本地区的根据地。可在当地海鲜餐馆用餐，建议早餐可在带顶的走廊庭院中享用。

年度葡萄酒节日及活动

1月

松露节——品尝、购买黑松露的大好时机，还有一些地区充分熟成的红葡萄酒，可与松露搭配品尝。

9月

葡萄酒节——这座可爱的古老小镇举办的热闹展会，包括各种美食、音乐，还设有奔牛地点，让人想起西班牙的奔牛节。

10月

丰收节——年度庆祝活动，在沙滩上烤肉，如果天气冷的话，浓烈的班努斯酒将大受欢迎。

葡萄酒商店

许多当地的美酒在你回到家中后便难以再寻到，因此不要错失良机，在离开之前一定要囤够自己喜欢的酒。

BÉZIERS
Clos St-Gabriel, Avenue Joseph Lazare.
04 67 62 54 12
菲利浦·卡图斯是这一地区所产葡萄酒的狂热追求者，当然，他对法国其他酒区也是热情有加。

MONTPELLIER
La Cave des Arceaux, 7 Rue Marioge.
04 67 92 44 84
弗雷德里克·琅琅新开的店铺，拥有400多种葡萄酒，既有来自本地的特产，也有从法国南部甄选的精品。

Les Caves Notre Dame, 41 Rue de l'Aiguillerie.
04 67 60 56 76
位于蒙彼利埃的三家连锁店之一（另外两家分别位于961 Rue de la Croix de Lavit及1348 Avenue de la Mer），供应众多当地美酒。

博物馆

一些制造商会提供葡萄园或酒庄之旅。详情可咨询当地的旅游办事处（见下文）。

LÉZIGNAN-CORBIÈRES
Le Musée de la Vigne et du Vin, 3 rue de Turgot.
04 68 27 07 57
位于科比埃中心地区的这家拥有30年历史的博物馆，可以帮助你深入了解本地区葡萄酒的传统酿造手法及如今完全不同的生产方式。

NARBONNE
Musée de la Vigne et du Vin à Narbonne, Domaine de l'Hospitalet, Route Narbonne Plage.
04 68 45 34 47
FAX 04 68 45 23 49
岩石洞穴酒窖中的令人印象深刻的展览。这里的特色是朗格多克“黄金时代”的酿造方式，这一时代结束于1907年。那些老照片令人着迷。

网站

有许多与本地区所产葡萄酒相关的有用网站，如www.languedoc-wines.com，www.coteaux-languedoc.com，www.limoux-aoc.com，www.aoc-cabardes.com，www.cru-fitou.com，www.vins-du-roussillon.com及www.vins-languedoc-roussillon.fr。想获得关于导游方面的信息，可访问www.sunfrance.com，或访问www.tourisme.fr后，输入任意城镇及村庄的名字，搜索相关信息。

其他信息

The Comité Régional du Tourisme Languedoc Roussillon – “La Septimanie” Le Millénaire II, 417 Rue Samuel Morse, Montpelier.
04 67 22 81 00
FAX 04 67 64 47 48

班努斯（BANYULS）

提倡饮用本国酒的法国人可以选择法国黄酒替代西班牙雪利酒；同样的，班努斯的加烈酒也可以替代深棕色波特酒。班努斯酒区包括西伯列(Cerbere)、班努斯-梅尔(BanYuls—sur-Mer)、高丽乌尔及文德雷斯港(Portvendres)四个酒镇，是法国最南端的法定产区。这一区的土壤贫瘠且偏酸，最适合栽种的葡萄品种是格那希，将近四分之三的班努斯特级葡萄园酒是以格那希酿成的，本区所产的红酒、白酒、玫瑰红酒或深棕色酒，都属天然甜酒，其中以红酒最负盛名。放在橡木桶中熟成30个月以后的班努斯红酒，会散发出咖啡、蜜饯及杏仁的协调香味，酒龄最长可达40年。经过氧化加速熟成的红酒呈深棕色，称为rancio，未经过与空气接触的酒保有较完整的果味，称为rimage。

白马斯酒庄（Domaine du Mas Blanc）
本酒庄的圣马丁调配酒(Cuvee de la St Martin)是知名的班努斯加烈酒中最细致迷人的一款。

太阳下的班努斯酒
一如许多世界知名的加烈酒，班努斯酒在酿造过程中也必须借日光加温。

- AC Banyuls, AC Banyuls Grand Cru.
- 红酒／白酒／玫瑰红酒：黑格那希、灰格那希、白格那市、马卡贝欧、马瓦西
- 天然甜红酒味道浓醇；天然甜白酒和玫瑰红酒则甜度适中。
- De la Casa Blanca, Cave de l' Abbé Rous, du Mas Amiel, du Mas Blanc, L' Etoile, Clos des Paulilles, Cellier des Templiers, La Tour Vieille, Vial Magnères.
- 红酒：侯格堡(Roquefort)蓝纹奶酪
- 红酒：2003, 2002, 2001, 1998, 1997
- 红酒：2–25年

卡巴岱斯（CABARDÈS）

每年，当数以百万计的观光客沿着卡尔卡松 (carcassonne) 北方的A61号国道南下时，总会路过卡巴岱斯酒区的葡萄园。自从卡利浓及欧本(aubun)两种葡萄在本区的使用量减少后，取而代之的是广受消费者喜爱的卡本内—苏维浓、梅洛、格那希、希哈、费尔及仙梭等葡萄品种，卡巴岱斯酒的也逐渐受欢迎。卡巴岱斯酒同时也以卡巴岱斯及欧贝乐丘 (cotes du C abardes et de lorbiel) 两种酒名销售，有红酒和玫瑰酒，以口感清淡的红酒较好喝。

康斯坦塞酒庄(Château Constance)
这款酒的品质已经远超过卡巴岱斯酒所属的优良地区餐酒等级应有的表现。

- AC Cabardès.
- 红酒／玫瑰红酒：格那希、希哈、仙梭、卡本内苏维浓、卡本内—弗朗、梅洛，马尔贝克，费尔
- 红酒清淡，富果味；玫瑰红酒则有胡椒味。
- De Cabrol, Ch Constance, de Pennautier, Ventenac.
- 红酒：各式猪肉
- 红酒：2003, 2002, 2001
- 红酒：2–5年

高丽乌尔（COLLIOURE）

高丽乌尔酒区的范围和班努斯酒区完全一致，产于这四个村镇的酒，经过加烈酿造者称为班努斯酒，反之则称为高丽乌尔酒。高丽乌尔是个滨海小镇，葡萄园地陡峭而狭窄，镇上有许多艺术家聚居。高丽乌尔酒大多为结构浓烈的红酒，主要以黑格那希及慕维得尔酿造，并混有少量的卡利浓、仙梭及希哈等品种。随着卡利浓葡萄使用量的减少，高丽乌尔酒的品质也日益提升。一些地理条件较差的葡萄园，现在多已荒废或改种水蜜桃。

古塔酒庄(Domaine la Tour Vieille)
这款普依—欧里尔调配酒(CuveePuig Oriol)，强劲且耐久藏。

- AC Collioure.
- 红酒／玫瑰红酒：黑格那希、慕维得尔
- 红酒浓烈，易醉；玫瑰红酒香味佳，不甜。
- Du Mas Blanc, de Jau, Clos de Paulilles, de la Rectorie, des Templiers, la Tour Vieille, Vial Magnères.
- 红酒：豆子炖肉
- 红酒：2003, 2002, 2001
- 红酒：4–6年

高比耶（CORBIÈRES）

高比耶酒是20世纪70年代及80年代兴盛的国际葡萄酒热潮中最大的赢家。在东欧国家、法国南部及新兴酿酒国家尚未起于国际市场前，高比耶红酒是价廉物美的好选择。今天，高比耶则面临来自邻近产区如密内瓦（见199页）及朗格多克（见196页）的强烈竞争。

海的味道
高比耶酒产区有一部分紧邻着地中海，例如，贝利克梅地区（Periac de Mer)附近所产的酒在风味上受海洋影响极大。

高比耶酒产区绵延于卡尔卡松市东南，是一个差距性极大的产酒区。本区面积辽阔，区内各酒镇的土质、地势高度、气候及种植的葡萄品种都互有差异，因此很难将本区的酒质及风格统一言之。妨碍高比耶提升酒质的主因有二：首先是合作社，它们掌控区内绝大多数葡萄收成的处理权，但酿酒技术却始终不见改善；然后是葡萄品种，这里的酒农依旧偏爱传统栽种的卡利浓葡萄，这种平板的品种几乎占了过半数的园地面积，酿制出60%的高比耶酒。为凸显本酒区的特色，目前依乡镇位置及葡萄园分布状况，可粗略区隔出11区，其中不乏具有独立升级为法定产区潜力者。可惜这些小产区中，有些凝于地势或气候变化太大，酒质往往不很稳定。目前最好的高比耶酒产在本区北部的雷其涅 (Lezignan)和阿拉里克(Alaric)、中部的巴藤那(Boutenac)及西南山坡的特曼斯(Termenes)。位于地中海沿岸希金(Sigean)虽然是这11个小酒区中地势起伏最大的，但酒质普遍不错。技术好的酒庄，懂得以希哈葡萄及栽种在花岗岩土质（大多在巴藤那附近）中的卡利浓老藤葡萄，酿造出口感丰富、成熟、具果香、结构佳且可耐数年成熟的佳酿。没尝过好的欧克地区餐酒(vin de pays doc（见279页)的人，很容易接受酒商推销、来自同产区的平板高比耶酒。今天，百分之九十的高比耶酒为红酒；产量小，以蜜思嘉、维门替诺(Vermentino)、马珊及胡珊等葡萄品种所酿成的白酒值得一试。

阿基拉酒庄（Château d’Aguilhar）
该酒庄周遭粗犷的原始景致，几乎未随着时间而有所改变。

拉斯图尔酒庄（Château de Lastours）
此杰出的酒庄附设智障养护中心，病患并参与酿酒工作。

- AC Corbi è res.
- 红酒／玫瑰红酒：卡利浓、希哈，慕维得尔，格那希、皮朴尔(Picpoul)、铁烈(Terret)白酒：布布兰克 (Bourboulenc)、马卡贝欧 (Maccabeo)、白格那希
- 红酒辛香、浓烈、不甜；玫瑰红酒浓度适中、不甜；白酒产量极少，但新鲜、清淡、芳香、不甜。
- Ch d’Aguilhar, Aiguilloux, Caraguilhes, des Chandelles, Etang des Colombes, Grand Caumont, Grand Moulin, H é l é ne, de Lastours, Vignerons de la M é diterran é e, Meunier St Louis, d’Ornaisons, les Palais, Pech–Latt, Producteurs de Mont Tauch, du R é v é rend, St Auriol, St Est è ve, Celliers St Martin, Salvagnac, du Vieux Parc, Villemajou, la Voulte Gasparets.
- 红酒：炖煮野味
- 红酒：1998,1996,1994
- 红酒：3–8年

尼姆丘（COSTIÈRES DE NÎMES）

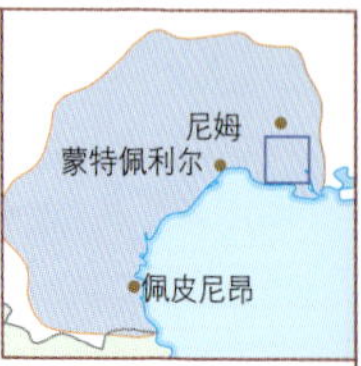

尼姆丘酒区位于罗讷河流域和朗格多克地区之间，区内的葡萄园分布在砾石土质地上，酿成的酒从罗马时期便相当有名。本世纪以来，占区内大部分面积的卡利浓葡萄用来酿造大量的基本款红酒。20世纪80年代，在酒农的努力下，本区的酒晋升为AC级法定酒，同时出从加尔丘酒(Costieres du Gard)改名为尼姆丘酒。今天的尼姆丘法定产区共包括玻卡利 (Beaucaire)、渥弗尔(Vauvert)等24个乡社，都沿着罗讷河河岸分布。所产的酒中以红酒或玫瑰红酒占多数，白酒只是点缀性质。卡利浓葡萄仍占酿酒葡萄比例的四成，格那希及希哈品种目前应该至少占有25%，比例仍持续增加中。

马斯—伯瑞萨得酒庄
（Mas des Bressades）
这款醇厚杰出的尼姆丘酒，可以取代罗讷河流域的克罗兹—艾米达吉及圣乔瑟夫等高价酒。

准备采收
本区位于法国西南角，暴雨成灾的情形很少见，但该有的装备还是要有备无患。

- AC Costi è res de N   mes.
- 红酒：格那希、卡利浓、希哈
  白酒：克雷耶特、白格那希、布布兰克
  玫瑰红酒：卡利浓、仙梭、慕维得尔、希哈
- 红酒浓度中等至浓烈；白酒柔和顺口；玫瑰红酒不甜。
- Ch de l’ Amarine, Ch de Campuget, Mas de Bressades, Ch Mourgues du Gr è s, de Nages, Tuilerie de Pazac, Valcombe.
- 香肠、肉类炖豆子
- 2003, 2001, 1998, 1996
- 红酒：2–6年
  白酒／玫瑰红酒：1–3年

朗格多克丘（COTEAUX DU LANGUEDOC）

早在恺撒大帝征服高卢时，希腊人就已经在朗格多克地区的山谷和平原上种植葡萄树。当时的酒农回到罗马后，发现老家的葡萄酒品质根本不能与朗格多克地区的酒相比。18世纪，朗格多克地区的酿酒业又再度蓬勃发展，荣景一直维持到19世纪80年代遭葡萄根蚜虫侵袭殆尽为止。今天的朗格多克地区是全法国酿酒业最日新月异的地区，以最新技术酿成的玫瑰红酒和白－酒比普罗旺斯的酒更价廉物美。皮克圣露是一个极具潜力的酒村，出自霍特斯(l’ Hortus)等优秀酒庄的酒，已经超过部分教皇新堡(Chateauneuf-du-pape,见251页)产酒的水准。

圣尚－比宾酒庄
（Prieuré de St Jean-de-Bébian）
此酒庄的主人曾担任过两家法国酒评杂志的编辑，这款红酒完美、酒香丰裕。

瓦马涅修道院
（Abbaye de Valmagne）
法国许多古老的教堂都是存酒陈年的好地方，例如图中所示。

- AC Coteaux du Languedoc.
- 红酒／玫瑰红酒：卡利浓、仙梭、格那希、希哈、慕维得尔
  白酒：格那希、布布兰克、克雷耶特
- 红酒浓烈强劲；玫瑰红酒清淡，不甜；白酒清淡，不甜
- D’ Aupilhac, de l’ Hortus, Mas Brugui è re, Mas Julien, Peyre–Rose, Prieur é de St Jean–de–B é bian.
- 红酒：牛小排涂抹大蒜、百里香后，烤熟
- 2004, 2002, 2001, 1998, 1997
- 红酒：3–8年
  白酒／玫瑰红酒：1–3年

佛杰尔（FAUGÈRES）

大约20年前，佛杰尔酒区曾被视为是南法地区极具潜力的红酒酒区，不过却一度意外地变成以出产麝香酒及白兰地(eaux- de-vie)为主。目前区内陡峭的山坡地，是位于埃罗省(Heraut)、圣西纽(St Chinian)及卡布里耶尔(Cabrieres)三角地带的塞万 (Cevennes)山丘之延伸，种满了卡利浓、仙梭、格那希、央多内-伯律(Lladoner Pelut)、慕维得尔、希哈等品种的葡萄树。目前除了少数的不甜玫瑰红酒外，区内几乎清一色出产红酒。历史悠久的阿尔奎尔酒庄(Domaine Alquier)及新崛起的米歇尔·路易斯森(Michel Louison)所拥有的艾斯坦里斯酒庄(Chateau des Estanilles),所推出的优秀作品，丰厚、浓烈、辛香，可装瓶熟成数年；劳伦斯酒窖合作社(Cave co- Operative de Laurens)的酒则物美价廉。

吉尔伯·阿尔奎尔（Gilbert Alquier）
此酿酒师是革新佛杰尔酒的先驱之一，酿成的红酒高级而细致。

择地而居
本酒区内的坡地，提供葡萄成熟，孕育丰厚香味的良好地理条件。

- AC Faug è res.
- 红酒：卡利浓，希哈，格那希，慕维得尔.
- 红酒辛香而浓烈，不甜的口感常 显得粗犷.
- Ch des Adouzes, Gilbert Alquier, Ch Chenaie, Ch des Estanilles, Ch Gr é zan, Cave Coop é rative de Laurens, la Liqui è re, de M é t é ore, Moulin Couderc, des Peyregran, du Rouge Gorge, St Antonin.
- 各式肉酱.
- 2003, 2002, 2001, 1998
- 2–4 年

菲杜（FITOU）

菲杜产区是朗格多克–鲁西永酒区内历史最悠久的一个法定产酒区。此产区沿着高比耶酒区（见195页）边缘绵延，可分为二部分，面积较小的一块位于菲杜镇附近的沿海河谷，较大的一块则位于维伦纽—高比耶(Villeneuve-les-Corheres)和塔尚（Tuchan)之间的坡地上。区内虽有出产丽维萨特(Rlvesaltes)天然甜酒，但仍以红酒为生产大宗，以卡利浓葡萄为主，混合格那希、央多内—伯律及希哈酿成。不过，卡利浓品种只有产量少的老藤所采收的葡萄才酿得出好酒。许多20世纪80年代极为成功的酒庄，在质量方面有逐年下滑的现象，是本区一大问题。菲杜酒散发草味，经四至五年的熟成后，会发展出浓烈、放肆、辛香的口感，但是能耐久藏的菲什酒已少之又少。

爱思比涅酒庄（Château L' Espigne）
这款酒香味浓郁、口感丰富具层次感，是菲杜酒中少有的极品。

地中海岸的葡萄
菲杜酒区内有许多葡萄园靠近海岸，但是酿制好酒的优质葡萄多种在离海较远的坡地上。

- AC Fitou.
- 红酒：卡利浓、格那希、慕维得尔、希哈
- 红酒简单，浓度中等至浓烈，口感粗犷。
- Ch l' Espigne, Lepaumier, Lerys, Ch de Nouvelles, Maîtres Vignerons de Cascastel, Cave Pilote de Villeneuve-les-Corbi è res, Mont Tauch, de la Rochelierre, de Rolland, Val d' Orbieu (Vignerons de la M é diterran é e).
- 与贝永(Bayonne)火腿，洋葱共同慢火细炖的乳鸽
- 2003, 2002, 2001, 1998
- 3–4年

里慕（LIMOUX）

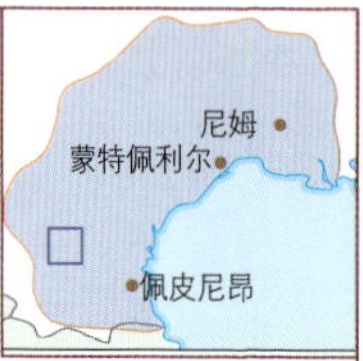

据里慕镇的居民表示，早在1531年，镇内就已经开始酿造气泡酒，远比香槟区的佩里尼翁（Dom Perignon）更早。但是，这个邻近卡尔卡松市的中世纪古城，近来却将酒业重点转向另一种新产品。20世纪90年代初期以前，区内的合作社一直都将莫札克 (Mauzac)葡萄酿成布隆给特—里慕(Blanquette de Limoux)气泡池酒；在则乡加入白梢楠(Chenir lanc)、黑皮诺及夏多内共同酿造。仍持续生产的传统里慕气泡酒 (Cremant de Limoux)中含有九成以上的莫札克葡萄，新研发的布隆给特—里慕气泡酒则只含有 15%。除了好喝的气泡酒外，本区品质优良且产量逐渐增加的夏多内葡萄，已获颁另一个法定产区名。

圣劳伦（St Laurent）
这款以香槟方式酿成的气泡酒因使用混合葡萄酿造而更加美味。

里慕酒窖
白垩土质、凉爽偏冷的气候以及将葡萄汁存放在橡木桶中发酵的制程，这些共同点让“夏多内里慕酒”与某些勃艮第酒性质相似。

- AC Limoux, AC Blanquette Méthode Ancestrale, AC Blanquette de Limoux, AC Crémant de Limoux.
- 白酒：莫札克、夏多内、白梢楠
- 气泡白酒不甜，非气泡白酒存于木桶中发酵。
- De l'Aigle, G&R Antech, Collin, de Flassian, Denois, de Fourn, Guinot, Sieur d'Arques.
- 白酒：以柠檬、大蒜腌泡贻贝
- 2002, 1998, 1996, 1994
- 气泡酒：5–6年
非气泡酒：3–4年

莫利（MAURY）

莫利产区位于高比耶产区(见195页)南方，不像班努斯酒(见195页)经常名列法园餐厅酒单，莫利酒至今仍然默默无名。其实，莫利镇在公元前2世纪时曾是个赫赫有名的光荣酒镇，以其优良的气候及土壤条件，应该极具发展潜力。导致莫利酒一落千丈的主因，应该归咎于区内酒农过度倚重马卡贝欧及卡利浓两种葡萄。幸好，法律已规定自2000年酿造莫利酒的葡萄汁中，风味十足的格那希葡萄必须至少占有四分之三的比例，这项规定应该有助于改善本区的酒质。如班努斯酒，莫利酒也可分为爽口清淡型及味道强烈的rancio型，都适合当开胃酒或佐餐用。已臻熟成的马斯－安米尔 (Mas Amiel)酒庄的佳酿最能展现莫利酒细致优美的口感。

马斯－安米尔(Mas Amiel)
酒庄本酒庄的酒浓醇丰厚，是优质莫利酒的代表。

绝佳的环境
本区炎热的气候及片岩土质最适合格那希葡萄生长，对于酿造口感独特的加烈酒有其贡献。

- AC Maury.
- 红酒：黑格那希、灰格那希、白格那希
- 加烈红酒丰厚的口感可比美好年份的深棕色波特酒。
- Mas Amiel, Jean-Louis Lafage, les Vignerons de Maury, Maurydoré, la Pléiade, Robert Ponderoux.
- 查达(cheddar)或巴马(parmesan)奶酪搭配新鲜葡萄
- 大多没有年份之别
- 5–25年

密内瓦(MINERVOIS)

密内瓦酒区横亙于圣西纽(见201页)和卡尔卡松市之间的南向石灰岩坡地上，常被视为高比耶酒区(见195页)的姊妹酒区。其实这两个酒区的酒各有特色。本区目前已依地理条件及葡萄园特性完成分区规划。西部地区气温较低、降雨量较大，适合希哈及格那希葡萄生长；中部地区土壤贫瘠、雨量稀少，栽种慕维得尔葡萄。本区的产酒品质普遍高于高比耶酒，又以北部的密内瓦-利文尼耶(Minervols-la-Livinoere)所产的酒最好，原因除了卡利浓葡萄的使用量低外，更应该归功于拉斯图尔酒庄(Chateau de Lastours)、古尔盖饶酒庄(Chateau de Gourgazaud)等酒庄的出色酿酒技巧。密内瓦酒中有95%是红酒，白酒则以罗讷河地区及地中海沿岸的葡萄品种酿成。

皮契尼酒庄
(Domaine Piccinini)
这是利文尼耶地区开山鼻祖的老酒庄之一。

赛斯山口
本区是法国南部各产区中，地形最复杂者：中部气候炎热、布满石灰岩坡地，西部则全是起伏不平的险峻山区。

- AC Minervois.
- 红酒：格那希、卡利浓、希哈、慕维得尔
  白酒／玫瑰红酒：白格那希、布布兰克、马卡贝欧
- 红酒浓烈，不甜；白酒不甜；玫瑰红酒有水果味，不甜。
- Ch Domergue, Fabas, Ch de Gourgazaud, Ch de Lastours, Ch Maris, Ch les Ollieux, d' Oupia, Ch les Palais, Paraza, Piccinini, Ste Eulalie, la Tour-Boisée, Ch Villerambert-Julien.
- 蔬菜炖小牛肉
- 2002, 1998, 1996, 1995, 1994
- 红酒：3-5年
  白酒/玫瑰红酒：1年

麝香酒法定产区(MUSCAT APPELLATIONS)

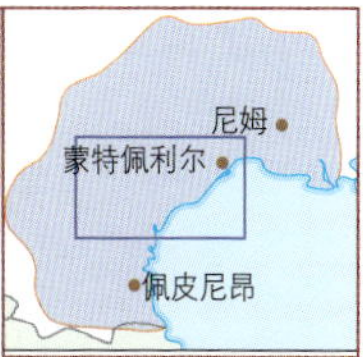

虽然法国最有名的加烈酒是罗讷河流域的威尼斯波美麝香酒，但是法国天然甜酒中，十瓶有九瓶是来自朗格多克鲁西永酒区的五个麝香酒法定产区。丰提纽(Frontlgnan)及米黑瓦(Mireval)两个靠近塞特镇(sete)的沿岸产区中，前者因为神话中的大力士及前美国总统杰佛逊都尝过得纽天然甜酒及香甜酒(vin de liqueur)而较为入口。米黑瓦酒以小粒种白蜜思嘉葡萄酿成，酒质较细致优雅。此外，以珍贵的吕内尔—蜜思嘉(Muscat de Lunel)葡萄酿成的酒也属于细致型。最普及的丽维萨特(Rivesalte)麝香酒以小料种白蜜思嘉或亚历山得里(Alexandrie)蜜思嘉葡萄酿成，大大不同于使用混合葡萄酿成的丽维萨特甜酒。近来突然受到瞩目的圣尚—密内瓦(St Jean-de- Minervois)麝香酒产区是位于米黑瓦境内的小法定产区。

麝香酒
(Muscat)
丽维萨特等加烈麝香酒，入口后散发一股新鲜葡萄及果酱的混合香气。

派雷德酒庄
(Château de la peyrade)
法国大部分的加烈酒都产自合作社，但是还有少数像派雷德一类的酒庄，出产顶级麝香酒。

- AC Muscat de Frontignan, AC Muscat de St Jean-de-Minervois, AC Muscat de Lunel, AC Muscat de Mireval, AC Muscat de Rivesaltes.
- 白酒：丰提纽蜜思嘉、小粒种白蜜思嘉、小粒种玫瑰蜜思嘉、亚历山得里蜜思嘉
- 白酒：天然甜酒
- Cazes, de Corneilla, Deltour-Grousset, Força Real, de Jau, Lacoste, Mas Liaro, Nouvelles, Ch de la Peyrade, Sarda-Malet.
- 柠檬葡萄干奶酪蛋糕
- 大多没有年份之别
- 1-3年

鲁西永（ROUSSILLON）

朗格多克–鲁西永酒区中的鲁西永地区，虽已拥有数座公认颇具发展潜力的葡萄园，但就整体而言，这片大产区仍未形成足以代表全区的风格。随着新葡萄品种的引入以及酿酒技术的突飞猛进，有几个优秀的酒镇已渐渐浮现。

鲁西永丘
三面环山的鲁西永丘葡萄园享有全法国最充足的日照。坡地上栽种的葡萄品种繁多。

公元前7世纪，当希腊人沿着加泰隆海岸(Catalar coast)的矿源进入本区采矿时，引进了葡萄藤，于是鲁西永地区的酿酒活动便随之展开。这些葡萄树在这里生根繁殖，并在中世纪时期酿出香甜的所谓“西班牙酒”。鲁西永地区的葡萄园地三面围绕着高山，形成天然屏障：北边是高比耶山，西边是卡尼古山(Le Canigou)，以及与西班牙交界地带的是阿尔比雷斯山(Les Alberes)。这里每年日照时数高达2550小时，是全法国阳光最充足的产酒区，其他酒区日晒不足的问题在此完全不存在。气候普遍稳定，所以年份的变化出相当持平。虽然本区种植葡萄的历史比相邻的朗格多克地区悠久，但是却迟迟未能培养出具特色的酒镇。区内现在主要有两款法定产区酒：鲁西永丘酒(Côtes du Roussillon)及鲁西永丘村庄酒(Côtes du Roussillon–Villages) ,都是不甜的静态酒。“鲁西永丘”的产区面积约5000公顷，包括红酒、白酒及玫瑰红酒；至于“鲁西永丘村庄酒”则只适用于阿格利(Agly)河沿岸的25个酒镇所产的红酒，其中卡拉梅尼村(Caralnany)及拉图尔—法国村(Latour de-France)；可以把村名并附在酒标上。

鲁西永酒区传统以卡利浓为主要酿酒葡萄，随着加重希哈及慕维得尔两种葡萄的比例后(目前的混合比例应该已达到各占20%)，酒的品质持续提升中。红酒的酿造通常沿用二氧化碳浸泡法(maceration carbonique)，如此可以萃取出最完整的果香，有助气味平板的卡利浓葡萄发挥最完美的表现。白酒方面，碍于法规，必须以马卡贝欧及马瓦西(Malvoisie)葡萄为主，芳香的白格那希、胡珊、马珊或维门替诺等葡萄的总比例不得超过五成，有些酿酒师常常会下手太重反而酿出好酒。

AC Côtes du Roussillon, AC Côtes du Roussillon–Villages, AC Grand Roussillon.

红酒／玫瑰红酒：卡利浓、希哈、格那希、慕维得尔、马卡贝欧
白酒：马卡贝欧、马瓦西

红酒种类多，各具特色，倾向辛香味；白酒花香芳馥；玫瑰红酒不甜。

Caves de Baixas, Brial, de la Casenove, de Castelnou, Cazes, des Ch ê nes, Mas Cr é mat, Fontanel, Força R é al, Gardi é s, Gauby, Ch de Jau, Laporte, Lequerde, Maîtres Vignerons de Tauteval, de Rombeau, Mas Rous, St François, Sarda–Malet, des Schistes, Cellier de Trouillas, les Vignerons Catalans, Vignerons de P é zilla.

红酒：烤小牛胸肉，佐以马得拉(Madeira)酱

红酒：2003, 2001, 2000, 1998

红酒：2–6年 白酒：1–4年

高拜酒庄
（Domaine Gauby）
这个优秀的酒庄证明本区也能推出微妙、优雅的佳酿。

圣西纽（ST CHINIAN）

圣西纽酒区生产高级红酒的潜力早在1300年便已受到肯定，但却迟至1982年才获颁为法定产区。本酒区属于埃罗省，位于那波昂(Narbonne)市北方及贝齐耶(Beziers)市西北方，区内共有 20个酒镇。本区海拔高，白垩岩土质贫瘠且多石砾，因此酒质较清淡而优雅，不过通常不及邻区佛杰尔酒(见197页)迷人。有此酒如卡内－瓦雷特酒庄(Domaine Canet-Valette)、卡日－维埃尔酒庄 (Chteau Cazal-Viel)、古詹酒庄 (Chateau Coujan)及在罗奎伯朗 (Roquebrun)的合作社等，所产的酒除了保持圣西纽酒天然的细致特质外，更增加了浓郁的樱桃香气。圣西纽红酒和玫瑰红酒都是以希哈、卡利浓、格那希、仙梭及慕维得尔葡萄酿成。

巴加泰利庄园（Clos Bagatelle）
这个庄园的酒具有辛香味，在地窖中存放四至五年后更臻完美。

金色的秋天
参观本区最好是在葡萄收成后的几周内，这时葡萄叶开始转变成红铜色及金黄色。

- AC St Chinian.
- 红酒／玫瑰红酒：格那希、卡利浓、希哈、慕维得尔、仙梭
- 红酒辛香、浓烈；玫瑰红酒不甜。
- Ch des Albi è res, de Astide Rousse, Clos Bagatelle, Canet-Valette, Ch Cazal-Viel, Coujan, Coop é rative de Roquebrun, Deslines, Ch Milhau-Lacugue, des Pradels, Soulie des Joncs, Ch des Villespassans, Viranel.
- 马铃薯煮洋葱、贝永火腿、大蒜和荷兰芹
- 红酒: 2003, 2001, 1998, 1996
- 红酒：2–5年

其他

朗格多克－鲁西永酒区内还有两个值得推荐的法定产区：贝耳加德－克雷耶特(Clairette de Bellegarde)及朗格多克－克雷耶特 (Clairette de Languedoc)。正如其名所示，这两种酒都以克雷耶特葡萄酿造，最大的特点在于它们仍保有过去的风味，指的是过去的人爱喝的白酒：初酿成时平淡无味且易于氧化。正因为有这类法定产区的存在，克雷耶特葡萄才得以硕果仅存。不过酿造传统且不甜的贝耳加德－克雷耶特酒并非只能选用克雷耶特葡萄不可。朗格多克－克雷耶特酒金棕色(ranclo)甜白酒分为加烈及不加烈两种，一如西班牙的巴娄米诺(Palomino)葡萄只适合酿成雪利酒，克雷耶特葡萄也只有在酿制朗格多克－克雷耶特酒时才能显出其价值。

平淡的克雷耶特白酒获颁为法定产区级酒，但是产自马勒佩尔丘(Cotes de la Malepere)及米露丘 (Côtes de Millau)的红酒，酒质清淡宜人，却只列为优良地区餐酒，前者的口感介于罗讷河丘酒(见254–255页)及波尔多基本酒之间(见93页)，后者的口感则近似薄酒莱酒(见126–127页)及罗讷河丘酒的综合体。

贝耳加德－克雷耶特
朗格多克－鲁西永酒区内的合作社均乐于推广、出售自制的酒给当地居民、观光客和过路者。

马维斯酒庄（Château Malviès）
致力于生产更具果味的马勒佩尔丘酒的领导者之一。

卢瓦尔河流域
THE LOIRE VALLEY

卢瓦尔河流域（THE LOIRE VALLEY）

在法国各酒区中，卢瓦尔河流域的酒最适合在温暖的夏日饮用，而且种类繁多，任君选择。

河流对酒的行销大有帮助。每年都有成千上万的观光旅客沿着卢瓦尔河参观沿岸的法国风景，当他们停下来用餐时，除非专家推荐，否则面对五花八门的当地酒类往往不知如何选择。

本酒区最西部——卢瓦尔河尽头的沿海地带，所产的是没有甜味、酒香清淡的蜜思卡得 (Muscadet，见219页)白酒。精酿的蜜思卡得酒清淡爽口，是搭配各式海鲜的绝佳选择。不过现在的酒客偏好较多风味的葡萄酒，而这正是蜜思卡得酒力有未逮之处。

传统的好品质

希农堡俯视着卢瓦尔河，城堡另一侧种有卡本内－弗朗葡萄，用以酿出散发浓郁莓果香气的希农酒。

酒区概况

35 000公顷；年产量3亿9千万瓶

大西洋型气候到大陆型气候。沿海的蜜思卡得相当潮湿，有霜害情形，这是本地区各产地的共通问题。越往东边，夏季越趋暖和，冬季也越冷。

多样，蜜思卡得酒区为花岗岩土质；莱阳酒区为片岩土质；希渡酒区以沙砾土质为主；武夫赖酒区是含凝灰岩的白垩土质；桑塞尔酒区是含砰石的石灰岩土质

红酒：卡本内－弗朗、马尔贝克、加美
白酒：白梢楠、白苏维浓、白香瓜种(Melon Blanc)

沿着河流往东，可抵安茹(Aniou，见214页)及梭密尔(Saumur，见223页)两个酒区，分别生产带甜味的玫瑰红酒及平价的气泡酒。研究过餐厅所提供的酒单后，不难发现这两个地方仍以静态

酒为较佳选择。上普瓦图(Haut- Poltou，见217页)及图赖讷(Touraine，见225页)两个酒区提供不同风味、酿自白苏维浓葡萄的多种酒品，白苏维浓是卢瓦尔河流域的主要葡萄品种。最好的酒散发着醋栗、黑醋栗及生鲜蔬菜的清新淡雅香味，然而大部分的酒都略显生涩不成熟。

武夫赖酒区(Vouvray，见226页)表现的是白梢楠葡萄的多种特色与超长生命力，不过随着白梢楠葡萄地位的消退，武夫赖酒也渐渐过时。现在希望所寄是新兴起的白梢楠甜酒能使本区的酒再度成为市场焦点。旅程的最后，才进入真正的苏

酒区检索

- 安茹–梭密尔（包括邦若、莱永丘、休姆–卡德、莎弗尼耶）
- 中央产区（包括蒙内都–沙隆、普依芙美、根希、荷依、桑塞尔）
- 夏托美雍
- 奥维涅丘
- 弗瑞丘
- 候内斯丘
- 上普瓦图
- 南特酒区（包括密斯卡得）
- 圣谱桑
- 图赖讷酒区（包括修维尼、希农、贾斯尼耶、蒙路易、武夫赖）
- 省界
- 优良地区餐酒（VDQS）区界

维浓葡萄之乡，以桑塞尔(Sancerre，见222页)、普依芙美(PouillyFume，见220页)、根希(Quincy，见221页)以及蒙内都－沙隆(Menetou-Salon，见218页)等产区为代表。其中桑塞尔酿自黑皮诺葡萄的红酒与玫瑰红酒是卢瓦尔河流域葡萄酒中令人惊喜的作品，希农(Chinon)、布尔格伊(Bourgueil)及布尔格伊－圣尼古拉(St Nicolas de Bourgueil)酒区的红酒特色同样是带有青涩口感。尽管如此，部分优秀酒庄在葡萄圆熟年份酿出的好酒，仍可与波尔多红酒一较高下。

溯流而上
卢瓦尔河往西注入大西洋，沿岸布满了葡萄园及酒庄。这个酒区产有甜或不甜的静态酒及气泡酒。

卢瓦尔河流域酒区历史

卢瓦尔河流域许多宏伟壮观的城堡相继建于13至16世纪间，建造之初均是战略用途的碉堡性质，后来成为数位法国君王的豪华皇宫。皇室的大力赞助，加上邻近荷兰、英国市场的地利之便，使得卢瓦尔河流域因发展酒业而迅速致富，尤以安杰等城镇为最。

希农堡
开创盎格鲁—诺曼王朝的亨利二世于13世纪初驾崩于此城堡。目前这座宏伟的建筑已成重要的历史遗迹。

卢瓦尔河流域的酿酒业究竟始自何时已无法考证，但可以肯定的是这里的葡萄种植是从本区南方的波尔多酒区及东方的勃艮第酒区所引进的。1至4世纪期间，罗马人曾统治本区，这点从地名上就可以看出，例如普依卢瓦尔(Pouilly-sur-Loire，见220页)，是从保虞斯别墅(Paulica villa)衍生的地名，而红酒酒名梭密尔－香比尼(Saumur- Champigny)则应该是源自拉丁文“campus ignis”(火热的地)；桑塞尔(见222页)镇上的恺撒门(Porte Cesar)也是以罗马皇帝恺撒大帝为名。此外，本区挖穴为窑来烧制双耳陶土酒瓷的技术，也可以确定是罗马人在1世纪时传入的。公元591年，本区的酿酒技术已经成熟到让图尔的格列高利主教(Gregory de Tours)在他的《法兰西历史》(*The History of the Franks*)一书中提上一笔，他描述当时这里葡萄丰收的盛况，并抱怨整个蜜思卡得地区(见219页)都是伯东(Bretons)葡萄。12世纪时，许多安茹红酒经由安杰 (Angers)外销到英国，区内其他产区的红酒与白酒也大量出口到富裕并已独立的法兰德斯。兼具邻近巴黎与大西洋的地理优势，卢瓦尔河流域的葡萄酒贸易一直到20世纪中叶还很昌盛。

葡萄大丰收
此插图取自15世纪的彩色手抄本《贝利公爵的光荣时刻》(*Les Tres Riches Heures du Duc de Berry*)一书，书中所示即为梭密尔酒庄葡萄丰收的情形。

卢瓦尔河的葡萄品种

卡本内—弗朗及白苏维浓葡萄约在公元1000年到1500年之间从波尔多酒区传入卢瓦尔河流域。其中白苏维浓葡萄直到16世纪引进今天的普依卢瓦尔、桑塞尔、根希(见221页)及荷依(Reuilly’见221页)等酒区后，才开始大量栽种。尽管今天白苏维浓葡萄在这些酒区举足轻重，但在18世纪以前，它的地位却一直不如现在早已遭淡忘的夏斯拉葡萄(当时因为产量高而深受欢迎)。19世纪区内遭葡萄根瘤蚜虫的大肆破坏后，白苏维浓品种在灾后重耕时才在上述地区取得优势。勃艮第香瓜种葡萄 (有时称为蜜思卡得葡萄)也是本区曾经风行一时的品

凝灰岩下的酒窖
凝灰岩是一种经过火山作用加热过的柔软白垩质，大量分布在卢瓦尔河流域的地层中。数世纪来，这里的居民常洞居住或作为酒窖之用。

种，于中世纪时引入安茹酒区。17世纪时，虽然勃艮第酒区禁止栽种这种葡萄，但本区却用这种耐寒的白葡萄品种来取代原来的红皮葡萄。现在全世界只有美国加州种植这种葡萄。另一种和本区关系密切的是白梢楠葡萄，这种葡萄在欧洲名不见经传，其来源无法得知。根据《葡萄、葡萄树与葡萄酒》(*Grapes, Vines and Wines*)一书的作者珍希·鲁宾逊 (Jancis Robinson)所推测，白梢楠葡萄应是卢瓦尔河流域的原生品种。不管这种说法是否正确，该种葡萄在15世纪(甚至更早以前)就已用来酿酒。

跨入21世纪

在20世纪中叶以前，卢瓦尔河流域一直是世界上少数几个生产新鲜且品质可靠的白酒产区之一。此后随着设备与技术的进步，使葡萄酒在运输过程中得以全程保持理想的温度，加上气候条件更好的其他酒区不断引进更多的优质葡萄品种，对本酒区造成严重打击。虽然有些卢瓦尔河流域的葡萄酒因品质大幅改善而引起世界酒客的重视，但是本区因葡萄生产过盛及不够成熟，使得酿出的酒品质也普遍低落。显而易见，与其以同样的价钱购买一款稀薄、偏酸，来自卢瓦尔河流域的白苏维浓葡萄酒，消费者宁愿选择产自法国西南部、其他欧洲酒区或新兴酿酒国家的优质白苏维浓葡萄酒。研究卢瓦尔河流域近代酒史的人，不难发现这里正面临萎缩或成长的转折点。以曾经名噪一时的奥维涅丘(Côtes d' Auvergne)酒区为例，目前的葡萄园面积只有遭虫害前6万公顷的五分之一而已。至于蜜思卡得酒区在跨入21世纪后是否还能长久维持目前的规模，也是前途未卜。

光华再现
歇尔(Cher)河畔雪侬梭堡(Château de Chenonceaux)位于图尔市东方，原本是中世纪的碉堡，到1512年才以近代文艺复兴风格获得重建。

卢瓦尔河流域酒乡之旅

以下的导览从图尔市出发，沿途经过卢瓦尔河中游的数条支流。在越过以丰富的白梢楠葡萄甜酒闻名的武夫赖镇后，往南可抵古堡优美的阿宰勒里多，以及希农与布尔格伊酒区的红酒葡萄园。

卢瓦尔河流域 □ 导览区

明媚的河岸风光
维埃纳河畔的希农镇宁静安详，是过夜的理想地点。

图尔市

对于任何爱酒者来说，没有参观图尔市 (Tours)①的圣朱里安大教堂(Eglise de St Julien)地下的图赖讷葡萄酒博物馆 (Musee des Vins de Touraine)就不算造访过卢瓦尔河流域酒区。大教堂及市区的窄小街道间有许多文艺复兴时期的建筑，值得花时间慢慢参观。

从武夫赖到希农

白梢楠葡萄之乡武夫赖镇(vouvray)②对许多人来说是图赖讷酒区最重要的酒镇。这里到处可以见到穿凿白垩质山丘建成的舒适住家及设备完善的酒窖。在本地许多大酒庄中，特别推荐 Philippe Foreau、Domaine Huet及 Domaine des Aubuisieres3个酒庄。除此之外，记得参观充满文艺复兴风格的美丽建筑——雪侬梭堡(Château de Chenonceaux)。谢尔(Cher)河是卢瓦尔河的支流，可以斜倚在河面上的三层桥遥想昔日骑兵过桥的景象，也可以对着城堡内鲁本斯大胆放纵的酒神图冥想。在历史古城昂布瓦斯 (Amboise)③，导览路线重回卢瓦尔河沿岸，这里有建于18世纪的尚蒂卢尔塔(Pagode de Chanteloup)及一座据说是达文西(Leonardo da Vinci)最后归处的小教堂。沿着卢瓦尔河往西走，可抵蒙路易(Montlouis-sur-Loire)④，在于梭(Husseau)附近、由杰克布劳特(Jacky Blot)经营的泰雷劳普酒庄(Domaine de la Taille aux Loups)可以品尝地道的蒙路易静态酒或气泡酒。沿着公路往爱思佛 (Esvres)、莎雪(Sache)⑤以及有座美丽城堡的阿宰勒里多(Azav- le-Rideau)⑥方向，再取道D757号省道可以抵达希农(Chinon)⑦，这个宁静的小市镇是用午餐或过夜的好地方。古利杜勒酒庄 (Domaine Couly-Dutheil)是本区最大的酒庄之一，其设于希农的酒窖可以品尝到来自不同葡萄园的葡萄酒。

从布尔格伊到布尔格伊－圣尼古拉

走第D749号省道离开希农，越过卢瓦尔河往北来到布尔格伊(Bourgueil)⑧红酒区及布尔格伊－圣尼古拉(St Nicolas- de-Bourgueil)⑨。出了布尔格伊后，沿着一条小路让北来到修维黑特村 (Chevrette)，在观光酒窖(Cave Touristique de la Dive Bouteille)附设有一个葡萄酒博物馆及一个品酒室。生产布尔格伊及布尔格伊-圣尼古拉两种酒的酒商马克斯·科纳德(Max Cognard)在本村镇有一个酒窖，而且会热心向来客解释两种酒的异同。

从朗热到吕纳

离开布尔格伊后往东可以抵达朗热(Langeais)⑩，这里有一座保存完整的15世纪城堡。按着走D57号省道出镇，数公里后是一个眺望卢瓦尔河及布尔格伊葡萄园全景的景观点。森马拉皮(Cinq-Mars-la- Pile)⑪有座城堡遗迹，吕纳 (Luynes)⑫村的城堡曾是17世纪黎塞留主教(Cardinal Richelieu)的府邸。

昂布瓦斯

昂布瓦斯镇的尚蒂卢尔古塔其实是18世纪一座城堡的遗迹。镇上还有另一座历史更久的老城堡，过去是政治犯监狱。

图例

- 品酒点
- 餐厅
- 旅游中心
- ★ 观光据点
- 导览路线
- 观景点

旅游办事处

Amboise
Quai Général de Gaulle
☎ 02 47 57 09 28
FAX 02 47 57 14 35
@ tourisme.amboise@wanadoo.fr
W www.amboise-valdeloire.com

Azay-le-Rideau
4 Rue du Château
☎ 02 47 45 44 40
FAX 02 47 45 31 46
@ tourisme@ot-paysazaylerideau.fr
W www.ot-paysazaylerideau.com

Chinon
Place d'Hofheim
☎ 02 47 93 17 85
FAX 02 47 93 93 05
@ tourisme@chinon.com
W www.chinon.com.

Chenonceaux
1 Rue Bretonneau
☎ 02 47 23 94 45
FAX 02 47 23 82 41

Tours
78-82 Rue Bernard Palissy
☎ 02 47 70 37 37
FAX 02 47 61 14 22
@ info@ligeris.com
W www.ligeris.com

Vouvray
12 Route Rabelais
☎ 02 47 52 68 73
FAX 02 47 52 67 76/02 47 52 70 88
@ commune.vouvray@wanadoo.fr
W www.vouvray.org

挖凿出的荣耀

武夫赖镇有许多建筑物均挖凿白垩岩层而建，如图中的酒窖就是一例。

卢瓦尔河流域的美食

卢瓦尔河流域是许多法国人心目中的"法国甜美之乡(Douce France)"，一个可以充分享受美好法国式生活的悠闲之地。这里有来自河川与海洋的丰富渔产，也有取之不尽的野禽、猪肉，以及本地栽种的各种蔬菜水果等，供应各种菜点所需。

沿着卢瓦尔河走一趟，将可尝到形形色色的各式美食。在卢瓦尔河东端的发源地附近，梭子鱼镶猪肉是地道的料理，桑塞尔附近的特产羊奶奶酪则是8世纪是由摩尔人所引进。

图赖讷酒区的料理和法国其他许多地区一样，都习惯将肉类与鱼肉一同炖煮，这种烹饪方式常让人讶异无法接受。举例来说，图赖讷式的"vol au vent d' Amboise"酥皮点心就和一般在鸡尾酒会上供应的同名酥皮烘焙小点心大不相同。这里是将其做成直径约25厘米的派，材料有梭子鱼、干贝、小牛胰脏、菌菇、松露、鲜奶油及鸡蛋等。牛羊的胰脏是当地的特殊食材，也用于波榭尔(la beauchelle)中，其他材料还包括白酒与蘑菇。小牛肉同样是相当普遍的食材，混合鲜奶油及蘑菇做成朝鲜蓟的馅料也是道美食。

野禽也是常用的食材，几乎所有的菜单上都可以找到松鸡、雉鸡、野鸭、鹌鹑等菜。酒煮野鸭肉(magre a la Claveliere)是将鸭胸肉片以青葱、雅马邑(Armagnac)白

丰富的渔产
鲑鱼、鳟鱼、鲤鱼及梭子鱼都是卢瓦尔河现捕的活鱼，此外，大西洋也是重要的鱼货来源。

贝类海鲜
大西洋及卢瓦尔河盛产贝类海鲜。最佳的享受方式之一是将煮熟的各式贝类堆叠在大盘子上搭配柠檬片，并佐以冰凉的蜜思卡得酒。

兰地、葡萄及蜜思卡得酒同煮。豪华料理"皇家野兔 (lievre a la royale)"，是以红酒烹调野兔配上鹅肝，并以每人分四瓣蒜头、四颗红葱头的分量依人数酌增。卢瓦尔河常见的鱼类料理有盐烤鲈鱼 (将鱼裹上一层盐巴外皮后烤熟)、酸模鲱鱼、鲑鱼佐白奶油酱汁或南特酱(以奶油、红葱头及酒制成)、蘑菇镶煮鲤鱼以及大蒜鱼汤(Chaudrée)等。其他食用鱼类还有扁鲨、鲽鱼、银鱼等。公认为海产珍馐的龙虾、淡菜、生蚝等的特产，在南特附近的大小餐厅都有供应。最典型的料理是以白酒、荷兰芹提味的水手式炒淡菜(moules marinieres)及奶油蒜苗烤生蚝。

搭配卢瓦尔河流域甜白酒的最佳料理是上覆焦糖的苹果派 (tarte tatin)、梨子派 (tarte aux poires)，以及用杏仁与兰姆酒做成的南特式蛋糕(gateau nantais)，或者是以草莓、覆盆子、黑醋栗、黑莓、小红莓加蜜思卡得酒及糖调制而成的红果子百汇(meli-melo de fruits rouges)。

白奶油酱汁鲑鱼
本地以酒醋、不甜白酒(以蜜思卡得酒为佳)及红葱头制成的传统奶油浓酱，是这道鲑鱼料理的精髓。

水手式炒淡菜
这是一道到处可见的清爽料理，以白酒、香料植物及青葱来提味，还可加入鲜奶油增加风味。

本地特产奶酪

传统上本区的奶酪大多以牛奶奶酪为主，尤其是安茹附近地区。像夏威纽柯霍丹(Crottin de Chavignol)一类的羊奶奶酪，仅仅出现在邻近勃艮第的地区，制作历史可上溯至1573年，在成熟的过程中，奶酪会随着模型的形状及气味浓度，形成一层刺鼻的外壳。今天这里还保持300年前的传统习惯，将奶酪包裹在干草及灰烬中运到市场销售。

夏威纽柯霍丹奶酪
这款羊奶奶酪在新鲜时有一层白色外壳，这层外壳会随着熟成过程硬化及出现黑斑。完全成熟后，气味强烈，并出现肉质感。

山羊铎姆(Tomme de Chèvre)奶酪
这款奶酪有多款种类，法国各地皆有生产。卢瓦尔河流域的酪农习惯在这种奶酪的成熟过程中，用浸泡过蜜思卡得酒的布来擦拭其外壳。

畅游卢瓦尔河流域

景观多样的狭长地带，人们的住所从武弗雷粉笔山的洞穴到卢瓦尔河及其支流河畔的壮观城堡，各具特色。顺着河流慢慢游览，或集中探访西部、中心区及东部的主要酒区。

餐饮&住宿

精选当地最好的餐饮住宿地，让你尽享当地美食与美酒，安心留宿于令人印象深刻的、风格独具之处。

ANGERS
Auberge d'Eventard, Route de Paris.
02 41 43 74 25
搭配最好的当地美酒，品尝以当地鱼类烹制的传统美食，这里是享用美酒美食的理想去处之一。

CHENONCEAUX
Hôtel du Bon Laboureur et du Château, 6 Rue du Dr Bretonneau.
02 47 23 90 04
价格平易，风格简约，提供传统美食。游览完附近酒庄后，可在此落脚过夜。

CHINON
Hostellerie Gargantua, 73 Rue Voltaire.
02 47 93 04 71
位于希农市中心，美丽的河边景致就在窗外，这家饰有古典尖塔的旅馆是在本区寻幽探胜的好据点。

古老与现代相容
卢瓦尔河流域的餐馆提供美酒，既有古老的传统酒品，也有新近的名贵酒品。

Au Plaisir Gourmand, 2 Rue Parmentier.
02 47 93 20 48
位于希农市中心的可爱的乡村餐馆，供应许多希农酒区的美酒。

ROCHECORBON
Domaine des Hautes Roches, 86 Quai de la Loire.
02 47 52 88 88
这里既有美食也有美酒，特别是挖掘白垩岩建成的建筑装潢，尤其令人难忘。

ROMORANTIN-LANTHENAY
Le Lion d'Or, 69 Rue Georges Clemenceau.
02 54 94 15 15
奢华的文艺复兴风格的楼宇，提供很棒的美食，价格自然也不菲。

SANCERRE
Auberge de la Pomme d'Or, 1 Rue Panneterie.
02 48 54 13 30
FAX 02 48 54 19 22
漫步走过古城，来到这家旅店，这是卢瓦尔河流域最受欢迎的住处之一。这里的主厨对传统菜肴加以现代改良，酒窖中满藏着最好的品牌美酒。

TOURS
Hotel de l'Univers, 5 Boulevard Heurteloup.
02 47 05 37 12
优美的“美好年代”的旅馆，连家具风格都不例外。可以要求参观丘吉尔过去常住的房间。

葡萄酒商店

卢瓦尔地区的美酒待你回到家后很难觅到，所以不妨多多探访这里的葡萄酒商店。

ORLÉANS
Cave Marc & Sébastien, 7 Place du Chatelet.
02 38 62 94 11
强烈推荐的一家店，店家对众多葡萄酒都钟爱有加，并且十分热情，愿与到访者分享酒中乐趣。

博物馆

一些制造商会提供葡萄园或酒庄之旅。详情可咨询当地的旅游办事处（见下文）。

CHINON
Musée Animé du Vin et de la Tonnellerie, 4 Impasse du Docteur Gendron.
02 47 93 25 63
FAX 02 47 93 01 34
这是一家富于创意的博物馆，主题是关于葡萄酒酿造与葡萄酒合作社。

LE PALLET
Le Musée du Vignoble Nantais, 82 Rue Abelard.
02 40 80 90 13
FAX 02 40 80 49 81
位于蜜斯卡得乡村，展出有1000种酿酒工具，有的历史悠久，可追溯至约500年前。

ST LAMBERT DU LATTAY
Le Musée de la Vigne et du Vin D'Anjou, Les Celliers de la Coudraye, Place des Vignerons.
02 41 78 42 75
来到这里可了解到多年来葡萄酒酿造者的日常生活，还有一个通过香气、诗篇等方式展出的名为“葡萄酒幻想曲”的主题展览。

SAUMUR
Le Musée Maxime Mabileau, Route de Montsoreau.
02 41 83 13 32
FAX 02 41 83 13 49
@ phc@gratienmeyer.com
这家博物馆主要讲述的是葡萄酒制造商Gratien et Mayer与Maxime Mabileau的故事，他们都是13岁开始从最底层做起，一直做到掌管公司。

TOURS
Le Musée des Vins de Touraine, Cellier St-Julien, 16 Rue Nationale.
☎ 02 47 61 07 93
FAX 02 47 21 68 90
在法国13世纪的圣于连修道院酒窖中，这是最有趣、涉及最广泛品种葡萄酒的博物馆之一。这里展出的一切有力说明了这一地区与其葡萄酒之间相辅相成的历史关系。

其他当地葡萄酒博物馆

Ecomusée du Pays de Vouvray, 30 Rue Victor Hérault, Vouvray.
☎ 02 47 52 60 61
Musée de la Vigne et du Vin, Lhomme.
☎ 02 43 44 43 62
FAX 02 43 44 67 66
Musée de la Vigne, 3 Rue Gustave Marc, Onzain.
☎ 02 54 20 78 52
W www.ville-onzain.fr
Musée de la Vigne et du Viticulteur, Château de Moncontour, Vouvray.
☎ 02 47 52 60 77
FAX 02 47 52 65 50
W www.moncontour.com
@ info@moncontour.com

网站

一些精明的卢瓦尔河流域葡萄酒制造商，其产品虽然只是隶属于知名的母品牌，但都设立了自己的网站。www.vouvray.com就是一个很好的例子，它隶属于Moncontour酒庄。以下列出的都是一些不错的独立网站：www.vins-valdeloire.com，www.sancerre.net，www.producteurs-de-saumru-champigny.fr，www.visaloire.com，www.saumurbrut.com，www.paysdelaloire.fr。如果想了解旅游方面的信息，可登录www.tourisme.fr，输入城镇或乡村名，便可看到相关信息。

其他信息

区内主要旅游办事处会提供一系列当地信息，不管你是要品尝美酒还是要找地方住宿，都能在此了解到相关信息。

☎ 02 47 70 37 37
The region's main tourist office can help with a range of local information, whether you want wine tastings or a place to stay.
Comité Interprofessionel de Touraine, 19 Square Prosper-Mérimée, Tours.
☎ 02 47 05 40 01
在本区各地均有Maisons du Vin，提供导游服务，而这里是提供整个地区葡萄酒信息的地方。

年度葡萄酒节日与活动

卢瓦尔河流域的每个法定产区，每年都有一次葡萄酒嘉年华会。每年2月第一周在安杰市举行的“卢瓦尔河博览会”上，可品尝到区内各地的美酒。关于其他活动的日期等具体信息，可咨询旅游办事处（见下文）。

1月/2月

葡萄酒系列展会

2月

葡萄酒展会

3月

葡萄酒系列展会

3月/4月

葡萄系列酒展会

4月

系列葡萄酒展会

5月

葡萄酒与图书展会
葡萄酒展会

6月

葡萄酒系列展会
迷你酒庄公园葡萄酒展会——在一个有着微缩酒庄景观的公园内举办的品酒会

7月

葡萄酒与美食丰收节
葡萄酒与鳗鱼节
葡萄酒系列展会
葡萄酒与爵士乐节
葡萄酒与香肠展会
莱昂区游行

8月

海洋与葡萄酒展会
户外活动
庆祝节
Touraine－Amboise节
艺术、音乐与葡萄酒节
魔术师展会（民俗节）
法国葡萄酒节
葡萄酒展会

9月

香槟节

10月

美好时代丰收节
美食节

11月

索米尔–香槟葡萄酒展会

11月/12月

Fouè Avaloue圣彼得葡萄酒展会

安茹（ANJOU）

全世界的超市内处处可见廉价的安茹玫瑰红，这类酒约占安茹酒区葡萄酒总产量的一半以上，但却不能据以论断安茹酒的品质。想要品尝本区优良的玫瑰红酒，建议选择公认最耐久藏的安茹—卡本内(Cabernet d' Anjou)或卢瓦尔玫瑰红酒(Rose de Loire)。安茹白酒传统是以白梢楠酿成，现在也渐渐加入相当比例的夏多内或白苏维浓葡萄；如此混合成的葡萄酒置于新橡木桶中稍经熟成，可为寒冷年份略显青涩的酒添加几分圆润。卢瓦尔丘安茹酒(Anjou Coteaux de la Loire)散发出晚收成型白梢楠葡萄的风味，价格合理，与安茹-加美酒(Anjou-Gamay)同为薄酒莱葡萄酒(见126–127页)的另一种选择。安茹村庄酒(Anjou Villages)的红酒品质优秀，有黑醋栗的香气。

杰奈斯耶酒庄（hâteau de la Genaiserie）
酿酒师依夫·苏列日（Yves Soulez)是卢瓦尔河酒区杰出的酿酒师之一。

传统仪式
卢瓦尔河流域的酒庄总是把握机会来庆祝并延续该区的酒业传统。

- AC Anjou, AC Anjou Coteaux de la Loire, AC Anjou Gamay, AC Anjou Mousseux, AC Anjou Pé tillant, AC Cabernet D' Anjou.
- 红酒／玫瑰红酒：卡本内－弗朗、卡本内－苏维浓，果若(Grolleau)；白酒：白梢楠、夏多内、白苏维浓
- 红酒清淡到中等浓度；白酒清淡爽口、不甜；玫瑰红酒中等甜度。
- Arnault et Fils, de Fesles, J-Y Lebreton. Gaudard, Genaiserie.
- 梭子鱼佐以青葱奶油酱
- 红酒：2003, 2002, 1997, 1995
- 红酒：3－8年

邦若（BONNEZEAUX）

这个莱永丘(Coteaux du Layon)特级葡萄园位于蒙塔尼(La Montagne)、伯贺加(Beauregard)及费索(Fesles)三个沿着莱永河岸绵延的南向陡坡上。这里只栽种白梢楠一种葡萄，当这种葡萄外皮发生贵腐霉现象时，酒农就会分次采收。本区的葡萄收成量偏低，这是因为这里对葡萄成熟度的要求比梭甸酒区(见110页）高。事实上，邦若酒区的葡萄在采收时往往因成熟度过高，而导致酒的潜在酒精浓度可高达40%以上。精酿的邦若酒甜度极高，初酿成时会散发浓郁的凤梨及甘草般风味，陈年后则渐渐形成香草及蜂蜜细微的多层次风味。许多废置园地近年来又恢复耕种，使本酒区的面积从1979年的38公顷增加为现今的80公顷左右。

马克·安杰利（Mark Angeli）
这是卢瓦尔河流域最香甜丰富且酒香最浓醇的一款酒，也是世界上数一数二的白酒之一。

杜阿斯葡萄园
这座守护葡萄园的风车是本区最明显的地标。

- AC Bonnezeaux Grand Cru.
- 白酒：白梢楠
- 酒香芳醇、耐久藏的贵腐白甜酒。
- Mark Angeli, Ch de Fesles, Gilardeau, Godineau, Grandes Vignes, la Petite Croix, Petits Parts, du Petit Val, René Renou, L&C Robin, de Trompe-Tonneau, la Variè re.
- 烤松露鹅肝
- 2003, 2002, 2001, 1997, 1995, 1990, 1989, 1986, 1985, 1979
- 5－15年

布尔格伊及布尔格伊－圣尼古拉
(BOURGUEIL AND ST NICOLAS-DE-BOURGUEIL)

布尔格伊酒区及布尔格伊圣尼古拉酒区都位于图尔市及梭密尔之间，两个酒区都坚持拥有各自的风格。这两个产区最有名的就是以优质卡本内—弗朗葡萄为主角酿成的红酒，两区的酒其实很难分辨。布尔格伊的葡萄多栽种在细沙及碎石土质的高原上或黏土及凝灰岩土质的斜坡上，酿成的酒有丰富的水果香。高度较高的坡地上，葡萄会比高原上早10天成熟，酿成的酒较具层次感。布尔格伊-圣尼古拉的土质含沙量比较高，酿成的酒虽然口感较清淡，但一样好喝。尽管本地有一个合作社独揽了将近三分之一的酒总产量，但是各家的酿酒技术还是大有出入，其中有部分酒庄强调酒一定要置于木桶中成熟。

皮尔－贾克·杜艾（Pierre-Jacques Druet）
皮尔—贾克·杜艾酿制数款最上乘的传统布尔格伊酒。

图赖讷的壮丽田庄
一如在卢瓦尔河流域所见的许多酒镇，布尔格伊也拥有不少豪华的城堡与庄园。

- AC Bourgueil, AC St Nicolas–de–Bourgueil.
- 红酒／玫瑰红酒：卡本内－弗朗、卡本内－苏维浓
- 红酒酒香扑鼻，中等浓度；玫瑰红酒没有甜味
- 布尔格伊：Yanick Amirault, Max Cognard, Delauney Druet布尔格伊－圣尼古拉：Yanick Amirault, Max Cognard. Delauney Druet, Frederic Mabileau
- 焖炖白菜
- 红酒：2003, 2002, 2000, 1997, 1995, 1990, 1989
- 布尔格伊红酒：3－10年
  布尔格伊－圣尼古拉红酒：2－5年

夏托美雍（CHÂTEAUMEILLANT）

夏托美雍酒区位于法国中央，面积约为100公顷，介于圣普桑(St Purcaln)及图赖讷之间。本区属火山岩土质，所以与薄酒莱酒区(见126－127页)一样，以栽种加美葡萄为主，土质也是本区不再酿造白酒的原因。加美葡萄和黑皮诺、灰皮诺混合酿造红酒及玫瑰红酒。本区红酒的单宁含量虽高，但口感新鲜，适合在年轻时饮用；口感极清淡爽口的玫瑰红酒也相当突出。

夏托美雍葡萄酒庄（Cave des Vins de Châteaumeillant）
这款玫瑰红酒清淡爽口，散发莓果香，带有浓厚单宁后劲。

- VDQS Châteaumeillant.
- 红酒／玫瑰红酒：加美、黑皮诺、灰皮诺
- 红酒清淡不失厚实感且无甜味；玫瑰红酒清淡，无甜味。
- Du Chaillot, Cave des Vins de Châteaumeillant, Cellier du Ch ê ne–Combeau.
- 玫瑰红酒：奶酪蛋卷
- 红酒：2003, 2002, 2000
- 红酒：2－5年

修维尼及古尔－修维尼
(CHEVERNY AND COUR-CHEVERNY)

从奥尔良（Orleans）向西往布罗瓦(Blois)走，途中曾经过修信尼(Cheverny)酒区的两座葡萄园。修维尼在1993年从优良地区餐酒产升等为 AC法定产区，古尔—修维尼也另外独立成为一个白酒产区，后者以侯莫宏丹（Romorantin）葡萄酿成的白酒，口感清淡不甜，散发细致的花香。至于修维尼的白酒则以苏维浓葡萄酿成，带有明显的果香及均衡的结构。玫瑰红酒及红酒主要以加美葡萄酿成，适合年轻时饮用。

弗朗索瓦·卡赞（François Cazin）
这款酒充分呈现出侯莫宏丹葡萄的花香特质。

- AC Cheverny, AC Cour–Cheverny.
- 红酒／玫瑰红酒：加美白酒：白苏维浓、侯莫宏丹
- 红酒口感清淡；白酒清淡爽口，不甜：玫瑰红酒不甜。
- Les Caves Bellier, François Cazin, de la Gaudronni è re.
- 古尔－修维尼酒：梭子鱼
- 白酒：2002, 2001
- 白酒：1－3年

希农（CHINON）

希农镇、希农碉堡及城墙内的葡萄园，都位于卢瓦尔河及维埃纳(Vienne)河冲积而成的三角洲上。这里过去生产的葡萄青涩而粗犷，如今却是世界上最优秀的卡本内—弗朗葡萄酒产地。近年来随着酿酒技术的精进及逐渐减量不易成熟的卡本内－苏维浓葡萄，使希农酒的品质已见大幅提升。区内酒并习惯将酒置于小木桶中陈年，不过陈年过久容易使希农酒丧失其著名的黑醋栗香气。希农玫瑰红酒及不甜白酒(白梢楠品种)很少销售到产地以外，两者都值得一试。

奥尔加·莱佛特（Olga Raffault）
莱佛特家族在希农酒区有好几个酒庄，奥尔加及尚－莫里斯(Jean- Maurice)酒庄是其中的两个代表。

埃高利－古利杜勒庄园
这片紧邻希农堡的葡萄园，酿出本区数款最优秀的酒。

AC Chinon.

红酒／玫瑰红酒：卡本内－弗朗 白酒：白梢楠

红酒芬芳，中等浓度；白酒酒香扑鼻，不甜；玫瑰红酒清淡不甜，有果香。

Philippe Alliet, Bernard Baudry, Couly-Dutheil, Delaunay, Ch de la Grille, Charles Joguet, Logis de la Bouchardi è re, du Raffault, Olga Raffault.

红酒：煲小牛肉

红酒：2003, 2002, 2000, 1997, 1995, 1990, 1989

红酒：5－10年；白酒：3－7年

莱永丘（COTEAUX DU LAYON）

莱永丘酒区沿着莱阳河绵延于奈耶(Neuil)至夏隆(Chalonnes)之间，从4世纪起就以出产甜白酒闻名。莱永丘酒区25个酿制白酒的酒镇中有部分与卢瓦尔丘的安茹酒区(见214页)及梭密尔酒区(见223页)的酒镇重叠，但是本区最好的酒却是产自宝利优 (Beaulieu)、法依(Faye)、蓝贝(Lamben)、哈布雷(Rablay)、侯须 (Rochefort)、圣侯曼(St Aubin)及蓝贝(St Lambert)7个法规严谨得“莱永丘村庄酒”酒镇。这7个酒镇的酒都各具特色，例如宝利优酒以细致见长，而哈布雷白酒则醇厚浓烈。所有的莱永丘酒都是以分批采收的熟透葡萄酿成。品质最好的酒产于修姆－莱永丘 (Coteaux du Layon-Chaume)，这是个单一酒镇的同名法定产区。

佛杰斯酒庄（Domaine des Forges）
本庄园的主人克劳德·布兰歇侯 (Claude Branchereau)是莱永丘酒区最讲究酿酒品质者之一。

杰奈斯耶酒庄
美丽的莱永丘酒区是法国最值得参访的地区之一，有许多壮观的城堡与高级饭店。

AC Coteaux du Layon, AC Coteaux du Layon-Chaume, AC Coteaux du Layon-Villages.

白酒：白梢楠

甜白酒为中等浓度

P. Aguilas, P. Baudoin, des Baumard, du Breuil, Cady, Delesvaux, Forges, Godineau, Ogereau, Pierre Bise, Pithon, Ch la Plaisance, des Rochettes, de la Roulerie, des Sablonnettes, Soucherie, la Vari è re.

甜白酒：苹果派佐以鲜奶油

2003, 2002, 2001, 1997, 1995, 1990, 1989, 1985, 1976

甜白酒：10－20年

上普瓦图（HAUT-POITOU）

若非新镇合作社(Cooperatlve at Neuvllle)成功开发并推广以“香槟制造法”(mahode champenolse)酿成的“Diane de Poltler”气泡酒，上普瓦图酒区可能至今仍是一个默默无名的地区餐酒产区。本区葡萄园面积约为700公顷，绵延于梭密尔(见223页)与普瓦捷(POltlers)之间的平原上。这里的气候干燥炎热，葡萄园分布在石灰岩与灰泥土质的土壤上，温暖年份所产的酒有独特水果香。本区白酒一开始就以白苏维浓葡萄酿成，至今仍是洋溢花香、口感清淡活泼且略带酒酸的特产。上普瓦图红酒及玫瑰红酒以黑皮诺、加美、梅洛、马尔贝克、卡本内－苏维浓等葡萄酿成。

上普瓦图酒窖（Cave de Haut-Poitou） 这是法国进取心最强的合作社之一，一手创下上普瓦图葡萄酒的知名度。

摩登时代 传统的葡萄园地已经被重新整地耕种过，以利于现代机具采收葡萄。

- VDQS Haut-Poitou.
- 红酒／玫瑰红酒：黑皮诺、加美、梅洛、马尔贝克、卡本内－弗朗、卡本内－苏维浓 白酒：白苏维浓、白梢楠、夏多内
- 红酒清淡；静态白酒，口感清淡爽口；气泡白酒不甜。
- R. Champalou (Ch de Brizlay), G. Descoux, Cave Haut-Poitou, J. Morgreau, de la Rôtisserie.
- 白酒：沙吕港(Port Salut)奶酪
- 白酒：2002, 2001, 1998, 1997, 1995
- 红酒：1－4年；白酒：l－3年

贾斯尼耶（JASNIÈRES）

贾斯尼耶，这个位于卢瓦尔丘的48公顷小酒区，和莎弗尼耶酒区（Savennieres，见224页)及武夫赖酒区（见226页）一样，都可以看出卢瓦尔河流域极端的气候变化对于白梢楠葡萄所造成的影响。寒冷年份酿成的贾斯尼耶不甜白酒，其酸涩度足以腐蚀掉牙齿上的珐琅质。相反地，好年份所酿成的不甜白酒则散发着花朵、坚果、蜂蜜和苹果的混合香，而且还带有一点点冰冷如铁的后劲。自20世纪90年代初期，这里的酒庄会在好年份时酿造甜及不甜的贵腐霉白酒。这些白酒比传统的贾斯尼耶酒更具吸引力，不仅确保其地位，还大大提升了本区的知名度。

夏利耶尔庄园（Domaine de la Charrière） 感染贵腐霉菌的“贵族葡萄”所酿成的贾斯尼耶白酒别具特色。

上选位置 一如法国其他地区，贾斯尼耶酒区的葡萄园大多分布在斜坡上，其他农作物则种在平地上。

- AC Jasni è res.
- 白酒：白梢楠
- 不甜白酒的口感艰涩；好年份的贵腐霉白酒有甜与不甜两种。
- Claude Cartereau, de Cezin, de la Charri è re, Joël Gigou, Jean-Jacques Maillet, Renard-Potaire, B é n é dicte de Rycke, des Vaux du Loire.
- 李脯炖煮猪前腿肉
- Sweet: 2002, 2001, 2000, 1997, 1996, 1995, 1994, 1993, 1990, 1989, 1985
- 不甜白酒：5－10年 甜白酒：7－20年

蒙内都－沙隆（MENETOU-SALON）

蒙内都－沙隆酒区的葡萄园从布尔日（Bourges）起向东延伸至桑塞尔酒区（见186页）。在40年间，本区葡萄园的面积从1959年的20公顷已扩张至今天的200公顷。蒙内都—沙隆产区的酒通常是中级桑塞尔酒的另一选择，特别是产自蒙洛古(Morogues)阳附近葡萄园者尤佳。蒙内都－沙隆红酒口感清淡，散发果香，适合在年轻时饮用；上等红酒在置于橡木桶中熟成后，很耐久藏。蒙内都－沙隆白酒则是典型的白苏维浓葡萄酒，但是初酿好时的诱人花香很快就会被土味取代，因此很难找到细致的白酒。

尚－泰勒酒庄（Domaine Jean Teiller）
这款上等的蒙内都－沙隆酒，品质已经完全达到知名的桑塞尔酒及普依芙美酒的水准。

石灰岩土质
蒙洛古附近的石灰岩土质，使得这时的白苏维浓及黑皮诺葡萄充满诱人的香味。

- AC Menetou–Salon.
- 红酒／玫瑰红酒：黑皮诺
  白酒：白苏维浓
- 红酒清淡；白酒清新爽口，不甜；玫瑰红酒不甜。
- De Beaurepaire, R Champault, Charet et Fils, de Chatenoy, P Clement, de Coquin, Fournier, J–P Gilbert, de Loye, H Pelle, Prieur é de St C é ols, la Tour St Martin, J Teiller, C and G Turpin.
- 白酒：清蒸舌鳎点
- 白酒：2002, 1997
- 红酒：2－5年；白酒：1－2年；玫瑰红酒：1年

蒙路易（MONTLOUIS）

蒙路易酒区位于卢瓦尔河西岸，与武夫赖酒区（见226页）隔河相对，离图尔市东郊仅有数公里。蒙路易酒区的葡萄园位于南向坡地上，向南延伸至歇尔河河畔，涵盖了蒙路易、律梭（Lussault)及圣马丁波(St Martin-1e-Beau)等村镇。蒙路易白酒分为不甜、中等甜度及甜白酒三种，过去挂名武夫赖酒销售。本区只栽种白梢楠葡萄，当地俗称为卢瓦尔比诺葡萄(Plneau de la Loire)。区内泥土中富含燧石，含沙量高，酿成的葡萄酒口感清淡且带有矿石余韵。一如武夫赖酒区，这里最好的酒是以“AC Montlouis Moelleux”为酒名销售的甜酒，以及以“AC Montlouis Petillant”为酒名销售的淡气泡酒。

奥利维·德列唐(Olivier Delétang)
这名酿酒师酿有数款细致诱人的蒙路易酒。

小型酒庄
不同于其他法定产区，上等的蒙路易酒大都产自这样的小型酒庄。

- AC Montlouis.
- 白酒：白梢楠
- 白酒分为不甜、中等甜度与甜酒三种。
- C Boureau, P Benoit, des Chardonnerets, F Chidaine, de Cray, Laurent Chatenay, Olivier Del é tang, Daniel Fisselle, Christian Galliot, Levasseur, des Liards, Patrick Marne, de la Milleti è re, Dominique Moyer, Ch de Pintray, la Taille aux Loups, des Tourterelles.
- 梭子鱼佐以奶油酱
- Moelleux: 2003, 2001, 1999, 1997, 1995, 1990, 1989
- 5－10年

蜜思卡得（MUSCADET）

蜜思卡得是世界上最知名的白酒之一，迈入11世纪它却面临渐遭冷落的尴尬窘境。相较于日受欢迎的夏多内及苏维浓葡萄酒，蜜思卡得酒既缺乏诱人的果香，也没有橡木桶味，只是一款味道平淡无奇的白酒。

小而美
除了许多大酒商公司收购大量葡萄酒混合酿酒销售外，本区还有越来越多的小型庄园自行产销自酿葡萄酒。

好的蜜思卡得酒，就如同常用来搭配此酒共食的上选生蚝，总是可遇不可求。在这个霜害频仍的地区，酿酒用的葡萄是气味平淡的勃艮第香瓜种葡萄，也使得酿成的酒毫不符合酒名“蜜思卡得”给人的香甜联想。本区酒农所引以为傲的这种葡萄事实上是这里较新的品种。17世纪时，本区的酒大多是淡薄且带有木桶味、酸度偏高的红酒。1709年，在因霜害而使葡萄园几乎尽数全毁时，当时的主要外销客户荷兰酒商曾建议酒农改种来自勃艮第酒区的勃艮第香瓜种葡萄；这种葡萄可耐恶劣的气候，缺点是香味平平。本地酒农对此似乎有些在意，所以起初只用来酿造廉价的白兰地酒。

尽管如此，蜜思卡得酒还是有个重要特色。这里采用传统的“未去酒渣培养法”(Sur lie)——将酒泡在酒渣中一段时间后才装瓶，以保持酒的新鲜口感，并且还带有些微气泡与圆润口感。20世纪中叶，在夏多内及苏维浓葡萄酒尚未盛行时，如此酿成的蜜思卡得酒曾在国际间引为风潮。

现在的蜜思卡得产区酒有采用“未去酒渣培养法”的装瓶方式或一般方式(较不推荐)，并以四种AC级酒名销售，其中基本款的蜜思卡得酒(AC Muscadet，不推荐购买)品质最低，占蜜思卡得酒总产量的两成不到；卢瓦尔丘－蜜思卡得酒(AC Muscadet des Coteaux de la Loire)普遍青涩不成熟；建于1994年的格兰里奥丘产区(C6te de Grandlieu)几乎全部生产基本款的蜜思卡得酒；唯一值得一试的是塞佛曼尼—蜜思卡得酒(AC Muscadet de Sbvre-et-Maine)。不过，如果要找一瓶清淡爽口、无甜味且散发柠檬香的蜜思卡得好酒，来搭配生蚝的话，还是建议选择左下表的推荐酒庄。

- AC Muscadet, AC Muscadet des Coteaux de la Loire, AC Muscadet Côtes de Grandlieu, AC Muscadet de Sèvre-et-Maine, AC Muscadet sur lie.
- 白酒：蜜思卡得
- 白酒艰涩不甜
- Audouin, Donatieu Bahuand, de Beau-Lieu, de Beauregard, Gilbert Bossard, de la Botinerie, Ch éreau-Carré, Ch du Cléray, de Contreaux, Gadais, Ch de la Galissonnière, de la Garnière, de Goulaine, de l’Hyvernière, des Jardins de la Menardière, Christian and Pascale Luncan, Michel Luncan, Métaireau, Clos du Moulin, Ch l’Oiselinière de la Ramée, de la Preuille, de la Ragotière, Dominique and Vincent Richard, Clos St Vincent des Rongères, Sauvion.
- 连壳上桌的生蚝
- 2004
- 0－2年

瓦斯里涅酒庄
（Château l’Oiselinière de la Ramée）
这是歇雷—卡列酒庄(Domatne Cherenu-Carre)的多款佳酿之一，表现出蜜思卡得酒应有的水准。

普依芙美及普依卢瓦尔
（POUILLY-FUMÉ AND POUILLY-SUR-LOIRE）

普依芙美酒几乎可说是白苏维浓葡萄的同义词，法文酒名中的“fumé”原意为“烟熏”，便是指白苏维浓葡萄混合烟熏与燧石的风味，这是本区栽种于燧石质白垩岩土壤中的上等葡萄才拥有的特色。至于品质较普通的普依卢瓦尔酒则是以夏斯拉葡萄酿成。

拉杜榭特－诺日酒庄
这座酒庄有童话般的浪漫尖塔，大大不同于普依芙美酒区常见的朴素庄园。

普芙美酒区位于卢瓦尔河东岸的缓坡上，今天早已成为白苏维浓葡萄的代表酒区。令人惊讶的是，本区迟至19世纪末因为葡萄根瘤蚜虫的破坏后，在进行重耕时才开始栽种白苏维浓品种。在此之前，区内几乎只栽种夏斯拉葡萄，当时普遍认为本地的土质相当适合种植这款甜味葡萄。夏斯拉葡萄可酿成气泡酒与静态酒，酒酸含量低且散发花香，但是口感薄弱乏味，正在快速淘汰中。以1997年为例，本区当年产有775万瓶的白苏维浓葡萄酒，却只生产30万瓶夏斯拉葡萄酒。这里的夏斯拉葡萄酒以“普依卢瓦尔”为酒名销售，产区与普依芙美的白苏维浓葡萄酒重叠。

普依芙美酒引以为傲的烟熏香味，真正的大功臣是本区高级葡萄园的燧石土质。有些人认为普依芙美酒比产于卢瓦尔河对岸的桑塞尔酒（见222页）结构厚实。这种情形或许偶尔有之，不过大体来说这两个产区的酒几乎没有什么差别。

本区许多好酒都出自天才酿酒师迪第尔·达盖纽(Didier Dagueneau)之手。他将葡萄酒置于新橡木桶中发酵，如此酿成的酒清淡爽口、散发香草味，且极耐久藏。他所研发的晚收成型甜酒也值得一试。

- AC Pouilly–Fumé, AC Pouilly–sur–Loire.
- 白酒：白苏维浓(普依芙美酒)、夏斯拉(普依卢瓦尔酒)
- 白酒清爽、不甜，有烟熏葡萄的香味。
- Des Berthiers, Bouchié – Chatellier, Henri Bourgeois, Cailbourdin, Chatelain, Patrick Coulbois, Didier Dagueneau, Jean–Claude Dagueneau, Marc Deschamps, Ch Favray, des Fines Caillottes, Pascal Jolivet, Masson–Blondelet, Joseph Mellot, Ch du Nozet, Roger Pabiot, Caves de Pouilly–sur–Loire, Raimbault–Pineau, Guy Saget, Yvon et Pascal Tabordet, Thibault, Ch de Tracy.
- 烤鳟鱼，佐以柠檬汁及香烤杏仁果
- 2002, 2001, 2000
- 1–4年

拉杜塞特酒庄
（Château de Ladoucette）
这或许不是普依芙美酒区品质最好的酒，却是最可靠且最普通的一款酒。

休姆一卡德（QUARTS-DE-CHAUME）

盛产甜白酒的休姆卡德酒区位于莱永河支流的河谷沿岸，地处莱永丘酒区（见216页）中间。这个位于高原地带的小酒区占地40公顷，葡萄园分布于休姆村周围的碎石黏土坡地上，年产量仅有10万瓶，坚持以成熟度极高的贵腐霉白梢楠葡萄酿酒。南向的葡萄园地，加上仔细的采收过程及高比例的老葡萄藤，使得休姆–卡德酒产量低却品质精良。本区酒比邻区的邦若酒(见214页)清淡些，甜度也稍减，年轻时喝起来相当迷人，经过10年左右熟成后，会发展出无可比拟的蜂蜡、蜂蜜及香料等风味。

伯勒里维酒庄(Château Bellerive)
这款精酿的酒在年轻时饮用是种无上的享受，经过10年的存窖成熟后，风味更佳。

等待
休姆–卡德酒区的酒农必须耐心等待晚来的收成，以采摘感染贵腐霉的白梢楠葡萄，酿成香甜丰郁的白酒。

- AC Quarts-de-Chaume.
- 白酒：白梢楠
- 甜白酒富层次感，耐久藏，多以贵腐霉葡萄酿成。
- Ch. des Baumard, de Bellerive, de la Bergerie, Pierre Bise, de l' Echarderie, de Laffourcade, des Mauri è res, Papin, du Petit Metris, de Plaisance, Joseph Renou, de la Roche Moreau, de Suronde.
- 鹅肝酱，佐以休姆–卡德酒酱汁
- 2003, 2001, 1999, 1997, 1995, 1990, 1989, 1976
- 10–20年

根希（QUINCY）

不同于邻近的荷依酒区(见右侧页)及蒙内都—沙隆酒区(见218页)，位于阿农河(Auron dver)西岸的根希酒区只种植白苏维浓葡萄。根希酒区只生产白酒，其品质可与桑塞尔酒(见222页)及普依芙美酒(见左页)相提并论，价格却较为低廉。本区的燧石细沙土质颇具发展潜力，但有限的酿酒技术通常却只能酿出青涩、过酸的劣酒，散发出淡淡的橡木桶味，值得一尝。

尚米歇·索伯（Jean-Michel Sorbe）
该酒庄的酒新鲜浓烈，近似桑塞尔酒且品质毫不逊色。

- AC Quincy.
- 白酒：白苏维浓
- 白酒清爽，不甜。
- Des Ballandors, Godinat, Mardon, Grand Rosi è res, Jacques Rouz é , Jean-Michel Sorbe.
- 奶油煎蛋卷，佐以羊奶酪、新鲜虾夷葱及茵陈蒿
- 2002, 2001
- 1–3年

荷依（REUILLY）

荷依酒区约占地30公顷，土质富含石灰岩，产有红酒、白酒及玫瑰红酒。荷依白酒全以白苏维浓葡萄酿成，散发青草香及荨麻味；无甜味的玫瑰红酒以黑皮的灰皮诺葡萄酿成，相当出色；清淡、散发果香的红酒则是由黑皮诺及灰皮诺混合酿成。本区的红酒与玫瑰红酒售价便宜，不过常常有偏酸的表现。

荷依酒（Reuilly）
荷依酒区的白酒单纯新鲜，最适合在推出后1—2年内饮用。

- AC Reuilly.
- 红酒/玫瑰红酒：黑皮诺 白酒：白苏维浓
- 红酒清淡，有果香；白酒清爽，不甜；玫瑰红酒；青淡不甜。
- Bigonneau, Lafond, Grandes Rosi è res, Jean-Michel Sorbe.
- 生蚝佐以柠檬汁
- 白酒：2002, 2001
- 白酒：1–3年

桑塞尔（SANCERRE）

桑塞尔古城高高盘踞在裸露的岩石山丘上，俯瞰着脚下的一片葡萄园地。桑塞尔酒区沿着卢瓦尔河西岸向北延伸，直到阿列河(Allier river)与卢瓦尔河汇流处。今天本区以出产无甜味的芳香白酒享誉国际，不过早在12世纪时，这里就以品质出色的红酒闻名遐迩。

完美的地理位置
除了酷寒的年份外，桑塞尔山丘上的石灰岩及沙砾土质培育出的白苏维浓葡萄，可以酿成充满醋栗及燧石香气的典型白酒。

桑塞尔古城的酿酒历史已有数百年。据当地传说1040年当镇上的圣马丁(St Martin)教堂进行重建时曾遇到大旱灾，村民于是以酒代水来搅拌混凝土。12世纪时，有诗歌赞美桑塞尔酒值得王宫贵族青睐。300年后，亨利四世更公开称许桑塞尔西北方数公里远的夏威纽村(Chavignol)所产的酒是他喝过最好喝的酒，并认为如果大家都喝这种酒，进行中的宗教战争一定可以终止。可惜今天已经无法尝到这个可以和平解决战争的好酒，因为亨利四世所热爱的桑塞尔酒是色泽深红的红酒，是以黑皮诺葡萄混合加美葡萄酿成，与今天完全以黑皮诺葡萄酿制且较清淡的桑塞尔酒截然不同。最早的桑塞尔白酒出现于1816年，当时是以品质平庸的夏斯拉甜味葡萄酿成。人人所熟悉的现代桑塞尔白酒，则是依据1936年制定的法定产区规定，使用白苏维浓葡萄酿造。以黑皮诺葡萄酿造的桑塞尔红酒到了1959年才被纳入本法定产区中。

今天本区内的石灰岩及沙砾土质葡萄园地多用来栽种白苏维浓葡萄，酿成享誉世界的白酒。可惜许多以过度采收及成熟度不足的葡萄所酿成的白酒，品质平庸稀薄，也同时倾销到世界各地。区内目前共有16个酒镇与440座酒庄，如果能像薄酒莱酒区(见126－127页)一样，建立一套村庄分级制度，必将有助于筛选酒质。一如邻近的普依芙美酒区(见220页)，本区也研发出品质不错的晚收成型甜白酒。桑塞尔红酒及玫瑰红酒很受消费者欢迎，但品质方面其实不如若干酒区的黑皮诺葡萄酒。

- AC Sancerre.
- 红酒／玫瑰红酒：黑皮诺　白酒：白苏维浓
- 红酒口感清淡，散发莓果香；白酒风味强烈地道，不甜；玫瑰红酒柔和不甜。
- Sylvain Bailly, Jean-Paul Balland, Henri Bourgeois, Cotat, Lucien Crochet, Vincent Delaporte, André Dezat, de la Garenne, Gitton, les Grands Groux, Pascal Jolivet, Serge Laporte, Alphonse Mellot, Thierry Merlin-Cherrier, Paul Millerioux, de Montigny, Roger Neveu, du Nozay, Vincent Pinard, Hippolyte Reverdy, Jean-Max Roger, de Saint-Romble, des Trois Noyers, Vacheron, André Vatan.
- 烤鲑鱼排，佐以鱼高汤、螯虾及奶油调成的酱汁
- 白酒：2004, 2002, 2001
- 白酒：1－4年

凡塞·皮纳德（Vincent Pinard）
凡塞·皮纳德是位品质可靠、富有创意的酿酒师，推出个别混合式的桑塞尔酒。

梭密尔（SAUMUR）

梭密尔是安茹酒区的一部分，素有“安茹明珠”之称，产有静态的红酒、白酒与玫瑰红酒，以及气泡白酒与玫瑰红气泡酒。本区的红酒有清淡、富果香的梭密尔红酒，也有醇厚浓烈、酒香馥郁的梭密尔—香比尼红酒等，唯知名度不若梭密尔气泡酒，算得上是梭密尔酒区埋没已久的宝藏。

梭密尔镇南方的白垩及凝灰岩土壤上种满了卡本内－弗朗及卡本内－苏维浓葡萄。酿成的酒新鲜、清淡，近似薄酒莱酒，以“梭密尔红酒”为法定产区销售，但很少外销到法国以外的市场。至于梭密尔镇东方，在卢瓦尔河及维埃纳河汇流处的石灰岩沙砾土质上则栽种卡本内－弗朗葡萄，酿成的红酒则以“梭密尔－香比尼(Saumur-Champigny)”为法定产区销售。以上两种酒都是卢瓦尔河流域数一数二的优良红酒，品质不输邻近的希农（见216页）、布尔格伊及布尔格伊－圣尼古拉（见215页）所产的传统红酒。本区红酒的受欢迎，带动产量的大幅提升，也连带刺激价格上扬。梭密尔－香比尼红酒的年产量是1000万瓶，但是风味及品质已不如过去整齐，因此建议选择下表的推荐酒庄。

梭密尔酒区偏冷的气候及白垩土质完全符合生产气泡酒的理想条件，梭密尔气泡白酒、玫瑰红气泡酒的知名度远超过静态红酒，是代替昂贵香槟酒的流行选择。虽然近年来梭密尔气泡酒中因加入些许夏多内葡萄，而提高其与香槟酒的相似程度，但是梭密尔气泡酒(Saumur Mousseux)及梭密尔珍珠气泡酒(Saumur Petillant)中的高比例白梢楠葡萄所带来的苹果及坚果还是与夏多内葡萄酿成的香槟酒的酵母味有所不同。随着酒庄纷纷改酿更受肯定的卢瓦尔气泡酒 (Cremant de loire),上述两种气泡酒已渐渐式微。

同样以白梢楠葡萄酿成的梭密尔静态白酒并不出色，口感偏向稀薄且酒酸过高。唯一的例外是半甜型的梭密尔丘(Coteaux de Saumur)晚收成酒，其酒质醇厚浓烈，口感丰富，虽然产量较低，却值得选购。

保暖之道
这种油灯设备是梭密尔境内的葡萄园必备的防霜害装置。

- AC Saumur, AC Saumur–Champigny, AC Cabernet de Saumur, AC Coteaux de Saumur, AC Saumur Mousseux, AC Saumur Pétillant.
- 红酒：卡本内–弗朗、卡本内–苏维浓
  白酒：白梢楠、夏多内
- 红酒清淡，富果香；静态白酒与气泡白酒均不甜。
- Ackerman, du Bois Mozé, de Bonneveaux, du Caillou, Cave des Vignerons de Saumur, Clos des Cordeliers, Yves Drouineau, Filliatreau, de la Guilloterie, Hospices de Saumur, du Hureau, Joseph, Langlois–Château, René–Noël Legrand, Roches Neuves, Clos Rougeard, Ch de Targé, Ch de Villeneuve.
- 红酒：栗馅烤鹅
- 红酒：2004, 2003, 2002, 1999
- 红酒：2－10年
  白酒：1－3年

斐列特乌酒区
（Domaine Filliatreau）
此酒庄的老葡萄树，可以酿出口感丰富华丽且充满黑醋栗风味的葡萄酒。

莎弗尼耶（SAVENNIÈRES）

莎弗尼耶酒区在18、19世纪时就以出产甜白酒闻名，现在则产有享誉国际的无甜味白酒，成功的表现出成熟白梢楠葡萄潜在的强烈酒酸特色。本酒区位于安杰市正南方，东南向的葡萄园隔着卢瓦尔河与侯须佛(Rochefort)相对。莎弗尼耶白酒的浓厚矿石味来自于土壤表土层下方的火山岩层，至于浓郁的酒香。年轻的莎弗尼耶白酒有蜂蜜及高酸度煮苹果的混合香气，常使许多现代酒客难以接受；经过5年以上的存窖后，再搭配奶油味浓的食物，就会发现这个世界最上等的白梢楠葡萄酒的封号并非浪得虚名。

克罗塞酒庄
（Domaine de Closel）
无甜味的莎弗尼耶酒所散发的苹果、蜂蜜与坚果等多种香气，被许多酒客视为白梢楠葡萄最淋漓尽致的表现。

塞兰古耶酒庄
葡萄农尼可拉斯·佐利（Nicolas Joly）以“有机动能”（bio-dynamic）方式，在这片秀丽的河岸栽种葡萄并酿成本区最精良的好酒。

- AC Savenni è res.
- 白酒：白梢楠
- 白酒耐久藏，酒酸含量高，无甜味。
- Des Barres, des Baumard, Benon, la Bizoli è re, de Chamboureau, Clos Rougeard, de Closel, Coul é e-de-Serrant, Emile, d’ Epire, la Franchaie, Laffourcade, aux Moines, Pierre-Bise, de Plaisance, Roche- aux-Moines, P. Soulez, de Varennes.
- 酥皮烤鲑鱼，佐以白奶油酱汁
- 2002, 2001, 2000, 1997, 1995, 1990, 1989, 1985
- 10－20年

莎弗尼耶特级葡萄园（SAVENNIÈRES GRANDS CRUS）

莎弗尼耶酒庄中有两个小型的特级葡萄园已经掀起一股白梢楠葡萄酒熱潮。酒区内的三座酒庄战战兢兢地随时与霜害作战，以保护原本产量就不高的葡萄树。塞兰古耶酒庄的主人尼可拉斯·佐利在侯须摩尼(Roche-aux-Moines)也拥有葡萄园地，这位酒庄主人曾招致不少议论，因为他坚持采取严格的“有机动能”葡萄树的耕种必须依照月亮的圆缺循环进行，至于施肥则是将肥料绑在牛角上小量施放，许多人视此为无稽荒诞，但佐利及其追随者却不为所动。在勃艮第酒区奉行同样方法的乐华酒庄(Domaine Leroy)的主人拉洛·比尔华(Lalou Bize-Leroy)就因酿出好酒而使嘲笑者改变态度。

香波罗酒庄
（Château de Chamboureau）
这款精致的莎弗尼耶特级葡萄园酒是世界上最耐久藏且最富层次感的白酒之一。

侯须摩尼葡萄园
（Roche-aux-Moines）
这里与塞兰古耶酒庄生产的白梢楠葡萄酒极富层次感，有蜂蜜、花香及矿石味，适合搭配鲑鱼等肥厚的鱼肉料理。

- AC Savenni è res Roche-aux-Moines; AC Savenni è res Coul é e-de-Serrant.
- 白酒：白梢楠
- 白酒耐久藏且干烈，极富层次感。
- Coul é e-de-Serrant, aux Moines, Ch de la Roche-aux-Moines, Ch de Chamboureau.
- 锡箔纸包烤鳟鱼，佐以新出马龄薯及甜豆
- 2002, 2001, 2000, 1997, 1995, 1990, 1989, 1985
- 10－20年

图赖讷（TOURAINE）

往西注入海洋的卢瓦尔河沿岸处处皆是秀丽宜人的风光，图赖讷酒区就位于卢瓦尔河流域的正中心。图赖讷酒区酒类繁多，几乎涵盖了卢瓦尔河流域所产的各式红酒及甜或不甜的白酒。除了品酒外，这个迷人酒区内的壮丽城堡也是览胜重点。

图赖讷·阿沙依－丽多城堡

这座著名城堡的豪华壮丽反映出本区在历史上的地位及对王室的重要性，这是法国最美丽的城堡之一。

尽管目前越来越多种类的农作物争夺有限耕地，图赖讷酒区仍维持着广阔面积，年产约4000万瓶红酒、白酒及玫瑰红酒。这些酒主要以加美、白苏维浓、白梢楠等葡萄品种酿成，并混合相当比例的卡本内—弗朗、卡本内—苏维浓、马尔贝克、黑皮诺、皮诺莫尼耶、灰皮诺、果若(Grolleau)及欧尼比诺(Pineau d' Aunis)等品种。夏多内葡萄也在使用之列，但自1994年起已被限制用量。图赖讷酒的品质从卓越的苏维浓、卡本内－弗朗之类的葡萄酒到平淡乏味且几乎不值得装瓶贩售的白梢楠及加美葡萄酒都有。酒庄是选购图赖讷酒的重要依据。欧斯利－忒希(Oisly et Thesee)及利迈雷镇(Limeray)的文西－庄诺德(Cellier Leonard de Vinci)等合作社表现不俗：艾米－布榭(Aime Boucher)、布格尔(Bougrier)等许多优良酒商所经销的酒也是好选择。

图赖讷酒区内有三个公认不错的小法定产区：图赖讷·安伯日(Touraine-Amboise)、图赖讷-阿沙依－丽多 (Touraine-Azay-le-Rideau)及图赖讷－梅思隆(Touraine- Mesland)。其实酿酒师才是决定品质的关键，只是访客们一旦进入本酒区，就纷纷为美丽的酒庄及景色倾倒不已，而忘却所有缺点。

图赖讷-阿沙依－丽多酒区产有以白梢楠葡萄酿成的清淡不甜白酒、微甜白酒，以及以马尔贝克、加美葡萄为主所酿成的优质玫瑰红酒。红酒方面，以杜葡－梅思隆酒为佳，主要以卡本内－弗朗葡萄酿成，酒质要比图赖讷－安伯日产区的红酒醇厚且更具特色。这两个酒区的白酒都应避免选购，除非是产自葡萄成熟度足够的年份。

图赖讷珍珠气泡酒(Touralne Petillant)及图赖讷气泡酒(Touraine Mousseux)有白酒及玫瑰红酒两款，均值得一试，精酿的酒尤其是物超所值。不过最特殊的还是以散发黑醋栗香味的卡本内－弗朗葡萄酿成的希农酒(见216页)、布尔格伊酒及布尔格伊－圣尼古拉酒(见215页)。

伯勒维瓦酒庄（Domaine Bellevue）

这款新鲜、气味强烈的苏维浓酒具有寒冷酒区白酒的清爽特质。

AC Touraine, AC Touraine–Amboise, AC Touraine Azay–le–Rideau, AC Touraine–Mesland, AC Touraine Mousseux, AC Touraine P é tillant.

红酒／玫瑰红酒：加美、卡本内－弗朗、马尔贝克、黑皮诺，殴尼比诺
白酒：白梢楠、白苏维浓

红酒口感清淡，通常富果香；白酒清淡不甜；玫瑰红酒有不甜与微甜两种；气泡酒有红酒、白酒与玫瑰红酒。

Bellevue, de la Besnerie, Paul Buisse, la Chapelle de Cray, de la Briderie, les Corbilli è res, de la Gabilli è re, Henry Marionnet, Moncontour, Octavie, Oisly et Thésée, Oudin Frères.

白酒：圣马瑟林(St Marcellin)奶酪

白酒：2002, 2001, 2000

红酒：3－8年
白酒：1－4年
玫瑰红酒：1－2年

武夫赖（VOUVRAY）

最能表现出卢瓦尔河流域白梢楠葡萄各种潜能的法定产区，当属武夫赖酒区无疑。其他法定产区或许多比这里品质更好的甜白酒，不甜白酒或气泡白酒，但只有武夫赖酒区能质量兼顾地生产这三种酒，并能充分展现白梢楠葡萄耐陈年的潜力。

菲利普·弗欧（Philippe Foreau）
菲利普·弗欧无疑是武夫赖酒区的三大顶尖酿酒师之一，他拥有的克罗酒庄(Domaine du clos)值得一试。

没有任何其他酒区能像位于卢瓦尔河北岸的武夫赖酒区一样，令人充满失望又满足的矛盾心情。武夫赖酒区产有不凡的陈年甜酒，散发诱人的苹果、蜂蜜及果仁香味；但也有平淡乏味，含高度二氧化硫及酒酸令人齿颤的劣酒。这种有如地雷般难测的现象是有原因的，正如英国作家罗杰·福斯(Roger Voss)所说：15世纪到19世纪间，荷兰酒商总是习惯将武夫赖酒与其他酒兑过后再混合销售；20世纪初，则有卢瓦尔河流域的酒农将图赖讷酒区的酒冠上武夫赖酒的酒名销售。

20世纪60年代及70年代，普遍认为武夫赖酒是一种可以取代劣质德国酒的法国微甜酒。到了20世纪90年代，因为连年的好收成，加上于埃酒庄(Domaine Huet)、歌布斯耶酒庄(Domaine des Aubuisieres)及纽汀庄园 (CIos Naudin)等杰出酒庄的成功表现，大大提升了武夫赖酒的品质。大部分的酒评家都将注意力集中在这里的甜白酒上，一如其他晚收成型的葡萄酒一样，这些甜白酒同样诱人且耐久藏。不过，兼具浓郁与酒酸特质的武夫赖微甜白酒及不甜白酒更令人回味；这两款酒经过精酿后，极具层次感，并散发花香及坚果香。这里一向标明产酒的甜度，因此选购武夫赖酒时要特别留意。一位酒庄主人对此的解释是：“顾客偏爱微甜的白酒，但却自欺欺人地认为那是不甜的酒。”虽然武夫赖气泡酒的品质不太稳定，但好酒口感柔顺且绵密细致。

博杜安庄园(Clos Baudoin)的严冬
迟摘型的葡萄必须在越冬后才能采收，这对葡萄及酒农而言都是极其严酷的挑战。

- AC Vouvray, AC Vouvray Mousseux, AC Vouvray Pé tillant.
- 白酒：白梢楠、阿伯瓦
- 静态白酒的口味有甜有不甜；气泡白酒不甜；珍珠气泡白酒的口味有甜—不甜。
- Des Aubuisières, Bourillon D'Orléans, Marc Brédif, Didier Champalou, Gagneux, Ch Gaudrelle, Huët, Daniel Jarry, Bernard Mabille, Francis Mabille, Vincent Peltier, Clos Baudoin, Pichot, Vaugondy.
- 牛奶高汤炖鸡
- Moelleux: 2003, 2001, 1999, 1997, 1995, 1990, 1989, 1985
- 不甜静态白酒：5－20年 甜的静态白酒：7－30年 气泡酒：1－3年

于埃酒庄（Domaine Huët）
此酒庄以最严谨的有机方法精酿出优秀的气泡酒与静态酒。

其他（OTHERS）

除了前面介绍的“名酒”外，卢瓦尔河流域还有许多小法定产区及优良地区餐酒产区，生产各种风格的葡萄酒。这些名不见经传的葡萄酒，一经访客试过后，很快就能怡然享受它们新鲜、独特的风味。

小而美
法国的酒庄大多规模不小，但是本酒区有许多当地酒农自种自收的小型酒庄。

卢瓦尔河流域的其他酒中，酿自带有天然酸味的白芙尔(Folle Blanche)葡萄的大普隆(Gros Plant)酒值得带上一笔。精酿、年轻且以“未去酒渣养法”装瓶的大普隆酒，在大西洋沿岸地区普遍认为是搭配海鲜的绝妙选择。

安茹(见214页)、梭密尔(见223页)及图赖讷(见225页)等酒区内有许多以卡本内－弗朗、苏维浓、欧尼比诺(Pineau d’Aunis)、果若、加美等葡萄品种酿成的不甜卢瓦尔河玫瑰红酒(Rose de Loire)。这些酒的风格及品质差异很大，选购时要特别小心。卢瓦尔气泡酒(Cremant deLoire)的产区同于修维尼酒区(见215页)，主要以白梢楠、夏多内、黑皮诺、卡本内—弗朗及卡本内—砾维浓等葡萄酿成，有白酒与玫瑰红酒两种。

安谢尼丘(Coteaux d’Ancenis)是个占地300公顷的优良地区餐酒产区，以加美葡萄酿成的清淡红酒相当有名，区内亦产有以白梢楠、卡本内－弗朗和灰皮诺葡萄酿成的低价酒，以马瓦西(Malvoisie)酒为酒名销售。不过品质普遍不值得一试。

杰诺瓦丘(Coteaux du Giennois)于1998年升级为法定产区，这是个正在扩张中的小型酒区，面积约有150公顷，主要栽种加美、白砾维浓及黑皮诺葡萄。区内的石灰岩及矽质土壤使酿出的酒品质精良，只可惜不耐久藏。

如果悠久的酿酒历史可以加分，那么圣普桑酒区应该可以升级为AC级法定产区而不该停留在优良地区餐酒的等级上。早在公元前1100年腓尼基人就已开始在此种植葡萄。这里的红酒与玫瑰红酒均以加美葡萄混和黑皮诺葡萄酿成，散发青草香的不甜白酒则是以当地的帖沙利耶(Tressalier)葡萄及夏多内、苏维浓葡萄酿成。本酒区应该很快就会升级为AC级法定产区。

其他以加美葡萄为主酿成的清淡红酒，适合在年轻时饮用，其挂名销售的酒名有弗瑞丘(Cotes du Forez)、夏托美雍、奥维涅丘(Cotesd Auvergne)及侯内斯丘(Cotes Roannaises)等。范东摩瓦丘(Coteaux du Vendomois)所产的红酒品质也不错，显示出欧尼比诺葡萄和加美或卡本内弗朗葡萄混合后所增加的强度。

维内隆－弗雷任酒庄（Les Vignerons Foreziens）
这个酒庄以出产弗瑞丘(Côtes du Forez)酒为主，是极少数以加美葡萄为酿酒主力的酒庄。

普罗旺斯与科西嘉
PROVENCE AND CORSICA

普罗旺斯与科西嘉 (PROVENCE AND CORSICA)

普罗旺斯和科西嘉的葡萄酒散发着阳光气息，颇具发展潜力。

海景
科西嘉岛的葡萄酒或许不如其他邻近酒区，但是岛上宜人的气候及令人屏息的地中海美景却远近驰名。

在巴黎的餐厅点一瓶普罗旺斯玫瑰红酒，开瓶后可能会面对颜色有如红铜、口感平板的酒，就像上星期的报纸。或许有人会辩解道：普罗旺斯的确生产好酒，问题只在于不耐长途跋涉。其实任何资深酿酒师都知道，严谨酿制的好酒绝对可以环游世界而丝毫不损风味。举例来说，许多澳洲酒经过数千公里的颠簸后，仍能原味呈现满足加拿大酒客。会因舟车劳顿而失色的是人类的记忆：无忧无虑的晴朗午后，在普罗旺斯海边的小酒吧享用的一瓶普通酒，足以令人心旷神怡，同一瓶酒，换成是在嘈杂城市中的冬日傍晚饮用，便令人嫌厌。

酒区概况

- 22 000公顷：年产量1亿6千5百万瓶
- 尽管会因距地中海远近而偶尔出现变数，但气候普遍温暖，干燥的天气对于葡萄种植是一大问题。
- 多种，有花岗岩、沙砾土质，少数地区有石灰岩及燧石。
- 红酒：尼路奇欧、希哈、格那希、慕维得尔、仙梭、卡利浓、西亚卡列罗 (Sciallero)、巴巴罗莎 (Barbarossa)
  白酒：白干尼，格那希

据载，罗马时期的罗马人曾将普罗旺斯酒带回罗马，酒并未因远途旅行而变质，可能因为当时的酒是红酒之故。事实上，今天普罗旺斯酒也以红酒品质较佳。本区有名的玫瑰红酒历史不若红酒悠久，要靠点运气才能喝到完美的玫瑰红酒。如果想品尝真正表现出本区潜力与荣耀的好酒，建议选择邦多勒酒(Bandol，见234)、卡西斯酒(Cassis，见 235页)、巴雷特酒(Palette，见236页)、艾克斯丘酒(Coteaux d'Aix-en-Provence，见235页)及来自博—普罗旺斯村(Les Baux-de-Provence)的艾克斯丘酒。

一如其他许多方面，科西嘉岛在酿酒业上与法国本土的距离似乎远远大于那道宽170公里的海峡。阿雅克肖(Ajacclo)、费奇欧港(Porto-Vecchio)等地名，以及卡塔雷利(Catarelli)、多拉奇亚(Torraccia)等酒庄名，都显示出本岛受意大利影响之深远，所产的酒自然也透露着意大利风味。科西嘉岛与意大利的撒丁尼亚岛、西西里岛在许多方面的近似程度远胜过与法国本土的关系。例如科西嘉岛的主要葡萄品种尼路奇欧(Nielluccio)，与酿造叙安帝酒 (Chianti)的桑吉欧维斯(Sangiovese)葡萄为姊妹品种。

普罗旺斯与科西嘉酒区

图例

- 阿雅克肖
- 邦多勒
- 伯雷
- 卡西斯
- 艾克丝丘
- 维瓦丘
- 普罗旺斯丘
- 科西嘉角麝香酒酒区
- 巴雷特
- 巴提莫尼欧
- 科西嘉
- 省界

阳光之赐
地中海岸的普罗旺斯和距离法国本土170公里的美丽之岛科西嘉，同样享有阳光充足的黄金气候。

罗契贝尔酒庄（Domaine de Rochebelle）
传统上大部分的普罗旺斯酒都是由合作社及贸易酒商负责酿造销售，但是像罗契贝尔这样的小酒庄正渐渐以卓越的品质及独具特色的酒而受大众肯定。

过去在品鉴过岛上的酒后，会对法定产区管制制度授予法定产区名的标准感到啼笑皆非。这里的AC级酒顶多只比地区餐酒略胜一筹而已。不过，近年来，已有葡萄园酒庄开始酿出真正能展现科西嘉葡萄潜力的特色好酒。

畅游普罗旺斯与科西嘉

这两个地区有着相同的古老历史，气候上也属同一区，但探访这两处的经历将截然不同。深入探访普罗旺斯地区，除了鲜花以外你还会发现许多东西；而科西嘉则有着不同于其他地区的独特佳肴与美酒。

餐饮&住宿

精选当地最好的餐饮住宿地，让你尽享当地美食与美酒，安心留宿于令人印象深刻的、风格独具之处。

PROVENCE
AIX-EN-PROVENCE
Le Carillon, 10 Rue Portalis
上面信息栏中没有电话号码，这并非是编辑上的疏漏，这家小酒馆就是没有电话，里面坐满了喜欢传统美食的当地人，价格十分便宜。

BANDOL
l'Oulivo, 19 Rue des Tonneliers.
04 94 29 81 79
这是一家优质、简约的小餐馆，有一个露天平台，全年部分时节，都可露天享用美食。

BORMES-LES-MIMOSAS
Le Bellevue, Place Gambetta.
04 94 71 15 15
FAX 04 94 05 96
W www.bellevuebormes.fr.st
一家传统的家庭经营的可爱旅店，有12个房间，可俯瞰波克罗勒群岛的美景，价格便宜。附设的餐厅拥有一个棕榈树摇曳的露天平台，推荐在此用餐。

NICE
L'Auberge des Arts La Cave, 9 Rue Pairolière.
04 93 62 95 01
位于城中最古老的地段，传统小酒馆的现代版，酒从桶中倒出出售。若想以低廉价格享受当地美食与酒识广博的服务，可到地下餐厅用餐。

ST-RÉMY DE PROVENCE
Le Chalet Fleuri, 15 Avenue Frédéric Mistral.
04 90 92 03 62
FAX 04 90 92 60 28
这一地区中性价比较高的一处旅店，家庭式客房，包早、晚餐。房间简约舒适，菜肴也很美味。在离开这里之前，一定要到La Gousse d' Ail吃上特别的一餐。

La Gousse d'Ail, 6 Boulevard Marceau.
04 90 92 16 87
菜美酒丰，价格合理。不过你到了那里能吃到什么、听到什么音乐，取决于那是星期几。如果是星期二，你将吃到法式鱼肉羹，星期四则有爵士乐。

CORSICA
BASTIA
Restaurant a Casarella, 6 Rue Ste-Croix.
04 95 32 02 32
这家餐馆位处城中最佳地段之一，在一座城堡中，邻近热那亚总督宫殿。菜肴是经典的科西嘉风味，但烹饪手法上更偏于清淡。不妨尝尝极具当地风味的菜单上的菜肴。

PORTO-VECCHIO
Spuntino, Rue Sampiero.
04 95 72 11 63
这里没有太多科西嘉酒可供选择，只有两种。菜单也很简单，是每天手写到板子上的。不过其菜肴的味道，可是全岛最好的，还拥有一个露天平台，可以在上面放松享用美食，悠闲地看看来往的过客。

Le Grilladin, Quai Paoli.
04 95 70 59 75
这家临水的餐馆，将精力集中于鱼类菜肴的烹制，很多都是在柴烧烤架上烹制的。这里的酒单也是全岛最好的，里面也包含了一些来自陆地各区的经典美酒。

ZONZA
Hotel-Restaurant le Tourisme, Route de Quenza.
04 95 78 67 72
FAX 04 95 78 73 23
W www.hoteldutourisme.fr
这家旅馆拥有一个多世纪的历史，给人以经典“巡航舰”的感觉。这里到处都布满了植物，有多处露天平台，还附设一家餐厅，供应各种科西嘉现代美食，可搭配精选的当地美酒。

葡萄酒商店

许多普罗旺斯与科西嘉地区的美酒在你回到家中后便难以再寻到，因此不要错失良机，在离开之前一定要囤够自己喜欢的酒。

PROVENCE
CANNES
La Vinotheque, 14 Rue Marceau.
04 93 99 94 02
Laurent Bonetto供应法国各地的精选美酒，但这家店（还有位于6 Avenue Michel-Jourdan, Cannes-la-Bocca的一家店）是探访普罗旺斯与朗格多克-鲁西永所产美酒的最佳去处之一。

NICE
La Part des Anges, 17 Rue Gubernatis.
04 93 62 69 80
Olivier Labarde是法国葡萄酒

户外用餐
走遍法国，也找不到另一处能拥有如此之多可露天享用美食的地方。

杂志钟爱的人选之一，一方面是由于他对有机的、具生物活力的葡萄酒的拥护，另一方面他开的这家店，同时也是一家葡萄酒吧，这里的柜台以同等价格出售可与其提供的当地美食搭配享用的美酒。

CORSICA
BASTIA
Grand Vin de Corse,
24 Rue César-Campinchi.
☎ 04 95 31 24 94
这里的特色是当地产的美酒，不过这里也拥有从法国其他酒区甄选出的酒品，可供来访者对比品尝。

年度葡萄酒节日与活动

普罗旺斯与科西嘉几乎没有什么与葡萄酒相关的活动，但两地的美食展会上都可品尝到当地葡萄酒，详细信息请咨询当地旅游办事处（见下文）。

6月

国际玫瑰红大会——烹饪大赛，你会品尝到桃红葡萄酒。

7月

葡萄酒系列展会

Fiera Di U Vinu——科西嘉岛最大的年度葡萄酒盛会，是品尝众多美酒的好机会。

Fiera di l' Alivu——橄榄油展会，虽然尝不到葡萄酒，不过还是值得一去。

9月

葡萄酒系列展会

博物馆

一些制造商会提供葡萄园或酒庄之旅。详情可咨询当地的旅游办事处（见下文）。

PROVENCE
ANSOUIS
Musee de la Vigne et du Vin,
Château Turcan.
☎ 04 90 09 83 33
吕贝隆最知名的地产商创建了这家博物馆，展出有古老的用具，从葡萄生长到葡萄酒酿制的12个步骤在这里也有所展示。

MENERBES
Le Musée du Tire Bouchon,
Domaine de la Citadelle.
☎ 04 90 72 41 58
FAX 04 90 72 41 59
W www.luberon-news.com/musee-tire-bouchon.html
在使用螺旋形瓶盖密封盛极一时的年代（令人高兴的是，有些人只是纯粹注重口味，而非拘泥于传统），吕贝隆地产开设了这家开瓶器博物馆。这里有1000多件展品，包括历史可追溯至17世纪的最早的软木塞开瓶器。

ANTIBES
Musée d'Archéologie,
1 Avenue Mézière.
☎ 04 92 90 54 35
在普罗旺斯众多美术馆看了一圈现代绘画与艺术作品后，这里的古代手工艺品将令你耳目一新，这些手工艺品包括从18世纪遇难船只上发现的陶器遗迹。

BIOT
Verrerie de Biot,
46 Rue St-Sebastien.
☎ 04 93 65 78 00
虽然与葡萄酒关联并不十分密切，但绝对值得探访。玻璃工坊一展玻璃如何被吹制而成。在观看的过程中，不妨看看那有趣的容量为75毫升的玻璃瓶，据说这个容量取决于早期玻璃吹制者的肺活量。

网站

网上既有关于普罗旺斯也有关于科西嘉地区的有价值的信息。了解普罗旺斯酒区的最佳网站是www.cotes-de-provence.com，www.vinsdeprovence.com，www.coteauxdaixenprovence.com。要了解科西嘉地区，不妨访问www.corsica-online.com与www.corse.visite.org。想了解当地旅游信息，可登录www.tourisme.fr，输入城镇或村庄名即可了解到相关信息。

其他信息

PROVENCE
LES ARCS SUR ARGENS
Comité Interprofessionnel des Vins Côtes de Provence
☎ 04 94 99 50 10
FAX 04 94 99 50 19

CORSICA
AJACCIO
Agence de Tourisme de la Corse
17 Boulevard Roi-Jerôme
☎ 04 95 51 00 00
@ info@visit-corsica.com

阿雅克肖（AJACCIO）

位于科西嘉岛西岸的这个广大法定产区，其地理位置令人直觉应该是以生产高酒精的酒为主。事实上，拜其高于海平面100米的海拔高度及海洋调适之赐，这里的气温比想象中来得凉爽。春季的低温有助于降低葡萄产量酿成的酒更具浓醇酒风味。区内的红酒主要以西亚卡列罗(sciacarello)葡萄酿制，这种葡萄很适合区内的花岗岩土质。阿修酒在过去常遭批评单宁含量过高以及酒香不够新鲜，近来在酿酒技术的提升及积极酒庄的努力下，已逐渐展现出西亚卡列罗葡萄的特性；以本地维门替诺葡萄酿成的白酒具有香料植物的香气，品质也在日益增进中。

卡普特罗庄园（Clos Capitoro）

阿雅克肖酒是科西嘉岛最好的酒之一，新鲜、果香十足，非常具有特色。

值得一游

科西嘉岛观光业兴盛，客源来自法国本土或其他更遥远的地方，这些观光客是岛上酒产的消费主力。

- AC Ajaccio.
- 红酒 / 玫瑰红酒：西亚卡列罗、巴巴罗莎、尼路奇欧、维门替诺、格那希、卡利浓、仙梭白酒：白于尼
- 红酒 / 玫瑰红酒的颜色浅淡，带有胡椒味；白酒不甜，具果香，口感通常较酸。
- Clos d'Alzeto, Clos Capitoro, Comte Peraldi.
- 红酒：以巴马奶酪、甜菜业和山萝葡烘蛋。
- 红酒：2003, 2001, 1998
- 红酒：3－5年 白酒 / 玫瑰红酒：1－2年

邦多勒（BANDOL）

邦多勒是法国最悠久的法定产区之一，香醇浓厚的葡萄酒在16世纪及17世纪时深深掳获宫廷的贵族的心，路易十五更认为此酒能带给他“身心及智慧”的振奋而特别资助本酒区的发展。一如波尔多(见93页)，邦多勒也因为是个港口，所以假其酒名出口的酒中，有许多并非真正当地自产的葡萄酿制。在完成虫灾后重新耕种，本区酒农决定限制本酒名只能通用于产自天然梯形葡萄园地的葡萄酒。今天，建在斜坡上的度假小屋似乎卖得比酒更好，这波房市热正与葡萄园争地。邦多勒红酒主要以慕维得尔葡萄酿成，浓烈且带有香料味；带有胡椒味的玫瑰红酒也不错，白酒则普遍平板。

坦皮尔酒庄（Domaine Tempier）

邦多勒酒在国际上与日俱增的知名度，几乎可说是由本酒庄独立带起的。

完美的地理位置

这里是全法国阳光最充沛的葡萄园地，在此孕育出最成熟的葡萄。

- AC Bandol.
- 红酒 / 玫瑰红酒：慕维得尔格那希、仙梭 白酒：白苏维浓
- 红酒颜色暗红，香醇浓烈；白酒普通、不甜；玫瑰红酒气味芬芳、不甜。
- Barthes, Bastide Blanche, Bunan, Frégate, Moulin Costes, Pibarnon, Pradeaux, Romassan, de la Rouvière, Tour de Bon, Tempier, Terrebrune, Vannières.
- 橄榄鸭
- 红酒: 2003, 2001, 1998, 1996
- 红酒：3－10年 白酒 / 玫瑰红酒：1－3年

博一普罗旺斯（LES BAUX DE PROVENCE）

这个位于山坡顶、景色壮丽的中世纪小山城，目前是法国仅次于塑米榭修道院(Mont St Michel)的热门观光景点。村内所产的酒刚获得应有的肯定，可将其村名附加在艾克斯丘酒的法定产区名上。好年份的红酒颜色暗红，散发着巧克力味及些许李子、樱桃果香，玫瑰红酒的品质则与罗讷河流域最上选的玫瑰红酒不相上下。区内有不少好酒庄，其中有些兼采传统及有机方法来经营葡萄园。

古贡尼尔酒庄（Mas de Gourgonnier）
这款酒浓郁香醇，散发着莓果风味。

- AC Les Baux de Provence.
- 红酒 / 玫瑰红酒：格那希、仙梭、慕维得尔、希哈、卡本内—苏维浓
- 红酒香醇浓烈；玫瑰红酒不甜。
- Terres Blanches, Mas de la Dame, Mas de Gourgonnier.
- 冷牛肉沙拉
- 红酒：2003, 2001, 1998
- 红酒：3—10年
  玫瑰红酒：1—3年

伯雷（BELLET）

伯雷酒区位于尼斯(Nice)西方陡峭的山坡地上，是法国最袖珍的酒区之一。来自阿尔卑斯山的冷风加上海风，让本酒区的气候相对凉爽。酿酒用的葡萄是此区仅有，以勃拉给(Brascadet)、黑芙尔(Folle-Noir)葡萄酿成的红酒芳香诱人，白酒则以侯尔(Rolle)葡萄为主，混合白于尼、琵纳洛－蜜思卡得(Pignerol Muscadet)、玛佑金(Mayorquin)、克雷耶特、布布兰克及夏多内等多种葡萄酿造。

伯雷酒庄（Château de Bellet）
这款G男爵调配酒散发着新橡木桶的气味与本地葡萄的香味。

- AC Bellet.
- 红酒 / 玫瑰红酒：勃拉给，黑芙尔、仙梭　白酒：侯尔
- 红酒醇厚，带泥土味；白酒芳香浓烈；玫瑰红酒醇厚且不甜。
- Ch de Bellet, de Cr é mat.
- 海鲈鱼，以茴香提味
- 红酒：2001, 2000
- 红酒：3－10年
  白酒 / 玫瑰红酒：1－3年

卡西斯（CASSIS）

卡西斯村是法国历史最悠久的法定产区之一，位于马赛市东方数公里外，这座小渔村现在已转型为以精致取胜的观光休闲地。观光业和房地产业正一步步逼退葡萄园地，不过继续经管的酒庄也因村区的繁荣而得以提高身价。卡西斯玫瑰红酒易饮但缺乏特色，色泽暗红的红酒则只适合在年轻时饮用。由白于尼、白苏维浓、克雷耶特、杜西雍(Doucillon)、马珊及白巴斯(Pascal Blanc)混合酿成的白酒最为突出，最适合搭配卡西斯港当地的鱼类料理。

圣马格达林庄园（Clos Ste Magdeleine）
这款细致的卡西斯白酒已经晋身世界最独特的白酒之列。

- AC Cassis.
- 红酒 / 玫瑰红酒：慕维得尔、格那希、仙梭白酒：白千尼、马珊、克雷耶特
- 红酒浓度中等；白酒强烈醇厚、芳香而不甜；玫瑰红酒不甜。
- Du Bagnol, Ste Magdeleine.
- 比萨
- 白酒：2003, 2002
- 1－4年

艾克斯丘（COTEAUX D' AIX EN PROVENCE）

艾克斯丘算是比较新的法定产区，区内有50多个产酒村镇，遍布于普罗旺斯境内，东从阿莱城(Arles)向西绵延到利安市(Rians)，北从杜朗斯(Durance)河岸到马赛。区内传统的酿酒葡萄汁中因为近年来加入高达三成比例的卡本内—苏维浓葡萄而更添风味。如此酿成的红酒比较能耐陈年，但是其使用比例仍不足以将本区最顶级的特雷瓦隆酒庄(Domaine de Trevallon)列入艾克斯丘酒的版图中，因为该酒庄纯粹以卡本内苏维浓酿酒。

芳思科隆布酒庄（Château de Fonscolombe）
这座宏伟的18世纪城堡是本区最佳酒庄之一。

- AC Coteaux d' Aix en Provence.
- 红酒 / 玫瑰红酒：格那希、仙梭、慕维得尔
- 红酒浓度中等，有果香；玫瑰红酒清淡且不甜。
- De Beaulieu, Calissanne, Fonscolombe, Pigoudet.
- 红酒：大蒜羊肉
- 红酒：2003, 2001, 1998
- 红酒：2－5年
  白酒 / 玫瑰红酒：1－3年

维瓦丘（COTEAUX VAROIS）

维瓦丘酒区以往在葡萄的使用上是普罗旺斯省的“三不管”地带。近年来，新法规规定在2000年以前，酿制维瓦丘红酒及玫瑰红酒的总比例必须达到八成，已经使得酒质明显改善。散发胡椒味及红醋栗果香的优良维瓦丘玫瑰红酒往往比高普及度的普罗旺斯丘玫瑰红酒（见右文）更令人满意。区内红酒有罗讷河流域红酒口感浓郁，较稀罕的白酒则芳香而不甜，适合搭配地方料理，例如普罗旺斯式墨鱼等。

特吕佛耶庄园（Dom du Deffends Clos de la Truffière）
这款红酒是普罗旺斯红酒中的超级巨星。

- AC Coteaux Varois.
- 红酒／玫瑰红酒：格那希、希哈、慕维得尔 白酒：维门替诺
- 红酒醇厚浓烈；白酒清淡或中等浓度；玫瑰红酒浓度中等且不甜。
- Des Chaberts, du Deffends.
- 红酒：黑胡椒牛排
- 红酒：2001, 1998, 1995
- 红酒：2－5年 白酒／玫瑰红酒：1－3年

普罗旺斯丘（CÔTES DE PROVENCE）

全法国几乎有一半的玫瑰红酒产自普罗旺斯丘酒区，这是法国最大的法定产区，面积达18 000公顷，区内有条件不同的坡地，栽种各具特性的葡萄品种。酿造红酒的葡萄品种从浓烈的希哈到清淡中带有胡椒味的格那希都有。各村镇的酿酒技术也有差异。想知道平庸的普罗旺斯酒有多令人失望吗？只要到超市买一瓶玫瑰红酒便知晓。当然本区也有上乘的玫瑰红酒，如产自奥特酒庄(Domaine Ott)的高价酒，值得注意的是红酒和白酒也逐渐增多。

里乔姆酒庄（Domaine Richeaume）
普罗旺斯理想的气候条件，让里乔姆等酒庄可以生产有机葡萄酒。

- AC Côtes de Provence.
- 红酒／玫瑰红酒：卡利浓、希哈、卡本内 白酒：克雷耶特
- 红酒浓烈醇厚；白酒／玫瑰红酒则清爽且不甜。
- La Bernarde, de la Mireille, Richeaume.
- 红酒：风干香肠
- 红酒：2001, 1998, 1996
- 红酒：2－4年 白酒／玫瑰红酒：1－3年

科西嘉岛麝香酒（MUSCAT DU CAP CORSE）

一直到1993年，科西嘉岛北部17个酒镇以传统方式酿成的这些酒一直没有专属的法定产区名，也一直无法打入科西嘉以外的市场，因此很少被拿来和威尼斯波美麝香酒（见259页）或芳帝酿（Frontignan）做比较。区内的白垩土质及海风似乎对葡萄的成熟有美妙的催化作用，使用其散发清新淡雅的香气。喜爱甜酒的朋友应该会赞同：这些由小粒种白蜜思嘉葡萄酿成的麝香酒是法国天然甜酒中的佼佼者。

卡塔雷利酒庄（Domaine de Catarelli）
产自这家酒庄的这款酒带有橘子清香，可搭配综合水果沙拉及巧克力蛋糕。

- AC Muscat du Cap Corse.
- 白酒：小粒种白蜜思嘉
- 天然甜酒
- Antoine Arena, de Catarelli, de Gaffory, Dominique Gentile, Leccia, Orenga de Gaffory, San Quilico.
- 巧克力蛋糕
- 2003
- 1－3年

巴雷特（PALETTE）

今天巴雷特酒区内只有两个酒庄，都位于艾克斯市东方山坡的北向谷地，以善用当地石灰岩土质较低的气温来发挥这款酒的特色。巴雷特酒的地位（其拥护者包括法国国王勒内及爱德华十二世）几乎全靠西蒙酒庄(Chateau Simorne)独立维持。以此酒区的迷你尺寸而言，法定允许使用的葡萄品种似乎多得不成比例，不过本区的红酒确实卓越，可以存放20年以上。

西蒙酒庄（Château Simone）
这是一支南法的经典好酒，值得存放数年后再饮用。

- AC Palette.
- 红酒／玫瑰红酒：格那希、慕维得尔、仙梭、希哈白酒：克雷耶特、蜜思嘉、白于尼、榭密雍
- 红酒和白酒均具有传统的丰富风味；玫瑰红酒可耐久藏。
- Ch Cremade, Ch Simone.
- 红酒：炖小牛肝
- 红酒：2001, 1998, 1995
- 红酒：5－15年 白酒／玫瑰红酒：3－7年

巴提莫尼欧（PATRIMONIO）

巴提莫尼欧是科西嘉岛历史最悠久的法定产区，也是全岛最好的酒之一。本酒区位于北端，就在巴斯提亚(Bastia)的西方，共有7个产酒村镇。酿造红酒的主要葡萄品种尼路奇欧，是本地特产葡萄，不过几乎可以肯定它就是意大利托斯坎(Tuscany)地区的桑吉欧维斯葡萄，而且应该才引进科西嘉不久。尼路奇欧葡萄和其他意大利种葡萄，在区内的石灰岩土质中成长采收后可以酿出生命力极长、散发肉味及香草味道的红酒，代表作有奥伦盖—加佛里(Orenga de Gaffory)酒庄放在橡木桶中陈年的古凡纽调配酒(Cuyee des Gouverneurs)。玫瑰红酒是用格那希等数种葡萄酿成，出有香草及胡椒的味道，风格近似普罗旺斯玫瑰红酒，但是酿造过程较严谨，品质也较佳。本酒区也产白酒，目前只用本地的维门替诺葡萄酿造。

安托内·阿那贺（Antoine Arena）
这款酒散发着维门替诺葡萄的香草味道，这是科西嘉白酒的特色。

粗犷的乡野
科西嘉岛北部有壮丽的粗犷风光。

- AC Patrimonio.
- 红酒／玫瑰红酒：尼路奇欧罗讷河流域南部的葡萄品种
  白酒：维门替诺。
- 红酒颜色暗红，口感醇厚浓烈，有强烈的胡椒味；玫瑰红酒不甜，有胡椒味；白酒普遍清淡且不甜。
- Dom Aliso-Rossi, Antoine Arena, de Caterelli, ominique Gentile, Leccia, Clos Marfisi, Orenga de Gaffory, Pastricciola.
- 白酒：鱼汤
- 红酒：2003, 2001, 1998
- 红酒：3－5年
  白酒／玫瑰红酒：1－3年

科西嘉（VIN DE CORSE）

全岛所产的红酒、白酒及玫瑰红酒都可用“科西嘉酒”为酒名上市，其中多属未获升为AC级的酒。“科西嘉酒”主要产自东岸的合作社，有些小酒庄因为酒质较佳，通常会再附加小产区名，例如多拉奇亚酒庄(Domaine de Torraccja)的红酒及玫瑰红酒酒标上就标着“vin de Corse Porto Vecchio”。这款玫瑰红酒醇厚浓烈适宜搭配科西嘉的bourride综合鱼汤，至于红酒则有莓果、香草等味道。费加西科西嘉葡萄酒 (Vin de Corse Figari)与南部的博尼法乔酒(Bonifacio)近似，酒质普通，坦尼拉酒庄(Domaine de Tanella)及金波其欧(Poggio d’Oro)是两个态度严谨的酒庄。此外，还有卡维科西嘉葡萄酒(Vin de Corse Calvi)及沙戴纳科西嘉葡萄酒(Vin de Corse Sartene)等小酒名。

库伦布庄园（Clos Culombu, Corse Calvi）
此酒庄生产的卡维科西嘉高级调配酒正是目前本区好酒中的佼佼者。

冬季的奇幻世界
这是冬天时由科西嘉岛东部的覆雪高山俯瞰坡地葡萄园的景象，图中的葡萄树在“过冬”后才会发芽。

- AC Vin de Corse Coteaux du Cap Corse.
- 红酒／玫瑰红酒：尼路奇欧、西亚卡列罗、格那希、罗讷河流域南部的葡萄品种
  白酒：维门替诺
- 红酒浓烈醇厚，散发着香料植物味道；玫瑰红酒不甜；白酒或甜或不甜。
- Clos d’Alzeto, Dom de Tanella, Clos Culombu, Clos Landry, Maestracci, Poggio d’Oro, Clos Reginu, de Torracia.
- 玫瑰红酒：鱼汤
- 红酒：2003, 2001, 1998
- 红酒：2－4年 白酒／玫瑰红酒：1－3年

罗讷河流域
THE RHÔNE VALLEY

罗讷河流域（The Rhône Valley）

全法国的酒区中没有一处像罗讷河流域的酒一样，辛香得让人味蕾如此兴奋。

沿着婉蜒曲折的山路，驱车来到位于山丘顶端的小教堂。这座教堂原本是一个十字军士兵的旧居，该士兵后来成为宗教修士，于是将旧居改为修道院，“艾米达吉 (Hermitnge)”（修道院之意）从此成为罗讷河流域及全世界最负盛名的美酒之一。贾伯列·安内 (Jaboulet Aine)的教堂(La Chapelle)葡萄园是艾米达吉酒区(见258页)最有名且地理气候条件最好的葡萄园地之一。俯瞰山谷壮丽的罗讷河谷地固然令人震撼，但最令人感动的还是在这一大片陡峭山坡地上开垦、耕种、采摘葡萄所必须付出的努力与智慧。由此往南约一个小时的车程，是另一个杳无人迹的废墟古迹及葡萄酒胜地——教皇新堡酒区(Chateauneuf-du- pape，见251页)，这座城堡废墟是遭放逐的前教皇若望二十二世(Pope John XXII)的夏季行宫所在。这个酒区的葡萄园虽然不是位于倾斜的陡坡上，但是想要在园中漫游却非易事，因为园区的土地上覆满又大又圆的鹅卵石块。仿佛来到了与世隔绝的偏僻海边一般。

以上两个酒区都是以生产红酒为主，白酒产量很少。罗讷河流域北端的艾米达吉、邻近的克罗兹—艾米达吉

酒区概况

- 70 000公顷；年产量4亿5千万瓶
- 北部属大陆型气候，夏季炎热、冬季寒冷。南部受地中海影响，四季温差不显著。
- 多样，北部为花岗岩及黏土土质，南部则偏向以石灰岩及沙砾土质为主。
- 红酒：希哈、格那希、慕维得尔、仙梭、卡利浓
  白酒：马珊、胡珊、维欧涅、白格那希、克雷耶特、蜜思嘉

高高在上
罗讷河流域的葡萄园，比起波尔多或勃艮地酒区的葡萄园位置都来得高陡许多。

(Crozes-Hermitage,见257页)、圣乔瑟夫(St Joseph，见260页),高纳斯 (Cornas，见253页)和罗第丘(Cote Rotie,见 260页)等酒区的红酒散发着希哈葡萄独特的烟熏味及黑莓果香。南部的教皇新堡酒、吉恭达斯酒(Gigondas，见257页)及罗讷河丘酒(Cates du Rhône，见254－255页)的风味较多样化，依每个产地使用的葡萄种类及混合比例不同而风味迥异。虽然南部也有希哈葡萄，不过格那希葡萄才是主要酿酒品种。

数世纪以来，罗讷河流域的红酒常被用来改善不合格的波尔多酒(见80－111页)或勃艮第酒(见112－159页)的外观与色泽。这种手法曾经大受酒客欢迎，甚至让混有艾米达吉酒的梅多克酒(Médoc，见99页)一度身价暴涨。现在这种混酒手法已全面禁止使用，姑且不论是否该禁，此风已不可能延续，因为充满阳光气息的罗讷河流域上选酒，在酒客心中的地位已今非昔比，足以与其他好酒齐名并列。

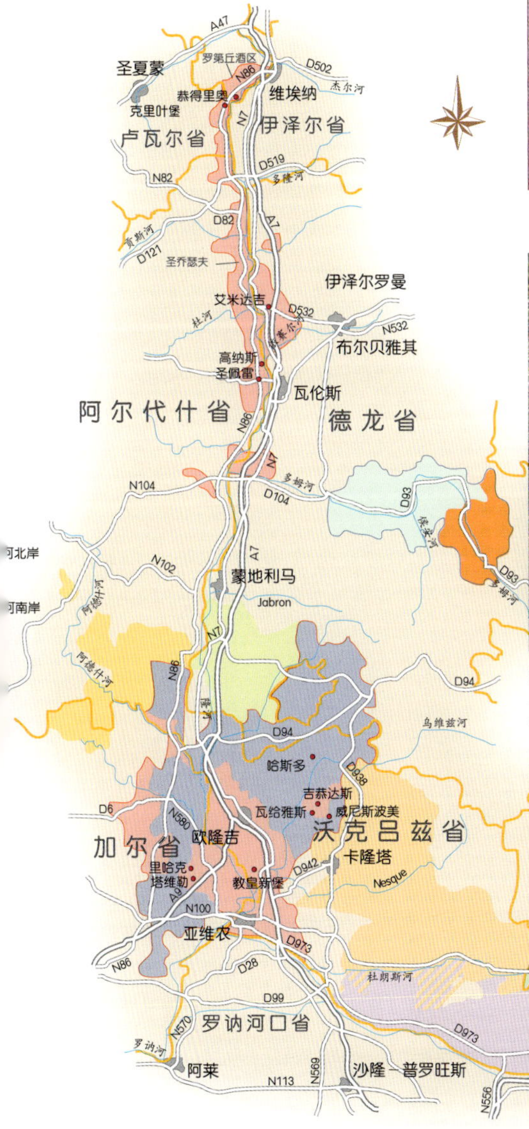

家庭事业
虽然合作社和酒商公司在罗讷河流域有相当的地位，但是区内最好的酒主要还是来自小型的家族性葡萄园酒庄。

香辛味道洋溢
罗讷河流域的产酒，无论是甜或不甜红酒、白酒和玫瑰红酒普遍都带有浓郁的香料风味。

罗讷河流域酒区历史

罗讷河是南、北法之间的交通动脉，不仅在法国历史上占有重要的一席之地，也是许多名酒佳酿的产区。罗讷河流域的北部早在2000年前就有葡萄园，南部的教皇新堡酒则在1300年以后闻名遐迩。

罗马帝国时代初期，罗讷河是带动全法国贸易通商的最重要河道。公元前1世纪时，罗马及普罗旺斯的酒借由罗讷河往北运销，当时在高卢人统治下的各地农民用酒来易物，并赖此维生。在恺撒大帝的军队未进驻今天勃艮第南部的索恩－夏隆(Chalon-sur-Saone)之前，就已经有两个罗马商人在索恩－夏隆从事酒品买卖，当时酒业之兴盛由此可见一斑。

罗讷河流域最上等的红酒产自艾米达吉(见258页)及罗第丘(Cote Rotie,见256页)，据说是由原住民阿洛布罗克斯族(Allobroges)所酿造。这两种酒在初期应该就已相当出色，普林尼在公元71年时就曾提到维埃纳(Vienne)的红酒特别抢手。正因为品质优秀，这种酒还外销到罗马，甚至越过海峡卖到英国去。历史学家目前还不能确定阿洛布罗克斯族当时是用希哈或黑皮诺品种酿酒。此酒的品质好坏可由酒香的熟透度来判断，但是酒农为了让葡萄酒在运输过程中不致变质，在酒中添加了松脂，如此一来，想要透过松脂分辨葡萄风味的特色根本不可能。一如法国其他地区，罗讷河流域的修士也在12世纪及13世纪间在此种植葡萄并酿酒，不过成果平平，难以与勃艮第媲美。1305年，教皇克雷芒五世(Pope Clement V)将教廷从罗马暂时搬迁到亚维农(Avignon)，罗讷河流域展现潜力的机会终于来了。虽然教皇克雷芒五世偏爱勃艮第酒，不过日常餐酒仍多来自教廷附近的酒庄。后来，教皇若望二十二世在亚维农附近一块多鹅卵石的平坡上兴建夏季行宫，“教皇新堡酒”便顺理成章地成为当地葡萄酒的酒名，后来更成为罗讷河流域最负盛名的酒。

教皇新堡

14世纪时，教皇若望二十二世在新建城堡“教皇新堡”四周广栽葡萄树，酿制出罗讷河流域最有名的酒之一。

15世纪、16世纪时，在里昂(Lyon)成为重要的丝绸集散地后，罗讷河流域也越见繁荣。罗讷河流域酒和勃艮第酒形成对立关系，勃艮第居民自称地小民穷，禁止罗讷河流域的葡萄酒经由第戎市(Dijon)转销到法国北部、英国及荷兰等地。到了17世纪、18世纪，罗讷河流域酒终于在巴黎和伦敦的酒客中崭露头角，当时还常有酒商将艾米达吉酒加入波尔多红酒中借以提升后者的品质。

不久之后，罗讷河流域的另一款酒就成为不良酒商鱼目混珠的目标。20世

罗讷河

绵延200公里长的罗讷河沿岸都是葡萄园。罗讷河发源自瑞士的瓦莱(Valais),于法国南部马赛西方的罗讷河口 (Bouches-du-Rhône)出海。

纪初，酿造教皇新堡酒的葡萄园在完成葡萄根瘤芽虫的灾后重新栽种，投机商人及酒农乘机将不是产自鹅卵石葡萄园的酒冠上教皇新堡酒的名义销售。当时区内最佳酒庄的主人罗伊男爵(Baron le Roy,见37页)联合一群忧心教皇新堡酒品质的酿酒业者，订出一套教皇新堡酒的酿造规定与标准，其中包括使用的葡萄品种、剪枝及整枝方式、成熟度，甚至葡萄的健康判断等。这套管制法就是法定产区管制制度(appellation contreolee system)的雏形。

这些努力及酿酒技术的不断改善，使罗讷河流域酒区的主要法定酒均能在法国酒中保持可靠的形象，不过仅有少数酒如贾伯列(Jaboulet)家族的教堂葡萄园所生产的艾米达吉酒，能与高级波尔多红酒齐名。

20世纪80年代及90年代的改变，由美国的酒业大师罗勃·帕克(Robert Parker)进入本区而产生。帕克对罗讷河流域地区酒的贡献就像2000年前的罗马人一样。他对于本区高级酒自然成熟和醇厚的酒性有偏好，并以他过去评定梅多克酒(见99页)和圣爱美浓酒(见105页)的严谨态度来要求罗讷河流域酒。当世界各地的酿酒师品尝过罗讷河流域新酿成的上等酒，以及用同种葡萄酿制成的澳洲酒和美国酒后，他们开始置疑，是否要种植希哈、格那希、维欧涅等品种的葡萄去取代卡本内、梅洛及夏多内等品种。看样子，没有哪个法国酒区能在21世纪与罗讷河流域一较高下了。

远离家园

保罗·辛涅克(paul　Signac)画笔下的亚维农教皇新堡，呈现出遭驱逐的罗马教皇如何在此重建势力。

罗讷河流域酒乡之旅

这段短短的旅程将带您进入法国南部，走过栽满希哈葡萄的罗讷河流域北部，再南下探访区名别具意义且风景壮丽的罗第丘、艾米达吉以及生产风味独特、令人惊喜的白酒的孔德里约。

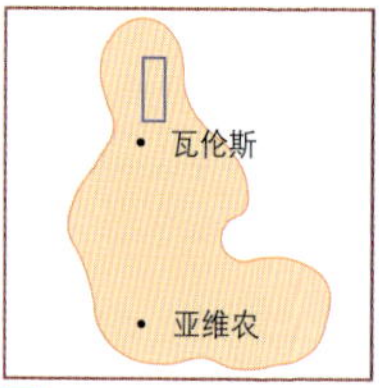

罗讷河流域酒区 导览图

克里叶堡
这个小酒区的白酒以维欧涅葡萄酿成，品质不错但价格偏高。

从维埃纳到安琵

维埃纳市(vlenhe)①的教堂及罗马古迹值得一看，包括高达25米的金字塔(La Pyramide)方尖纪念碑，据说是彼拉多(Pontlus Pilate)的陵寝遗址所在。离开维埃纳市后，沿着罗讷河南下数公里，越河来到曲岸，就进入了规模不大却鼎鼎有名的罗第丘(Côte Rotie，法文意译为烤山麓)酒区。区内的维尔内村(Verenay)②有克鲁塞尔－侯须(Cluse-Roch)及尚米歇－哲兰(Jean Michel Gerin)两个酒庄值得造访。离开维尔内村后左转，沿着满布葡萄园的陡峭山坡前进可到达安琵 (Ampuis)③。这个安静的小镇随着罗第丘酒及孔德里约酒的大受欢迎而日见繁荣。酿酒师马歇尔·吉盖(Marcel Guigal)的作品是罗第丘酒类中最精致昂贵的，他的酒窖就设在此地。此人最上等的得意之作中，有一款就以安琵酒庄(Château d' Ampuis)为名，这座雄伟的酒庄在数里外就可看见，可惜不对外开放参观。

从孔德里约到圣皮耶博夫

孔德里约(Condrieu)④距安琵不远，村镇四周都是维欧涅品种的葡萄园，酿成的白酒就以镇名为酒名。在采收季节来此，可能会瞧见主演《大鼻子情圣》的名演员杰拉尔·德帕迪约(Gerard Depardieu)的身影，因为他在镇上拥有一座葡萄园。在维欣村(verin)右转走D43号省道，可抵达克里叶堡(Chateau Grillet)⑤酒区，这里的葡萄园呈钵状分布，区内的酒庄值得一看，不过现场不出售酒，而且酒价也偏高。孔德里约的葡萄酒酒质优且价格合理，值得参观的酒庄有维力欧村(Verlieu)⑥的安德烈－贝雷 (Andre Perret)、伊夫－奎勒伦(Yves Cuilleron)酒庄，以及圣皮耶博夫(St Pierre-de-Boeuf)⑦的亚兰派雷(Alain Paret)酒窖。

从圣皮耶博夫到圣代希哈

出产红酒与白酒的圣乔瑟夫酒区位于孔德里约镇典艾米达吉镇之间绵延约 60公里的狭长地带，其山最值得一游的是16世纪的马勒瓦(Maileval)⑧古城，在圣皮耶博夫下N86号国道改走D503号省道，穿过马勒丘峡谷及劳雷特(Saut de Laurette)瀑布后，改走 D79号省道便可抵达这座古城。其中世纪的临市、皮尔－盖拉德(Pierre Gaillard)的酒庄及酒窖都值得参访。回到N86号国道后，可以在圣代希哈(St Desirat)⑨的合作社买到本区最好的葡萄酒。

从克罗兹－艾米达吉到单－艾米达吉

在萨哈(Sarras)过河再回到罗讷河右岸，先走N7号国道再走D163号省道，沿着山坡上山会穿越克罗兹－艾米达吉(Crozes-Hermitage)酒区⑩的葡萄园地。米歇－马丁(Michel Martin)是本区值得参观的酒庄，附近的雪农克松 (Chanos-Curson)等村庄有许多不错的酒庄。回到N7号国道后不久便可抵达单－艾米达吉镇 (Tain l’ Hermitage)⑪，对面就是隔着罗讷河相望的双子镇罗讷河－杜农 (Tournon-sur-Rhône)。艾米达吉酒区只含单－艾米达吉这边的葡萄园。这些位于东岸花岗岩土质的葡萄园占地126公顷，全为南向坡地，坡顶的艾米达占教堂葡萄园内有座出名的小教堂，居高俯瞰着整片山坡。沿着合作社旁的小路上山可抵达这座教堂。本区尚路易－沙维酒庄(Dolnaine Jeau-LOUIS Chave)的酿酒师杰拉德·沙维(Gerard chave)拿手好酒，可以在邻近的莫芙村(Mauve)⑫找到。本书214页所列的酒庄都值得一访。

从高纳斯到圣佩雷及瓦伦斯

高纳斯村(cornas)⑬位于备受冷落的高纳斯小酒区的正中心。这里的葡萄由于没有寒冷的西北风作祟，成熟度令人惊讶。若想一窥葡萄园及罗讷河全景，必须沿着狭窄的山路往上到圣侯曼－雷普村(St Romain- de- Lerps)。下山后再回到N86号国道，可到达生产气泡酒的圣佩雷村(St Peray)⑭及稍远的瓦伦斯 (Valence)⑮，瓦伦斯的住宅区已逐渐取代葡萄园地。

河岸上的梯田
罗讷河西岸的高纳斯酒区葡萄园呈阶梯分布，所酿制的红酒颜色暗红，口感强劲。

旅游办事处

Ampuis and Condrieu
Place du S é quoia
☎ 04.74.56.62.83
FAX 04.74.56.65.85
@ otcondrieu@wanadoo.fr
W www.cc-condrieu.fr

St Peray and Cornas
45 Rue de la R é publique
☎ 04 75 40 46 75
FAX 04 75 40 55 72
@ info@paysdecrussol-tourisme.com
W www.paysdecrussol-tourisme.com

Tain l’ Hermitage
Place du 8 Mai 1945
☎ 04 75 08 06 81
FAX 04 75 08 34 59
@ ot.tainlhermitage@wanadoo.fr

罗讷河流域美食

罗讷河流域和卢瓦尔河流域一样，都由一条主河川流贯串连全区数个各具特色的区域。位于全法国中心位置的里昂(Lyon)，料理当然和位处地中海沿岸的教皇新堡酒区大不相同。不过，就如同罗讷河流域的红酒一样，这些各具风味的美食之间也有一个共同点——味道浓厚。

访问法国老饕，最想去哪个地方消磨数天，答案多半是里昂。里昂位于勃艮第与罗讷河流域两个酒区的交界处，许多家响当当的世界级餐厅在此已经营多年，这里并以出产全法国最上等的猪肉制品而闻名遐迩。传统两种咸味腊肠干红肠 (rosette)和大红肠(saucisson)均源自里昂，现在已风行全法国，全国各地均有生产。有两地道道的里昂菜是外地吃不到的，一道是“里昂沙拉 (saladier lyonnais)”，传统做法是以羊睾丸为主材料，现在大多已改用羊蹄及鸡肝；另一道是“里昂小香肠(cervelas lyonnais)”，是一种内填有水煮香肠、开心果及块菇的餐包。

罗讷河流域北部地区风行以白酒炖小牛肉，这道美食就是有名的“白汁小牛肉 (blanquette de veau)”。北部盛产洋葱，可以做成洋葱汤 (soupe a l’ oignon)，也可以做成简单的洋葱酱(sauce soubise)，用来烹调香肠。

内地河流盛产的鱼，可以打成鱼浆后制成“鱼浆白肠 (quenelles de brochet)”。这种以新鲜鱼肉制成的鱼浆白肠，搭配以大河虾熬成的酱汁，就是一道美味前菜。

罗讷河流域南部的料理渐渐呈现出地

椒类
罗讷河流域南部的料理带有地中海风味，番茄、橄榄及各式椒类都是大量使用的食材。

黑斑白鸡
(Poulet à la Demi-Deuil)
又称里昂式炖鸡，先在鸡皮里塞进块菇碎片，再将鸡放在鸡汤中和咸猪肉丁、块菇丁一同熬煮，与同样用鸡汤煮熟的蔬菜一起上桌。

中海风味，例如由天然香料植物、番红花、番茄、青椒及橄榄等做成的炖菜(ratatouille)。罗讷河流域北部主要以奶油烹调，这里则大量使用橄榄油。

南部河川盛产鳗鱼，可用来做成有名的“水手鱼汤(matelote)”，这道浓郁鱼汤的发源地是位于罗讷河上的巴特拉斯岛(Barthelasse)，就在亚维农附近。不过，最好吃的鱼料理材料还是咸水海洋鱼，例如“rougets grilles aux feuiltes de vigne”就是一道将葡萄叶和茴香草入菜的烤红鲱鱼料理。各式各样的鱼汤也相当诱人，其中最有名的莫过于百汇鱼汤 (bouillabaisse)，通常有“rouille”浓酱一起上桌当作料，这是一种近似美乃滋的白色浓酱，以食用油、大蒜、辣椒及高汤制成。和百汇鱼汤有异曲同工之妙的是“bourride”炖鱼浓汤，搭配以蛋黄和大蒜制成的“aioli”浓酱当作料。

罗讷河流域不能算是甜点爱好者的天堂，不过这里倒是有精致牛轧糖、包有柠檬馅的油炸饼(bugnes lyonnaises)及以杏仁果和樱桃酒制成的松塔。

里昂干香肠
以猪腿肉制成的里昂干香肠(rosette de Lyon)，是里昂最出名的香肠制品，切成薄片后上桌。

水果蛋挞（Clafoutis）
这种樱桃蛋挞是用本地的黑樱桃制成，塔皮的质感介于面包和蛋糕之间，以樱桃酒提味。

本地特产奶酪

罗讷河流域东边的罗讷河—阿尔卑斯地区以及罗讷河流域北部地区所生产的奶酪味道都非常强烈。其中较受欢迎的有佛瑞兹(Forez)地区的多种口味圆柱(Fourme)奶酪、纯山羊(Chevrotin)奶酪、萨瓦地区(savoie)的阿黑许格哈塔宏(Grataron d'Areches)奶酪，以及来自阿尔卑斯山区小农场、口感丰润、充满奶香、但乳脂肪含量较低的铎姆(Tomme)牛奶酪。这些奶酪适合搭配罗讷河流域的清淡红酒和白酒。

昂贝圆形奶酪（Fourme d' Ambert）
早在17世纪便在佛瑞兹地区制造的这款奶酪，有一种独特的温和口味。

阿哈维纯山羊奶酪（Chevrotin des Aravis）
这种奶酪在罗讷河流域很普遍，口感近似萨瓦有名的霍布洛雄(Reblochon)奶酪，最适合搭配白酒。

畅游罗讷河流域

许多人都是在去法国南部的路上匆匆路过此地。让他们去高速公路上狂奔吧，你可以从高速公路通往维也纳的出口出来，把节奏放慢，沿着河徐徐前行。罗讷河流域拥有法国最壮阔的葡萄园，除此之外，这里还有不少古老的村庄和众多餐饮住宿之所。

餐饮&住宿

精选当地最好的餐饮住宿地，让你尽享当地美食与美酒，安心留宿于令人印象深刻的、风格独具之处。

Avignon
®0 L'Europe, 12 Place Crillon.
04 90 14 76 76
FAX 04 90 14 76 71
W www.hotel-d-europe.fr
1799年拿破仑曾在此留宿，虽然后来又增加了不少现代化生活设备，这里已成为一家顶级旅馆，但住在里面的自在感觉，与几百年前一样。

ONDRIEU
Le Beau Rivage, Rue de Beau Rivage.
04 74 56 82 82
本区景色最佳的餐厅，可边享用午餐，边悠闲地看着罗讷河水缓缓流淌。

Hotel-Restaurant La Réclusière, 14 Route Nationale.
04 74 56 67 27
FAX 04 74 56 80 05
深受想以此为据点探访罗讷河北部地区的酒商们的欢迎，附设的餐馆拥有一个藏着众多好酒的酒窖。

CROZES-HERMITAGE
Le Bistrot des Vins, La Place du Village.
04 75 07 18 03
别抱着遍尝多种美食的期待来这里，这里只提供一道的主菜，具体是什么菜要视当天的市场供应而定。然而在葡萄园中品尝自产美酒的经历，却少有地方能与这里相匹敌。

Michel Chabran, Avenue du 45ème Parallèle, Route Nationale, Pont de l'Isère.
04 75 84 60 09
位于单–艾米达吉及瓦伦斯之间，有12个空气流通畅然的舒适卧房和一个大型餐厅，提供大量当地生产的美酒。

PIOLENC, NEAR ORANGE
L'Auberge l'Orangerie, 4 Rue de l'Ormeau.
04 90 29 59 88
FAX 90 29 67 74
W www.orangerie.net
这里虽然只有6间左右的房间，但却有赞助人提供的经典画作的高仿品可引以为豪。附设的餐厅及其酒单堪称顶级。最好提前预订。

LES ROCHES
Hôtel Bellevue, Quai du Rhône.
04 74 56 47 56
从阳台就可将罗讷河美景尽收眼底，这是这家旅馆除价格公道之外，最吸引人的地方。

TAIN L'HERMITAGE
Reynaud, Rue Président Roosevelt.
04 75 07 22 10
这家大餐厅在提供美食的同时，还提供12个面对罗讷河美景的房间。

VALENCE
Pic, 285 Avenue Victor Hugo.
04 75 44 15 32
本区一流的酒庄主人和酒商都偏爱在此宴请宾客，这里的菜肴和酒单都是上上之选。

VIENNE
La Pyramide, 14 Boulevard Fernand Point.
04 74 53 01 96
餐厅所在的街道，是以让该餐厅名声大噪的主厨的名字命名的。这家餐厅可谓美食美酒爱好者的麦加。

葡萄酒商店

罗讷河流域产的美酒虽在此地处处皆是，但当你回到家中便再难寻觅，所以别忘了利用身在当地的机会好好囤积一番。

LYON
La Vieille Reserve, 59 Avenue Foch.
04 78 89 15 17
1 Place Tobie-Robatel.
04 78 28 69 98
Monsieur Morel和他的儿子经营着一个店面，供应罗讷河流域以及从勃艮第到北方酒区所产的酒品。

MONTÉLIMAR
Saveurs & Millésimes, 97 Rue Pierre-Julien.
04 75 90 96 97
法国葡萄酒杂志评选出的最受欢迎的店铺之一，主要供应罗讷河流域所产的众多美酒。

TAIN L'HERMITAGE
Compagnie de l'Hermitage, 7 Place Taurobole.
04 75 08 19 70
在罗讷河流域最棒的葡萄园中漫步一小段距离，便来到了这家让人备感亲切的店铺，它供

愉快的夏日
不妨在夏日时节来到罗讷河流域，品尝当地的白葡萄酒、桃红葡萄酒。

应自己葡萄园所产的美酒，也有一些本区其他地方产的葡萄酒。

Des Terrasses du Rhône au Sommelier, 13 Rue Joseph-Péala.
☎ 04 75 08 40 56
这个小城中另一家供应大量罗讷河两岸葡萄酒的店铺。

VINSOBRES
Cave du Prieuré, Avenue de Nyons.
☎ 04 75 27 60 11
位于罗讷河丘中心地区，只出售此处产的约100种葡萄酒。

博物馆

一些制造商会提供葡萄园或酒庄之旅。详情可咨询当地的旅游办事处（见下文）。

CHÂTEAUNEUF DU PAPE
Le Musée des Outils de Vignerons, Musée du Père Anselme/Caves Laurent Charles Brotte.
☎ 04 90 83 70 07
由一个大酒商创建，主要展出多年来葡萄种植者与葡萄酒酿造者所使用的各种工具。

RASTEAU
Le Musée du Vigneron, Route de Vaison.
☎ 04 90 83 71 79
这家展出葡萄酒行业中所使用的工具的博物馆，是Domaine de Beaurenard的Paul Coulon的作品。

网站

www.vins-rhone.com是关于本区综合信息的网站，罗讷河流域中心地区官方葡萄采收委员会开设了一个网站，www.banvendanges.com。在www.clairette.com、www.rasteau.com、www.tavel.tm.fr、www.cotes-ventoux.com、www.vacqueyras.tm.fr等网站上可找到具体品牌葡萄酒的相关网页。想要了解旅游方面的信息，可访问www.tourisme.fr输入想要了解的城镇或村庄的名字即可。

年度葡萄酒节日与活动

罗讷河流域几乎所有生产葡萄酒的村庄在一年当中都会或多或少地举办葡萄酒节。葡萄酒庆祝活动常与音乐盛事结合在一起。但举办的时间地点会有所变动，所以提前确认查清很有必要。

1月

葡萄酒展会

2月

葡萄酒系列展会

3月

葡萄酒展会

4月

葡萄酒与农业展会
春季节
圣马克节
葡萄酒节

5月

酒窖节——可品尝到葡萄酒。
一系列五旬节活动
展会
葡萄酒展会

6月

葡萄酒系列展会

7月

葡萄园音乐节
葡萄酒系列展会

7月/8月

葡萄酒系列展会

8月

系列节日
成熟期庆祝活动——包括马上长枪竞赛在内的庆祝活动
葡萄酒之夜
葡萄园音乐节

9月

葡萄酒系列展会
官方既定的葡萄采收起始日期——一年中丰收节的开始
葡萄酒节——包括扮成酒神的游行等庆祝活动。

11月

罗讷河中心地区新葡萄酒洗礼活动
葡萄酒系列展会

12月

葡萄酒系列展会

其他信息

Office de Tourisme, Parvis de la Gare, Valence.
☎ 04 75 44 90 40
几乎每个城镇都有旅游办事处的对外窗口，但是这里的资讯特别齐全。

Inter Rhone, 6 Rue des 6 Faucons, Avignon.
☎ 04 90 27 24 00
@ Maison@inter-rhone.com
罗讷河地区酒业联盟办事处。

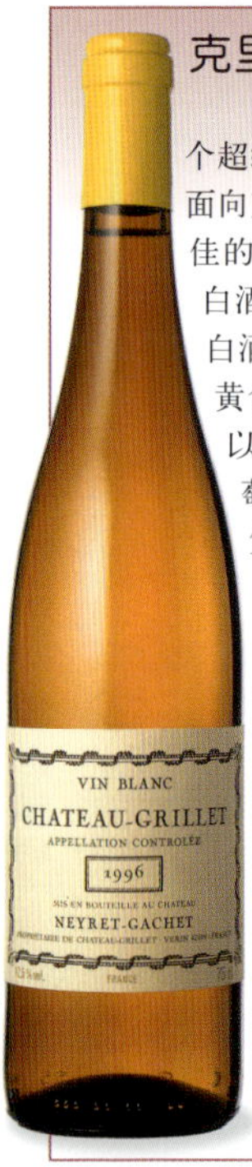

克里叶堡（CHÂTEAU GRILLET）

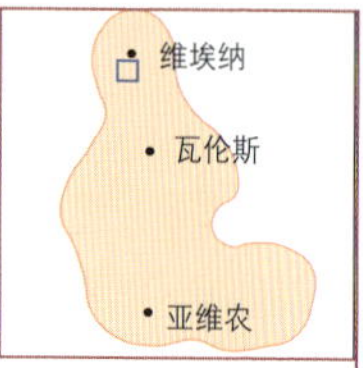

在孔德里约酒区（见252页）环抱下的克里叶堡，是个超级袖珍的法定产区，全区只有一个葡萄园酒庄，一律面向东南方的葡萄园，为低产能的维欧涅葡萄提供一个绝佳的生长环境。18世纪时，大家对产自克里叶堡的精致白酒评价很高，公认克里叶堡白酒是全法国最好的上等白酒之一。不过20世纪80年代及90年代前期却连年失利，不仅酒质平板且硫黄含量过高。近年来的努力使酒质获得改善，好年份的克里叶堡白酒甚至可以耐存多年。这里的酒价还是太高，建议在选购带有杏桃香气的维欧涅葡萄酒之前，先试试上等的孔德里约白酒，再决定是不是要投入高价克里叶堡酒的追逐行动。

克里叶堡（Château Grillet）
褐色的玻璃瓶身以及独特的酒标，是克里叶堡易于辨识的标志。

褪色的风华
这座曾经风光一时的克里叶酒庄，高踞在天然花岗岩环绕的斜坡上，俯瞰着脚下的葡萄园。

- AC Château Grillet.
- 白酒：维欧涅
- 白酒丰厚浑圆，酒香浓郁且不甜。
- Château Grillet.
- 以新鲜的黑松露现烤内填鹅肝酱及培根的松饼
- 2003, 2001, 1999, 1997, 1996, 1995, 1994
- 5–20年

卷土重来的维欧涅葡萄

夏多内葡萄是世界上栽种面积最广的白葡萄品种，其普遍性促使一些追求变化的酿酒师纷纷尝试开发替代品种。包括薄酒莱大亨乔治·杜博夫（Georges Duboeuf）在内的许多酿酒业者，在试验过丽丝玲（Riesling）、白苏维浓、榭密雍（Sémillon）、白梢楠及灰皮诺等品种后，正把注意力集中在维欧涅葡萄上。维欧涅葡萄的香味浓郁，单产量低，过去在罗讷河流域酒区的北部曾广为种植。后来因为收成率偏低，且酿成的酒易在装瓶后不出几年就香味尽失，因此渐渐少人种植。1968年，整个酒区只剩下14公顷的维欧涅葡萄园。在这波推广潮流中，杜博夫除了在阿德什（Ardèche）种植维欧涅葡萄外，在更偏南的朗格多克——鲁西永酒区也栽种了150多公顷。新种维欧涅葡萄表现最成功的例子，便是近年来重获酒客喜爱的孔德里约酒，这是一款完全由维欧涅葡萄酿成的白酒，独特的酒香、完美的均衡度，是罗讷河流域酒区最令人激赏的美酒之一。

值得尝试的挑战
维欧涅葡萄的香味浓郁诱人但产量低且不稳定，是一种极难栽种的葡萄品种。

教皇新堡（CHÂTEAUNEUF-DU-PAPE）

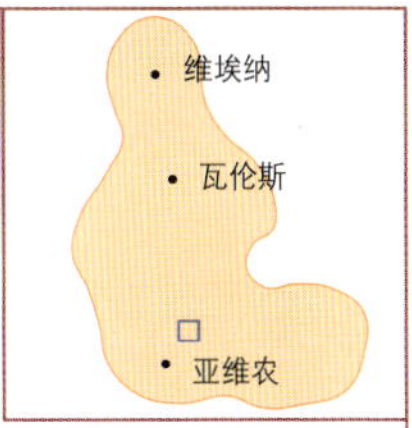

教皇新堡酒区位于阳光炽热的罗讷河流域南段，这里的地中海型气候适合多种葡萄品种生长。区内的葡萄园因为满布冰河侵蚀的硕大石块，以及生命力强的辛香红酒而闻名。

闪闪发光的葡萄园
葡萄园内的乳白色鹅卵石是本区最大的特色，这些石头会在晚上把白天吸收的热能释放出来。

教皇新堡镇的镇名来自镇上那座建于14世纪的同名城堡，这座废墟曾是进驻亚维浓的前教皇若望二十二世的夏季行宫所在。从14世纪下半叶起，镇上的葡萄庄园中便种满茂盛的葡萄树，酿成的红酒和白酒价廉物美，一直到18世纪末，都以“亚维农酒”行销整个邻近地区。本区于1936年纳入法定产区管制制度，定名为教皇新堡产区，有鉴于区内各处土质极度不同，于是明定本区的酒可以由区内13种葡萄品种自由混合酿成，其中包括格那希、希哈、慕维得尔、黑识烈(Terret Noir)及白布布兰克(Bourboulenc)等。不过，区内的酒庄最多只混合其中三四种葡萄，最常使用的葡萄是希哈、慕维得尔和格那希。教皇新堡区的另一特色是葡萄园内到处可见的乳白色鹅卵石，躺在阳光下有如铺满一片鹅石的海边。这些石头在白天会吸收阳光的热度，入夜后释放的热能就注入葡萄树的根部。

教皇新堡产区红酒种类繁多，大致可分为口感清淡、有果香、适合年轻饮用者，以及酒香浓醇、生命力强的两种。白酒普遍表现平板，只有部分以胡珊葡萄酿成的白酒有较丰富的香气。

哈亚酒庄（Château Rayas）
哈亚酒庄是本区最有名的酒庄，完全以格那希葡萄酿酒，不同于一般教皇新堡酒。

博堡酒庄（Château de Beaucastel）
这个酒庄的酒散发着美妙迷人的独特风味，为许多法国酒评家所偏爱。

- AC Châteauneuf-du-Pape.
- 红酒：希哈、格那希、慕维得尔、仙梭
  白酒：白格那希、克雷耶特、布布兰克
- 红酒醇厚浓烈，不甜；白酒不甜，产量极少。
- Pierre André, Ch de Beaucastel, Beaurenard, Bosquet des Papes, Cabrières, les Caillous, Chapoutier, la Charbonnière, Clos du Mont Olivet, Clos des Pâpes, Delas, Font de Michelle, Fortia la Gardine, Guigal, Jaboulet, Janasse, Mont-Redon, la Mordorée, Nalys, la Nerthe, du Pegaü, Ch Rayas, Réserve des Célestins, de la Solitude, Tardieu-Laurent, du Trignon, Vieux Télégraphe, Villeneuve.
- 红酒：酥皮烤羊腿
- 红酒：2003, 2001, 2000, 1998, 1995, 1994, 1990, 1989
- 红酒：5-20年
  白酒：3-5年

迪城—克雷耶特(CLAIRETTE DE DIE)

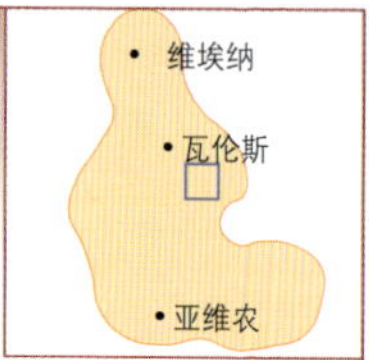

迪城—克雷耶特酒区位于罗讷河东边约40公里外的多姆(Drome)谷地山坡上，其气泡白酒在以生产罗第丘酒(见256页)、克罗兹—艾米达吉酒(见257页)等浓烈红酒闻名的罗讷河流域酒区显得相当特别。迪城，克雷耶特生产的气泡白酒有两种：第一种新近更名为“迪城气泡酒(Cremant de Die)”，完全以克雷耶特葡萄为原料，不甜、口味清新；另一种气泡酒依照“迪城传统处方(Methode olse Ancestrale)”酿成,圆润可口、有水蜜桃味，以克雷耶特葡萄及蜜思嘉葡萄为原料。后者是将发酵中的葡萄原汁装瓶，继续在瓶里发酵，产生的二氧化碳就形成了气泡。

文森·阿夏(Vincent Achard)
文森·阿夏以生产充满果香、微甜的“迪城传统处方”气泡酒闻名，这种酒在1999年以前称为“迪城克雷耶特传统酒(Clairette de Die Tradition)”。

狂风飞舞的坡地
一无屏障的多姆谷地最适合生产气泡白酒，与北方罗讷河流域红酒产区的景致大异其趣。

- AC Clairette de Die Méthode Dioise Ancestrale, AC Crémant de Die.
- 白酒：克雷耶特、小粒种蜜思嘉
- 气泡白酒有不甜及微甜两种
- Vincent Achard, Cave Cooperative de Die, Didier Cornillon, Magord, Jean-Claude Raspail, Union des Jeunes Viticulteurs (Chamberan).
- “迪城传统处方”气泡酒：覆盆子及草莓水果派
- 2002
- 1–2年

孔德里约(CONDRIEU)

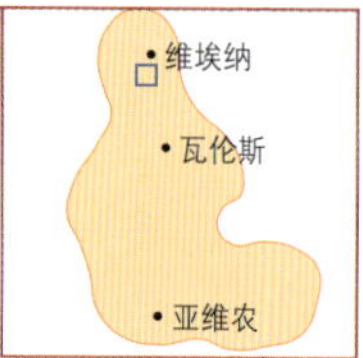

孔德里约白酒的酒精度浓烈而不甜，入口即涌出令人惊喜的梨花、杏桃、紫罗兰等美妙香气，是罗讷河流域酒区最获好评及广受推荐的白酒。位于孔德里约东郊的南向葡萄园，早在世纪之初就已存在，一直以生产晚摘型且通常受到贵腐霉侵袭的微甜白酒为主。这种甜酒近年来又有再起之势。20世纪60年代起，区内开始栽种果实芬芳但产能低的维欧涅葡萄，当时孔德里约酒区的葡萄园面积只有10公顷。现在，拜这20年来罗讷河流域酒大受欢迎之赐，以及维欧涅葡萄重新流行，最重要的是许多年轻有才华的酿酒师纷纷投效，本区葡萄园面积已增加到93公顷。

伊夫奎勒伦(Yves Cuilleron)
这里有香醇的晚收型甜酒，也有杏桃味扑鼻的不甜白酒。

人工采收葡萄
葡萄产量低，加上地形陡峭不易采收，使得广受喜爱的孔德里约酒价格居高不下。

- AC Condrieu.
- 白酒：维欧涅
- 白酒醇厚浓烈，香气芳馥且不甜；也产有甜酒。
- Ch d'Ampuis, P. & C. Bonnefond, Louis Chèze, Gilbert Chirat, Clusel-Roche, Y. Cuileron, Delas, Pierre Dumazet, P. Faury, Pierre Gaillard, J-M. Gerin, Guigal, A. Perret, G. Vernay, F. Villard.
- 螃蟹浓汤，撒上些许干燥鼠尾草叶提味
- 2003, 2002, 1999, 1997, 1996, 1995
- 2–4年

高纳斯(CORNAS)

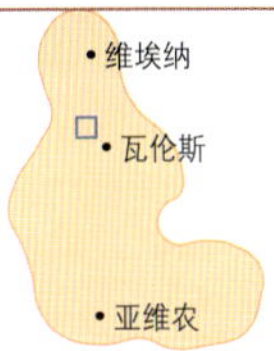

罗讷河西岸的小型法定产区高纳斯，地形陡峭，种在花岗岩土壤上的葡萄园多位于南向坡地，且成梯田层层分布。1975年时，本区的总面积只有53公顷。随着罗讷河流域酒在国际上日受欢迎，口感醇厚、味道有些粗犷的高纳斯红酒又生机重现，区内的葡萄园面积目前已增加到76公顷。栽种技术的改进有助于增加葡萄产能，新的酿酒技术(例如发酵前将葡萄去茎、以新橡木桶让酒熟成等)，使原本烟熏味的红酒又增添圆熟果香，也降低了传统的单宁含量。坚守老式法酿酒者如奥古斯都·克拉普(Auguste Clape)，推出的作品浓烈、带有肉味，有些品质极佳，不过装瓶后需放置数年以柔化。

奥古斯都·克拉普（Auguste Clape）
在高纳斯酒为顺应现代潮流而风格日趋清淡、富果香的同时，坚持传统风味的酒在浓烈中更显诱人。

阳光捕手
高纳斯酒区位于南向坡地呈梯田分布的葡萄园，可以涓滴不漏地吸取每一道阳光。

- AC Cornas.
- 红酒：希哈
- 红酒灰色暗红，口感醇厚年轻时单宁浓度极高。
- Thierry Allemand, Guy de Barjac, Chapoutier, Auguste Clape, Jean-Luc Colombo, Courbis, Jaboulet, Jean Lionnet, Robert Michel, Rochepertuis, de Saint-Pierre, Tardieu-Laurent, Noël Verset, Alain Voge.
- 松鸡焖煮殊色甘蓝菜
- 2003, 2000, 1999, 1998, 1995, 1990, 1989, 1988
- 8–10年

提卡斯丹丘（COTEAUX DU TRICASTIN）

位于罗讷河东岸的提卡斯丹葡萄园区，就在蒙地利马市(M ontelimar)南郊。这个知名度不高的葡萄产区，在1973年才获准为法定产区。区内栽种的葡萄品种非常多，但是所产的红酒和玫瑰酒大多以具有胡椒味的希哈葡萄及果味浓郁的格那希葡萄酿成。本区红酒在果香中带有香料味，品质颇佳。白酒渐渐改以维欧涅、马珊及胡珊葡萄混合酿造，品质正迅速提升。

葛洪那夫酒庄（Domaine de Grangeneuve）
这款酒口感清淡，如果汁般顺口，带有香料味及胡椒味，物美价廉且容易饮用。

- AC Coteaux du Tricastin.
- 红酒／玫瑰红酒：格那希、仙梭、希哈、卡利浓白酒：克雷耶特、维欧涅、胡珊、马珊
- 红酒柔和顺口，有辛香味；白酒清爽，不甜；玫瑰红酒不甜。
- Grangeneuve, des Rozets, du Vieux Micoulier.
- 冷却的烤牛肉
- 2003, 2001
- 1–4年

冯度丘（CÔTES DU VENTOUX）

冯度山位于罗讷河流域和普罗旺斯省交接处附近，每年冬天狂扫过罗讷河谷地的刺骨西北冷风，就是源自这里。冯度丘酒区的石灰岩葡萄园种植格那希、仙梭、慕雄得尔及希哈等品种，混合酿成的红酒口感清淡，充满果味且顺口好入喉，可在年轻时饮用。白酒和玫瑰红酒的产量小且品质不佳。

尤楠酒庄（Château Unang）
不同于罗讷河流域所生产的其他葡萄酒，冯度丘酒新鲜且芳馥，适合年轻时饮用。

- AC Côtes du Ventoux.
- 红酒／玫瑰红酒：格那希、仙梭、希哈、卡利浓
  白酒：克雷耶特
- 红酒清淡芳香；白酒不甜；玫瑰红酒不甜。
- Des Anges, Michel Bernard, Jaboulet, Ch Pesquié.
- 烤松鸡
- 2003, 2001
- 1–4年

罗讷河丘(CÔTES DU RHÔNE)

在全法国所有统称为基本法定产区的大型酒区中，近年来在品质上改进最多且经常有物超所值表现的两个酒区首推罗讷河丘与罗讷河丘村庄。前者沿着罗讷河两岸分布，从维埃尔纳绵延到贝杜斯(Peruis)；后者则涵盖16个酒镇。

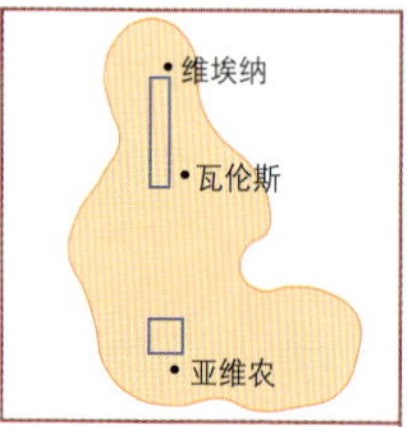

龚达西酒庄
（Domaine de la Cantharide）
维松村(Visan)产的酒在年轻时有可口的胡椒味，陈年后会发展出极佳的丰富口感。

一瓶贴着“罗讷河丘”酒标的酒，其产地可能是维埃纳到贝杜斯(Peruis)之间罗讷河河谷中的任何一座葡萄园。不过就实际上来说，所有用来酿造罗讷河丘酒的葡萄几乎全产自罗讷河流域南部的葡萄园。罗讷河丘酒区内共有1万个酒庄，每年的总产量可达3亿瓶。区内各地的土质和葡萄品种都互有差异，最普遍的葡萄依次是格那希、希哈、慕维得尔及仙梭。本区的白酒由数种葡萄混合酿造，葡萄种类从平板的克雷耶特到芳香扑鼻的胡珊都有。除了葡萄品种外，酿酒方式也是影响酒质的重要因素。目前许多罗讷河丘红酒都采用“二氧化碳浸泡法”(见26页)的方式酿造，酿成的酒酒质清淡，如果汁般顺口，在葡萄收成后的数个月内就可轻松上市。相对地，也有一些雄心勃勃的酒庄，坚持以传统方式酿造出结构紧密、生命力较长的酒。

辛香世界
罗讷河丘产区的坡地葡萄园有种类繁多的葡萄品种，酿成的优良红酒以令人赞赏的丰富口感与辛香风味闻名。

理论上，年总产量2000万瓶的“罗讷河丘村庄酒”品质应该冠于所有的罗讷河丘酒。右页所列是罗讷河丘村庄酒的优秀酒镇，这些酒镇通常会把村庄名印在酒标上的“Cote du Rhone”之后（布雷仁村则将村名附在“ Cote du Rhone”之前）。除了上述这些，许多知名酒商酿造的好酒也会以“罗讷河丘酒”的酒名销售，例如贾伯列安内、吉盖(Guigal),以及罗讷河流域南部的多座庄园，如教皇新堡(Chateau Mont-Redon)。

- AC Côtes du Rhône, AC Côtes du Rhône-Villages.
- 红酒／玫瑰红酒：格那希、希哈、卡利浓、恭维得尔白酒：克雷耶特、白格那希、布布兰克、维欧涅
- 红酒淡到中等浓度；玫瑰红酒不甜；白酒不甜。
- Denis et Daniel Alary, d’ Ameilhaud, de Beaurenard, des Bernardins, Berther-Rayn è de Cabasse, Cave de Cairanne, Chapoton, Cave de Chusclan, du Colombier, de Fonsalette, les Goubert, Guigal, Jaboulet, de la Janasse, de Lindas, Jean-Marie Lombard, Mont Redon, de la Mordor é e, Ogier, de l’ Oratoire St Martin, Rabasse-Charavin, Marcel Richaud, Ste Anne, Ste Gayan, St Maurice, la Soumade.
- 红酒：嫩煎马铃薯搭配香肠及微融的奶酪
- 红酒：2003, 2001, 2000
- 红酒：2-5年

大贝罗讷酒庄
（Domaine de la Grande Bellane）
这款产自瓦黑雅斯(Valreas)村的罗讷河丘村庄酒，是一款个别生产、装瓶的真正好酒，口感浓醇，充满香料味与水果香。

罗讷河丘村庄酒杰出酒镇

下列为酿制罗讷河丘村庄酒的17个优秀酒镇，酒标上通常会将村庄名加印在法定酒名“Cotes du Rhone”之后，布雷仁村则将村名附加在“Cote du Rhone”之前。

威尼斯—波美(Beaumes-de-Venise，见259页) 以出产蜜思嘉葡萄酿成的加烈酒闻名，也产有像果汁类的胡椒味清淡红酒。好酒庄有Domaine de Fenouillet、Chateau Redortier。

给汉(Cairanne) 是罗讷河丘酒区的明星酒镇之一，有许多认真杰出的酿酒师，推出品质严谨、散发香料味道的好酒。

虚斯克隆(Chusclan) 玫瑰红酒比邻近的塔维勒村 (Tavel，见261页)还好，值得选购。红酒也颇迷人，但是较不耐存放。

娄丹(Laudun) 有出色的白酒，以高比例格那希葡萄酿成的红酒也是本区的高级酒之一。存放1至2年后会更臻完美。

哈斯多(Rasteau，见260页) 全法国两个兼产加烈酒及一般餐酒的酒镇只有本村与威尼斯-波美。

侯艾克斯(Roaix) 和邻近的榭居黑村有一个共同的合作社，生产的红酒浓而烈，必须经过3至4年的熟成后方可饮用。

侯须句德(Rochegude) 曾以白酒闻名，但是今天区内只生产有胡椒味的清淡红酒。

沙布列(Sablet) 因区内的砂砾土质而得名，酒的品质可与给汉村媲美。这里的清淡红酒相当出色，近年来因为希哈葡萄的使用比例增加，酿成的酒生命力越来越强。

圣哲维(St Gervais) 知名度与日俱增，这要归功于圣安娜酒庄(Domaine Ste Anne)的酿酒师盖・史坦迈尔(Guy Steinmaier)。慕维得尔和希哈葡萄表现良好，维欧涅葡萄酿成的精致白酒也值得一试。

圣莫里斯(StMaurice-sur-Eygues) 大部分的好酒都是来自当地的合作社。

圣庞达雷昂(St Panteleon-les-Vignes)及胡榭(Rousset-les-Vignes) 这两个毗邻的村镇是罗讷河流域酒区气候最冷的产区，酒质普遍清淡。

榭居黑(Seguret) 出产罗讷河丘酒中品质最严谨且结构最紧密的酒，值得存放至少四年以上再饮用。

瓦黑雅斯(Valreas) 所产的红酒散发出迷人的果香与花香，是罗讷河丘酒中的好选择。

凡索伯(Vinsobres) 有各式红酒，酒质从清淡易饮到浓烈待陈年者皆有。

维松(Visan) 这里的酒年轻时饮用相当可口，也出产许多耐久藏的酒。

布雷仁(Brezeme)位于罗讷河南北段的中间地带，也是罗讷河丘村庄酒酒区最北端的一个酒镇，所产的酒以“Brezeme-Cotes du Rhone”为酒名销售。百分之百以希哈葡萄酿成是这款红酒的特色。

浓郁的酒香
静卧在山谷中的凡索伯村，这里的格那希葡萄酿成的红酒性质多样，以“Cote du Rhone-Vinsobres”为酒名销售。

罗第丘（CÔTE RÔTIE）

罗第丘的法文原是“灼烤山麓”之意，这里的葡萄长年曝晒在阳光下，酿成的红酒也一如其名，呈现出如烘烤过般的深暗色泽，味甘美而强劲。区内安琵村后的陡坡上葡萄园绵延，呈带状分布，此与勃艮第酒区相邻，南接罗讷河丘酒区。

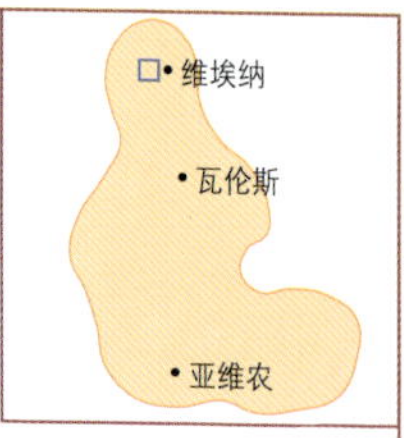

安琵酒庄（Château d'Ampuis）
许多高级的罗第丘酒都是来马歇尔·吉盖旗下个别生产、装瓶的葡萄园酒庄，图中是他新购并的安琵酒庄。

罗第丘酒区的酿酒史可溯自2000年前，19世纪末在葡萄根瘤蚜虫到处肆虐后，区内并未进行葡萄重耕。果园继之而起，因此整个20世纪的前70余年间，罗第丘酒几乎已为人所淡忘。幸好仍有少数葡萄农在陡坡上保留了一些葡萄园，并且继续挑战斜坡。拯救罗第丘酒贡献最大的，首推兼具酒庄主人与酒商身份的马歇尔·吉盖(Marcel Guigal)。他不但用心于高极罗第丘酒的推广，更将具有潜力的数座葡萄园的产酒个别装瓶，以提升这些优秀葡萄园的知名度。今天由该公司所经销且由单一葡萄园酿造的罗第丘酒，分别产自隆登(La Landonne)莫林(La Mouline)、特魁(la Turque)等葡萄园及安琵酒庄(Chateau d' Ampuis)，其品质无疑是罗第丘酒的佼佼者，售价甚至高居法国酒之冠。吉盖也生产一种称为“褐发与金发(Brune et Blonde)”的酒，这种酒是用罗第丘最有名的褐发山麓(cote Brune)现金发山麓(Cote Blonde)所出产的葡萄酿造而成。这两座土壤颜色不同的山麓，据说地名是取自地主的两位漂亮女儿，一为褐发，一为金发。

本区的葡萄品种以希哈为主，酿成的上等美酒充满难以言喻的莓果香及独特的烟熏味。越来越多的酒庄酿酒用葡萄中加入以两成为上限的维欧涅白葡萄，如此酿出的酒会带有别具风味的紫罗兰花香与杏桃果香。

金发山麓（Côte Blonde）
在酒标上加列葡萄园名字，是罗第丘常见的现象。金发山麓的白垩土壤中所栽种的葡萄，可以酿成适合在年轻时饮用的酒。

隆登葡萄园（La Landonne）
这款酒庄个别葡萄园所生产的佳酿，是罗第丘的荣耀。

- AC Côte Rôtie.
- 红酒：希哈
  白酒：维欧涅
- 红酒醇厚浓烈，酒香浑厚。
- Ch d' Ampuis, Pierre Barge, Michel Bernard, de Boisseyt, Patrick et Christophe Bonnefond, Bernard Burgaud, Champet, Chapoutier, Clusel-Roch, Yves Cuilleron, Delas, Philippe Faury, Gaillard, Jean-Michel Gérin, Marcel Guigal, Jean-Paul et Jean-Luc Jamet, Robert Jasmin, la Landonne, Bernard Levet, Gabriel Meffre, les Moutonnes, Michel Ogier, René Rostaing, Georges Vernay, Vidal-Fleury, François Villard.
- 以新鲜迷迭香及整颗蒜瓣同烤的烤羊腿
- 2003, 2000, 1999, 1998, 1997, 1996, 1995, 1994, 1991, 1990, 1989, 1988
- 10–15年

克罗兹-艾米达吉（CROZES-HERMITAGE）

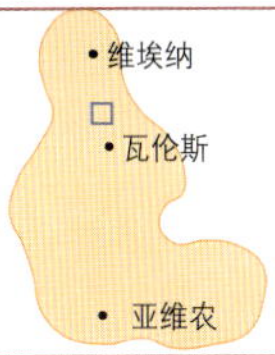

克罗兹-艾米达吉法定产区面积广达1000公顷，以单一艾米达吉镇为中心向南北扩展，共涵盖11个产酒村镇。本酒区的酒种类繁多，品质差异也极大。一般而言，好年份的酒具层次感、醇厚、果味十足，常常物超所值。最好的葡萄园是夏西(Les Chassis)和索拉伯酒庄(Domaine de Thalabert)，位于单-艾米达吉镇北方的罗讷河沿岸的南向坡地上。本区偏东的土地较平坦，葡萄产量较高，但酒质较普通。红酒占本区总产酒量的九成左右，以希哈为主要酿酒葡萄，混有小比例的胡珊和马珊葡萄。区内的白酒清新高雅，或单用细致的胡珊葡萄或混合马珊葡萄酿成。

夏布提(Chapoutier)兄弟酒庄
夏布提家族是克罗兹-艾米达吉酒区最大的地主，兄弟们酿造出多种好酒。

深藏的自然珍宝
克罗兹-艾米达吉酒区中最好的葡萄园部分隐藏在艾米达吉(见258页)高级葡萄园的后侧，位置相当隐密。

- AC Crozes-Hermitage.
- 红酒：希哈、胡珊、马珊
  白酒：马珊、胡珊
- F红酒醇厚浓烈；白酒醇厚不甜，不宜久藏。
- Belle, Chapoutier, les Chassis, Chave, des Clairmonts, Colomber, Combier, Delas, des Desmeure, Entrefaux, A Graillot, Jaboulet, E Pochon, Remizi è res, M Sorrel, Caves de Tain-l' Hermitage, Tardieu-Laurent, de Thalabert, Vidal-Fleury.
- 九层塔炒鸡块
- 2003, 2000, 1999, 1997
- 5-8年

吉恭达斯（GIGONDAS）

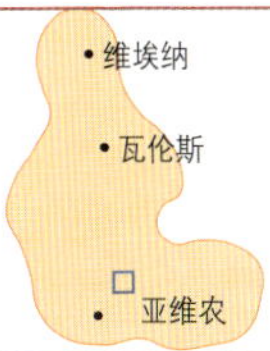

吉恭达斯村及其周围所属的葡萄园位于欧隆吉镇(Orange)东面的蕾丝山丘(Dentelles de Montmirail)上。20世纪50年代初期，本酒区获准可以挂上“罗讷河丘村庄”的AC级酒名销售，并于1971年正式获颁“吉恭达斯”的专属AC级法定产区名。好年份的吉恭达斯酒口感丰厚，充满格那希葡萄所赋予的甜美风味；此外，仔细混用少量但高单宁的希哈葡萄及芳香的慕维得尔葡萄。吉恭达斯酒的熟成期可长达10年，可作为邻近酒区的教皇新堡酒(见251页)的平价替代品。本区也生产带胡椒味、品质不错的不甜玫瑰红酒。

卡红酒庄(Domaine du Cayron)
很奇怪的，生命力强、散发胡椒味的吉恭达斯酒常被低估，其实它是罗讷河流域最物超所值的好酒之一。

蕾丝山丘
名字诗情画意的“蕾丝山丘”盘踞在吉恭达斯的葡萄园后面，形成一道美丽的屏障。

- AC Gigondas.
- 红酒／玫瑰红酒：格那希、希哈、慕维得尔
- 红酒醇厚浓烈，有时略带粗犷口感；玫瑰红酒不甜且带有胡椒味。
- Des Bosquets, Brusset, De Cabasse, Cayron, Delas, Espiers, les Goubert, Gour de Chaule, Guigal, Jaboulet, de Montmirail, Piaugier, Raspail-Ay, St Gayan, Ste Anne, Santa Duc, Tardieu-Laurent, des Tourelles, du Trignon, Vidal-Fleury.
- 嫩羊肉
- 2003, 2001, 2000, 1998
- 红酒：3-10年

艾米达吉(HERMITAGE)

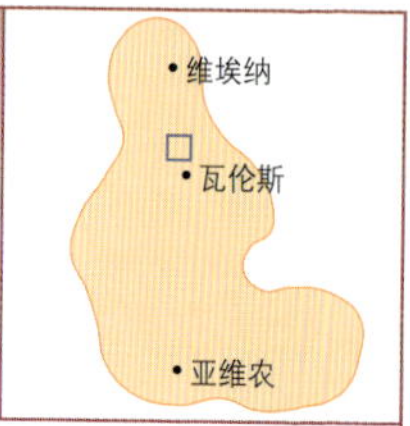

艾米达吉酒区位于克罗兹—艾米达吉(见257页)与圣乔瑟夫(见260页)之间的罗讷河流域陡坡上。这里是世界闻名的希哈葡萄之乡，希哈葡萄的辛香味与烟熏味，酿制出层次复杂、生命力超强的艾米达吉红酒。

大做广告
这些用来固定葡萄园陡坡土质的挡土石墙，常被脑筋灵活的大酒商当做广告看板，推销当地所产的上选好酒。

艾米达吉葡萄园坚持酿造风味独一无二、酒色暗红的经典红酒，已享誉酒国五百多年。在19世纪以前，艾米达吉红酒的价格会远高过任何优质波尔多酒庄的酒。本酒区以单一艾米达吉镇为中心向南呈扇形展开。单一艾米达吉镇是一个位于山边、满布岩石的葡萄酒镇，镇内的葡萄园呈蕈菇状分布在花岗岩露石上，且均朝向正南方，使得每一颗葡萄都能尽量吸收到所有阳光而成熟饱满。

大多数以希哈葡萄为主角的酒区，例如邻近的克罗兹·艾米达吉与圣乔瑟夫，都会在酿酒葡萄中混入少许白葡萄品种来增加酒香及降低浓烈度，但是艾米达吉红酒却是百分之百以高单宁含量的希哈葡萄酿成。如此酿成的酒虽然充满扑鼻的覆盆子、黑醋栗、胡椒及烟熏风味，但在年轻时极为酸涩，几乎无法入口。不过大约经过10年的陈年后会发展出诱人的浓烈酒香及层次感。

艾米达吉酒区的葡萄园只分布在南向斜坡上，总面积约有154公顷，每个葡萄园间有微小的气候差异。传统上习惯将来自不同园地的希哈葡萄混合酿酒，但是现在的酒庄已逐渐倾向使用来自单一葡萄园的葡萄个别酿酒。区内最有名的葡萄园当属教堂葡萄园。其他上选葡萄园还有格里菲乌(Les Greffieux)、贝萨德(Les Bessards)等。

过去和红酒一样广受推崇的艾米达吉白酒，现在只有少量生产，并可分为两类。一是拥有专属AC级法定产区名、相当罕见的“麦香酒”(vin de paille)，酿酒时必须先将葡萄铺在干麦草上晒干后再榨汁发酵，好的麦香酒口感清爽带劲，蜂蜜香洋溢。另一种是丰醇而不甜的一般白酒，以马珊及胡珊葡萄混合酿成，装瓶存放10年后能提升酒质。

- AC Hermitage, AC Hermitage Vin de Paille.
- 红酒：希哈
  白酒：马珊、胡珊
- 红酒强劲，单宁含量高；白酒醇厚，充满香草及桃子味道。
- Albert Belle, Michel Bernard, Chapoutier, Bernard Chave, Jean-Louis Chave, Gérard Chave, du Colombier, Delas Frères (Marquise de la Tourette, les Bassards), Faurie, Ferraton, Grippat, E Guigal, Guyot, Paul Jaboulet Aîné, des Remizières, St Jemms, Marc Sorrel, Cave de Tain l'Hermitage, Tardieu-Laurent, De Vallouit.
- 烤雉鸡，佐以红酒，青葱及野菇煮成的酱汁。
- 2003, 2000, 1999, 1996, 1995, 1990, 1989, 1988
- 红酒：10–20年
  白酒：8–15年

尚路易–沙维(Jean-Louis Chave)
产自尚路易—沙维酒庄的酒，是艾米达吉酒中的常胜军。

里哈克(LIRAC)

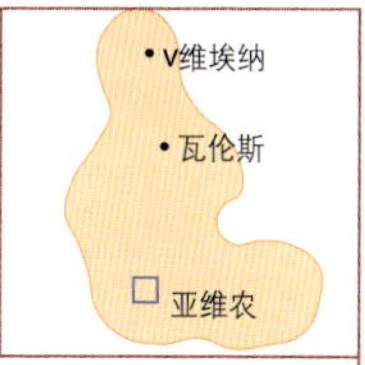

就玫瑰红酒来说，一般认为里哈克的品质不及其南方的塔维勒酒区（见261页），不过里哈克白酒和红酒的品质在近年来却有很大突破。里哈克产区位于罗讷河西岸，就在亚维农市北方。本区的酒庄采用罗讷河流域南部传统而固定的葡萄混合比例来酿酒，以格那希、希哈、慕维得尔及仙梭葡萄酿造出中等浓度、酒质温和，带辛香的红酒；好年份的红酒值得选购。1992年获准使用马珊、胡珊及维欧涅葡萄酿造白酒后，里哈克白酒便一扫过去给人平板单调的印象，散发出迷人的扑鼻花香。

贝拉姬酒庄（Domaine Pélaquié） 好年份的里哈克红酒香醇可口中略带胡椒味，目前知名度仍偏低，是物超所值的好酒。

格那希葡萄 有浓郁甜美风味的格那希葡萄是酿造里哈克红酒及玫瑰红酒的重要葡萄品种，常与其他品种的葡萄巧妙地一起混和酿酒。

- AC Lirac.
- 红酒 / 玫瑰红酒：格那希、卡利浓，慕维得尔、希哈白酒：克雷耶特，白于尼、马珊、胡珊、维欧涅
- 红酒浓度中等至醇厚；白酒不甜；玫瑰红酒不甜。
- Ch d' Aqu é ria, les domaines Bernard, de Devoye Martine, la Fermade, Maby, de la Mordor é e, Chapelle de Maillac, P é laqui é , St Maurice, St Roch.
- 红酒：百里香、蒜头烤野兔腰肉
- 2003, 2000, 1998, 1997
- 红酒：2－5年
白酒 / 玫瑰红酒：1－3年

威尼斯—波美麝香酒酒区(MUSCAT DE BEAUMES-DE-VENISE)

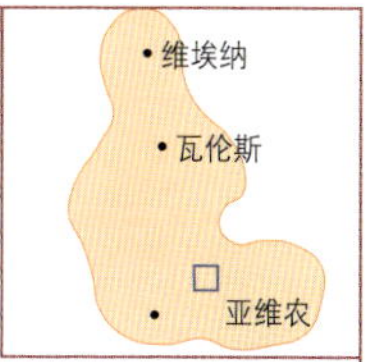

位于欧隆吉镇东方的威尼斯－波美村生产品质优良的红酒，并以罗讷河丘村庄酒为酒名销售。不过威尼斯波美村有名的，还是首推由芬芳的蜜思嘉葡萄所酿成的一种金黄色天然甜葡萄酒(见31页)。这里的麝香酒大多是由“葡萄酒及麝香酒合作社”(Cooperaive des Vins et Muscats)所酿造，此合作社曾经在1970年将市场延伸至北欧各地而声名大噪。其行销策略是将酒装在旋转式瓶盖的酒瓶中贩售，方便消费者单杯饮用来搭配甜点。尽管合作社的酒质不差，但仍远不及个别酒庄由单一葡萄园的单一年份葡萄所酿成的酒，这种酒多使用软木塞瓶盖包装。这是一款要价经常偏高的酒，其中的极品口感丰富、有水蜜桃香味，其甜度和酸度均相当均衡。

杜邦酒庄（Domaine de Durban） 如图所示是威尼斯波美最好的酒之一，这些好酒均由个别酒庄酿造，而非合作社。

阳光普照 威尼斯波美村的葡萄园日照充足，这里主要栽种两种蜜思嘉(意译为麝香)葡萄，这种葡萄因富有麝香味而得名。

- AC Muscat de Beaumes-de-Venise.
- 白酒：小粒种白蜜思嘉、小粒种玫瑰蜜思嘉
- 天然甜酒，芳香扑鼻。
- Beau Mistral, de Beaumalric, Cave Coop é rative des Vignerons de Beaumes-de-Venise, des Bernardins, Chapoutier, de Coyeux, de Durban, de Fenouillet, Paul Jaboulet Ain é , la Soumade, Vidal-Fleury
- 淋上橘子酱的巧克力慕思
- 大多不分年份
- 1－5年

哈斯多（RASTEAU）

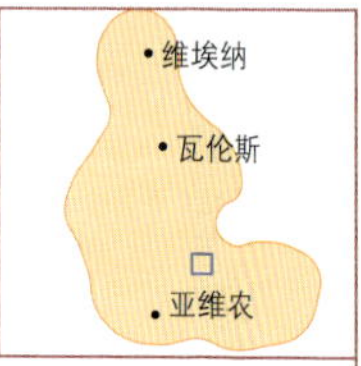

罗讷河丘村庄酒可能性分成加烈酒和一般餐酒。哈斯多、沙布列及给汉等产酒村镇所栽种的葡萄有九成是格那品种（黑、灰、白三种）。在葡萄发酵的初阶段加入白兰地烈酒后，发酵成的酒比一般葡萄酒浓烈，此即加烈酒。哈斯乡村的加烈酒则采rancio方式酿成——先将葡萄酒液存放在橡木桶中成熟至深棕色(氧化棕)，于空气中或阳光下曝晒。酒质优劣取决于葡萄的品质、木桶的干净度及酒汁氧化棕的程度。有些哈斯多加烈酒口感浓稠，宛如雪莉甜酒，有的则酒质细致，近似马德拉酒(Madeira)。哈斯多红酒虽然品质较平凡，但却是品质可靠、具有典型胡椒味的罗讷河丘村庄酒。白酒平板且最好在年轻时饮用。

马利－法兰西·马松（Marie-France Masson）这款有浓厚胡椒味的酒，最能表现出罗讷河流域南部葡萄酒的特色。

维尼宏酒窖
这种小型合作社所生产的酒往往品质最佳且价廉物美，这是罗讷河流域酒区内各酒镇的共通特点。

- AC Rasteau, AC Rasteau Rancio.
- 红酒／白酒／玫瑰红酒／加烈酒：黑格那希、白格那希、灰格那希
- 红酒有胡椒味；天热甜酒要存放在橡木桶中熟成。
- Des Coteaux des Travers, des Girasols, de la Grangeneuve, Masson, de la Soumade, Francis Vache, Cave des Vignerons de Rasteau.
- 天然甜酒：巧克力塔
- 红酒：2003, 2000, 1998
- 红酒：3－10年

圣乔瑟夫（ST JOSEPH）

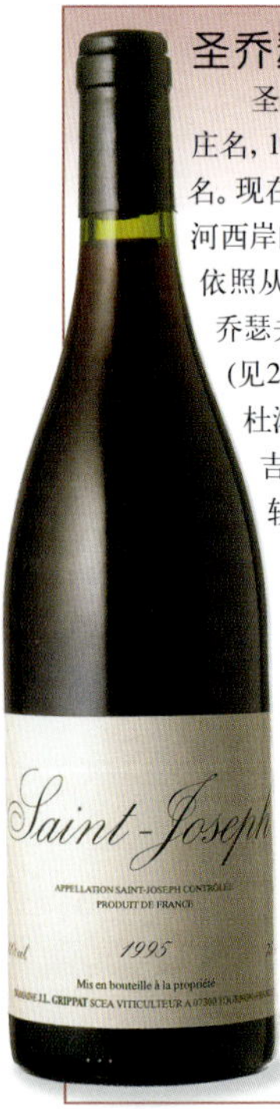

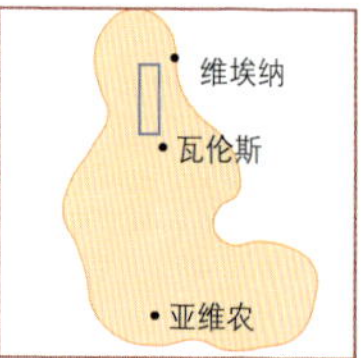

圣乔瑟夫所产的酒原本称为莫芙酒，是沿用区内的一村庄名，1956年获升为法定产区后，才以“圣乔瑟夫”为法定产区名。现在区内的葡萄种植面积已经增加为原来的6倍，沿着罗讷河西岸向南延伸到瓦伦斯市附近。许多新开垦的葡萄园因为未依照从前的园地特性来进行葡萄分数种植，导致今天在采购乔瑟夫酒时得全凭运气——这里的酒风格、品质参差不齐，从最基本的罗讷河丘酒(见254－255页)到类似低一级的艾米达吉酒(见258页)都有。最好的葡萄园分布在杜浓(Tournon)后方及周围、富含砂质及细石的花岗岩斜坡上。本区葡萄比艾米达吉酒区不易成熟，因此酿成的酒也不如其浓烈，但仍不失为散发黑莓果香且可较早饮用的一级红酒。此外，本区也产有少量以马珊和胡珊葡萄酿成的白酒。

尚路易·格里巴（Jean-Louis Grippat）这款优质红酒的熟成效果有时会比昂贵但酒质薄弱的艾米达吉酒好。

莫芙村
圣乔瑟夫酒原本以莫芙村名为酒名，现在这里只是个隐藏在葡萄园间的小酒村。

- AC St Joseph.
- 红酒：希哈
  白酒：马珊、胡珊
- 红酒柔和顺口，充满果香，中等浓度；白酒花香馥郁，香味丰富且不甜。
- Cave St Désirat, Cave de Tain-l'Hermitage, Chapoutier, Chave, Chèze, Courbuis, P. Coursodon, Y. Cuilleron, Pierre Gaillard, Graillot, J-L. Grippat, Jaboulet, Perret, G. Vernay, Villard.
- 红酒：洋葱、火腿、红酒煮斑鸠
- 红酒：2003, 2000, 1999
- 红酒：3－10年 白酒：1－3年

圣佩雷（ST PÉRAY）

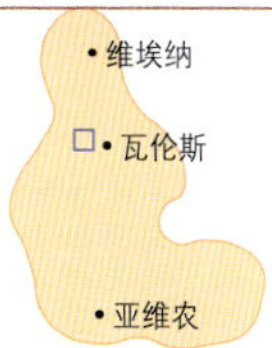

圣佩雷酒区位于罗讷河西岸，与瓦伦斯市的郊区相对，现在几乎已经成为瓦伦斯市了。圣佩雷白酒通常酒质清淡、偏酸，面临来自其他酒区后来居上的竞争，的确难以自处。在罗讷河流域这个以浓郁、有肉味的希哈葡萄酒及口感醇厚的维欧涅葡萄酒为主的地区，圣佩雷酒还真是个异数。区内过于寒冷的气候及肥沃的土壤，并不利于葡萄的生长。大部分的葡萄都用来酿成风味粗犷的“传统处方”气泡酒，并结合单－艾米连吉镇所组成的合作社负责酿造，几乎只在罗讷河流域酒区内销售。想试试圣佩雷白酒的味道，可找区内较严谨的酿酒师如尚－里欧内(Jean Lionnet)及马歇尔－贾格(Marcel Juge)的作品。

尚－路易与弗朗乘斯·梯耶尔酒庄（Jean Louis et Françoise Thiers）

这个酒庄的气泡白酒以罗讷河流域的传统葡萄品种酿成，不甜且有淡淡花香，这种酒越来越少了。

逐渐消失的葡萄园地

圣佩雷酒区的葡萄园有些已开发成住宅区，以舒缓瓦伦斯市日益严重的住宅荒。

- AC St P é ray, AC St P é ray Mousseux.
- 静态白酒／气泡酒：马珊、胡珊
- 静态白酒／气泡白酒均不甜
- Cave de Tain-l' Hermitage, J.-F. Chaboud, Auguste Clape, Bernard Gripa, Marcel Juge, Jean Lionnet, Jean-Louis et Françoise Thiers, Alain Voge.
- 白酒：小牛肩肉以白酒、韭菜、洋葱及续随子炖煮
- 静态白酒：2002
- 气泡白酒：1－3年
静态白酒：1－4年

塔维勒（TAVEL）

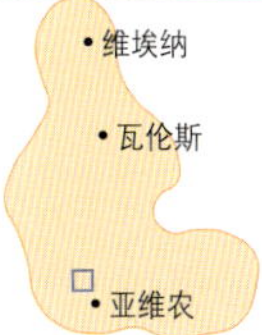

深受法王路易十四及大文豪巴尔札克喜爱的塔维勒酒，是法国最有名的玫瑰红酒，产地塔维勒则是全罗讷河流域唯一仅生产玫瑰红酒的法定产区。虽然最近几年，塔维勒酒的口感常显得乏味而平板，但是其水晶般的古铜色泽广受赞誉，爱好者甚至推崇它是唯一能耐久藏的玫瑰红酒。因此塔维勒酒区的葡萄园急速增加至1000公顷。本区含有沙粒、冲积黏土及砾的土质可以让格那希、希哈及慕维尔等葡萄品种发挥酿造好酒的潜力，新兴酿酒师也纷纷酿出获酒评家推崇的好酒——口感新鲜、散发更多紫罗兰香味。上好的塔维勒酒必须兼有果味与芳馥的香气，以及醇厚不甜的口感。这是一款极佳的佐餐酒，不论搭配猪肉制品、带酱汁的鱼类还是白肉都非常出色。

瓦雷西酒庄（Domaine de Valéry）

这款塔维勒酒在传统的古铜色泽下，散发着丰富、带有胡椒味的口感，年轻酒客应该会喜欢。

玫瑰色的财富

酿酒及葡萄栽种技术的改良为塔维勒镇带来大笔财富。

- AC Tavel.
- 玫瑰红酒：格那希、仙梭玫
- 玫瑰红酒口感清新爽，不甜且有胡椒味。
- Ch d' Aqu é ria, de la Forcadi è re, de la Genesti è re, Guigal, Jaboulet Aîn é, de la Mordor é e, Prieur é de Montezargues, Ch de Trinquevedel, de Val é ry, Vieux Moulin de Tavel, du Vieux Relais.
- 乌贼腹中填塞洋葱及蒜头，再以乌贼汁与白酒文火炖煮
- 玫瑰红酒：2004
- 2－5年

瓦给雅斯(VACQUEYRAS)

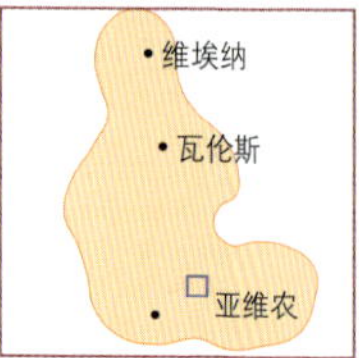

在吉恭达斯酒（见257页）成为罗讷河丘村庄酒（见255页）首款独立并升级为法定产区酒的18年后，瓦给雅斯酒也在1990年获得这项肯定。事实上，上等瓦给雅斯红酒的品质连中上级占恭达斯酒都搭不上，只能勉强与产自给汉村的罗讷河丘村庄酒相提并论。这里的红酒以格那希(含量至少一半)、希哈、慕维得尔及仙梭葡萄酿成。好年份的瓦给雅斯酒泽深红、带有胡椒味，在瓶中存放3至4年后，粗犷的口感会变得较为细致而带层次感。这里的玫瑰红酒不错；白酒较差，主要是白格那希、克雷耶特及布布兰克葡萄含量过高之故。增加马珊、胡珊及维欧涅葡萄的比例应该可以改善品质。

图尔酒庄（Château des Tours）
图尔酒庄的真正优质瓦给维斯红酒的品质不次于教皇新堡酒，甚至生命力更长。

瓦给雅斯葡萄园
以此葡萄园的格那希葡萄酿成的红酒，是罗讷河流域酒区中胡椒味最浓郁的。

- AC Vacqueyras.
- 红酒：格那希、希哈、慕维得尔及仙梭
- 红酒醇厚浓烈，口感粗犷。白酒与玫瑰红酒的产量极少，品质普通。
- Dom des Amouriers, Burle, Clos de Cazaux, la Fourmone, Jaboulet, de Montmirail, de Montvac, Sang des Cailloux, Tardieu-Laurent, Ch des Tours.
- 烤羊肉，佐以大蒜及香料植物提味的法国角瓜及番茄
- 红酒：2003, 2000, 1998, 1997
- 红酒：2－10年
  白酒：1－4年
  玫瑰红酒：1－3年

罗讷河流域酒区的葡萄品种

罗讷河流域酒区最重要且最知名的葡萄共有四种：首先是最重要的希哈葡萄，酿成的红酒口感丰富醇厚、酒色暗红、有烟熏味及黑莓果香，例如罗讷河流域北部的艾米达吉酒(见258页)、罗第丘酒(见256页)、高纳斯酒(见253页)、圣乔瑟夫酒(见260页)及克罗兹－艾米达吉酒(见257页)等。第二种是格那希葡萄，酿成的酒富有草莓香及胡椒味，主要用来酿造罗讷河流域南部的罗讷河丘酒(见254－255页)及教皇新堡酒(见251页)。第二种是蜜思嘉葡萄，酿成值得骄傲的威尼斯－波美磨香葡萄酒(见 259页)。第四种是新流行的维欧涅葡萄，可酿成酒香迷人的孔德里约酒(见252页)及克里堡酒(见250页)。罗讷河流域还有许多其他知名度较低的葡萄。其中用来酿制白酒的白格那希、布布兰克及克雷耶特葡萄表现平板，只能靠酿酒技巧来提升风味。马珊及胡珊葡萄较别具特色，酿成的白酒不甜且花香芳郁，举世闻名。慕维得尔及仙梭葡萄大多与其他葡萄混合使用，很少单独表现，但其浓郁的辛香味，对教皇新堡酒等系列红酒的风味有极大贡献。

慕维得尔葡萄
罗讷河流域酒区的幕后功臣之一，对教皇新堡酒独特的风味贡献良多。

马珊葡萄
马珊葡萄的卓越性常被忽视，这是罗讷河流域最主要的白葡萄，能赋予白酒一种揉合辛辣与花香的风味。

其他

在其他的罗讷河流域酒中，有平板的老式酒，也有足以代表法国酒的超值佳酿。其中最值得介绍的是：清淡如果汁般可口的红酒，可媲美薄酒莱酒；辛香且较醇厚浓烈的罗讷河丘红酒，以及用半脱水的葡萄所酿成的诱人甜白酒。

维瓦瑞丘（Côtes du Vivarais）
本区不但以出产价廉物美的餐酒著名，气候也适合多种水果生长。

首先要推荐的是迪城丘酒(Coteaux de Die)，此为1993年新颁订的AC级酒，是从先前的迪城－克雷耶特酒区的气泡酒中划分出来。在新规定下，迪城－克雷耶特气泡酒必须降低克雷耶特葡萄的使用比例；过剩的葡萄不一定要用来酿造地区餐酒，相关当局鼓励酒庄将这些葡萄转用在酿造无气泡的餐酒上，并同意以迪城丘酒为酒名。皮耶维尔丘(Coteaux de Pierrevert)在1998年从优良地区餐酒升级为法定产区酒时，也曾同样放宽酿酒葡萄限制。

夏提雍－第瓦(Chatillon-en-Diois)在1999年庆祝升级为法定产区25年。这里的白酒以夏多内和阿里哥蝶两种勃艮第常见的葡萄品种酿成，至于红酒则是以加美葡萄混合些许黑皮诺和希哈葡萄酿成。

吕贝宏丘(Core du Luberon)

获得升级为法定产区，必须归功于尚－路易·钱赛尔(Jean-Louis Chancel)的贡献。20世纪70年代及80年代，钱赛尔在经营蔬菜油有成后，部分转投资面积达160公顷、满布石砾的葡萄园地的重整和重耕上，并建立了瓦瑗恩斯(Val Joanis)酒庄。这座酒庄以格那希及希哈葡萄所酿造的红酒尚不足以代表本酒区的品质，白酒也不够出色，但是玫瑰红酒却非常优秀。其他的杰出酒庄则纷纷推出清淡诱人的红酒、白酒和玫瑰红酒，如维勒费姆(la Vieille Ferme)、艾索列特酒庄 (Chateau de l’ Isolette)、肯诺居酒庄(Chateau Vanorgue)、风特尼酒庄(Domaine de Fontenille)和堡垒酒庄(Domaine de la Citadelle)。

维瓦瑞丘(Cote du Vivarais)的红酒品质极佳。这款酒目前还只是属于优良地区餐酒等级，有红酒、白酒和玫瑰红酒，都清淡好喝。由于近年来停止使用卡利浓及于尼葡萄，有助于提升酒质。本区的杰出酒镇（可将镇名印在酒标上）有欧格纳克(Orgnac)、圣荷梅日(St Remeze)。

最后是艾米达吉酒区的“麦香酒”，这是一款值得称颂的老式酒，阿尔萨斯酒区也有生产。现在这种麦香酒在顶级酿酒师沙维基、沙普第尔(Chapoutier)、格里巴(Grippat)及吉盖等的推动下，已重获市场喜爱。干燥处理使葡萄脱去四分之三的水分后，酿出来的美妙甜酒拥有超长的生命力。

堡垒酒庄
（Domaine de la Citadelle）
堡垒酒庄的皇越红酒，正是吕贝宏丘酒具有法定酒实力的证明。

法国西南部
SOUTHWEST FRANCE

法国西南部（SOUTHWEST FRANCE）

想要找寻风味独特及代替波尔多酒较为划算的酒品者，这是一块藏宝之地。

法国西南部酒区的区域划分基于便利的考量多于逻辑的分析。区内有数个法定产区所种植的葡萄品种和邻近的波尔多酒区(见80－111页)一样，若非因地理或历史的种种意外因素，这些产区很可能已纳入波尔多酒区。举例来说，贝杰哈克酒区(Bergerac，见270页)早在梅多克酒(见90页)尚未突起前就已经是个重要酒区。事实上，今天贝杰哈克酒之所以被视为二等酒，主要是波尔多酒商刻意贬低所致，而不是因为品质不好。贝杰哈克酒虽然不算顶尖，但足以谨慎与精良的技术所酿成的佳作，的确胜过许多价格更高的波尔多酒。蒙巴立亚克(Monbazillac，见274页)甜白酒以及价格较高的苏西涅克酒(Saussignac)和贝夏蒙酒 (Pocharmant，见275页)也出现同样的情形。

有些酒区如加雅克(Gaillac，见 272页)、卡欧(Cahors，见271页)及依芦雷基(lrouleguy，见275页)等更引人注意，这些产区以本地特有的葡萄品种如塔那、费尔、大蒙仙、小蒙仙及连得勒依(Len de LElh)酿酒。这些与流行脱节的葡萄酒，有如在一堆机器量产的瓷器中发现一件手工陶艺品般别有风味。这些红酒各具特色，但都有浓烈、单宁充足的共同特征，适宜与本地丰富的焖炖类菜式搭配。好年份的白酒口感清新，有一股扑鼻的特殊香气。或许潮流终不可抵挡，近年来在国际酒业中典盛的所谓商业导向技术革新已经影响到本区的葡萄酒。例如传统的卡欧酒口感浓烈、酒色深红：如墨水，但新技术已经酿出清淡、浓度中等的新式卡欧红酒。因此，今天在打开一瓶卡欧酒前，无法得知这是一瓶适合搭配豆子炖肉(cassoulel)的高单宁传统酒，还是一瓶搭配冷肉拼盘、充满果味的清淡红酒。整个法国西南部酒区到处可见孜孜不倦的新一代酿酒

古老的风味
法国西南部酒区有许多小型的家族酒庄，例如图中葡萄酒庄的经营者即为拉普拉斯(Laplace)三兄弟，他们用传统的塔那葡萄酿出醇厚的红酒，充满迷人的怀旧风味。

酒区纵览

13 000公顷；年产量2亿2千万瓶

各次酒区同气候差异很大，普遍而言，西边的大西洋及东南边的地中海均属本区带来冬暖夏凉的海洋型气候。

多样，从卡欧酒工的砂质黏土到杜哈斯丘酒区及图依松酒区的沙土都有。

红酒：卡本内—苏维浓、梅洛、卡本内–弗朗、费尔、塔那、马尔贝克、加美
白酒：大蒙仙、小蒙仙、皮朴尔(Picpoul)、克雷耶特、白于尼、高伦巴、苏维浓

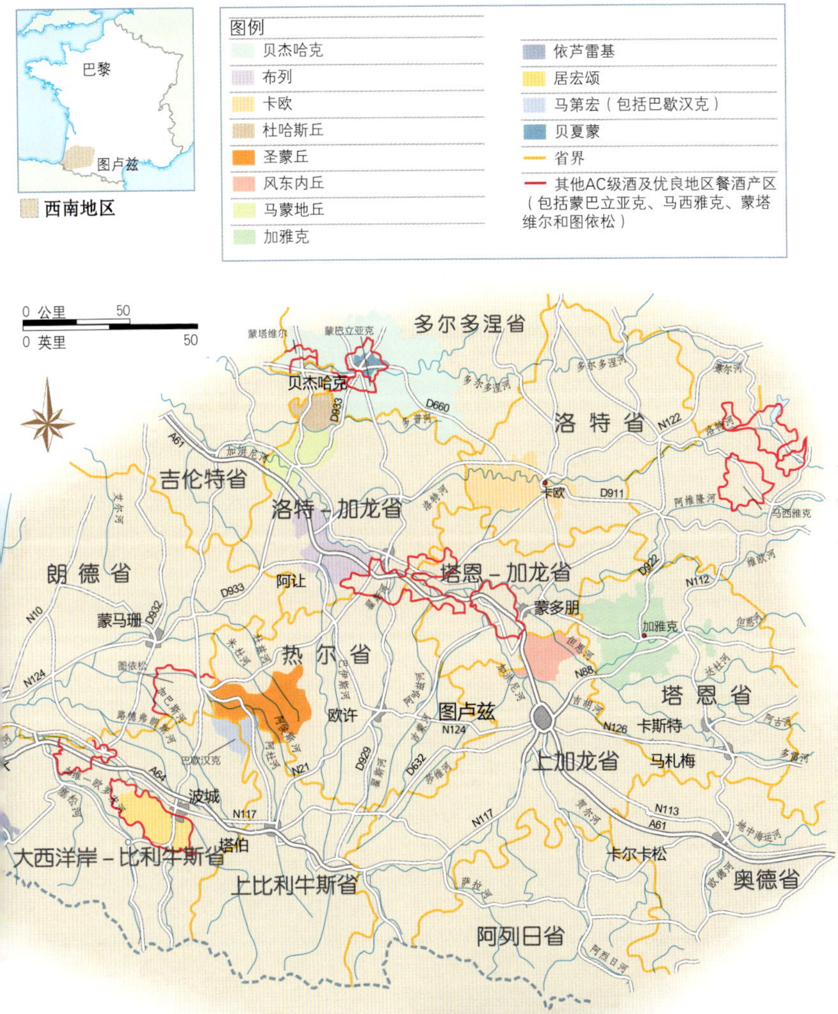

法国西南部
本区的酒品质卓越，却只能退居在波尔多酒区的阴影下。在波尔多酒商的刻意阻挠下，本区的酒经常打不入外销市场。

师，致力开发出传统葡萄的最佳潜力，用更精致的酒质取代过去的粗犷风味，以达到国际酒品市场的要求趋势。一分耕耘一分收获，数百年来高高在上的波尔多酒区，终于在最近考虑要将贝杰哈克和蒙巴立亚克纳入该酒区的版图中。

暗红色泽下的新滋味
传统浓烈、高单宁的卡欧“黑酒”越来越少，新式卡欧酒另有其魅力。

畅游法国西南部

传统上，波尔多以东及朗格多克西北的乡村地带，常常被忽视。但近年来，不少英国人来此避暑，巴黎人也开始重新发觉这一地区，这样一来，大量顶级酒店与餐馆在此迅速发展起来。

餐饮&住宿

精选当地最好的餐饮住宿地，让你尽享当地美食与美酒，安心留宿于令人印象深刻的、风格独具之处。

CAMBO-LES-BAINS

Hôtel-restaurant Euzkadi, 285 Karrika-Nagusia, Espelette.

05 59 93 91 88

FAX 05 59 29 28 57

如果你想了解传统的巴斯克烹饪手法，看看天才厨师们是如何在继承传统的同时对其加以现代改良的，那么不妨来到这里。可以尝一尝加了居宏颂白葡萄酒或用伊卢雷基葡萄酒制作的Tripotxa黑布丁的Elzekaria蔬菜汤。在此过夜，便可在第二天享用这里游泳池。

BERGERAC

L'Enfance de Lard, Rue Pélissière.

05 53 57 52 88

FAX 05 53 57 52 58

@ lenfancedelard@yahoo.fr

位于城镇中心一座12世纪的建筑中，楼下是一家商店。这里的房间很小，更像是私人住宅。在葡萄枝上烤肉是这里餐厅的一大特色。这里的葡萄酒也堪称顶级，而且酒单中还包括一种小说家威廉·博伊德酿成的美酒，唯有在此处能喝到它。

DURAS

l'Hostellerie des Ducs, Boulevard Jean Brisseau.

05 53 83 74 58

如果你想以相对合理的价格，了解迪拉斯葡萄酒并品尝一下当地美食大餐，不妨来这里实现。最好提前预订，吃完后，可在泳池里畅游一番，或坐在露天平台上小憩一下。

FOURCÈS

Château de Fourcès.

05 62 29 49 53

FAX 05 62 29 50 59

在一个充满魅力的小村庄的中心，由12世纪的一家酒庄改建而成，附设餐厅也十分优质，天气好的时候，还可以到其花园或游泳池中打发时光。

GAILLAC

La Verrerie, 1 Rue de l'Egalité.

05 63 57 32 77

FAX 05 63 57 32 27

W www.la-verrerie.com.

这家旅馆兼餐馆由一座19世纪玻璃工厂改建而成。不管是这里的房间还是餐厅提供的当地鹅肝酱，价格都很适中。

LAGARDE FIMARCON

Castelnau des Fieumarcon.

05 62 68 99 30

FAX 02 47 32 02 52

W www.lagarde.org

@ fcoustols@lagarde.org

邻近Condom酒店及科尼亚克和阿马尼亚克地区餐酒酒区的中心地带，是一处简单的13世纪围村村舍，有12间客房，带厨房，但没有电视和电话，这样一来，便使你更能静心欣赏到司汤达所谓的“法国的托斯卡纳”的美景。

LARESSINGLE NEAR CONDOM

l'Auberge de Larressingle.

05 62 28 29 67

FAX 05 62 68 33 14

W www.auberge-de-larressingle.fr

在D15路上，距Condom酒店只有几分钟车程。这是一家美丽的古老旅店兼餐馆，与一处华丽的城堡比邻，提供美味的当地菜肴。酒单中有精选的科尼亚克与摩圣地区餐酒。

MERCULÉS

Château de Mercuès, 46090, Mercuès, Lot.

05 65 20 00 01

FAX 05 65 20 05 72

@ mercues@relaischateaux.com

这座带角塔的中世纪城堡，俯瞰着葡萄园，曾是卡奥尔主教夏季避暑之处。而今，这里既是一片葡萄种植园，又是一座奢华的酒店兼餐馆，这里的松露与鹅肝酱都烹饪有方，十分美味。用餐前，不妨探访一下这里的酒窖，一定要住上一晚，享受在这里一觉醒来的美妙感觉。

TOUZAC

Hostellerie la Source

对喜欢与众不同者而言的一处宝地

法国西南部的餐馆为食客提供多种葡萄酒，因为这里的酒商种植着丰富的葡萄品种。

Bleu, Moulin de Leygues.
☎ 05 65 36 52 01
FAX 05 65 24 65 69
@ sourcebleue@wanadoo.fr
W www.sourcebleue.com
位于三个漂亮的老磨房中，这三个磨坊的历史分别可追溯至11世纪、12世纪与17世纪，还拥有潺潺溪流及一片湖水。这一家庭经营的旅店中共有15个房间，是探访卡奥尔周边乡村地区的理想住宿地。

葡萄酒商店

许多法国西南部产的美酒在你回到家中后便难以再寻到，因此身在当地时，一定要探访几家好的葡萄酒商店。

AGEN
Plaisirs du Vin, Allée de Riols, ZAC Agen Sud.
☎ 05 53 66 76 42
这里的梅干颇为有名，同时这里也是西南部最好的葡萄酒商店之一。

博物馆

一些制造商会提供葡萄园或酒庄之旅。详情可咨询当地的旅游办事处（见下文）。

BERGERAC
Musée du vin de la Batellerie et de la Tonnellerie, 5 Rue des Conférences.
☎ 05 53 57 80 92
酿酒木桶的制造是这里除了葡萄与葡萄酒之外的又一亮点，为馆中展览增添了乐趣。
Maison des vins – Cloître des Recollets, 1 Rue des Récollets.
☎ 05 53 63 57 55
FAX 05 53 63 01 30
这是一所位于古老修道院中的小展馆与地方博物馆，当你漫步游览于贝尔热拉克时，不妨来到这里探访一下“葡萄之家”。

网站

这一地区的第一网站是www.cins-du-sud-ouest.com，其他（更具体的）值得访问的网站还包括www.plaimont.com，www.vignerons-buzet.fr，www.montus-madiran.com及www.vin-jurancon.fr，以上提到的网站中，最后一个是个很好的关于古老却又常被忽略的地区居宏颂的网站。想了解贝尔热拉克及其周边地区的相关信息，可访问www.bergerac-tourisme.com。

年度葡萄酒节日与活动

在法国西南部地区与葡萄酒相关的节日众多，有时会与当地美食或其他节日元素结合在一起，如l' Eté音乐节（这一音乐节每年都会在罗得山谷地区的几个城镇和村庄同时举行），8月有很棒的Marcillac爵士音乐节，此外还有Cahors' 布鲁斯音乐节和在贝尔热拉克举行的葡萄酒爵士音乐节。具体信息可咨询当地旅游办事处（见下文）。

3月

葡萄酒节——围绕当地红葡萄酒举办的葡萄酒节

5月

葡萄酒节——品尝年轻的卡奥尔葡萄酒的好机会
葡萄酒与爵士音乐节——这一节日反映出爵士乐在这一地区大受欢迎

7月

葡萄酒节
赛兰诺节
布鲁斯节

8月

葡萄酒节
马第宏葡萄酒节
弗隆东美食与葡萄酒节
葡萄酒节
音乐与葡萄酒节

9月

世界葡萄采摘大赛
丽丝玲葡萄酒节

10月

丰收节

11月

丰收节

12月

白葡萄酒大赛——项鉴别白葡萄酒优劣的竞赛

其他信息

Conseil Interprofessionnel des Vins de la Région de Bergerac, 1 Rue des Récollets, Bergerac.
☎ 05 53 63 57 57
FAX 05 53 63 01 30
@ contact@vins-bergerac.fr
在这里可了解到贝尔热拉克地区及其所产葡萄酒的相关信息。

贝杰哈克（BERGERAC）

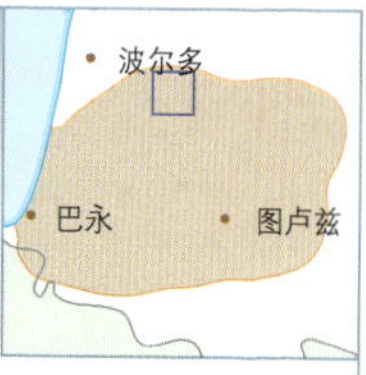

与波尔多酒区（见93页）以多尔多涅河(Dordogne)一水之隔的地理条件下，贝哈克酒区已隐身在阴影中多时，这个风景如画的地区，早在罗马帝国时期就已开始栽种葡萄，且于1250年已有葡萄酒出门至英国的记录。今天，贝杰哈克酒区是法国西南部最大的法定产区，所产的酒性质与波尔多酒近似。事实上，不仅两地使用的酿酒葡萄相同(主要是梅洛葡萄和榭密雍葡萄)，连土壤性质也类似，因此贝杰哈克酒和波尔多酒区外围地带的酒几已无差异。自20世纪90年代晚期起，有关本产区将并入波尔多酒区的建议就不时耳闻。区内红酒的酒精含量若比正常比例10%多1%者，则另以“贝杰哈克丘”(Côtes de Bergerac)的酒名销售。

杰得雷斯酒庄（Château Tour des Gendres） 这款出色的贝杰哈克白酒，远优于恩特得美尔酒(见95页)及普通的波尔多白酒。

贝杰哈克村 这个宁静怡人的乡间小镇虽然才以好酒在国际上露脸不久，却早已是《大鼻子情圣》(Cyrano de Bergerac)戏迷的观光重镇。

- AC Bergerac, AC Côtes de Bergerac, AC Bergerac Sec.
- 红酒：梅洛、卡本内-苏维道、卡本内-弗朗
  白酒：白苏维道、榭密雍、蜜思卡岱勒
- 红酒中等浓度；白酒或甜或不甜；玫瑰红酒不甜。
- Ch Belingard, Court-les-Mûts, des Eyssards, de Gouyat, Grinou, Jaubertie, le Raz, Richard, Ch Tour des Gendres.
- 白酒：烤鲤鱼
- 红酒：2003, 2001, 2000
- 红酒：3-5年 白酒：1-3年

布烈（BUZET）

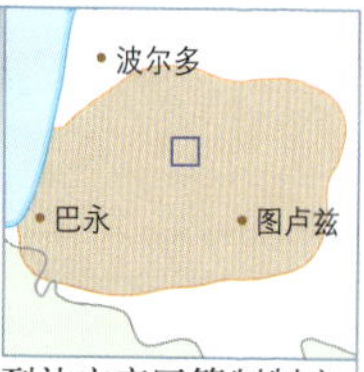

布烈酒区旧称布烈丘(Cotes de Buzet)，葡萄园位于阿让(Agen)与马曼迪镇(Marmande)之间，其历史可溯至罗马时代。一如法国西南部的许多酒区，在英法百年战争后就禁止布烈酒输往波尔多(见93页)。后来有段时期，酒商曾把布烈酒与波尔多酒混合后再装瓶出售，这种做法一直捱到法定产区管制制度明令禁止为止。今天布烈红酒的品质比某些标价相对偏高的上梅多克酒（见99页）、圣爱美浓酒(见105页)等波尔多红酒更出色。凡标有以下酒标者，都是本区值得推荐的好酒，均存放在橡木桶中熟成：可惜布烈白酒和玫瑰红酒的水准远不及其红酒。

布烈－维尼宏酒庄（Les Vignerons de Buzet） 这款酿自合作社的葡萄酒，可以看出合作社的品质也可以达到与小型酒庄及酒商相同的水准。

布烈葡萄园 尽管在国际间默默无闻，好年份时本区所产的葡萄可以和波尔多酒区的葡萄一较高下。

- AC Buzet.
- 红酒：梅洛，卡本内－苏维浓、卡本内-弗朗
- 红酒与波尔多酒近似，以小橡木桶熟成者更出色。
- Ch Baleste, Ch du Frandat, Ch de Gueyze, Pierron, Sauvagn è res, les Vignerons de Buzet (whose wines are sold under the names of individual estates such as Ch du Bouchet and de la Tuque).
- 羊肉春蔬煲
- 红酒：2003, 2001, 2000, 1998
- 4-8年

卡欧（CAHORS）

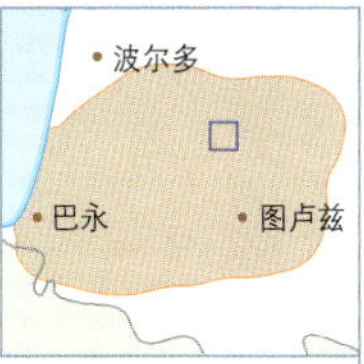

卡欧酒过去曾以别名“黑酒”名噪一时，在发生葡萄根瘤蚜虫灾害之前这款酒因为全以马尔贝克葡萄酿造，呈现如墨汁般的颜色而得此封号。卡欧酒曾在伦敦大受欢迎，但是13世纪英法战争后，波尔多酒区(见93页)的酒商们便禁止它外销到英国。本区酒农为了自救，自行开发了荷兰市场，当时这款色泽深黑的酒在荷兰的受欢迎度还远胜颜色较浅的波尔多酒。不过，随着塔那、梅洛葡萄的加入使用，以及酿酒技术的更新，现在的卡欧酒颜色已经变浅，也比较符合多数消费者的喜好。钟情传统卡欧酒的酒客，要尽量找产自白石灰岩平地上的葡萄园的酒，而偏好淡雅口感者则会比较欣赏产自砂石坡地上的葡萄园的酒。

考特尔庄园（Clos la Coutale）

虽然这款卡欧酒颜色不黑，但仍能忠实地表现出本款酒的传统风格。

瓦伦特列桥

横跨洛特(Lot)河的瓦伦特列桥，壮观的高塔及强化的桥墩都足以显示出本镇在中世纪时期是许多货物的重要集散中心。

- AC Cahors.
- 红酒：马尔贝克、塔那、梅洛
- 传统红酒颜色深暗、高单宁、生命力长；现代红酒口感柔和、果味十足。
- Ch de Caix, la Caminade, Ch du C è dre, Clos la Coutale, Clos de Gamot, Côtes d' Olt Coop é rative, Gautoul, de Hauterivem, Haute-Serre, Lagrezette, Lamartine, Latuc, Paillas, Rochet-Lamothe, Clos Triguedina.
- 巴永生熏火腿
- 2002, 2000, 1998, 1996, 1995, 1990, 1989
- 5–15年

杜哈斯丘（CÔTES DE DURAS）

如果波尔多酒区(见93页)想扩展其版图，杜哈斯丘酒区将是酿酒业者最简单的选择，因为本酒区位于杜尔德杰(Dourdeze)河谷地上，正是恩特得美尔酒区(见95页)的延续，甚至本区的酿酒葡萄品种也和波尔多酒区的原始葡萄品种一致。在品质方面，杜哈斯丘酒虽非特别出色，但仍不输给许多同等级的波尔多红酒与白酒。

莫林格罗酒庄（Moulin des Groyes）

这款正统、不甜的杜哈斯丘酒，已与波尔多酒不分轩轾。

- AC Côtes de Duras.
- 红酒：卡本内–苏维浓、卡本内–弗朗、梅洛　白酒：榭密雍、白苏维浓、蜜思卡得
- 红酒近似波尔多酒；白酒或甜或不甜，
- Amblard, des Groyes.
- 红酒：酥皮羊肉
- 红酒：2003, 2001, 2000.
- 红酒：2–5年　白酒：1–3年

马蒙地丘（CÔTES DU MARMANDAIS）

位于恩特得美尔(见95页)、杜哈斯丘及布烈（见270页)等酒区之间的马蒙地丘酒区，沿着加洪尼(Garonne)河两岸发展，区内产有红酒、白酒及玫瑰红酒。马蒙地丘红酒风味粗犷，有别于波尔多红酒，因为依规定卡本内–弗朗、梅洛及卡本内–苏维浓三大波尔多葡萄品种在本酒区的使用比例不得超过75%。马蒙地丘白酒主要以白苏维浓葡萄混合榭密雍及白于尼两种葡萄酿造。

博利尤酒庄（Château de Beaulieu）

马蒙地丘酒使用本地葡萄酿造，呈现“野味”般的特质。

- AC Côtes du Marmandais.
- 红酒／玫瑰红酒：卡本内苏维浓、卡本内–弗朗、梅洛、阿布丽由(Abouriou)、费尔　白酒：白苏维浓
- 红酒清淡；白酒不甜：玫瑰红酒不甜.
- Ch de Beaulieu, Cave de Beaupuy, de Cocumont.
- 红酒：野味砂锅
- 2003, 2002, 2001, 2000
- 3–5年

加雅克（GAILLAC）

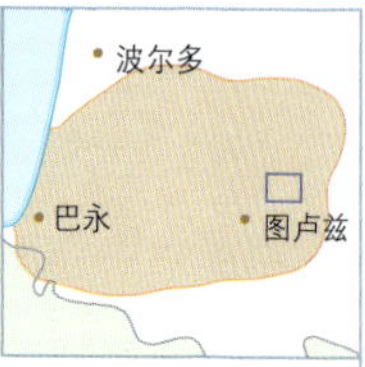

加雅克酒区是法国最古老的酒区之一，近年来因为本地传统葡萄的表现渐获提升而有东山再起之势。由加美葡萄酿成的红酒因为平淡无味，使得该品种渐渐在本区消失，杜哈斯、费尔等本地葡萄则重获重视。白酒葡萄方面，莫扎克、翁东克(Ondenc)及连得勒依(Len de L’Elh)也有卷土重来的态势。幸运的是，有关单位已认清前述品种与较普及的葡萄品种如希哈、白苏维浓等混合酿酒效果会更好。本区产有多种酒，有清淡的红酒、色泽浅淡的玫瑰红酒、散发青苹果香气的甜或不甜白酒等。带有青苹果味的气泡白酒是本区最诱人的酒，有“加雅克方式制造(Methode Gailacolse)”及“甜型加雅克方式制造(Methode Galla Colse Doux)”两种。

佩尔什酒庄（Domaine des Perches）
这款口感强烈、风味迷人的加雅克酒是添加白苏维浓葡萄的新式酒。

葡萄园生态
加雅克酒区的葡萄园中，法国传统的古老葡萄品种与其他农作物比邻栽种。

- AC Gaillac, AC Gaillac Doux, AC Gaillac Mousseux.
- 红酒：杜哈斯、加美、希哈、卡本内－弗朗、梅洛白酒：莫札克、白苏维浓、榭密雍、翁东克
- 红酒口感柔和；气泡白酒与静态白酒皆有。
- De Bouscaillous, de Gineste, de Labarthe, Lastours, Mas d’Aurel, Perches, R.. Plageoles, René Rieux, Clement Termes, Terrisses, Très-Cantours, Vayssette.
- 小牛胸肉炖瑞士甜菜
- 红酒：2004, 2002
- 红酒：3－5年

居宏颂（JURANÇON）

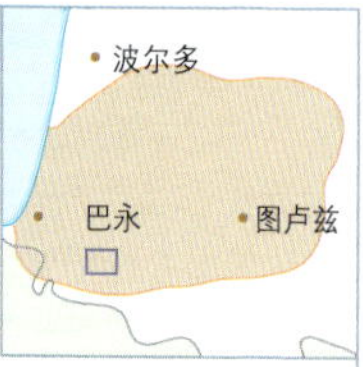

从反对小孩子喝酒的现代观点来看，法王享利四世1553年受洗时，以居宏颂酒点在其唇上的传说似乎不是个好示范。居宏颂是法国历史最悠久的酒区之一，所产的白酒细致优雅，一直是本区的骄傲。本酒区绵延于比利牛斯山脚下，以波城(pau)为中心，区内葡萄园大多位於海拔300米以上，园区多搭有棚架以防霜害。居宏颂酒以本地的大蒙仙、小蒙仙及古尔布(Courbu)葡萄酿造，上选的甜白酒与不甜白酒都有浓郁的凤梨与水蜜桃果香，并混合蒙仙葡萄特有的醇厚及偏酸口感。这个酒区有不少优良酒庄，所产的酒值得大力推荐。

高哈普酒庄（Domaine Cauhapé）
这个酒庄所产的居宏颂酒，不论甜与不甜都相当值得推崇。

鸟瞰图
居宏颂酒区最好的葡萄大多栽种在陡峭的坡地上，其他农作物则种在下方的平坦地区。

- AC Jurançon, AC Jurançon Sec.
- 白酒：大蒙仙、小蒙仙
- 口感新鲜的不甜白酒以及香甜浓郁的甜白酒。
- Bellegarde, Jean-Pierre Bousquet, Brana, Bru-Baché, Cauhapé, Clos Guirouilh, Clos Lapeyre, Clos Uroulat, Cru Lamouroux.
- 侯格堡(Roquefort)蓝纹奶酪与核桃塔
- 甜酒：2003, 2001, 2000, 1999, 1998
- 3－6年

马第宏（MADIRAN）

马第宏酒区是唯一以塔那葡萄为主角的红酒法定产区，所产的酒传统且风格独特。本区的酿酒史可溯自罗马帝国时期，全盛期在中世纪时，当时因前往西班牙圣地亚哥(Santigo de Compostela)的朝圣人潮多途经本地而带动酒业发展。区内的葡萄多种于黏土与石灰岩土壤中，气候则因西边有大西洋调节而特别宜人。塔那及费尔葡萄的大量使用，使马第宏酒风格粗犷，要长时间才能柔化圆润。依规定，塔那葡萄至少必须占酒的四成，为了柔化酒质，另加入卡本内－弗朗及卡本内－苏维浓葡萄共同酿造，如此酿成的酒带有酒龄浅时不易呈现的果香。

皮察得酒庄（Domaine Pichard）
这款果香十足且口感丰厚的酒，完美地平衡了塔那葡萄的刚烈特性。

布斯卡塞酒庄（Château Bouscassé）
酒庄主人亚兰·布鲁蒙特(Alaln Brunmont)是本区最杰出、进步最快的酿酒师，他将酒存放在橡木桶中陈年。

- AC Madiran.
- 红酒：塔那、费尔、卡本内－苏维浓、卡本内－弗朗
- 红酒醇厚浓烈、单宁高，保留传统风味。
- Aydie, Barr é jat, Berthoumieu, Bouscass é, Brana, la Chapelle, Crampilh, Ducourneau, Lanestousse, Lafitte–Teston, Lenclos, Montus, Moureou, de Peyros, Pichard, Cave de Plaimont.
- 烤乳鸽佐以雅马邑白兰地及药酒调成的酱汁
- 2002, 2001, 2000, 1998, 1997, 1996
- 5–10年

马西雅克(MARCILLAC)

马西雅克是奥维涅(Auvergne)野趣盎然的乡郊，是少数可看到费尔、曼索（Mansois）等葡萄品种的地方。费尔葡萄酿成的红酒及玫瑰红酒在年轻时的单宁含量强，随着熟成过程会散发出诱人的胡椒味及酒香。本区从前种有数千公顷的费尔葡萄，现在只剩下近百公顷左右。若非管制单位在1990年将马西雅克酒由优良地区餐酒升级为AC级法定酒的话，区内酒农可能早已放弃酿酒了。最近的酿酒法规定酿造马西雅克酒中，费尔葡萄的比例至少须达九成，其余可混用梅洛、卡本内－苏维浓或卡本内－弗朗等品种。相较于过去，现在的红酒勉强可以在年轻时饮用，但是年轻的玫瑰红酒仍显得相当平板。

可罗斯酒庄(Domaine du Cros)
这里所产的酒带有胡椒味及浓浓的酒香，是区内最具特色、品质最可靠的酒庄。

阳光普照的梯田
马西雅克酒区的葡萄园多分布在陡峭的坡地上，成熟葡萄有厚厚的外皮，由此酿成的红酒与玫瑰红酒拥有刚烈的特质。

- AC Marcillac.
- 红酒／玫瑰红酒：费尔卡本内－苏维浓、卡本内－弗朗、梅洛
- 红酒有诱人的胡椒味及酒香，但单宁通常过烈；玫瑰红酒醇厚不甜，有胡椒味。
- Du Cros, Lacombe P è re et Fils, Cave du Vallon–Valady.
- 鸡腹中填以蛋、火腿及蒜片，再与番茄及香料植物同煮
- 红酒：2003, 2002
- 红酒：3－5年 玫瑰红酒：1－3年

蒙巴立亚克（MONBAZILLAC）

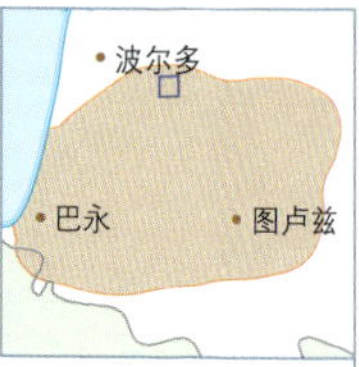

蒙巴立亚克酒区的葡萄园在900年前大多分布在巴立亚克山（Mont Bazailhac）上，16世纪、17世纪时是本区酒业的全盛时期，主要客户为荷兰酒商。在惨遭葡萄根瘤蚜虫的大灾害后，蒙巴古亚克酒的地位退居为“穷人的梭甸酒”，至于酿酒仍依传统方法进行。通常，用来酿造甜酒的葡萄最好以人工采收，但本区的葡萄过去却是以机器采收。1993年起，本地酒农为提升酒质，通过禁止用机器采收葡萄。目前本区葡萄采收的重点在于贵腐霉葡萄，以贵腐霉葡萄酿成的酒呈金黄色，通常带些柳橙香味。

特乌雷特酒庄 (Château Theulet)
此酒庄对葡萄园及酒窖的细心经营，使其橡木桶味的白酒比梭甸酒更为优质。

蒙巴立亚克酒庄（Château de Monbazillac）
此为蒙巴立正克酒区最壮观的酒庄之一，产有本区品质最佳、生命力最强的数款酒。

- AC Monbazillac.
- 白酒：榭密雍、白苏维浓、蜜思卡岱
- 白酒以贵腐霉葡萄酿成，带有柳橙甜美的香气，适宜搭配甜点。
- Ch Belingard, la Borderie, la Brie, Fonmourges, Grand Marsalet, Lajonie, les Marniè res, Ch de Monbazillac, de Pecoula, Septy, Theulet, Tirecul la Graviè re, Treuil de Nailhac.
- 蒙巴立亚克酒及鹅肝酱制成的肉冻
- 2003, 2001, 1999, 1997, 1996, 1995
- 5–15年

蒙塔维尔（MONTRAVEL）

这个小酒区沿着多尔多涅河谷，东起圣发–格兰德(SteFoy-la-Grande)，向西延伸至吉伦特省 (Gironde)和多尔多涅省(Dordogne)的边界处。本区因产有三种AC级白酒而引以为荣，其中口感清爽的蒙塔维尔酒主要以榭密雍和苏维浓葡萄酿成；蒙塔维尔丘酒(Côtes de Montravel) 及上蒙塔维尔酒 (Haut-Montravel) 则趋于传统的半甜、中甜及晚摘型白酒。本区部分的杰出酒庄除了白酒外，也产有几款优秀的贝杰哈克红酒。

皮奎–希雷酒庄 Château Pique-Serre
这款不甜白酒散发着水蜜桃果香，是典型的蒙塔维尔酒。

- AC Montravel, AC Côtes de Montravel, AC Haut–Montravel.
- 白酒：榭密雍
- 白酒或甜或不甜
- Ch du Bloy, Ch de Bondieu, Ch Pique–Serre, De la Roche–Marot, Viticulteurs de Port Ste Foy.
- 烤鳟鱼
- 2003, 2002
- 2–4年

巴歇汉克(PACHERENC DU VIC-BILH)

巴歇汉克酒区，这个以加斯科涅(Gascony)语命名的酒区是法国最鲜为人知的一块宝。本区葡萄园位于欧许市(Auch)西方及波城北方一带，占地100公顷。区内的不甜、半甜及甜白酒都是以当地葡萄品种胡飞亚克(Ruffiac)、小谷布 (Petit Courbu)、小蒙仙、大蒙仙、榭密雍及苏维浓酿造，其中的大、小蒙仙因在居宏颂酒区(见272)居主导地位而较为著名。好年份的巴歇汉克酒果味洋溢，有时还带有一点点新橡木桶味。

普莱蒙特 (Plaimont)合作社
由这家合作社所生产的这款巴歇汉克甜酒品质极佳，有蜂蜜般香甜的口味。

- AC Pacherenc du Vic–Bilh.
- 白酒：大蒙仙、小蒙仙胡飞亚克、小谷布
- 白酒或甜或不甜
- Ch Berthoumieu, du Boucassé, Brumont, Capmartin, des Crouseilles, Laffitte–Teston, Plaimont.
- 烤鹅肝
- 2003, 1999, 1997, 1996
- 5–10年

贝夏蒙（PÉCHARMANT）

贝夏蒙酒区位于贝杰哈克镇东方，占地约180公顷，所产的红酒足以令许多波尔多酒(见 93页)汗颜。主要酿酒葡萄梅洛、卡本内－弗朗、卡本内－苏维浓多沿着多尔多涅河岸栽种，岸边富含铁质的土壤有助于提升酒的结构、香气及生命力。区内有不少酒庄努力要将本区的潜能发挥极尽，推出的酒用来搭配佩里戈尔(Perigord)的传统佳肴再理想不过。

特雷干得酒庄
（Château de Tiregand）
不仅建筑古色古香，所酿制的酒也细致优雅。

- AC Pé charmant.
- 红酒：梅洛、卡本内–弗朗、卡本内—苏维浓
- 红酒浓度中等至醇厚强烈
- Ch de Biran, Champeral, des Costes, Grand Jaure, de Tiregand.
- 乳鸽炖芜菁与菌菇
- 2003, 2000, 1998
- 5－8年

图依松（TURSAN）

位于雅马邑(Armagnac)西方的优良地区餐酒产区中大都由合作社酿酒。口感刚烈的红酒有莓果香，玫瑰红酒则有水果香，主要由塔那葡萄酿造，但是卡本内—弗朗、费尔或卡本内–苏维浓葡萄要占酒的四分之一以上。传统的图依松白酒都以巴洛克葡萄酿造，获米其林赠星殊荣的主厨米歇雨·居雷德(Michel Guerard)的巴晨酒庄(Domalne de Bachen)近年来对本区白酒品质的提升卓有贡献。该酒庄的白酒以橡木桶熟成，并因加入苏维浓和大蒙仙酿造而风味大增。

图依松酒庄（Cave de Tursan）
这款美味、浓烈的红酒适合搭配重口味料理。

- VDQS Tursan.
- 红酒：塔那
  白酒：巴洛克
- 红酒单宁高；白酒酒香浓郁。
- De Bachen, Cave de Tursan.
- 白酒：烤鲱鱼
- 红酒：2003, 2000, 1998
- 红酒：3－7年 白酒：1－4年

其他

西南部酒区其他出色的酒中，首先要介绍的是依芦雷基（Irouléguy）红酒，这款单宁高且充满辛香味的红酒主要以塔那及卡本内葡萄酿成。依芦雷基红酒的巴斯克语的酒名中含有许多子音，例如品质优良的调配酒Cuvée Bixintxo。依芦雷基玫瑰红酒品质尚可，白酒则不佳。邻近的贝亚（Béarn）产区使用近似的葡萄品种酿制红酒，其口感较为清淡普通，不过白酒和玫瑰红酒在年轻时充满酒香。风东内丘（Côte de Frontonnais）酒区的红酒颇具特色，拥有聂格列特（Negrettee）葡萄特有的辛香与草莓味，酿造时使用的比例最少必须六成。本区红酒可用风东（Fronton）或维劳得立克（Villaudric）的酒名销售，端视其产地而定。随着甜酒日受欢迎，苏西涅克酒（Saussignac）及侯榭特酒（Rosette）是值得注意的两款甜酒。前者由榭密雍、白苏维浓、蜜思卡岱勒及白梢楠酿成，每公斤甜酒中至少含有18克的余糖。好年份的苏西涅克酒醇厚浓烈、芬芳扑鼻；侯榭特酒的余糖每公斤介于8－54克间，口感更为圆润柔和；这两款酒都是替代梭甸酒的好选择。此外，由于这两区邻近贝杰哈克酒区（见270页），所产的红酒均以贝杰哈克酒为酒名销售。

埃特盖拉雅酒庄
（Domaine Etxegaraya）
这款莓果味扑鼻的依芦雷基红酒最适宜搭配以番茄及香料植物烹调的巴斯克地方菜肴。

依芦雷基
依芦雷基风景如画的乡间景色是法国西南部最迷人的一角。

地区餐酒（Vins de Pays）

法国的地区餐酒，正以令人意外的表现逐步推进法国葡萄酒业。

20世纪90年代初期，一提起“地区餐酒”四字，自恃只喝好酒的巴黎酒客就一脸鄙夷神色。他们或许会承认加州、澳洲、南非等地的餐酒已达相当水准，而法国的地区餐酒还是难登大雅之堂，只有法定产区葡萄酒才上得了台面。

他们认定所谓地区餐酒制度，不过是 20世纪70年代将141种法国普级餐酒(vins de table)升级的一种便利措施。这些地区餐酒不是以塑料瓶或回收玻璃瓶包装出售，就是倒入欧洲联盟的大酒缸中统一处理。的确，地区餐酒制度虽然对产地及法定酿酒葡萄品种有所规定，但限制是比法定产区制度要宽松许多。地区餐酒可以自由混合葡萄品种，有些大型酒区甚至可以将产地相隔数百公里的葡萄混在一起酿酒。

挑嘴的酒客对地区餐酒的排斥并非完全无理。虽然有些地区餐酒的表现值得期待，例如酿酒师艾姆·吉伯特(Aime Guibert)在他自己的马斯－杜马加萨克(Mas de Daumas Gassac)庄园所酿的埃罗地区餐酒(Vin de Pavs de l’ Herault)就相当出色，但是大部分的地区餐酒都是由区内设备不足、创意有限的合作社酿造，再加上葡萄园地理位置欠佳、葡萄生长不良等因素限制，品质低落自可想象。幸好这些情形已经日见改善。

一些具有前瞻想法的酿酒师，例如加斯科涅的依维斯·格拉萨(Yves Grassa)、罗伯·斯卡利(Robert Skalli)等，纷纷引进新兴酿酒国家的技术及行销策略，推出精于包装且散发果香的现代酒品。朗格多格－鲁西永的欧克地区餐酒产区内，平板无味的卡利浓及白格那希葡萄园现在都已改种夏多内、白苏维浓、梅洛及卡本内－苏维浓葡萄，酒商们还仿效加州及澳洲的酒厂，将葡萄名称印在酒标上。另一个带动改革的因素来自外来的投资者及所谓的“飞行酿酒师”，这些酿酒师是英国超市派来进驻在法国合作社的客卿，负责酿造出英国消费者喜爱的现代酒。

地区餐酒现在占法国全国葡萄酒总产量的四分之一强，占酒类出口的比例也正日益增加中。虽然还有许多改善空间，但是好的地区餐酒已经不输给波尔多或卢瓦尔河流域酒区中较普通的法定产区酒；当然，价格上也就难免水涨船高了。

艾克斯丘
许多罗讷河口省的地区餐酒都产自艾克斯丘。

埃罗省
这个省份的地区餐酒年产量高达1100万箱，其中红酒占85%。

地区餐酒制度

法定产区制度按品质将酒分级，由普通级到特级葡萄园呈金字塔形排列。地区餐酒制度也有其一套列级方式。在金字塔的底部是四个区域型地区餐酒产区：法国庭园地区餐酒(Vin de Pays du Jardin de la France)、多罗松侯园地区餐酒(vinde Pays du Comte Tolosan)、欧克地区餐酒(Vin de Pays d'Oc，包括郎格多格－鲁西永、部分罗讷河南部流域及普罗旺斯)以及罗讷河侯园地区餐酒(Vin de Pays Comtes Rhodaniens)。

往上层列是39个省份型的地区餐酒产区，这个类型的产区所产的酒约占地区餐酒总产量的一半，各产区的酒以省名为酒名，除非该省名已定为法定产区名。金字塔最上端是100个地带型的地区餐酒产区，这100个酒区产量约占总产量的四分之一到三分之一，通常比法定产区还小。

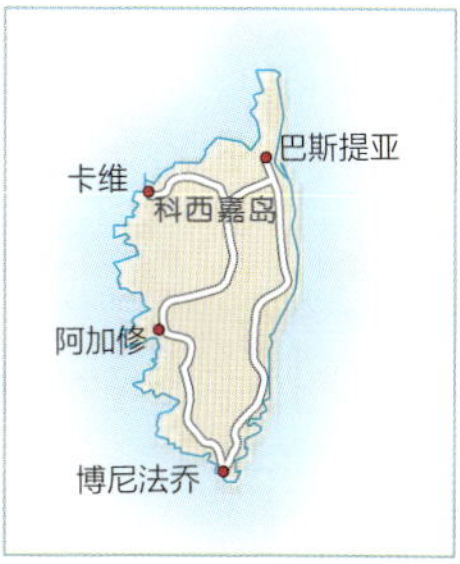

科西嘉岛
科西嘉岛不是省份型地区餐酒产区，而是地带型的地区餐酒产区。

罗讷河口（BOUCHES-DU-RHÔNE）

罗讷河口省位于高耸的阿尔皮列斯(A1pi11es)山脉、平坦的卡马尔格(camargue)沼泽地、马赛市及艾格莫尔特(Aigues-Mortes)港之间。许多罗讷河口省的地区餐酒都产自艾克斯丘地区，其中有八成是红酒，主要以梅洛、卡利浓、格那希、希哈、仙梭及卡本内－苏维浓等葡萄酿成。罗讷河口省的玫瑰红酒其实常常比普罗旺斯的AC级玫瑰红酒更优秀。

嘉维列酒庄(Domaine des Gavelles)
这款口感丰富的红酒绝对值得给予更高的等级。

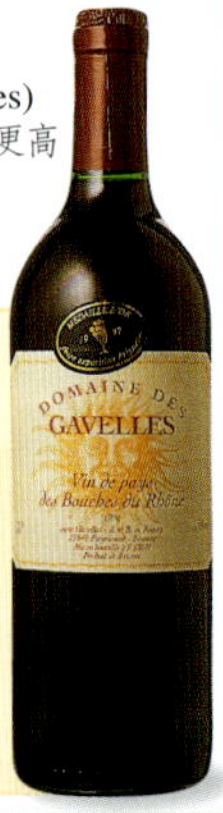

- Bouches–du–Rhône.
- 红酒／玫瑰红酒：卡利浓、希哈、格那希、仙梭、梅洛、卡本内—苏维浓
  白酒：克雷耶特、白于尼
- 红酒口感柔和，果味十足；白酒不甜；玫瑰红酒不甜。
- De Beaulieu, des Gavelles, Mas de Rey, de Tr é vallon.
- 大蒜羊肉
- 红酒：2003, 2001, 2000
- 红酒：1–7年

阿德什丘(COTEAUX DE L' ARDÈCHE)

本产区其实应该纳入区域型的罗讷河侯国地区餐酒产区，但是酒庄们偏爱挂上阿德什丘酒名销售。勃艮第酒区的酒商路易拉图(Louis Latour)在此以种植在石灰岩土壤中的葡萄酿成大阿德什·夏多内酒(Grand Ardeche Chadonnay)；薄酒莱的酒商乔治杜博夫(Georges Duboeuf)和120个葡萄农及7个合作社合作栽种葡萄，成功地将本区的名字推上葡萄酒地图中。本区的酒中，白酒及玫瑰红酒只各占一成，有三成的酒是以单种葡萄酿成。

维尼隆·阿岱舒瓦（Vignerons Ardèchois）
酿酒师阿岱舒瓦的红酒作品迷人，口感清淡，且带有胡椒味。

- Coteaux de l' Ard è che.
- 红酒／玫瑰红酒：希哈、格那希、仙梭白酒：马珊、白于尼、胡珊、维欧涅
- 红酒中等浓度，通常酒味芬芳；玫瑰红酒不甜。
- Ard è chois, la Clapouze, Combelonge , Louis Latour.
- 红酒：橄榄乳鸽
- 白酒：2002
- 1–5年

卡斯康丘（CÔTES DE GASCOGNE）

在1970年以前，本区的酒产量极低，且只限于雅马邑白兰地。多亏达立奎酒庄(Domaine du Taiquet)及普莱蒙特(Plaimont)合作社的努力，目前已由高伦巴及白于尼葡萄酿出果香洋溢、不甜的酒，并逐渐取代白兰地。现代的发酵方式及白苏维浓与蒙仙葡萄的加入，赋予白酒更活泼、芬芳的特质。不过，南部其他气候更温和的酒区对本区已带来相当的竞争压力。

格拉萨酒庄（Domaines Grassa ）
这个积极进取的酒庄和普莱蒙特合作社，对于本区知名度的提升贡献良多。

- Côtes de Gascogne.
- 红酒：加美、卡奉内—弗朗、卡本内—苏维浓杜哈斯、塔那白酒：高伦巴，白于尼、夏多内
- 红酒浓度由清淡到中等；白酒清爽、不甜。
- Grassa, Plaimont.
- 白酒：奶酪派
- 白酒：2004, 2003, 2002
- 白酒：1–3年

埃罗省（HÉRAULT）

这个广大酒区的知名度完全要归功于位在蒙特佩利尔(Montpillier)北方的马斯—杜马加萨克 (Mas de Daumas Gassac)庄园的成功。该酒庄的创建人艾姆·吉伯特在庄园后面的火山岩优质土壤中种植了多种葡萄。据波尔多大学地质学教授的研究，这片火山岩土地有生产特级葡萄酒的潜力。如此的良土当然不多，但是由于栽种技术与酿酒技术的进步已使区内许多地区餐酒比邻近的法定产区酒还出色。

马斯－杜马加萨克
（Mas de Daumas Gassac）
这款风格独具的酒是由这家法国南部最知名的酒庄酿成。

- H é rault.
- 红酒：卡利浓、仙梭、格那希、市哈
  白酒：克雷耶特、白于尼、马卡贝欧、白格那希
- 红酒浓度由中等至醇厚浓烈；白酒不甜；玫瑰红酒不甜。
- De Bosc, Capion, Mas de Daumas Gassac.
- 红酒：炖牛肉
- 红酒：2002, 2001, 2000

美丽岛（ÎLE DE BEAUTÉ）

由于科西嘉岛对于AC级法定产区的规定相当宽松，因此岛上的地区餐酒并不多。不过，岛上仍有一些新开发、品质不错的酒，包括尚在试验阶段但极具潜力的黑皮诺葡萄酒。虽然黑皮诺已成功引进本区，但是区内仍有太多本地及意大利品种的葡萄，以至于美丽岛地区餐酒中的红酒、白酒和玫瑰红酒的品质无法很快地全面提升。

留尼斯酒庄（Producteurs Réunis）
这款迷人的红酒拥有科西嘉红酒特有的药草味以及意大利风格。

- Île de Beaut é .
- 红酒／玫瑰红酒：尼路奇欧、卡本内–苏维浓、黑皮诺
  白酒：维门替诺、蜜思嘉
- 红酒有香草味；白酒清淡，有果香；玫瑰红酒有药草味。
- Laroche, Producteurs R é unis, Sette Piana.
- 红酒：猪肉
- 红酒：2003, 2001
- 1–3年

瓦尔（VAR）

本区东起于圣拉斐尔(St Raphael)，西至邦多勒镇，北邻普罗旺斯阿尔卑斯山省及圣克华湖(Lac St Croix)。主要以玫瑰红酒为大宗，最原始是以“放血(saignee)”方式酿造，从浅红色的的“灰酒”(Vin gris)到暗珊瑚红皆有。本区白酒不佳，不过主要以格那希、慕维得尔、卡本内苏维浓及希哈酿成的红酒带有辛香味，品质不错。境内的维东丘(Coteaux de Verdon)地区餐酒产区内，有酒商路易•拉图在此酿造黑皮诺红酒，以便与阿德什的夏多内白酒搭配。

尼可拉斯–替艾斯（Nicolas Thiais）
这款散发果香的清淡红酒拥有本区餐酒的典型特质。

- Var.
- 红酒／玫瑰红酒：格那希、希哈、慕维得尔
  白酒：白于尼、克雷耶特、胡珊
- 红酒口感柔和，有果味；白酒不甜；玫瑰红酒不甜
- Du Deffends, Rabiega, de Valmoissine (Louis Latour).
- 红酒：比萨
- 红酒：2004, 2003
- 红酒：1–4年

欧克地区餐酒（VIN DE PAYS D' OC）

广大欧克地区包括东比利牛斯省(Pyrenees Orientales)、奥德省(Aude)、埃罗省及加尔省(Gard)等省份，产有法国南部最好的地区餐酒。这里的地区餐酒出口量相当可观，或许是因为酒名好记、品质佳以及酒的“国际性”风格：本区的酿酒师来自国内外，有本地酒庄Skalli Fortant de France、Domaine Virginie，也有澳洲来此的酒业公司BRL Hardy、Penfolds,还有英国超市连锁店请来坐镇督管的客卿等。

法国弗坦酒庄（Fortant de France）
这款新推出的顶尖红酒是由区内这家最积极的酒庄酿成。

- Vin de Pays d' Oc.
- 红酒：梅洛、格那希、希哈、卡本内—苏维浓
  白酒：白苏维浓、夏多内、马珊、维欧涅
- 红酒浓度中等至醇厚浓烈，有果香；白酒不甜。
- De la Baume, Fortant.
- 红酒：猪肉
- 红酒：2003, 2001
- 红酒：1–6年

其他

与欧克地区相较，其他三个区域型地区餐酒产区就显得微不足道。法国庭园地区餐酒的产区绵延于卢瓦尔河的南特(Nantes)出海口到欧赛尔之间，区内共有14个省份；本酒区以无甜味的白酒最有名，不过还是以红酒为生产大宗。多罗松侯国酒区沿着加洪尼河、洛特河及但恩河(Tarn)谷地伸展，并纳入比利牛斯省及奥维涅省；主要生产以多种葡萄酿成的红酒。罗讷河侯国地区包括八个省份，北从马贡往南延伸至阿德什，东达阿尔卑斯山脉；区内只有符合地带型地区餐酒标准的酒才能以罗讷河侯园地区餐酒的名义销售。除此之外，值得一提的还有多尔多涅省、多姆山省(Puy de Dome)酒区，以及香槟酒区与阿尔萨斯酒区间的莫日省(Meuse)等的地区餐酒。

克雷庄园（Clos de Cray）
卢瓦尔河流域的法国庭园地区餐酒产区，拥有生产类似这款美味夏多内葡萄酒的能力。

综合资讯

法国为你提供了众多品尝、购买葡萄酒的机会——在很多地方你都能了解到有关葡萄酒及这一具体地区的相关常识。这两页中，我们精选了一些备受推崇的地方，包括在具体酒区章节中遗漏下的一些地方。

购买葡萄酒

除了本书在前面已列出的葡萄酒零售商之外，法国还为你提供了众多其他可买到葡萄酒的地方，如尼古拉斯连锁店，在多数城镇都设有分店。除此以外，恐怕没什么大型连锁店了。大多企业都只有一个，最多两个自己的店铺。在探访酒商时，最好问一下有哪些零售商在卖他们的酒，还可以向那些拥有出色酒单的餐厅中的侍酒师询求建议。

超市

法国最大的超级市场les Grandes Surfaces是一个让葡萄酒爱好者又爱又恨的地方。总体上说，超市出售的酒类以附近葡萄园产的为主，但也有很多品牌酒。要仔细挑选，才能去其糟粕，取其精华。这家连锁超市还会在面向商家的葡萄酒博览会、葡萄酒展会上购进顶级波尔多酒，并以合理价格出售。要仔细留意葡萄酒的制造年期。超市往往会买入其他零售商不那么看好的年份的酒品。精明的葡萄酒爱好者，往往在参加葡萄酒博览会时，会带上一本注明每个年份哪家生产商的酒做得最好的葡萄酒杂志或相关书籍。

巴黎的葡萄酒商店

在法国，大多数上好的葡萄酒都在只有一两家分店的独立小商店中出售。

葡萄酒展会

本书前面所提到的各地的葡萄酒展会，多是购买葡萄酒的好机会。除了各地区的展会外，法国还有国家级的葡萄酒展会，通常在巴黎市内北部地区或巴黎市以北的地方举行，全国各地的小规模生产商（特别是酒窖、独立酒农）都会前来参展，展出其所生产的各个年份的美酒。即使你并不想大量购买，这样的展会也可为你提供遍尝法国美酒的机会，你可以了解到在同一年份，不同地区的美酒有何不同，还可以对比出哪家酒商的性价比最高。最大、最好的葡萄酒展会每年11月在巴黎举行，想了解相关具体信息，可访问网站www.vigneron-independant.com。

网上购买

现在在网上出售上好法国葡萄酒的公司越来越多，然而其中并非所有公司都提供国际运送业务。我在这里特别推荐三个网上购买葡萄酒的好地方：www.savour-club.com，www.chateauonline.com以及www.wineandco.com。当然，你也不妨多看看其他一些网上零售商，因为不同的网站之间价格会相差很多。

搜集信息

法国酒有着容易让人感到困惑的特质，加上年份间的自然变化，在你打开荷包投资之前，最好做一些功课。杂志、新闻刊物、书及网上，都有不少可供参考的信息。

BURGHOUND

W www.burghound.com

与罗伯特·帕克尔（见下文）相反，艾伦·梅多斯热爱且了解勃艮第酒。他所开办的订阅式网站备受全球读者推崇。网站只有英文版本。

LE CLASSEMENT DES MEILLEURS VINS DE FRANCE

这本年度指南由法国葡萄酒杂志编辑部制作，然而可惜的是，它只有法文版本。在它发行的十几年中，它成为葡萄酒界的“米其林指南”。创立它的两位作者，米榭·伯坦内和蒂埃里·德缩沃从2005年起不再从事撰写它的工作，不过这两位葡萄酒界著名评论家、作家的其他作品，仍值得拜读。

DECANTER

W www.decanter.com

英国历史最悠久的葡萄酒杂志。网站上有着颇具时效性的新闻及国际拍卖价格的相关信息。

LE GUIDE HACHETTE

Hachette's的年度指南性手册有英文和法文两种版本，内容涉及所有法国葡萄酒及其制造商。它推选出的“一见钟情”的酒品，通常都很值得好好探寻一番。

INTERNATIONAL WINE CELLAR

W www.internationalwinecellar.com

酒评家斯蒂芬·坦泽的时事通讯是罗伯特·帕克尔（见下文）的美国替代品。

LA REVUE DU VIN DE FRANCE

☎ 03 44 03 26 17

只在法国发行，是法国最具

权威性的葡萄酒杂志。

ROBERT JOSEPH

W www.robertjoseph-online.com

本书作者的个人网站，同时拥有一所葡萄酒学校。

JANCIS ROBINSON

W www.jancisrobinson.com

《牛津酒友》的英国编辑开设的顶级订阅式网站，提供有关各种葡萄酒的客观公正的评论。

THE WINE ADVOCATE (ROBERT PARKER)

W www.eRobertParker.com

一份时事刊物，其作者罗伯特·帕克尔正是凭借它而成为国际知名葡萄酒大师。当然，你可以不赞同他的口味与观点，但如果你连读都没读过的话，那就好比是去航海却没有听天气预报一样。

WINE INTERNATIONAL

W www.wineint.com

一份英文月刊，由本书作者于1983年推出。

WINESEARCHER

W www.wine-searcher.com

一个英文网站，值得被所有葡萄酒爱好者加入收藏夹。输入酒品名称及年份，你将会看到其在全球范围内的销售情况，包括拍卖会在内。在网站上，你还可以了解到类似这样的信息：某公司对750毫升装的波尔多酒的要价与另一公司大瓶装（容量约1.5升）的价格相同。

WINE SPECTATOR

W www.winespectator.com

一份美国双周刊，其国际影响力堪与罗伯特·帕克尔（见上文）的时事刊物相媲美。网站的新闻时事部分做的很好。

法国葡萄酒课程

PARIS

Britt Karlsson, 51 Rue du Chevalier de la Barre, Issy-les-Moulineaux.

☎ 06 80 45 35 70

面向初学者与爱好者的课程，主要讲授的是食物与葡萄酒的配搭。

Centre d'Information, de Documentation, et de Dégustation, 45 Rue Liancourt.

☎ 01 43 27 67 21

FAX 01 43 20 84 00

按规定是12节课程，此外还有一些葡萄酒商提供的餐饭及讲座。

Grains Nobles, 5 Rue Laplace.

☎ 01 43 54 93 54

FAX 01 43 25 19 54

在酒窖中上课，顶级葡萄酒评论家及酒商在欢乐自在的氛围中，主持品酒会、讲授课程（用法语）。

Maison de la Vigne et du Vin de France, 21 Rue François 1er.

☎ 01 47 20 20 76

FAX 01 47 23 07 21

在香榭丽舍大街附近一座极具魅力的古老建筑中，以分组上课的形式进行的课程。

Musée du Vin, Rue des Eaux.

☎ 01 45 25 63 26

FAX 01 40 50 91 22

这座中世纪修道院的酒窖中，包括有一座博物馆、一家餐厅及一所葡萄酒吧，还提供葡萄酒相关课程。

BORDEAUX

L'Ecole du Vin, 1 Cours du 30 Juillet, Bordeaux.

☎ 05 56 00 22 66

FAX 05 56 00 22 82

这一机构开设了好几种语言的葡萄酒课程。

Lesparre Château Loudenne Ecole du Vin, St-Yzans-de-Médoc.

☎ 05 56 09 05 03

FAX 05 56 09 02 87

这座美丽的梅多克城堡，是学习葡萄酒酿造及品尝的完美之所。

L'Ecole du Bordeaux, Chateau Cordeillan-Bages, Pauillac.

☎ 05 56 59 24 24

FAX 05 56 59 01 89

这所由巴热城堡所有者建立的学校，在科尔代蓝堡及波尔多中心区奢华的巴热酒店中开设葡萄酒课程。

Institut d'Oenologie de l'Université de Bordeaux, 351 Cours de la Libération, Talence.

☎ 05 56 84 64 58

FAX 05 56 84 64 68

全球最备受尊敬的葡萄酒学院，面向学员打开大门，教授葡萄酒及波尔多地区的相关常识。

BURGUNDY

L'Ecole du Vin du Bureau Interprofessionnel des Vins de Bourgogne, 12 Boulevard Bretonnière, Beaune.

☎ 03 80 24 70 20

FAX 03 80 24 69 36

开设有高低不同级别的葡萄酒课程及葡萄园探访之旅，但可惜的是，只用法语教授。

THE LOIRE VALLEY

Bouvet Ladubay, St-Hilaire-St-Florent, Saumur.

☎ 02 41 50 11 12

FAX 02 41 50 24 32

卢瓦尔河流域较大的、最备受推崇的葡萄酒商之一开办的课程，由法国著名葡萄酒年鉴Guide Hachette的撰笔者主讲。

THE RHÔNE VALLEY

Université du Vin, Château de Suze, Suze-la-Rousse.

☎ 04 75 04 86 09

FAX 04 75 98 24-20

这一机构位于瓦朗斯与亚威农之间一座雄伟的城堡之中，提供周末课程，有英语及法语两种语言。

致谢

出版者感谢以下人员在出版过程中给予的协助:

Proofreader Gary Werner
Indexer Hilary Bird
Picture Research Sarah Hopper, Carlo Ortu
Picture Library Richard Dabb

Original Project Editor Marcus Hardy
Original Art Editor Tessa Bindloss
Original Editors Nancy Jones, Jane Bolton, Edward Bunting
Original Designers Catherine MacKenzie, Tim Mann
Original Managing Editor Francis Ritter
Original Managing Art Editor Derek Coombes
Original DTP Designer Sonia Charbonnier
Original Picture Research Brigitte Aurora
Maps James Anderson
Illustrations Claire Littlejohn
Wine Photography Steve Gorton
Original Production Manager Julian Deeming
Additional Photography Max Alexander, Andy Crawford, Phillip Dowell, Andrew Holligan, Paul Kenward, Neil Lukas, Ian O'Leary, Neil Mersh, Stephen Oliver, John Parker, Guy Ryecart, Kim Sayer, Alan Williams

图片授权

t: top, tl: top left, tlc: top left centre, tc: top centre, trc: top right centre, tr: top right, cla: centre left above, ca: centre above, cra: centre right above, cl: centre left, c: centre, cr: centre right, clb: centre left below, cb: centre below, crb: centre right below, bl: bottom left, b: bottom, bc: bottom centre, bcl: bottom centre left, br: bottom right, d: detail.

出版者感谢以下个人、企业及图片和机构允许本书使用其摄影作品:

AKG-images: 69 (br), 69 (tr). **Alamy Images:** Philippe Roy 55. **Ancient Art & Architecture Collection:** 206 (bc). **Anthony Blake Photo Library:** 47(br). **www.bridgeman.co.uk:** 85 (br); Biblioteca de Catalunya, Barcelona, Spain 84 (bl); British Library, London, UK 13 (br); Buhrle Collection, Zurich, Switzerland, 12 (bl); Centre Historique des Archives Nationales, Paris, France, Lauros / Giraudon; 84 (ca); Musee d'Orsay, Paris, France, Giraudon; 243(br); Musee National du Moyen Age et des Thermes de Cluny, Paris, Peter Willi; 14 (b); Museo dell' Opera del Duomo, Florence, Italy, Giraudon; 12 (ca); Private Collection, Roger-Viollet, Paris 17(b); Staatliches Museum, Schwerin, Germany 13 (t); Victoria & Albert Museum, London, UK, 68 (clb). **Cephas Picture Library:** 210(cfr), 243(t); Mick Rock 168 (cra), 187 (ca), 207 (b), 207 (tl); Nigel Blythe 206 (cla), 264-265; Pierre Hussenot 49 (br); Stockfood 46 (bl); TOP/Pierre Hussenot 46 (br); TOP/Tripelon/Jarry 72 (cfr), 120 (cfr); Wine Magazine 41 (tr). **Corbis:** Chris Lisle 60-61 VineyardandDove. **Institut National des Appellations d'Origine (INAO):** 36 (ca), 37 (br). **The Interior Archive:** JP0002/001/01 51 (tr). **Jean Loup Charmet:** 15 (tl). **Robert Joseph:** 201 (br); E.T. Archive: Cathedral Treasury 14(ca). **Retrograph Archive:** 165(br). **Scope:** 37 (tr), 230 (cla), 253(ca), 266 (cfl); Charles Bowman 52 (br); Francis Jalain 29 (br), 146 (bc); Frederic Hadengue 23 (cfl); Jacques Guillard 261 (cb); Jacques Guillard 6 (tc), 7 (ca), 7 (car), 7 (cbr), 7 (cfl), 7 (cl), 16 (ca), 17 (tl), 19 (tr), 20 (bcr), 22 (ca), 22 (ca), 23 (tr), 28 (bl), 28 (tr), 30 (bl), 30 (ca), 31 (tl), 40 (cra), 48 (cra), 50 (ca), 54 (tr), 59 (tr), 66 (cra), 70 (bl), 76 (bc), 77 (bc), 77 (ca), 78 (ca), 79 (br), 79 (ca), 102 (cla), 116 (cla), 117 (tl), 118 (bl), 119 (br), 119 (tl), 132 (cla), 133 (bl), 133 (tl), 134 (clb), 135 (cla), 137 (cla), 138 (ca), 139 (ca), 142 (bc), 145 (cla), 147 (clb), 148 (cra), 149 (cla), 150 (ca), 150 (crb), 151 (clb), 152 (clb), 153 (cla), 154 (bc), 156 (bc), 157 (clb), 158 (cr), 159 (cla), 164 (b), 167 (c), 176 (bl), 177 (cla), 180 (cra), 181 (br), 184 (cla), 186 (cb), 187 (cb), 188 (ca), 204 (cfl), 208 (cla), 209 (br), 209 (tr), 214 (bc), 214 (ca), 215 (ca), 216 (bc), 216 (ca), 217 (ca), 218 (bc), 218 (ca), 219 (cla), 220 (cla), 221 (ca), 222 (cla), 223 (clb), 224(bc); 225 (cla), 226 (clb), 231 (clb), 234 (cb), 240 (cra), 242 (bl), 2 44 (cfl), 245 (bl), 250 (bl), 250 (ca), 251 (cla), 252 (bc), 252 (ca), 254 (clb), 255 (bl), 256 (cla), 257 (ca), 257 (cb), 258 (cla), 259 (bc), 259 (ca), 260 (ca), 260 (cb), 261 (ca), 262 (ca), 262 (clb), 262 (crb), 276 (bl); Jean Guillard 124 (cla), 125 (ca), 125 (cb); Jean- Luc Barde 141 (ca); Jean-Luc Barde 6 (br), 6 (cbl), 18 (bl), 19 (tcl), 20 (bl), 25 (bl), 26 (b), 27 (bc), 32 (ca), 41 (br), 47 (tr), 52 (ca), 53 (tl), 58 (tl), 82 (cla), 88(cfr), 96 (tl), 99 (ca), 104(bl), 109 (clb), 109 (crb), 111 (bl), 114 (clb), 126 (cfl), 127 (bl), 127 (tr), 129 (tl), 130 (br), 130 (cra), 131 (cb), 131 (cla), 139 (bc), 140 (cla), 142 (ca), 143 (cfl), 144 (bc), 146 (ca), 148 (bc), 185 (ca), 190 (clb), 191 (br), 195 (cla), 195 (clb), 196 (bc), 196 (ca), 197 (bc), 197 (ca), 198 (ca), 198 (cb), 199 (ca), 199 (cb), 201 (ca), 263 (cla), 267 (br), 270 (bc), 270 (ca), 271 (ca), 272 (ca), 272 (cb), 273 (ca), 273 (cb), 274 (ca), 275 (bc), 277 (tr); Jean-Luc Sayegh 15 (br); JLB112863 34 (ca); Michel Guillard 16 (bl), 18 (br), 23 (bl), 24 (bl), 25 (tr), 26 (ca), 27 (tl), 29 (tr), 31 (br), 40 (bl), 44 (tl), 50 (bl), 54 (bl), 76 (ca), 86 (cfl), 92 (bl), 92 (ca), 93 (cla), 95 (cb), 98 (tl), 99 (bc), 100 (cla), 101 (bl), 101 (tr), 103 (cla), 104 (ca), 105 (cla), 106 (cla), 106 (clb), 107 (cla), 108 (cla), 109 (ca), 110 (cla), 136 (bc), 141 (bc), 155 (ca), 234 (ca); Michel Plassart 36 (b), 39 (tcl), 39 (tcr), 39 (tl), 39 (tr), 78 (cb), 117 (bl), 138 (bc); Noel Hautemaniere 46 (ca), 194 (ca), 200 (cla); Philipe Blondel 217 (br), 227 (cla); Philippe Beuzen/Iles Images 237 (ca); Philippe Blondel 22 (bl), 237 (bc); Sara Matthews 59(br). **Stephen Lenthall:** 8 (tr).